高职高专给水排水工程专业系列教材

水 力 学

龙北生 主编
许玉望 主审

中国建筑工业出版社

图书在版编目(CIP)数据

水力学/龙北生主编．—北京：中国建筑工业出版社，2000（2021.9 重印）

高职高专给水排水工程专业系列教材

ISBN 978-7-112-04010-0

Ⅰ．水…　Ⅱ．龙…　Ⅲ．水力学-高等学校-教材　Ⅳ．TV13

中国版本图书馆 CIP 数据核字(1999)第 54898 号

本书是高等专科学校给水排水工程专业《水力学》课程教学用书。书中结合专业特点，注重专科特色，深入浅出地介绍了水力学的基本概念、基本原理及其在工程中的应用。全书包括：绪论，水静力学，一元水动力学，液流阻力与水头损失，孔口、管嘴出流与紊流射流，有压管流，明渠均匀流，明渠恒定非均匀流，堰流与闸孔出流，渗流，量纲分析与相似理论共十一章内容。

本书亦可作为道路与桥梁、工业与民用建筑及环境类等专业的本、专科教学参考教材，并可供有关工程技术人员参考。

高职高专给水排水工程专业系列教材

水　力　学

龙北生　主编

许玉望　主审

*

中国建筑工业出版社出版、发行（北京西郊百万庄）

各地新华书店、建筑书店经销

廊坊市海涛印刷有限公司印刷

*

开本：787×1092毫米　1/16　印张：16　字数：385千字

2000年6月第一版　2021年9月第十八次印刷

定价：**28.00**元

ISBN 978-7-112-04010-0

(21654)

前　　言

本书是高等专科学校给水排水工程专业系列教材之一。它根据全国高等学校给水排水工程学科专业指导委员会专科组 1977 年沧州会议通过的《水力学》课程教学基本要求，按 80 学时编写的。

本书以专业培养目标为依据，结合专业特点，注重专科特色，在章节编排、内容选取和文字阐述等方面注意突出了以下特点：根据实用选材，理论联系实际；基本原理简明扼要、深入浅出；强化基本概念的理解和基本原理的应用，弱化或删除基本原理的数理论证过程和与专业关系不大的内容；书中名词术语和技术参数符合国家规范标准；每章都有所侧重地安排了适当的典型例题、思考题和习题。同时，为便于自学，书末附有各章习题的参考答案。

本书由长春建筑高等专科学校龙北生(第一、二、三、四、六、十一章及全部习题参考答案)、蒋维卿(第五、七、八章)和武汉科技大学韩进能(第九、十章)合编。书中大部分插图由长春建筑高等专科学校王莹绘制。全书由长春建筑高等专科学校龙北生主编。

本书由武汉科技大学许玉望教授主审；武汉水利电力大学刘忠潮教授对初稿进行了仔细审阅和修改，提出了许多宝贵意见；全国高等学校给水排水工程学科专业指导委员会专科组对初稿作了认真的评审；编写过程中，得到了长春建筑高等专科学校刘自放、张文华、武汉科技大学邵林广等老师及其他兄弟院校的专家、学者的大力协助。在此，谨向他们表示衷心感谢。

由于时间仓促及编者水平有限，加之本书作为全国高等学校给水排水工程专业专科系列教材的首次编写，不妥之处在所难免，恳请使用本书的师生及其他读者批评指正。

目　录

第一章　绪论 …… 1
第一节　水力学的任务 …… 1
第二节　液体和连续介质模型 …… 1
第三节　液体的主要物理力学性质 …… 2
第四节　作用在液体上的力 …… 8
思考题 …… 10
习题 …… 10
第二章　水静力学 …… 11
第一节　静水压强及其特性 …… 11
第二节　液体平衡微分方程 …… 13
第三节　重力作用下液体的平衡 …… 14
第四节　液柱式测压计 …… 22
第五节　重力和惯性力同时作用下液体的相对平衡 …… 24
第六节　作用在平面上的静水总压力 …… 26
第七节　作用在曲面上的静水总压力 …… 32
思考题 …… 37
习题 …… 38
第三章　一元水动力学 …… 43
第一节　描述液体运动的两种方法 …… 43
第二节　描述液体运动的基本概念 …… 45
第三节　恒定流连续性方程 …… 50
第四节　恒定流能量方程 …… 51
第五节　恒定流能量方程的应用 …… 57
第六节　恒定流动量方程 …… 63
第七节　恒定流动量矩方程 …… 68
思考题 …… 70
习题 …… 72
第四章　液流阻力与水头损失 …… 76
第一节　液流阻力与水头损失的两种形式 …… 76
第二节　沿程水头损失与切应力的关系 …… 78
第三节　液体的两种流动型态 …… 80
第四节　圆管中的层流运动 …… 84
第五节　紊流运动 …… 86
第六节　圆管中的沿程阻力系数 …… 91

第七节　谢才公式与谢才系数 …… 100
第八节　局部水头损失 …… 103
第九节　绕流阻力与升力 …… 108
思考题 …… 109
习题 …… 110
第五章　孔口、管嘴出流与紊流射流 …… 113
第一节　薄壁孔口的恒定出流 …… 113
第二节　管嘴的恒定出流 …… 117
第三节　孔口、管嘴的非恒定出流 …… 121
第四节　紊流射流 …… 122
思考题 …… 126
习题 …… 127
第六章　有压管流 …… 129
第一节　短管的水力计算 …… 129
第二节　长管的水力计算 …… 135
第三节　管网水力计算基础 …… 146
第四节　有压管道中的水击 …… 149
思考题 …… 154
习题 …… 156
第七章　明渠均匀流 …… 160
第一节　概述 …… 160
第二节　明渠均匀流基本公式 …… 162
第三节　水力最优断面与允许流速 …… 163
第四节　梯形断面明渠均匀流的水力计算 …… 165
第五节　无压圆管均匀流的水力计算 …… 170
思考题 …… 174
习题 …… 174
第八章　明渠非均匀流 …… 176
第一节　明渠流的流态及其判别 …… 176
第二节　明渠流中的两种急变流现象——水跌与水跃 …… 183
第三节　棱柱形渠道恒定渐变流水面曲线定性分析 …… 189
第四节　分段求和法计算水面曲线 …… 197
思考题 …… 200
习题 …… 201
第九章　堰流与闸孔出流 …… 203
第一节　堰流的分类及堰流基本公式 …… 203
第二节　薄壁堰 …… 204
第三节　实用堰 …… 206
第四节　宽顶堰 …… 206
第五节　闸孔出流 …… 209
思考题 …… 212
习题 …… 212

第十章　渗流 …… 214
第一节　概述 …… 214
第二节　渗流的基本定律——达西定律 …… 216
第三节　潜水的恒定渐变渗流 …… 218
第四节　地下水向水平集水构筑物的恒定渗流 …… 221
第五节　地下水向井的恒定渗流 …… 222
思考题 …… 227
习题 …… 228
第十一章　量纲分析与相似原理 …… 229
第一节　量纲及量纲和谐原理 …… 229
第二节　量纲分析法 …… 230
第三节　相似理论基础 …… 234
第四节　模型试验 …… 237
思考题 …… 240
习题 …… 240
附录Ⅰ …… 242
附录Ⅱ …… 243
附录Ⅲ …… 244
习题参考答案 …… 245
参考文献 …… 247

第一章　绪　　论

第一节　水力学的任务

水力学是研究液体平衡和运动的力学规律及其在工程中应用的科学。它是力学的一个分支，属于技术科学范畴。水力学研究的主要对象是以水为代表的液体，但其基本规律也同样适用于可忽略压缩性影响的气体。

水力学的基本内容可分为水静力学和水动力学两大部分。水静力学主要研究液体处于静止或相对平衡状态下的力学规律及其应用，如静止液体中某一作用点压强和某一作用面压力的计算等问题；水动力学主要研究液体处于运动状态下的力学规律及其应用，如管流、明渠流、堰流的计算等问题。因为静止是运动速度为零的一种特殊运动，所以水静力学规律和水动力学规律的关系也是“特殊性”与“一般性”的关系，前者包含在后者之中。

水力学和其他科学一样，是人类在不断征服自然的长期斗争中逐渐建立和发展起来的。水力学在工农业生产的各个部门有着广泛的应用，它是水利、环境、给水排水、道路桥梁、石油开采和动力机械等工程的重要基础理论之一。

在给水排水工程专业中，水力学是一门极为重要的技术基础课程。在给水与排水管渠的设计、给水与污废水处理构筑物的设计和给水与排水系统的运行管理等过程中，都会遇到一系列的水力学问题。只有学好水力学课程，才能正确地解决工程中所遇到的水力学方面的设计计算、运行管理与测试等问题。

在学习水力学过程中，要注重基本概念、基本原理和基本方法的理解与掌握，注重水力计算和实验研究基本技能的培养，学会理论联系实际地分析和解决工程实际中的水力学问题。

本书主要采用国际单位制。国际单位制在我国采用时间不长，在此之前，长期使用的是工程单位制，目前许多技术资料的物理量参数仍为工程单位制。因此，学习者必须注意这两种单位的换算，书后附录Ⅰ给出了常用力学量两种单位制的换算表。

第二节　液体和连续介质模型

一、液体的基本特征

物质通常有三种存在形式，即固体、液体和气体。由于它们的微观分子结构和分子力性质不同，它们的宏观性状也各不相同。液体的宏观性状介于固体与气体之间。

宏观地说，固体和液体都能保持一定的体积，很难被压缩，但液体易流动，其形状随盛装容器的形状而变化，而固体则能够保持一定的形状。这是由于它们所能承受的应力状态不同造成的。液体几乎不能承受拉应力，只能抵抗压应力，静止的液体也不能承受切应力，它在微小切应力的作用下，便很容易发生连续变形或流动；而固体既能承受一定的拉应力和压应力，也能承受一定的切应力，它具有一定的维持其自身固有形状的能力。

气体和液体都易流动，因此将它们统称为流体。它们的共同点是易流动性，这使得它们都没有固定的形状，而随盛装容器的形状而变化。它们的不同点是压缩性，液体很难被压缩，有自身固定的体积，当盛装容器的体积大于液体自身体积时，液体不能充满容器，而会在容器中形成一个自由表面；气体则很容易被压缩，没有固定的体积，能够充满整个盛装容器，不存在自由表面。

所以，液体的基本特征是具有易流动性和不易被压缩性，并可以有自由表面。

二、连续介质模型

液体同其他物质一样，是由大量分子组成的。分子在空间分布上的不连续性和分子热运动在时间上的随机性，导致了描述液体状态的物理量（如流速、压强、密度等）在空间和时间上也是不连续变化的，这给研究液体运动带来了困难。

然而，水力学的任务是研究液体的宏观机械运动，即研究液体大量分子的统计平均效应，并不关心个别分子的微观运动，而且液体分子的间隙与一般工程中所研究的液体几何尺寸相比是极其微不足道的。因此，1753 年瑞士数学家欧拉提出了连续介质的基本假设：认为液体是由无数质点组成的，这些质点毫无间隙地充满着液体所占据的全部空间。这里所说的“质点”，从微观上看，是一个包含大量分子的液体微团；从宏观上看，又是一个有一定质量而无空间尺寸的几何点。这就是对液体的真实结构进行抽象化了的连续介质模型。采用这一模型，摆脱了因分子结构和分子热运动所产生的各种复杂性，使描述液体状态的物理量都变为空间和时间的连续函数，从而能够充分利用连续函数这一有力的工具来研究液体宏观运动的力学规律。

实践证明，连续介质模型对于绝大多数的液体问题和一般的气体问题都是足够合理的。只有当所研究的区域小到与分子的大小处于同一数量级，或者在很稀薄的气体中和当液体性质有局部突变时，连续介质的模型就不再适用了。

在连续介质模型的基础上，一般可以认为液体具有均匀性和各向同性，即液体是均匀的，其各部分和各方向上的物理性质都一样。

第三节　液体的主要物理力学性质

液体的运动状态和力学规律，除与液体的外部因素有关外，更主要是取决于液体本身的物理力学性质。因此，在研究液体平衡和运动之前，首先应了解液体的主要物理力学性质。

一、密度与容重

单位体积液体所具有的质量称为液体的密度，以 ρ 表示。它反映了液体的质量属性。

对于质量为 M、体积为 V 的均质液体，其密度可表示为：

$$\rho=\frac{M}{V} \tag{1-1}$$

密度的国际单位为 kg/m^3。

单位体积液体所具有的重量称为液体的容重，以 γ 表示。它反映了液体的重力属性。

对于重量 G、体积为 V 的均质液体，其容重可表示为：

$$\gamma=\frac{G}{V} \tag{1-2}$$

容重的国际单位为 N/m^3 或 kN/m^3。

根据重力与重力加速度的关系可以推得，密度与容重的关系为：

$$\gamma = \rho g \tag{1-3}$$

式中　g——重力加速度，其值与地球纬度有关，一般可视为常数，本书中采用 $9.8m/s^2$。

一般情况下，液体的密度随温度和压强变化甚微，重力加速度又可视为常数，故液体的密度和容重在实用中通常取为常数。例如，常温下水的密度通常取为 $1000kg/m^3$，相应的容重为 $9800N/m^3$。一些常见流体的实用容重见表 1-1。

常见流体的容重（标准大气压下）　　表 1-1

名　称	水	水　银	汽　油	酒　精	四氯化碳	海　水	空　气
容重（N/m^3）	9800	133280	6664～7350	7778.3	15600	9996～10084	11.82
测定温度（℃）	4	0	15	15	20	15	20

二、压缩性与膨胀性

前面已讲到，在实用中液体的密度通常可取为常数。但当液体处在温度或压强变化很大的状态下时，其密度取值就要考虑到温度和压强变化的影响。这是由于液体的体积随着温度和压强的变化而产生了一定变化的原故。这种变化规律通常是：液体的压强增加，体积缩小，密度增加；液体的温度增加，体积膨胀，密度减小①。这种属性就是液体的压缩性（又叫弹性）和膨胀性。

1. 压缩性

液体的压缩性通常用体积压缩系数 β 或弹性模量 K 来表示。

体积压缩系数 β 是当温度保持不变时，液体体积的相对缩小值 dV/V（或密度的相对增加值 $d\rho/\rho$）与液体压强的增加值 dp 之比，即：

$$\beta = -\frac{dV/V}{dp} \tag{1-4a}$$

或

$$\beta = \frac{d\rho/\rho}{dp} \tag{1-4b}$$

因压强的变化量 dp 与体积的变化量 dV 符号始终相反，为使 β 为正值，故在式(1-4a)前加一负号。β 值愈小，说明液体愈不易被压缩。

弹性模量 K 是体积压缩系数 β 的倒数，即：

$$K = \frac{1}{\beta} = -\frac{dp}{dV/V} = \frac{dp}{d\rho/\rho} \tag{1-5}$$

显然，K 值愈大，液体愈不易被压缩。工程中常用 K 来衡量液体压缩性的大小。

国际单位制中，β 的单位为 Pa^{-1}，K 的单位为 Pa。

液体的 β 值或 K 值与液体种类有关，同一种液体的 β 值或 K 值还随温度和压强的不同而变化，但这种变化不大，一般可视为常数。

不可压缩的液体是不存在的，但液体的压缩性一般都很小。例如，在 0～100 个大气压

① 水的密度在 4℃ 时最大。

范围内，水的平均 K 值约为 $2\times10^{9}\mathrm{Pa}$（即 $\beta\approx5\times10^{-10}\mathrm{Pa}^{-1}$）。这个数值表明，水承受的压强每增加一个大气压所引起的体积相对压缩量仅为 $\frac{1}{20000}$，数值非常小。所以，液体在通常情况下被视为是不可压缩的，即认为液体的体积（或密度）与压力无关。但在瞬间压强变化很大的特殊场合（如第六章讨论的水击问题），则必须考虑水的压缩性。

2．膨胀性

液体膨胀性通常是用体积膨胀系数 α 来表示。

体积膨胀系数 α 是当压强保持不变时，液体体积的相对膨胀值 $\mathrm{d}V/V$（或密度的相对减小值 $\mathrm{d}\rho/\rho$）与液体温度的增加值 $\mathrm{d}T$ 之比，即：

$$\alpha=\frac{\mathrm{d}V/V}{\mathrm{d}T} \tag{1-6a}$$

或

$$\alpha=-\frac{\mathrm{d}\rho/\rho}{\mathrm{d}T} \tag{1-6b}$$

因温度的变化量 $\mathrm{d}T$ 与密度的变化量 $\mathrm{d}\rho$ 符号始终相反（特殊情况除外），为使 α 为正值，故在式（1-6b）前加一负号。α 值愈小，则液体的膨胀性也愈小。α 的单位为 K^{-1}（或℃$^{-1}$）。

液体的 α 值与液体的种类有关，同一种液体的 α 值还随着温度和压强的不同有所变化。但总体上讲，液体的膨胀系数 α 不大，即膨胀性不大。例如，水在一个大气压下，10～20℃时的 α 值可近似取为 1.5×10^{-4}℃$^{-1}$，90～100℃时的 α 值可近似取为 7.19×10^{-4}℃$^{-1}$。这意味着在这两种情况下，水的温度每升高一度时，其体积（或密度）的相对变化量仅分别为0.015%和0.0719%。所以，在温度变化不大时，可忽略液体的膨胀性，认为液体的体积（或密度）与温度无关。但当所研究液体的温度变化很大时，如在热力管道的设计计算中，则必须考虑液体的膨胀性，而不能将其密度视为常数。纯水在不同温度时的密度和容重见表1-2。

不同温度时水的密度和容重（标准大气压下） 表 1-2

温度（℃）	0	4	10	20	30	40	50	60	80	100
密度（$\mathrm{kg/m^3}$）	999.87	1000.00	999.73	998.23	995.67	992.24	988.07	983.24	971.83	958.38
容重（$\mathrm{N/m^3}$）	9798.73	9800.00	9797.35	9782.65	9757.57	9723.95	9683.09	9635.75	9523.94	9392.12

三、粘滞性

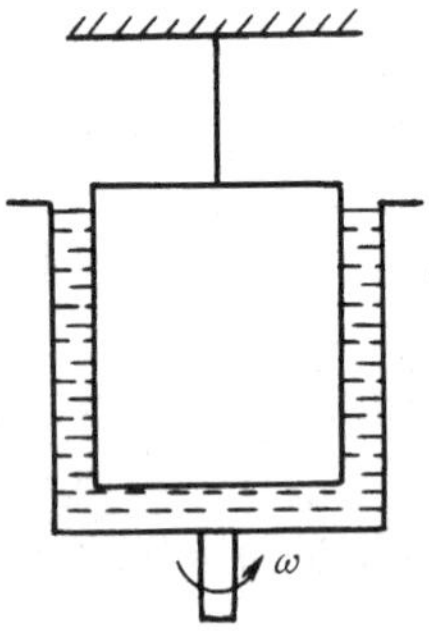

图 1-1

首先观察一个简单的实验。如图 1-1 所示，在固定的扭丝下悬挂一个圆筒，其外面放置一个能绕铅直轴旋转的圆筒形容器，在内、外圆筒的间隙中充以某种液体，如水或油等。当外筒旋转时，可以发现内筒也随之产生同方向的扭转，并且其扭转角度随外筒旋转速度而变化。当外筒转速一定时，内筒将平衡在一定的扭转角度上，外筒停止转动时，内筒将随之恢复到原来的位置上。

这个实验表明，附着于内筒和旋转的外筒壁上的液体之间存在着一种彼此阻碍对方运动趋势的作用。更多的实验现象表明，当液体质点间出现相对运动时，在液层间就会产生内摩擦力来抵抗这种相对运动。液体内部的这种抵抗液体质点间相对运动的性质称为液体的粘滞性，相应产生的内摩擦力，又叫粘滞性阻力。

所有实际液体都具有一定的粘滞性，它是液体的固有属性，是流动液体产生机械能损失的根源。

下面，进一步讨论内摩擦力的规律。

图 1-2 是当液体沿着很宽的顺直渠道作缓慢流动时，在渠道中部沿渠底壁面外法线方向 y 上的流速分布情况。由于液体粘滞性的作用，在紧贴渠底壁面的液层中，液体质点的流速为零；在渠底以上的各液层中，液体质点是呈相互牵连的，流速各不相同，离渠底愈远的质点，受渠底壁面上不动质点的影响愈小，流速相应愈大。这样，就形成了图 1-2 中所示的液面质点流速最大，向渠底流速逐渐减小的流速分布曲线。相邻各液层间质点的相对运动强度，可用流速在其垂直方向上的变化率，即流速梯度 $\mathrm{d}u/\mathrm{d}y$ 来表示。

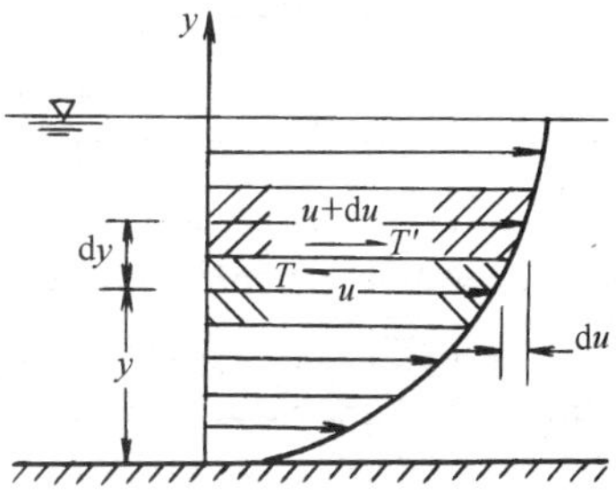

图 1-2

不同流速的流层一经形成，在任意相邻流层的接触面上就会产生一对等值反向的内摩擦力 T 和 T'，它们的方向总是与相邻流层间的相对运动方向相反，以阻碍相邻流层间的相对运动，如图 1-2 所示。图中流速为 $u+\mathrm{d}u$ 的较快流层，所受到的内摩擦力 T 的方向与流动方向相反，起到减缓快层运动的作用；流速为 u 的较慢流层，所受到的内摩擦力 T' 的方向与流动方向相同，起到加快慢层运动的作用。

可见，液体的粘滞性一方面引起了液体质点的分层运动，另一方面又企图阻滞液体质点的分层运动。

1686 年牛顿首先提出，后经实验证明：液体作层流运动时（层流的概念见第四章），液层间内摩擦力 T 的大小与液体的粘滞性有关，并与液层间的流速梯度 $\mathrm{d}u/\mathrm{d}y$ 和接触面积 A 成正比，与接触面积上的压力无关，这一规律称为牛顿内摩擦定律。即：

$$T=\mu A\frac{\mathrm{d}u}{\mathrm{d}y} \tag{1-7}$$

或：

$$\tau=\frac{T}{A}=\mu\frac{\mathrm{d}u}{\mathrm{d}y} \tag{1-8}$$

式中 τ——单位面积上的内摩擦力，称为粘滞性切应力，其国际单位为 Pa；

μ——反映液体粘滞性大小的参数，因其具有动力学量的量纲，故称为动力粘滞系数，其国际单位为 Pa·s。

由式(1-8)可以看出，当 $\mathrm{d}u/\mathrm{d}y=0$ 时，$\tau=0$。即当液层间处于相对静止（液体质点间无相对运动）时，液体中不出现内摩擦力。这就是说，液体的粘滞性只有在液层间有相对运动时才显示出来，对静止或相对平衡的液体不显示粘滞性。

在实用中，液体的粘滞性还常用液体的动力粘滞系数 μ 与液体的密度 ρ 的比值 ν 来表示，即：

$$\nu=\frac{\mu}{\rho} \tag{1-9}$$

式中 ν——具有运动学量的量纲，故称为运动粘滞系数，其国际单位为 m^2/s，也常用 cm^2/s 表示。

μ 和 ν 都是反映液体粘滞性属性的参数，故也常将它们统称为粘滞系数。μ 或 ν 值愈大，表明液体的粘滞性愈强。

μ 或 ν 与液体种类有关，同一种液体的 μ 或 ν 值还随液体的温度和压强不同而异。但一般情况下，压强对 μ 或 ν 的影响很小，可以忽略。温度则是影响 μ 或 ν 的主要因素，温度升高，液体的 μ 或 ν 值减小，即粘滞性减小。但气体的粘滞性是随着温度的升高而增强的，这是由于液体和气体的内摩擦机理不同所致。

在常压下，水的 ν 值与温度 t 的关系可用下列经验公式计算：

$$\nu = \frac{0.01775}{1 + 0.0337t + 0.000221t^2} \tag{1-10}$$

式中　t——水温，℃；

ν——液体运动粘滞系数，cm^2/s。

为使用方便，在表 1-3 中列出了水在不同温度时的粘滞系数值。

不同温度时水的粘滞系数　　**表 1-3**

温度(℃)	0	2	4	6	8	10	12	14
μ(Pa·s)	1.792×10^{-3}	1.673×10^{-3}	1.567×10^{-3}	1.473×10^{-3}	1.386×10^{-3}	1.308×10^{-3}	1.236×10^{-3}	1.171×10^{-3}
ν(m^2/s)	1.792×10^{-6}	1.673×10^{-6}	1.567×10^{-6}	1.473×10^{-6}	1.386×10^{-6}	1.308×10^{-6}	1.237×10^{-6}	1.712×10^{-6}
温度(℃)	16	18	20	22	24	26	28	30
μ(Pa·s)	1.111×10^{-3}	1.056×10^{-3}	1.005×10^{-3}	0.958×10^{-3}	0.914×10^{-3}	0.874×10^{-3}	0.836×10^{-3}	0.801×10^{-3}
ν(m^2/s)	1.112×10^{-6}	1.057×10^{-6}	1.007×10^{-6}	0.960×10^{-6}	0.917×10^{-6}	0.877×10^{-6}	0.839×10^{-6}	0.804×10^{-6}
温度(℃)	35	40	45	50	60	70	80	90
μ(Pa·s)	0.723×10^{-3}	0.656×10^{-3}	0.599×10^{-3}	0.549×10^{-3}	0.469×10^{-3}	0.406×10^{-3}	0.357×10^{-3}	0.317×10^{-3}
ν(m^2/s)	0.727×10^{-6}	0.661×10^{-6}	0.605×10^{-6}	0.556×10^{-6}	0.477×10^{-6}	0.415×10^{-6}	0.367×10^{-6}	0.328×10^{-6}

需要指出，上述牛顿内摩擦定律只适用于一般液体，对于某些特殊液体是不适用的。满足牛顿内摩擦定律的液体称为牛顿液体，如水、乙醇、水银及某些油类等；不满足牛顿内摩擦定律的液体称为非牛顿液体，如泥浆、橡胶，油漆、血浆等。本书只讨论牛顿液体。

所有实际液体都具有一定的粘滞性，所以又称实际液体为粘性液体。由于粘滞性的存在，对液体运动的研究变得复杂化。为使所讨论的问题得以简化，便于理论分析，常常先忽略液体的粘滞性，待得出研究结论后，再将其进行必要的修正，以应用于实际液体。这种忽略粘滞性的理想化液体称为理想液体。理想液体实际上不存在，它只是一种简化了的理想力学模型。

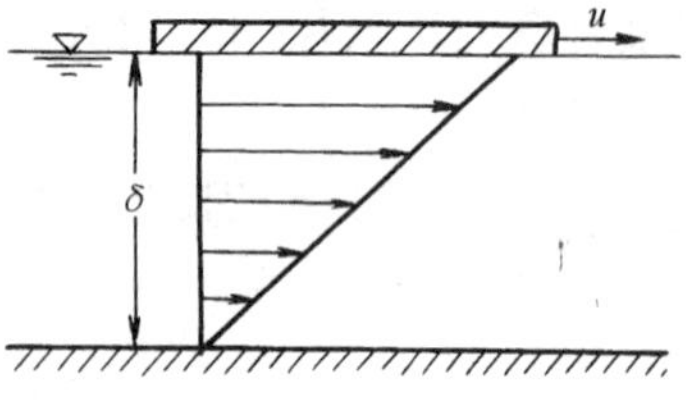

图 1-3

【例 1-1】 如图 1-3，将一面积 $A = 1m^2$ 的平板放入盛水的槽中。若平板在水面上以 $u = 1m/s$ 的速度沿水平方向运动，平板与槽底之间的距离 $\delta = 1mm$，假设水层内流速按直线分布。试求当水温 $t = 10$℃时，平板所受到的阻力 T。

【解】 由于水层内流速按直线分布，则流速梯度 $\frac{du}{dt}$ = 常数。查表 1-3，$t = 10$℃时，$\mu = 1.308\times10^{-3}$Pa·s。故应用式(1-7)得平板受到的阻力为：

$$T=\mu A\frac{\mathrm{d}u}{\mathrm{d}y}=1.308\times10^{-3}\times\frac{1}{0.001}=1.308\mathrm{N}$$

四、表面张力

日常生活中,常常能看到水滴附着在玻璃上或悬挂在水龙头出口上、水银在平滑表面上呈球形滚动等现象。这些现象表明,液体自由表面有明显地欲收缩为球形的趋势。引起这种收缩趋势的力称为液体的表面张力。

表面张力不仅存在于液体的自由表面,也存在于两种不同液体和液体与固体的分界面上。它是由于处在液体表面上的液体分子所受到的内外分子引力作用不平衡而引起的一种宏观效果。表面张力的作用方向与液体表面相切,它仿佛像一张拉紧的"薄膜网"作用在液体的表面,并试图使液体表面收缩为最小。

表面张力的大小可以用表面张力系数来度量。设想在液体表面画一条截线,则截线两侧的液面存在着相互的拉力(即此处的表面张力)作用,它垂直于该截线并与液面相切。表面张力系数就是作用于液面上单位长度假想截线的表面张力,以 σ 表示,其国际单位为N/m。σ 的大小随液体的种类、温度及表面的接触情况而异。例如,20℃时,与空气接触的水和水银的表面张力系数分别为0.074N/m和0.54N/m。

表面张力仅存在于液体的表面,在液体内部不存在。所以,表面张力是液体的一种局部受力现象。由于表面张力很小,一般对液体的宏观运动不产生影响,可以忽略不计。只有当液体表面为曲面,且曲率半径很小时,才考虑它的影响。

毛细现象就是表面张力现象较明显的例子。将一根两端开口的细玻璃管插入液体中,在液体表面张力和重力的共同作用下,可引起玻璃管中的液面弯曲,并使液体在玻璃管中出现相对上升或下降的现象,这种现象称为毛细现象,如图1-4所示。能引起毛细现象的细管称为毛细管。

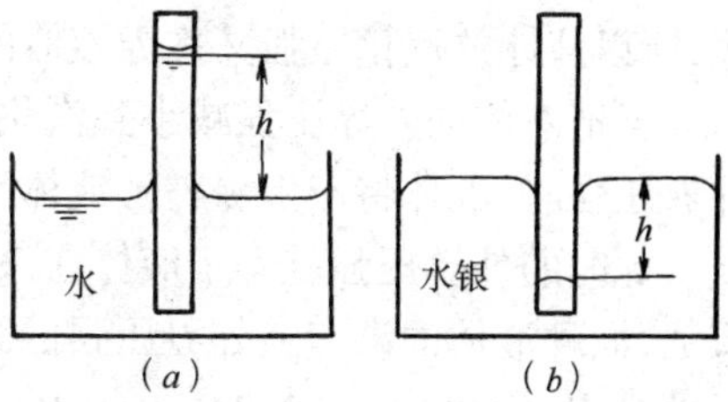

图1-4

液体在毛细管内是上升还是下降,取决于液体分子与管壁分子间的附着力和液体分子间的相互吸引力(即内聚力)的相对大小关系(这是液体与固体接触的表面张力问题)。当液、固间的附着力大于液体的内聚力时,液体将附着于固体壁面,并沿固体壁面向外伸展,使液面呈凹形弯月面。这时,由于表面张力的作用,液面又力图上凸成平面(因为表面张力总试图使液面收缩为最小)。二者作用的结果将使液体沿毛细管上升,直到上升液柱的重力与表面张力向上的竖直分量平衡为止。细玻璃管插入水中时就是这种情况,如图1-4(a)所示。当液、固间的附着力小于液体的内聚力时,液体将不附着于固体壁面,并沿固体壁面向内收缩,结果与上述情况相反,液面呈凸形弯月面,并使液体在毛细管中相对下降一定的高度。细玻璃管插入水银时就是这种情况,如图1-4(b)所示。

20℃时,水在玻璃管中的相对上升高度 h 约为:

$$h=\frac{29.8}{d}\tag{1-11}$$

水银在玻璃管中的相对下降高度 h 约为:

$$h = \frac{10.15}{d} \quad (1\text{-}12)$$

式中　d——玻璃管内径，mm；

h——玻璃管中液面的相对上升或下降高度，mm。

由以上二式可知，玻璃管内径 d 愈小，管内、外液面的相对差值 h 就愈大。因此，为减小误差，实验室用的测压管内径一般不小于 10mm。

五、汽化压强

液体分子具有一定的动能，这一动能总是试图使其离开液体的自由表面，使液体汽化为蒸气。这样宏观上，在液体的自由表面就会存在一种向外扩张的压强（压力），这种压强就称为汽化压强（或汽化压力）。液体的汽化压强是液体内部分子动能大小在外界的一种宏观表现，所以它将随着液体温度的升高而增大。水的汽化压强与温度的关系见表 1-4。

水的汽化压强（饱和蒸气压）　　　　表 1-4

水温（℃）	0	5	10	15	20	25	30	40	50	60	70	80	90	100
汽化压强（kPa）	0.61	0.87	1.23	1.70	2.34	3.17	4.24	7.38	12.33	19.92	31.16	47.34	70.10	101.33

汽化压强是液体的固有属性，与液体的种类有关。一些常见液体在 20℃ 时的汽化压强值见表 1-5。

一些液体在 20℃ 时的汽化压强（饱和蒸气压）　　　　表 1-5

液体种类	水	水银	四氯化碳	煤油	汽油
汽化压强（kPa）	2.34	0.00017	12.1	3.2	55

因为液体在某一温度下的汽化压强与液体在该温度下的饱和蒸气所具有的压强对应相等，所以液体的汽化压强又称为液体的饱和蒸气压。

当把液体的外界压强减小到汽化压强，或将液体自身的温度升高，使其汽化压强增大到外界压强时，液体将产生沸腾。液体沸腾时所具有的温度称为液体对应于外界压强下的沸点。此时的外界压强就等于液体在该沸点温度下的饱和蒸气压。液体的沸点与液体的种类有关，同种液体的沸点随外界压强的减小而降低。例如，水在 101.33kPa（一个标准大气压）时的沸点是 100℃，在 2.34kPa（0.023 个标准大气压）时的沸点是 20℃。

在常温下，当流动液体某处的压强等于或低于液体温度下的汽化压强时，该处液体将产生沸腾而出现许多气泡，这种现象称为冷沸。冷沸现象会使液体流动的连续被破坏，影响管道的输水效果。若冷沸现象长期出现，还会对固体壁面造成不良影响（如水泵叶片的气蚀现象等）。所以工程实际中，必须避免这种现象的发生。

综上所述，从水力学观点看，液体是一种易于流动、不易压缩、不易膨胀、具有一定粘滞性、均质各向同性的连续介质。在特殊情况下，还需要考虑液体的不连续性、压缩性、膨胀性、表面张力和汽化压强等特性。

第四节　作用在液体上的力

液体无论处于何种运动状态均受到一定力的作用，液体的受力情况是决定液体运动状态的重要外部因素。作用于液体上的力，按其物理力学性质可分为重力、弹性力、摩擦力、表面张力和惯性力等。按这些力的作用方式，又可将它们划分为质量力和表面力两大类。

一、质量力

质量力是作用在液体每个质点上的力，其大小与液体的质量成正比。在均质液体中，质量力又与液体体积成正比，故又称其为体积力。水力学中常出现的质量力有重力和惯性力。重力是最常见的一种质量力，它在地球表面处处存在。

对于惯性力，需要作一些说明。惯性力是在非惯性参照系中讨论力学问题时，为使牛顿定律得以成立而引入的一种作用在质点上的虚构力。这种虚构力只相对非惯性参照系有意义，在惯性参照系中不存在。水力学描述液体运动时，通常以液体的固体边界为参照系。这时，当固体边界相对地面静止或作匀速直线运动（即固体边界为惯性参照系）时，不管液体质点相对固体边界如何运动，作用在液体质点上的质量力只有重力；而当固体边界相对地面作变速运动（即固体边界为非惯性参照系）时，不管液体质点相对固体边界如何运动，作用在液体质点上的质量力除重力外，还有惯性力。在水力学中，有时也将参照系建立在运动的液体上。这时，只要液体质点相对地面作变速运动，液体质点就会受到惯性力作用，这也就是达兰贝尔的动静法。

质量力常用单位质量力来表示。若某均质液体的质量为 m，所受的质量力为 $\boldsymbol{F}$，则单位质量力 $\boldsymbol{f}$ 为：

$$\boldsymbol{f}=\frac{\boldsymbol{F}}{m} \tag{1-13}$$

设 $\boldsymbol{F}$ 在三个空间坐标轴上的分量分别为 F_x、F_y、F_z，则 $\boldsymbol{f}$ 在相应的三个坐标轴上的分量 X、Y、Z 分别可表示为：

$$X=\frac{F_x}{m}、\quad Y=\frac{F_y}{m}、\quad Z=\frac{F_z}{m} \tag{1-14}$$

单位质量力的单位与加速度单位相同，即 m/s^2。

二、表面力

表面力是作用在液体表面上的力，它随着受力表面面积的增大而增大。

表面力可以是作用在液体边界上的外力，如液体自由表面受到的大气压力，固体边界对液体的反作用力和摩擦力等。在一定条件下，表面力也可以是液体内各部分之间相互作用的内力。内力在液体的内部是相互平衡的，但当从液体中取出一部分作为隔离体进行研究时，作用在这个隔离体表面上的内力就转变成外力了。例如，液流中两液层之间的内摩擦力，对于液层之上或之下的两部分液体来说都是一种外力。

由于液体几乎不能承受拉力，可以认为，作用在液体上的表面力只可能分解为垂直于作用面的压力和平行于作用面的切向力两种形式。

在液体内部，表面力的分布情况可用单位面积上的表面力，即应力来表示。单位面积上的压力称为压应力（或压强），以 p 表示；单位面积上的切向力称为切应力，以 τ 表示。若设液体作用于受力面积 ΔA 上的压力为 ΔP、切向力为 ΔT，则面积 ΔA 上的平均压应力为 $\bar{p}=\Delta P/\Delta A$，平均切应力为 $\bar{\tau}=T/\Delta A$。根据液体是连续介质的假设，当此面积 ΔA 无限缩小于一点时，该点的压应力（压强）p 和切应力 τ 分别为：

$$p=\lim_{\Delta A\to 0}\frac{\Delta P}{\Delta A} \tag{1-15}$$

$$\tau = \lim_{\Delta A \to 0} \frac{\Delta T}{\Delta A} \tag{1-16}$$

压应力(压强)和切应力的国际单位均为 Pa 或 kPa 和 MPa。

思 考 题

1-1 从应力的角度分析,液体与固体和气体有哪些共同点和不同点。

1-2 连续介质模型是怎么回事?在连续介质中,液体质点的含义是什么?连续介质模型对液体运动的研究有何意义?

1-3 液体的压缩性与膨胀性用什么来表示?它们对液体的密度和容重有何影响?在水力计算中,一般认为液体的密度和容重为常数的依据何在?

1-4 何谓液体的粘滞性?它对液体运动有何影响?什么叫牛顿液体和非牛顿液体?

1-5 什么叫理想液体?引入理想液体的概念对液体运动的研究有何意义?

1-6 液体在毛细管中为什么会产生毛细现象?毛细现象与毛细管直径有什么关系?

1-7 液体汽化压强的大小与液体的温度和外界压强有无关系?根据液体的汽化压强特性,液流在什么条件下会产生不利因素?

1-8 如何理解惯性力的概念?能否说相对地面作加速运动的液体质点一定受到惯性力的作用?

1-9 说出在哪些特殊情况下,需要考虑水的不连续性、压缩性、膨胀性、表面张力特性和汽化压强特性。

习 题

1-1 已知 $0.5m^3$ 油的质量 $M = 430kg$,试求其密度和容重。

1-2 20℃、$2.5m^3$ 的水,当温度升至 80℃时,其体积的相对增加值为多少?

1-3 水的弹性模量为 $1.962 \times 10^9 Pa$,试问压强改变多少时,它的体积相对压缩 1%?

1-4 在长度为 $l = 200m$、直径 $d = 400mm$ 的输水管道中作压水试验,当管中压强增加至 5390kPa 后停止加压,经过 1h 后,管中压强降至 4900kPa。若不计管道变形,问在上述试验过程中经管道漏缝流出的水量平均为多少 m^3/s?(取水的体积压缩系数 $\beta = 5.0 \times 10^{-10} Pa^{-1}$)

1-5 体积为 $5m^3$ 的水,在温度不变的条件下,压强从 1 个大气压强(即 $9.8 \times 10^4 Pa$)增加到 5 个大气压强,体积减小了 $0.001m^3$。试求水的体积压缩系数 β 和弹性模量 K。

1-6 如图所示,一直径 $d = 11.96cm$、长度 $l = 14cm$ 的活塞,在一直径 $D = 12cm$ 的活塞筒内运动。活塞与筒之间充以润滑油,若润滑油的动力粘滞系数 $\mu = 0.172 Pa \cdot s$,问需对活塞施加多大的力 F,才能使活塞以 1m/s 的速度作匀速运动?

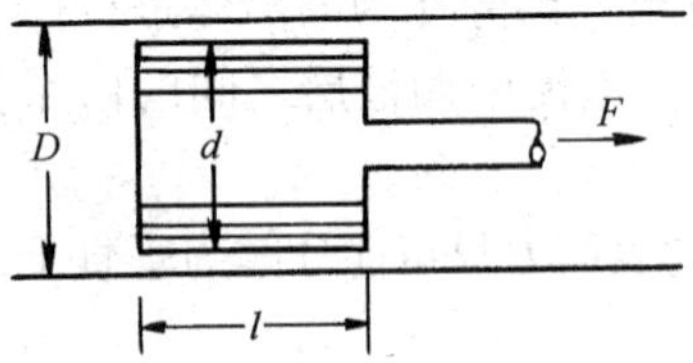

题 1-6 图

第二章　水　静　力　学

水静力学主要研究液体处于静止和相对平衡状态下的力学规律及其在工程实际中的应用。这里所说的静止状态是指液体与地面间无相对运动的状态；相对平衡状态是指液体与地面间有相对运动，但液体内部质点之间及液体与容器之间均无相对运动的状态，这种状态也称为相对静止状态。

显然，处于静止或相对平衡状态的液体是不显示粘滞性的，液体内部质点之间及液体与容器之间的相互作用都是以压力的形式表现的。所以，水静力学的任务实质就是研究处于这两种状态下液体内部压强的分布规律以及利用这些规律解决液体中某一作用点的压强和某一作用面的压力计算问题。在不需要加以区分时，人们常将处于静止和相对平衡状态的液体统称为平衡液体。

第一节　静水压强及其特性

一、静水压力与静水压强

在生产和生活实践中，我们知道液体对与之接触的表面一般都会产生一种压力的作用。如图 2-1，在引水涵洞进口处设置了平板闸门，当开启闸门时，需要一定的拉力，其主要原因除闸门自身的重力外，还有水对闸门作用了一定的压力。液体不仅对与之相接触的固体边界作用有压力，在液体内部相邻的两部分液体之间也相互作用有压力。静止或相对平衡液体作用在与之接触的表面上的压力称为静水压力（也称为静水总压力），以 P 表示，其国际单位为 N 或 kN。

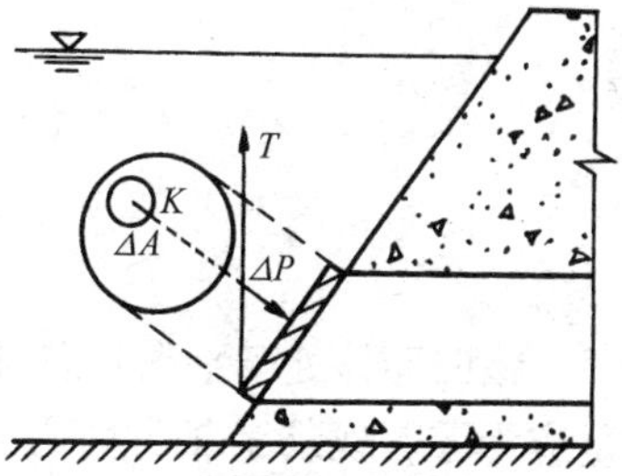

图 2-1

在绪论中已明确了压应力（压强）的概念。静水压强就是作用在单位面积上的静水压力，以 p 表示，前已介绍，其国际单位为 Pa 或 kPa 和 MPa。在图 2-1 所示的平板闸门上，围绕某任一点 K 取一小面积 ΔA，设作用在 ΔA 上的静水压力为 ΔP，则 ΔA 面积上的平均静水压强 $\bar{p}$ 为：

$$\bar{p}=\frac{\Delta P}{\Delta A} \tag{2-1}$$

$\bar{p}$ 代表了静水压强在 ΔA 面积上的平均值。当 ΔA 无限缩小至 K 点时，这一极限状态的平均静水压强就是平衡液体在 K 点的静水压强，即：

$$p=\lim_{\Delta A\to 0}\frac{\Delta P}{\Delta A} \tag{2-2}$$

二、静水压强的特性

因为液体几乎不能承受拉应力，平衡液体也不能承受切应力（否则液体将产生流动），所以，在平衡液体中只有垂直并指向作用面的压应力，即静水压强。

静水压强的特性是：平衡液体中，任一点静水压强的大小与受压面的方位无关，或者说平衡液体中，在同一点处各个方向上的静水压强值都相等。

在平衡液体中的任一点上，可以有无数方位的假想作用面，这也就是说，该点的静水压强有无数个作用方位。静水压强特性的含义就是作用在这无数不同方位上的静水压强值相等。现证明如下：

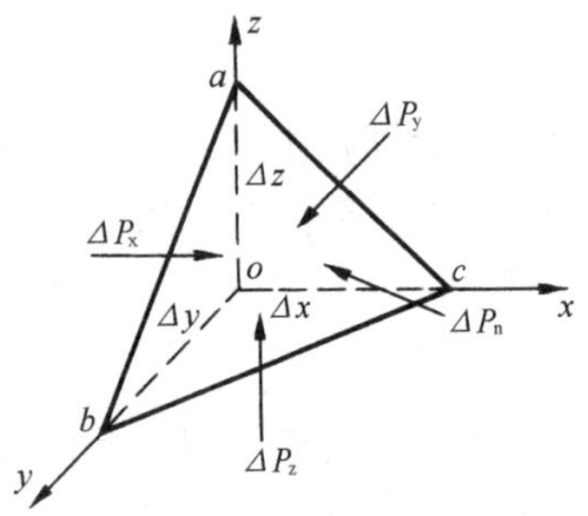

图 2-2

在平衡液体中任取一点 o，以 o 为原点建立直角坐标系，并在直角坐标系上取包括原点 o 在内的小四面体 $oabc$，其与坐标轴重合的三个边长分别为 Δx、Δy、Δz，如图 2-2 所示。现以该四面体为隔离体分析其受力情况和平衡条件。

分析液体的受力情况可从表面力和质量力两方面进行。

该四面体受到的表面力就是作用在四面体四个小面积上的静水压力。设四面体的四个表面 oab、oac、obc 和 abc 的面积分别为 ΔA_x、ΔA_y、ΔA_z 和 ΔA_n，它们上面所受到的静水压力分别为 ΔP_x、ΔP_y、ΔP_z 和 ΔP_n。

由几何学可知，该四面体体积为$\frac{1}{6}\Delta x\Delta y\Delta z$。设四面体的单位质量力在 x、y、z 三轴方向的分量分别为 X、Y、Z，则该四面体上的质量力沿三个坐标轴方向上的分量分别为：

$$F_x=\frac{1}{6}\rho\Delta x\Delta y\Delta z\cdot X$$

$$F_y=\frac{1}{6}\rho\Delta x\Delta y\Delta z\cdot Y$$

$$F_z=\frac{1}{6}\rho\Delta x\Delta y\Delta z\cdot Z$$

该四面体处于平衡状态，按平衡条件，作用在四面体上的合外力沿三个坐标轴方向的分量应为零。现以 x 轴方向为例，其平衡方程为：

$$\Delta P_x-\Delta P_n\cos(\boldsymbol{n},\boldsymbol{x})+F_x=\Delta P_x-\Delta P_n\cos(\boldsymbol{n},\boldsymbol{x})+\frac{1}{6}\rho\Delta x\Delta y\Delta z\cdot X=0 \qquad (a)$$

式中的$(\boldsymbol{n},\boldsymbol{x})$代表斜面 abc 的外法向$\boldsymbol{n}$ 与 x 轴的夹角。

显然 $$\Delta A_x=\Delta A_n\cos(\boldsymbol{n},\boldsymbol{x})=\frac{1}{2}\Delta y\Delta z$$

将(a)式各项同除以 ΔA_x，并注意上式的关系可得：

$$\frac{\Delta P_x}{\Delta A_x}-\frac{\Delta P_n}{\Delta A_n}+\frac{1}{3}\rho\Delta x\cdot X=0 \qquad (b)$$

式中$\frac{\Delta P_x}{\Delta A_x}$、$\frac{\Delta P_n}{\Delta A_n}$分别为 ΔA_x、ΔA_n 面上的平均静水压强。当四面体无限缩小至 o 点时，(b)式中的第三项将趋于零，而前两项就是平衡液体在 o 点沿着 x 轴向和ΔA_n 内法线方向上的静水压强 p_x 和 p_n，所以可以得到：

$$p_x=p_n$$

同理，沿 y、z 轴方向建立平衡方程可推得：

$$p_y=p_n,\quad p_z=p_n$$

故：
$$p_x = p_y = p_z = p_n \tag{2-3}$$
因为斜面 abc 的方位是任意选取的，故式(2-3)表明，平衡液体中在同一点处各个方向上的静水压强大小都相等，从而证明了静水压强的特性。

静水压强的这一特性说明，在计算平衡液体中任一点静水压强的大小时，可以不考虑静水压强的方向，它只是位置坐标的函数，即：
$$p = p(x, y, z)$$

第二节　液体平衡微分方程

一、液体平衡微分方程

在平衡液体中任选一点 o'，以 o' 为中心分割出一微小正六面隔离体，其各边长分别为 dx、dy、dz，并与相应的直角坐标轴平行，如图 2-3 所示。该六面体应在所有表面力和质量力的作用下处于平衡。现分析该六面体沿 x 轴方向的受力情况。

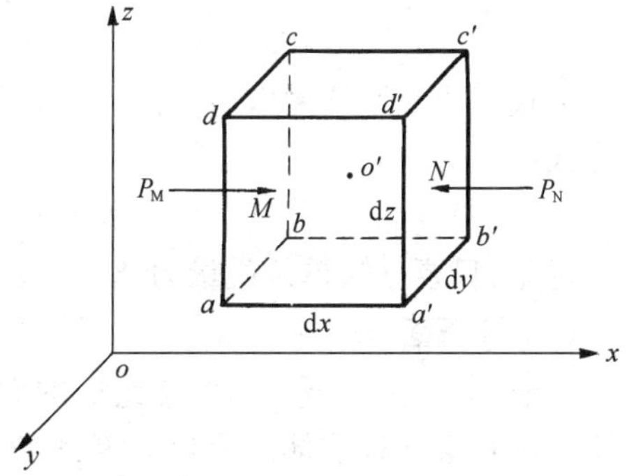

图 2-3

设作用在 o' 点的静水压强为 p，它是位置坐标的连续函数，即 $p = p(x, y, z)$。根据泰勒级数将 p 沿 x 轴方向展开，并略去级数中二阶以上的各项微量，可得沿 x 轴方向作用于 $abcd$ 面形心点 M 和 $a'b'c'd'$ 面形心点 N 的压强分别为：
$$p_M = p - \frac{1}{2}\frac{\partial p}{\partial x}dx \quad 和 \quad p_N = p + \frac{1}{2}\frac{\partial p}{\partial x}dx$$
所以，作用于 $abcd$ 和 $a'b'c'd'$ 两微小面上的表面力分别为：
$$p_M = \left(p - \frac{1}{2}\frac{\partial p}{\partial x}dx\right)dydz \quad 和 \quad p_N = \left(p + \frac{1}{2}\frac{\partial p}{\partial x}dx\right)dydz$$
设作用在六面体上的单位质量力沿 x、y、z 三轴方向的分量分别为 X、Y、Z，则六面体上的质量力沿 x 轴方向的分量为：
$$\rho dxdydz \cdot X$$
根据液体平衡条件，六面体所受到的合外力沿 x 轴方向分量应为零，即：
$$\left(p - \frac{1}{2}\frac{\partial p}{\partial x}dx\right)dydz - \left(p + \frac{1}{2}\frac{\partial p}{\partial x}dx\right)dydz + \rho dxdydz \cdot X = 0$$
将上式各项同除以 $\rho dxdydz$ 并整理得：
$$\frac{\partial p}{\partial x} = \rho X \tag{2-4a}$$
同理，沿 y、z 轴方向讨论可推得：
$$\frac{\partial p}{\partial y} = \rho Y \tag{2-4b}$$

$$\frac{\partial p}{\partial z} = \rho Z \tag{2-4c}$$

方程组(2-4)称为液体平衡微分方程,它由欧拉于1775年首先推出,故又称为欧拉平衡微分方程。该方程组表明,平衡液体中任一点静水压强沿某一方向的变化率与该方向上液体单位体积的质量力相等。这也说明,平衡液体中静水压强的变化是由作用在液体质点上的质量力所引起的,若沿某一方向不存在质量力的分量,则沿该方向就没有静水压强的变化,即静水压强保持为常数。

液体平衡微分方程还可以表示成全微分的形式。将方程组(2-4)中各式依次乘以 dx、dy 和 dz,并相加得:

$$\frac{\partial p}{\partial x}dx + \frac{\partial p}{\partial y}dy + \frac{\partial p}{\partial z}dz = \rho(Xdx + Ydy + Zdz)$$

上式左边是连续函数 $p = p(x,y,z)$的全微分 dp,从而得到液体平衡微分方程的全微分形式:

$$dp = \rho(Xdx + Ydy + Zdz) \tag{2-5}$$

可见,只要已知单位质量力 X、Y、Z,就可以通过积分求得静水压强的分布规律。

二、等压面

在液体中,由压强相等的点组成的面称为等压面。例如,液体的自由表面及处于平衡状态下互不相混两种液体的分界面等,均为等压面。在等压面上各点的压强都相等,即 $p=$常数,$dp=0$,故由式(2-5)可得平衡液体的等压面方程为:

$$Xdx + Ydy + Zdz = 0 \tag{2-6}$$

等压面的重要特性是:等压面与质量力正交。

上面的分析已经指出,在平衡液体中,静水压强沿某一方向的变化是由该方向上质量力的作用而引起的。在等压面上静水压强的变化为零,就表明质量力在等压面上的分量为零,所以等压面与质量力正交。根据这一特性,在平衡液体中,当已知质量力方向时,便可求得等压面方向,反之亦然。例如,在相对地面静止的液体中,等压面可视为一系列垂直于重力方向的水平面。

第三节 重力作用下液体的平衡

在水力学中,平衡液体所受到的质量力都是以平衡液体的固体边界为参照系讨论的。当固体边界相对地面静止或匀速直线运动时,作用在平衡液体上的质量力就只有重力;当固体边界相对地面作变速运动时,作用在平衡液体上的质量力除重力外,还有惯性力。

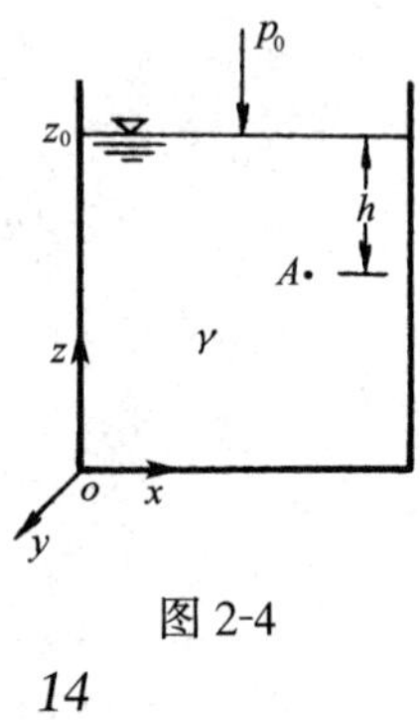

图 2-4

在工程实际中,常常见到液体处于与地面间无相对运动的静止状态,这时液体所受到的质量力仅为重力。显然,属于这种情况的还有相对地面作匀速直线运动的平衡液体。两种平衡液体内部静水压强的分布规律是一致的,下面以静止液体为例进行讨论。

一、水静力学基本方程

设静止液体如图 2-4 所示,将直角坐标系的原点 o 选在容器的底部，z 轴竖直向上。这时，液体所受到的质量力只有重力，即单位质量力在各坐标轴方向上的分量为：

$$X = Y = 0, \quad Z = -g$$

代入式(2-5)得：

$$\mathrm{d}p = -\rho g \mathrm{d}z = -\gamma \mathrm{d}z$$

或

$$\mathrm{d}z + \frac{\mathrm{d}p}{\gamma} = 0$$

对于同种液体，γ 为常数，所以在液体中对上式积分可得：

$$z + \frac{p}{\gamma} = C \tag{2-7}$$

式中　C——积分常数；

　　z——计算点到 xoy 水平面(称此面为基准面，其位置可以任意选取)的铅直距离；

　　p——计算点的静水压强。

式(2-7)就是水静力学基本方程。由于式中的 z 与 $\frac{p}{\gamma}$ 都具有长度量纲，在水力学中，习惯将 z 称为计算点的位置水头，$\frac{p}{\gamma}$ 称为计算点的压强水头。

将自由表面的 $z = z_0$、$p = p_0$ 代入式(2-7)，可得积分常数 $C = z_0 + \frac{p_0}{\gamma}$。由图 2-4 可知，液面下任一点 A 处的水深 $h = z_0 - z$。将 $C = z_0 + \frac{p_0}{\gamma}$ 代入式(2-7)，并注意 $h = z_0 - z$，整理得：

$$p = p_0 + \gamma h \tag{2-8}$$

式(2-8)为水静力学基本方程的另一种形式。它是计算重力作用下的平衡液体中任一点静水压强的基本公式。

两种形式的水静力学基本方程实质是一样的，在质量力仅为重力作用的同种相互连通的平衡液体中，它们可以反映以下规律：

(1) 液体中任一点的位置水头 z 和压强水头 p/γ 之和都相等，或者说静水压强随水深呈线性规律变化，与水平方向的 x、y 轴无关。

(2) 液体中任一点的静水压强都等于液面压强 p_0 与从该点到液面的单位面积上液体的重量 γh 之和，且液面压强的任何变化量 Δp_0，都会等值地传到液体中的各点。

(3) 液体中的等压面为一系列位置水头 z 或水深 h 等于常数的等深水平面(严格地讲是一系列与地球同心的曲面)。等压面的概念，常常对液体中某点压强的计算很有帮助。

这里必须强调，水静力学基本方程是在质量力仅为重力作用的同种相互连通的平衡液

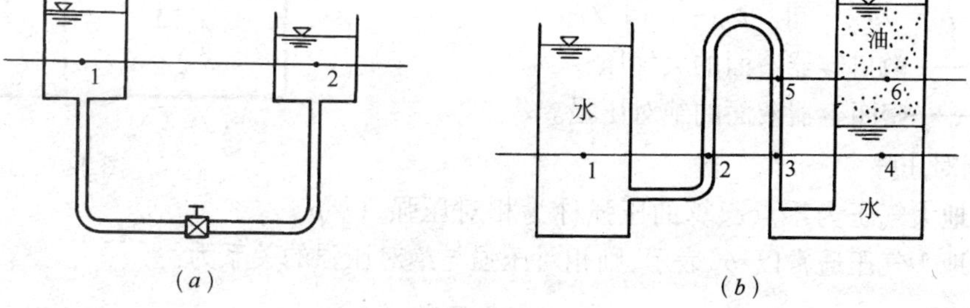

图 2-5

(a)连通器被隔断；(b)盛有两种不同溶液的连通器

体中建立的。如果平衡液体的质量力仅为重力、液体是同种且相互连通这三个条件不能同时满足，一般就不能直接应用上述规律。例如，图 2-5(a)中的点 1 和点 2，虽然同处在同种静止液体中的同一水平面上，但由于液体被容器底部的阀门隔开，且阀门两侧液面高度不等，所以通过这两点的水平面就不是等压面；图 2-5(b)的容器中盛有油和水两种互不相混的液体，图中的点 1、2、3、4 四点处在同种相互连通的静止液体中，并在同一水平面上，所以通过这四点的水平面为等压面；而图中的点 5 和点 6 虽说也处在相互连通的静止液体中，并在同一水平面上，但它们分别处在不同的液体中，所以通过这两点的水平面就不是等压面。

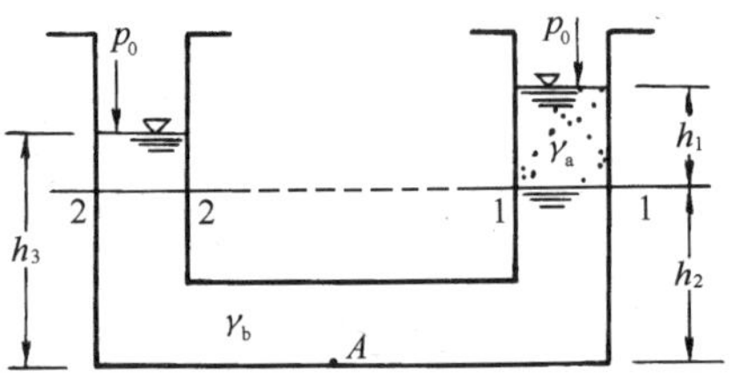

图 2-6

【例 2-1】 容重为 γ_a 和 γ_b 的两种液体，盛装在如图 2-6 所示的容器中，各液面深度如图所示，两端自由液面压强均为 p_0。若 γ_b 为已知，试求 γ_a 及容器底部 A 点的压强 p_A。

【解】 先求 γ_a

根据同种相互连通的静止液体中等压面为水平面的规律可知，沿两种液体的分界面所作的 11-22 水平面为等压面，故由式(2-8)得：

$$p_0 + \gamma_a h_1 = p_0 + \gamma_b (h_3 - h_2)$$

解得

$$\gamma_a = \gamma_b \frac{h_3 - h_2}{h_1}$$

再求 p_A

由于 γ_a 已为已知量，故求 p_A 既可从连通器的左端进行，也可从连通器的右端进行，由式(2-8)得：

$$p_A = p_0 + \gamma_b h_3$$

或

$$p_A = p_0 + \gamma_a h_1 + \gamma_b h_2$$

二、压强的表示方法和量度单位

在工程计算中，压强可以采用不同的计算基准和量度单位。

(一) 绝对压强、相对压强和真空压强

压强通常采用两种计算基准和三种方法表示。

1．绝对压强

以没有气体分子存在的绝对真空状态为零点起算的压强称为绝对压强，以 p' 表示。如图 2-7(a)、(b)中点 A 和点 B 的绝对压强分别为：

$$p'_A = p_a + \gamma h_A \quad 和 \quad p'_B = p'_0 + \gamma h_B$$

式中 p_a——敞口容器液面的大气压；

p'_0——密闭容器液面的绝对压强。

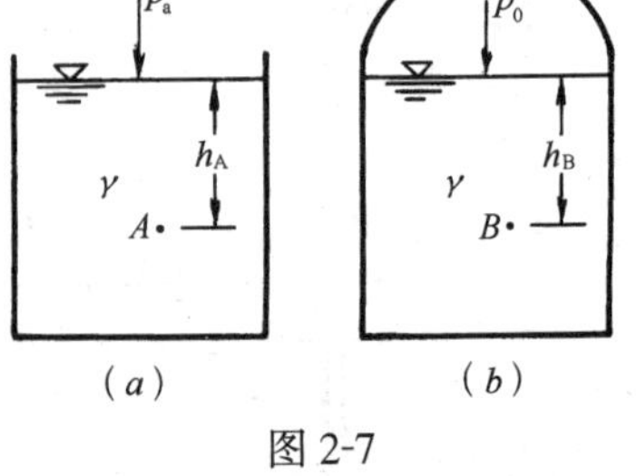

图 2-7

2．相对压强

以当地大气压为零点起算的压强称为相对压强，以 p 表示。当地大气压通常以 p_a 表示，则相对压强与绝对压强的关系为：

$$p = p' - p_a \tag{2-9}$$

显然,对于液面与大气相通的敞口静止液体,若采用相对压强计算时,式(2-8)中的 $p_0=0$,则:

$$p=\gamma h \tag{2-10}$$

这就是敞口的静止液体中任一点相对压强的计算公式。

如图 2-7(a)、(b)中,点 A 和点 B 的相对压强分别为:

$$p_A=\gamma h_A \quad 和 \quad p_B=p'_0+\gamma h_B-p_a$$

工程中采用测压表(计)测得的压强一般都是相对压强,故相对压强又常称为表压。由于大气压在地球表面处处都存在,实用中通常所说的压强均指相对压强。

3. 真空压强

绝对压强不可能出现负值,而相对压强则可能是正值或负值。当某点的绝对压强 p' 小于当地大气压 p_a,或其相对压强 $p<0$ 时,则称该点处于真空状态或负压状态。真空状态的真空程度用当地大气压 p_a 与该点的绝对压强 p' 的差值来衡量,这一差值称为真空压强(也称真空值),以 p_v 表示。则真空压强与绝对压强、相对压强的关系为:

$$p_v=p_a-p'=-p \tag{2-11}$$

在图 2-7(b)中,若点 B 的绝对压强 $p'_B<p_a$,则:

$$p_{Bv}=p_a-p'_B=p_a-(p'_0+\gamma h_B)=-p_B$$

由式(2-11)可知,真空压强 p_v 愈大,绝对压强 p' 就愈小。理论上,最大的真空压强发生在绝对压强 p' 为零的状态,这时 $p_{Mv}=p_a$,这种状态称为绝对真空状态。显然,在液体中绝对真空状态是达不到的,因为当液面的绝对压强减小到该液体温度下的汽化压强时,液体将产生冷沸而强烈汽化,使液面绝对压强的最小值维持在这一汽化压强值上。所以,液体所能达到的最大真空压强为当地大气压强与相应液体温度下的汽化压强之差。

现将图 2-7(a)、(b)中点 A 和点 B 的压强($p'_A>p_a$、$p'_B<p_a$)大小表示在含有两种计算基准的图 2-8 中,它可以形象地说明绝对压强、相对压强和真空压强三者的关系。

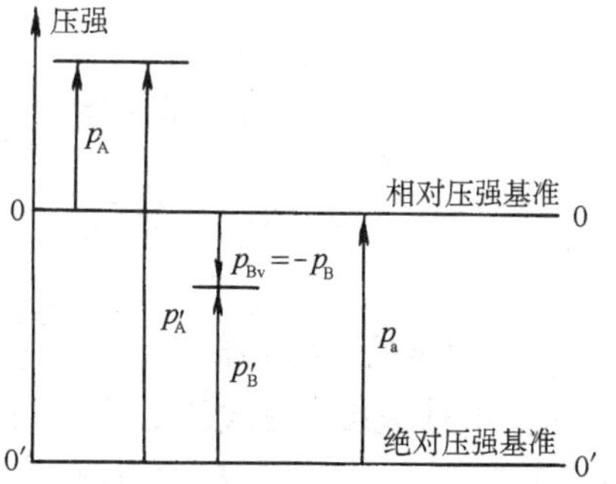

图 2-8

(二) 压强的量度单位

在工程计算中,常用的压强量度单位有三种。

1. 应力单位

应力单位是以单位面积上所受的力来表示压强大小的。前面已经指出,其国际单位为 Pa 或 kPa 和 MPa。在工程单位制中,其单位为 kgf/m^2 或 kgf/cm^2(为非法定单位)。

2. 液柱单位

根据 $h=p/\gamma$ 的关系可知,任何一种压强(包括绝对压强、相对压强和真空压强)的大小,都可以等效地用某种已知容重液体的液柱高度来表示。这是表示压强习惯使用的一种非法定单位。

工程中,常用的液柱高度为水柱高度和汞柱高度,其单位为 mH_2O、mmH_2O 和 mmHg。$1mH_2O$ 产生的压强为 9800Pa 和 $1000kgf/m^2$;$1mmH_2O$ 产生的压强为 9.8Pa 和 $1kgf/m^2$;

1mmHg 产生的压强为 133.28Pa 和 13.6kgf/m^2。

用水柱高度表示的真空压强，即真空压强水头 $h_v = p_v/\gamma$ 又称为真空度。

3. 大气压单位

大气压单位是以大气压的倍数来表示压强大小的。它也是表示压强习惯使用的一种非法定单位。

由于大气压随当地的海拔高度和气候变化而有所差异，作为单位必须给它以定值。国际上规定，1 标准大气压(atm)为：

1atm = 101325Pa = 101.325kPa = 1.033kgf/cm^2，相当于 760mmHg 和 10.33mH_2O 产生的压强。

工程中为了计算方便，一般不用标准大气压，而采用工程大气压(at)，并规定 1 工程大气压(at)为：

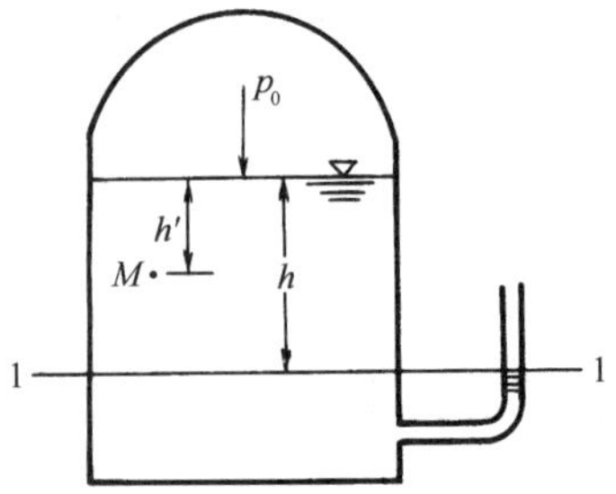

图 2-9

1at = 98000Pa = 98kPa = 1kgf/cm^2，相当于 10mH_2O 和 735mmHg 产生的压强。工程实际中所提到的大气压，一般都按工程大气压考虑，本书除特殊指明外，也采用这一提法。

压强的上述三种量度单位，在工程实际中经常采用，必须熟练掌握，灵活应用。

【例 2-2】 一密闭容器如图 2-9 所示。若水面的相对压强 $p_0 = -44.5$kPa，水面下 M 点的淹没深度 $h' = 2$m，试求(1)容器内水面到测压管水面的铅直距离 h 值；(2)水面下 M 点的绝对压强、相对压强及真空压强(要求用三种单位表示)。

【解】 (1) 求 h 值

图中 1-1 水平面为相对压强为零的等压面，由式(2-8)得：

$$p_0 + \gamma h = 0$$

故
$$h = -\frac{p_0}{\gamma} = -\frac{-44.5}{9.8} = 4.54\text{m}$$

(2) 求 M 点的压强

① 相对压强　由式(2-8)得：

应力单位　$p_M = p_0 + \gamma h' = -44.5 + 9.8 \times 2 = -24.9\text{kPa}$

大气压单位　$p_M = \dfrac{-24.9}{98} = -0.254\text{at}$

水柱单位　$h_M = \dfrac{p_M}{\gamma} = \dfrac{-24.9}{9.8} = -2.54\text{mH}_2\text{O}$

或　$h_M = 10 \times (-0.254) = -2.54\text{mH}_2\text{O}$(1at 相当于 10m$H_2O$ 产生的压强)

② 绝对压强　由式(2-9)得：

应力单位　$p'_M = p_M + p_a = -24.9 + 98 = 73.1\text{kPa}$

大气压单位　$p'_M = p_M + p_a = -0.254 + 1 = 0.746\text{at}$

水柱单位　$h_M = 10 \times 0.746 = 7.46\text{mH}_2\text{O}$

③ 真空压强　由式(2-11)得：

应力单位　$p_{Mv} = -p_M = 24.9\text{kPa}$

大气压单位　$p_{Mv} = -p_M = 0.254\text{at}$

水柱单位　　　$p_{Mv}=-h_M=2.54mH_2O$

【例 2-3】 如图 2-10 所示，左侧玻璃管顶端封闭，水面气体的绝对压强 $p'_{01}=0.75at$，右侧玻璃管倒插在汞槽中，汞柱上升高度 $h_2=120mm$，水面下 A 点的淹没深度 $h_A=2m$。试求(1)容器内水面的绝对压强 p'_{02} 和真空压强 p_{02v}；(2) A 点的相对压强 p_A；(3)左侧管内水面超出容器内水面的高度 h_1。

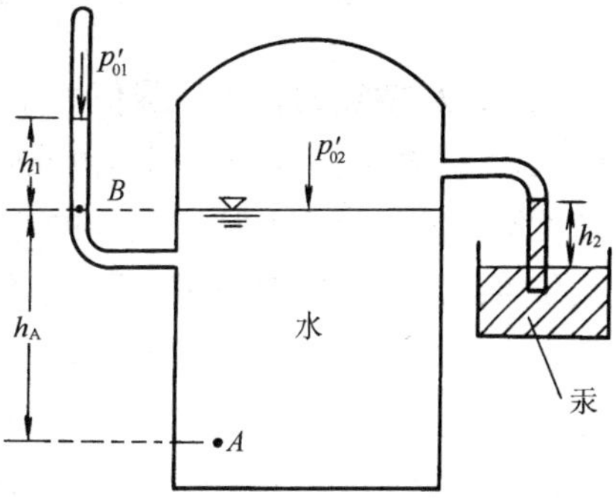

图 2-10

【解】 (1) 求 p'_{02} 和 p_{02v}

气体的容重很小，在小范围内可以忽略气柱产生的压强，故本题中右侧汞柱液面的压强就是容器内液面的压强 p'_{02}。由式(2-8)，并利用等压面特性得：

$$p'_{02}+\gamma_{Hg}h_2=p_a$$

则：

$$p'_{02}=p_a-\gamma_{Hg}h_2=98-133.28\times0.12=82kPa$$

由式(2-11)得：

$$p_{02v}=p_a-p'_{02}=98-82=16kPa$$

若用汞柱高度表示，则：

$$h_{02v}=\frac{p_a-p'_{02}}{\gamma_{Hg}}=\frac{p_a-(p_a-\gamma_{Hg}h_2)}{\gamma_{Hg}}=h_2=120mmHg$$

(2) 求 p_A

由式(2-11)知，容器内水面的相对压强为：

$$p_{02}=-p_{02v}=-16kPa$$

则由式(2-8)得：

$$p_A=p_{02}+\gamma h_A=-16+9.8\times2=3.6kPa$$

(3) 求 h_1

如图容器内水面与左侧管内 B 点在同一等压面上，则由式(2-8)得：

$$p'_{01}+\gamma h_1=p'_{02}$$

则：

$$h_1=\frac{p'_{02}-p'_{01}}{\gamma}=\frac{82-0.75\times98}{9.8}=0.867mH_2O$$

三、水静力学基本方程的意义

1. 几何意义

由式(2-7) $z+\dfrac{p}{\gamma}=C$，我们已经从几何水头的意义上认清了水静力学基本方程，即在质量力仅为重力作用的同种相互连通平衡液体中，任一点的位置水头 z 与压强水头 p/γ 之和都相等。下面，通过引入更直观的测压管水头概念，进一步认识该基本方程的几何意义。

如图 2-11，一盛有某种静止液体的密闭容器，其液面的相对压强 $p_0>0$。在容器侧壁任一点 A 和点 B 处安装两根下端与容器液体相通、上端开口的细玻璃管。这时，在 A、B 两点静水压强的作用下，液体将沿细玻璃管上升至一定高度 h_A 和 h_B，根据式(2-10)从玻璃管内看液体，h_A、h_B 与 A、B 两点的相对压强 p_A、p_B 的关系分别为：

$$h_A=\frac{p_A}{\gamma} \quad 和 \quad h_B=\frac{p_B}{\gamma}$$

可见，A、B 两点的相对压强值可用玻璃管内的液柱高度 h_A 和 h_B 来表示，压强大，液柱高度就大，反之就小。这种一端与测压点相通，另一端与大气相通，能直接根据管中液柱的上升高度测得测压点相对压强大小的透明管称为测压管。测压点与管内液面间的铅直高度称为测压管高度，显然它就是测压点的相对压强水头。

在水力学中，习惯将液体中某点的位置水头 z 与该点的测压管高度（即相对压强水头）p/γ 之和称为测压管水头。它就是测压管液面到基准面的铅直距璃。有了测压管水头的概念，根据式(2-7)可知，水静力学基本方程从几何意义讲，又可以进一步表述为：在质量力仅为重力作用的同种相互连通的平衡液体中，任一点的测压管水头都相等。即它们的测压管水面为一水平面，如图 2-11 中：

$$z_A+\frac{p_A}{\gamma}=z_B+\frac{p_B}{\gamma}=常数$$

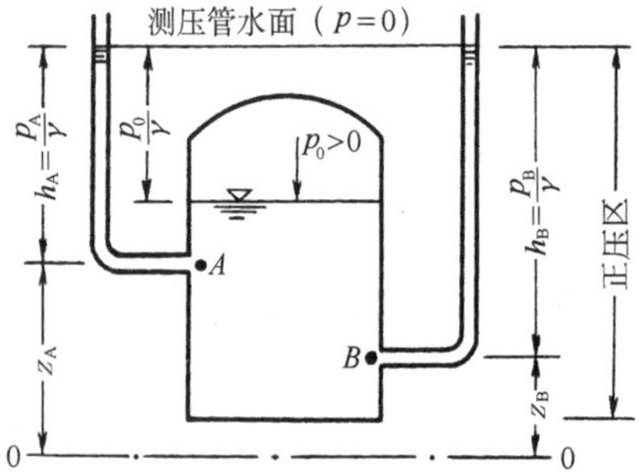

图 2-11

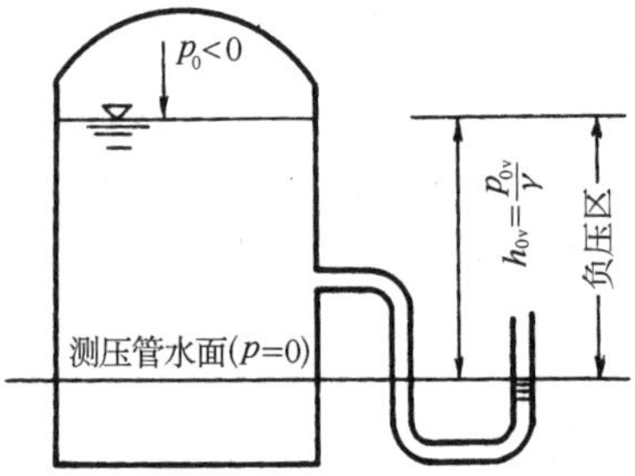

图 2-12

因为测压管水面是相对压强为零的水平面，所以由式(2-8)可推得：对于同种相互连通的静止液体，当液面的相对压强 $p_0>0$ 时，测压管水面将高于液面，二液面差值为 $h_0=p_0/\gamma$，而且测压管水面以下的液体区域均为相对压强 $p>0$ 的正压区（如图 2-11）；当 $p_0<0$ 时，测压管水面将低于液面，二液面差值为 $h_{0v}=p_{0v}/\gamma$（即液面的真空压强水头），而且测压管水面以上的液体区域均为相对压强 $p<0$ 的真空区（即负压区，如图 2-12）；只有当 $p_0=0$（即液面为与大气相通的自由液面）时，测压管水面才与液面同高。因此一般情况下，不能将液面等同于测压管水面。

2. 能量意义

从能量的观点看，在水静力学基本方程中：位置水头 z 代表了单位重量液体相对于某一基准面的位置势能，简称为单位位能；压强水头 p/γ 代表了单位重量液体相对于某一压强基准（绝对压强或相对压强基准）的压强势能，简称为单位压能。这可利用图 2-11 加以说明。

假设在 A 点处有一质量为 $\mathrm{d}m$ 的液体质点，则 $\mathrm{d}mgz_A$ 就是该液体质点相对于图中所示基准面 0-0 的位置势能。所以，z_A 就是 A 点处单位重量液体相对于该基准面的位置势能，即单位位能。

当在 A 点处的容器壁面上安装测压管时，质量为 $\mathrm{d}m$ 的液体质点就会在该点静水压强的作用下上升至测压管液面，使该液体质点的位置势能增加 $\mathrm{d}mg\dfrac{p_A}{\gamma}$。这说明静水压强对该液体质点作的功为 $\mathrm{d}mg\dfrac{p_A}{\gamma}$。液体压强的这种作功本领称为液体的压强势能。所以，p_A/γ 就是单位重量液体在 A 点相对于大气压的压强势能，即单位压能。若采用绝对压强表示静水压强，则 p'_A/γ 就是液体在 A 点相对绝对真空状态的单位压能。

由于位能和压能均为势能，所以又将液体的单位位能 z 与单位压能 p/γ 之和称为单位重量液体的势能，简称单位势能。显然，它也是相对某一位置和压强基准而言的。例如，图2-11 中 A 点的测压管水头 $z_A+\dfrac{p_A}{\gamma}$，代表了液体在 A 点相对于图中基准面 0-0 的单位位能为 z_A 和相对于大气压的单位压能为 p_A/γ 的单位势能。

这样根据式(2-7)，水静力学基本方程的能量的意义就是：在质量力仅为重力作用的同种相互连通的平衡液体中，任意点相对同一位置和压强基准的单位势能都相等。它反映了重力作用下平衡液体中能量的守恒与转换的规律，即位能大，压能就小，反之亦然，二者等值相互转换，总和不变。

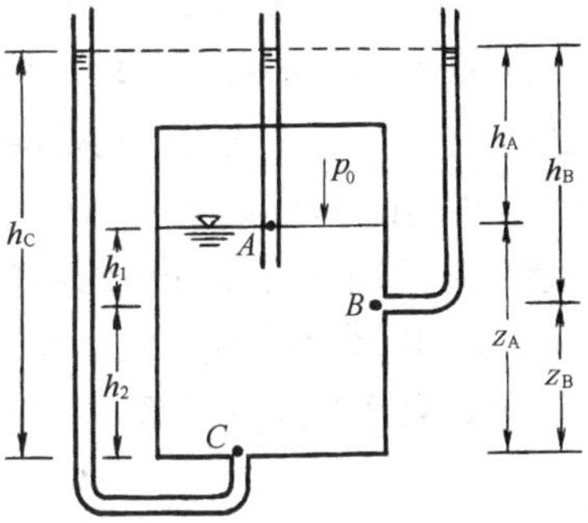

图 2-13

【例 2-4】 压力盛水容器如图 2-13 所示。已知其液面相对压强 $p_0=24.5\text{kPa}$，水面下 B 点的淹没深度 $h_1=1\text{m}$，B 点和 C 点间的铅直距离 $h_2=2\text{m}$。试求 A、B、C 三点的相对压强及以容器底部为基准面的测压管水头。

【解】 (1) A 点

相对压强 $$p_A=p_0=24.5\text{kPa}$$

位置水头 $$z_A=h_1+h_2=1+2=3\text{m}$$

压强水头 $$h_A=\frac{p_A}{\gamma}=\frac{24.5}{9.8}=2.5\text{mH}_2\text{O}$$

测压管水头 $$H_A=z_A+h_A=3+2.5=5.5\text{mH}_2\text{O}$$

(2) B 点

相对压强 $$p_B=p_0+\gamma h_1=24.5+9.8\times1=34.3\text{kPa}$$

位置水头 $$z_B=h_2=2\text{m}$$

压强水头 $$h_B=\frac{p_B}{\gamma}=\frac{34.3}{9.8}=3.5\text{mH}_2\text{O}$$

测压管水头 $$H_B=z_B+h_B=2+3.5=5.5\text{mH}_2\text{O}$$

(3) C 点

相对压强 $$p_C=p_0+\gamma(h_1+h_2)=24.5+9.8\times(1+2)=53.9\text{kPa}$$

位置水头 $$z_C=0$$

压强水头 $$h_C=\frac{p_C}{\gamma}=\frac{53.9}{9.8}=5.5\text{mH}_2\text{O}$$

测压管水头 $$H_C=z_C+h_C=h_C=5.5\text{mH}_2\text{O}$$

可见，A、B、C 三点相对同一种基准面（容器底部）的测压管水头 $H_A=H_B=H_C=$

5.5mH_2O。这正是水静力学基本方程的几何意义。

四、静水压强分布图

静水压强分布图是用有向比例线段表示压强的大小和方向，使受压面上的静水压强分布规律形象化的几何图形。它是水静力学基本方程的图形表示，是工程中分析和计算受压面上静水压强分布和静水总压力大小的有利依据。

静水压强分布图通常用受压面侧剖线上的静水压强分布图来表示。由于受压面两侧一般都承受着大气压，其产生的压力效果对受压面来说可以相互抵消，所以实用中一般只需画相对压强分布图。具体画法如下：

(1) 由式(2-10)计算相对压强值，并按选定的比例尺用线段长度表示其大小；

(2) 用箭头在线段的一端标出静水压强的方向，并垂直指向受压面；

(3) 在线段的另一端画出压强分布的外包络线，即完成相对压强分布图的绘制。

图2-14是工程中几种常见受压面的静水压强分布图。由于静水压强随水深呈线性关系，当受压面的侧剖线为直线(如平面的剖线)时，压强分布图的外包络线为直线。这时，只需标出该剖线上、下两点的压强大小就可很容易确定其静水压强分布图，如图2-14(a)、(b)、(c)、(d)、(e)的情况(注意：图(b)中转折点B处静水压强的表示方法；图(d)中存在互不相混的两种液体；图(e)中由于受压面两侧存在同种液体，最后的静水压强分布图被抵消了一部分)。当受压面的侧剖线为曲线，并且为圆弧的一部分(如圆弧形闸门的剖线)时，压强分布图的外包络线为曲线，且压强的方向都是沿圆弧的半径指向圆心，如图2-14(f)的情况。

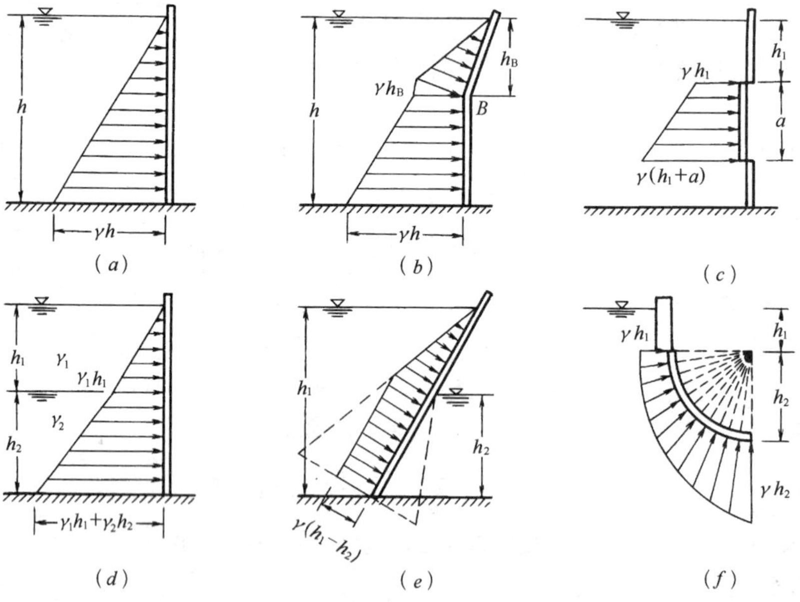

图2-14

第四节　液柱式测压计

实用中，测量液体压强的仪表种类很多，根据其测压原理，主要可以分为液柱式测压计、弹性式测压计和电测式测压计三类。液柱式测压计是以水静力学基本方程原理为基础,将被测压强转换成液柱的高差进行测量。其简单、直观、精度较高,但测量范围较小,故常用在实验室或实际生产中测量低压、负压和压差。作为水静力学基本方程的应用,本节介绍几种常见的液柱式测压计。

一、测压管

有关测压管及其测压原理前已述及,它是直接用被测液体的液柱高度来测量液体压强的最简单的液压计。在实用中,测压管通常是U形管状的,这样既可测量正压状态的相对压强,也可测量真空状态的真空压强,如图2-15所示。图(a)中测压管水面高于被测点A,A点处于正压状态;图(b)中测压管水面低于被测点B,B点处于真空状态。相应A点的相对压强和B点的真空压强分别为:

$$p_A=\gamma h_A \quad 和 \quad p_{Bv}=\gamma h_{Bv}$$

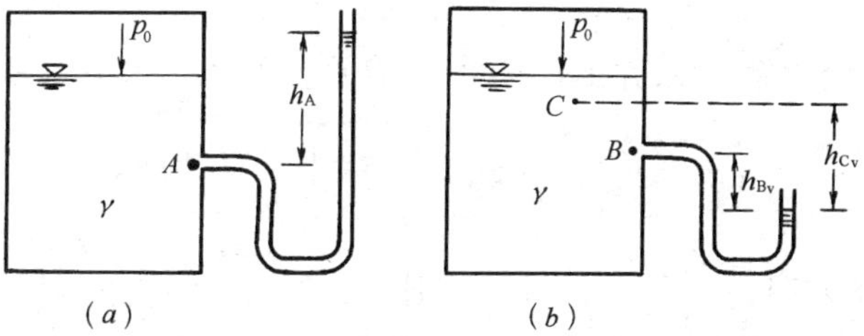

图2-15

在同种相互连通的静止液体中,利用测压管,还可根据液体中其他任一点到测压管水面的铅直距离,测得该点的相对压强或真空压强。如上图(a)中液面的相对压强和图(b)中液面下C点的真空压强分别为:

$$p_0=\gamma h_0 \quad 和 \quad p_{Cv}=\gamma h_{Cv}$$

测压管一般只用来测量较小的压强。例如,对于水,当相对压强大于0.2at时,则需用两米以上的测压管测压,使用很不方便。测量较大压强时,一般可采用U形水银测压计。

二、U形水银测压计

U形水银测压计就是一装有水银的U形透明管。如图2-16,测压时管的一端与被测点A相连,另一端保持与大气相通。这时,在被测点A的压强作用下,U形管内水银液面将形成一高度差h_p。U形管内液体的分界面1-1为等压面,故

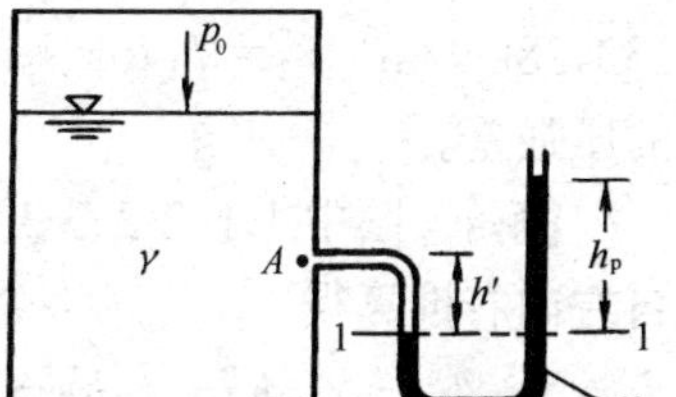

图2-16

$$p_A+\gamma h'=\gamma_{Hg}h_p$$

即

$$p_A=\gamma_{Hg}h_p-\gamma h' \tag{2-12}$$

可见,已知液体容重γ时,测得h_p和h'值,便可由上式求得被测点A的相对压强p_A。

显然,上述属$p_A>0$的情况,当$p_A<0$时,按同样的方法可求得点A的真空压强(这时U形水银测压计中的液面是左侧高于右侧)。

三、水银差压计

在实用中,有许多情况往往关心的是两测压点间的压强差或测压管水头差,这时就可以采用差压计来进行测量。差压计又称为比压计,是用来测量液体或气体两点间压强差或测

压管水头差的仪器。水银差压计是常用的一种液柱式差压计。

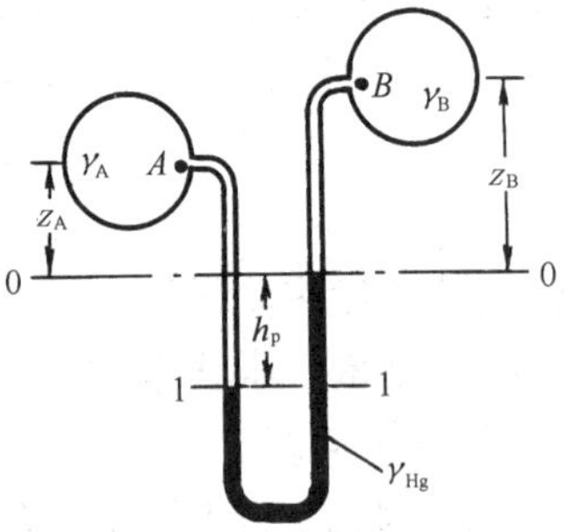

图 2-17

U 形水银测压计实际上就是水银差压计。如图 2-17,将其两端分别与两测点 A、B 相连,就可实现该两点压强差或测压管水头差的测量。

取基准面 0-0 如图,设 A、B 两测点的位置高度(即位置水头)分别为 z_A 和 z_B,U 形管内水银液面的高差为 h_p,则由图中等压面 1-1 可得:

$$p_A+\gamma_A z_A+\gamma_A h_p=p_B+\gamma_B z_B+\gamma_{Hg}h_p$$

即 A、B 两测点的压强差为:

$$p_A-p_B=(\gamma_{Hg}-\gamma_A)h_p+\gamma_B z_B-\gamma_A z_A \tag{2-13}$$

若 $\gamma_A=\gamma_B=\gamma$(即 A、B 两测点处液体相同),则:

$$p_A-p_B=(\gamma_{Hg}-\gamma)h_p+\gamma(z_B-z_A) \tag{2-13a}$$

将式(2-13a)各项同除以 γ,并整理可得 A、B 两点测压管水头差为:

$$\left(z_A+\frac{p_A}{\gamma}\right)-\left(z_B+\frac{p_B}{\gamma}\right)=\left(\frac{\gamma_{Hg}}{\gamma}-1\right)h_p \tag{2-14}$$

当测点的液体为水时,$\left(\frac{\gamma_{Hg}}{\gamma}-1\right)=12.6$,则:

$$\left(z_A+\frac{p_A}{\gamma}\right)-\left(z_B+\frac{p_B}{\gamma}\right)=12.6h_p \tag{2-14a}$$

可见,当两测点液体容重已知时,测得水银差压计中的 h_p 和 A、B 两测点的位置水头 z_A、z_B,由式(2-13)即可求得压强差值;在两测点液体相同的情况下,其测压管水头差可直接根据测得的 h_p 值,由式(2-14)求得,而不需考虑 A、B 两测点的位置高度 z_A、z_B。

【例 2-5】 一复式差压计如图 2-18 所示。已知 $h_1=500$mm、$h_2=200$mm、$h_3=150$mm、$h_4=250$mm、$h_5=150$mm,$\gamma_1=9.8$kN/m^3、$\gamma_{Hg}=133.28$kN/m^3、$\gamma_2=7.76$kN/m^3。试求 A、B 两点的压强差。

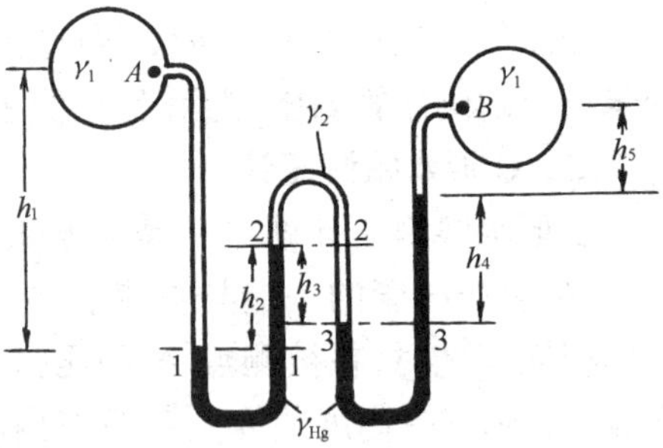

图 2-18

【解】 图中 1-1、2-2、3-3 为等压面,由式(2-8)自左向右推算得:

$$p_A+\gamma h_1-\gamma_{Hg}h_2+\gamma_2 h_3-\gamma_{Hg}h_4-\gamma_1 h_5=p_B$$

则: $p_A-p_B=\gamma_{Hg}(h_2+h_4)-\gamma_1(h_1-h_5)-\gamma_2 h_3$

$=133.28(0.2+0.25)-9.8(0.5-0.15)-7.76\times0.15=55.38$kPa

通过以上分析和【例 2-5】的求解过程可见,在计算静水压强及静水压强差时,除以 $p=p_0+\gamma h$ 为基本计算公式外,还应特别注意灵活应用等压面这一关系条件。

第五节　重力和惯性力同时作用下液体的相对平衡

前面讨论了质量力仅为重力作用的液体平衡问题,本节进一步讨论重力和惯性力同时作用下液体的相对平衡问题。

讨论液体的相对平衡问题，方便的办法是将坐标系取在运动的容器上或运动的液体上，则液体相对这一坐标系是不动的，从而可将运动问题转化为静止问题来处理。这时，若容器相对地面作变速运动(即容器为非惯性参照系)，则液体所受到的质量力除重力外，还包括惯性力。下面，以等角速旋转容器中的相对平衡液体为例，讨论相对平衡液体问题的一般分析方法。

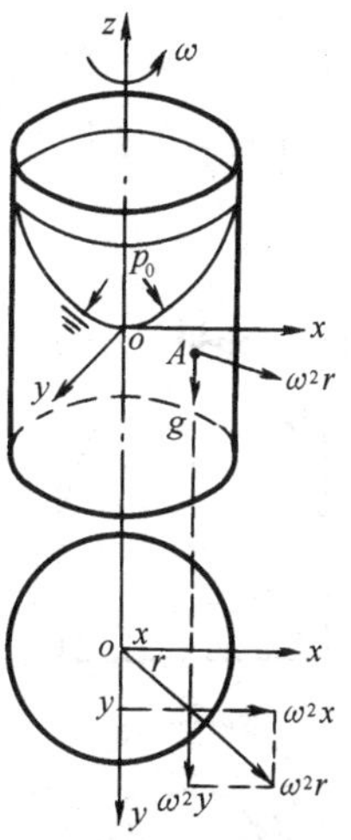

图 2-19

如图 2-19 所示，一盛有某种液体的圆柱形容器，以等角速度 ω 绕其中心铅直轴旋转。由于液体的粘滞性作用，当容器旋转一定时间后，容器中的所有液体也都将以等角速度 ω 随容器一起旋转，即液体达到了相对平衡状态。此时，液面为一旋转曲面。将直角坐标系的原点选在液面中心，并取 z 轴竖直向上与转轴重合。显然，这时液体中任一质点 A 受到的单位质量力在三个坐标轴方向上的分量分别为：

$$X=\omega^2 x, \quad Y=\omega^2 y, \quad Z=-g$$

将它们代入式(2-5)得：

$$\mathrm{d}p=\rho(\omega^2 x\mathrm{d}x+\omega^2 y\mathrm{d}y-g\mathrm{d}z)$$

在液体内对上式积分得：

$$p=\rho\left[\frac{\omega^2}{2}(x^2+y^2)-gz\right]+C=\rho\left(\frac{\omega}{2}r^2-gz\right)+C$$

式中的积分常数 C 可由边界条件确定。将边界条件 $x=y=z=0$ 时，$p=p_0$ 代入上式得 $C=p_0$，则液体内部静水压强的分布规律为：

$$p=p_0+\gamma\left[\frac{\omega^2}{2g}(x^2+y^2)-z\right]=p_0+\gamma\left(\frac{\omega^2 r^2}{2g}-z\right) \tag{2-15}$$

可见，作等角速度旋转的相对平衡液体，其内部静水压强的分布除与 z 轴有关外，还同时与 x、y 轴有关，即 $p=f(x,y,z)$。

讨论：

(1) 设液面的 z 轴坐标用 z_s 表示，则将 $p=p_0$ 代入式(2-15)，可得液面方程为：

$$z_s=\frac{\omega^2}{2g}(x^2+y^2)=\frac{\omega^2 r^2}{2g} \tag{2-16}$$

上式表明，液面为一旋转抛物面。因为液体中任一点的水深 $h=z_s-z=\frac{\omega^2 r^2}{2g}-z$，则由式(2-15)可得：

$$p=p_0+\gamma h$$

可见，在等角速度旋转的相对平衡液体中，铅直方向上的静水压强分布规律与静止液体中静水压强分布规律相同。

可以证明，在重力和惯性力同时作用的所有相对平衡液体中，铅直方向上的静水压强分布规律都与静止液体中静水压强分布规律相同。

(2) 将 $p=$常数代入式(2-15)，得等压面方程为：

$$\frac{\omega^2}{2g}(x^2+y^2)-z=\frac{\omega^2 r^2}{2g}-z=h=\text{常数} \tag{2-17}$$

该式表明,在等角速度旋转的相对平衡液体中,等压面为一系列平行于液面的旋转抛物面。

注意,上述规律与水静力学基本方程一样,也必须是在同种相互连通的平衡液体中才成立。

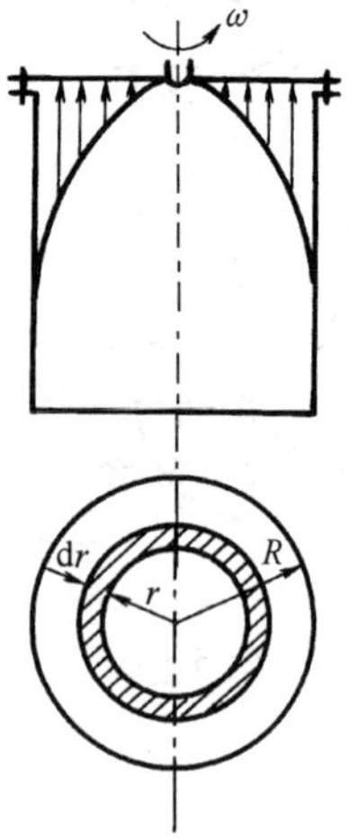

图 2-20

【例 2-6】 在一半径 $R=30\text{cm}$ 的圆柱形容器中盛满水,然后加盖并用螺栓连接,盖板中心开有一圆形小孔,如图 2-20 所示。当容器以 $n=300\text{r/min}$ 的转数旋转时,试求作用于盖板螺栓上的拉力。

【解】 螺栓所承受的拉力,恰好等于容器盖板所受的静水总压力。为求这一静水总压力,必须先知道容器盖板上的静水压强分布。

由于容器盛满水,水面恰好与盖板接触,当容器绕中心轴旋转并使液体达到平衡后,液体中的等压面由水平面变为旋转抛物面,水将受盖板约束而使盖板承受静水压力。因盖板中心开有小孔,水面与大气相通,若按图 2-19 所示的方式选取坐标,则将 $p_0=0$, $z=0$ 代入式(2-15),可得盖板上的压强分布为:

$$p=\gamma\frac{\omega^2 r^2}{2g}$$

据此式,可画出作用于容器盖板上的静水压强分布图(见图 2-20)。可见,盖板上不同半径 r 处的各点,压强不同,但半径 r 相同处的各点,压强则相同。作用在盖板上任一微小环形面积 $\mathrm{d}A=2\pi r\mathrm{d}r$ 上的静水总压力为:

$$\mathrm{d}P=p\mathrm{d}A=\rho\frac{\omega^2 r^2}{2}2\pi r\mathrm{d}r$$

若忽略盖板中心的小圆孔半径,将上式对整个盖板面积积分,即可求得作用于盖板上的静水总压力为:

$$P=\int_A p\mathrm{d}A=\int_0^R\rho\frac{\omega^2 r^2}{2}2\pi r\mathrm{d}r=\rho\pi\omega^2\int_0^R r^3\mathrm{d}r=\frac{\rho\pi\omega^2}{4}R^4$$

以 $\rho=1000\text{kg/m}^3$, $\omega=\frac{2\pi n}{60}=\frac{2\pi\times300}{60}=31.4$ 弧度/s, $R=0.3\text{m}$,代入上式得:

$$P=\frac{1000\times3.14\times31.4^2}{4}\times0.3^4=6269\text{N}=6.269\text{kN}$$

该力即为螺栓所承受的拉力。

第六节 作用在平面上的静水总压力

在以上几节的讨论中,我们解决了平衡液体中任一点静水压强的计算问题。水静力学对工程实际的另一重要任务是确定液体作用于整个受压面上的静水总压力(包括力的大小、方向和作用点)。在已知静水压强分布规律后,求静水总压力的问题,实质上是一个求受压面上分布力的合力问题。受压面可以是平面,也可以是曲面,本节讨论平面上静水总压力的计算。

平面上静水总压力的方向与平面上静水压强的方向是一致的,即垂直指向作用面。因此,平面上静水总压力的计算问题就是确定其大小和作用点。前面的【例 2-6】实际上就是平面上静水总压力大小计算问题,但在工程实际中,绝大多数的平衡液体都是处于与地面间无相对运动的静止状态,因此本节只讨论静止液体的情况。对于静止液体,平面上静水总压力的大小和作用点可采用解析法和图解法计算。

一、解析法

如图 2-21,AB 为一与水平面成 α 角的任意形状倾斜平面,其左侧承受水压,水面与大气相通。设该平面面积为 A,形心点为 C。现讨论作用在该平面上静水总压力的大小和作用点。

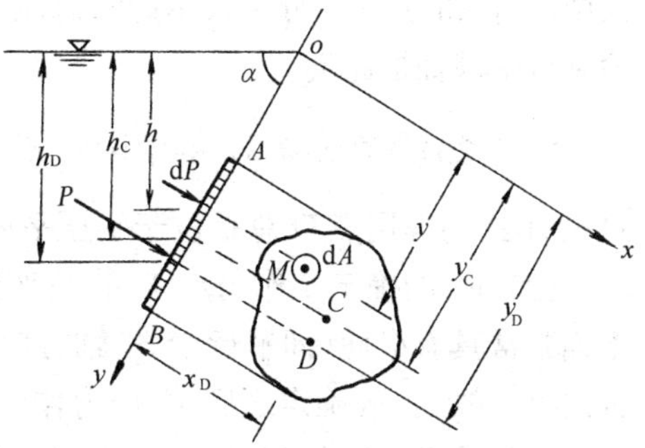

图 2-21

取平面 AB 的延伸面与水面的交线为 ox 轴,方向垂直纸面向里,oy 轴沿着 AB 平面的倾斜方向向下。为使受压平面 AB 能展示出来,将其绕 oy 轴旋转 90°,如图 2-21 所示。

1. 静水总压力 P 的大小

这是个平行力系的求合力过程。由于受压平面 AB 两侧都同时承受着大气压作用,求静水总压力时,可只计算相对压强引起的作用。

在平面 AB 上任取一点 M,围绕点 M 取一微元面积 $\mathrm{d}A$。设 M 点在水面下的淹没深度为 h,则 $\mathrm{d}A$ 面上受到的静水压力为 $\mathrm{d}P = p\mathrm{d}A = \gamma h\mathrm{d}A$。根据平行力系的求和原理,整个 AB 面上静水总压力 P 的大小为:

$$P = \int_P \mathrm{d}P = \int_A \gamma h\mathrm{d}A = \int_A \gamma y\sin\alpha\mathrm{d}A = \gamma\sin\alpha\int_A y\mathrm{d}A$$

$\int_A y\mathrm{d}A$ 为受压平面 AB 对 ox 轴的静矩。由理论力学可知,其值等于受压面面积 A 与其形心点坐标 y_C 的乘积。故:

$$P = \gamma\sin\alpha y_C A = \gamma h_C A = p_C A \tag{2-18}$$

式中 p_C 和 h_C 分别为受压面 AB 形心点 C 处的静水压强和 C 点在水面下的淹没深度。

式(2-18)表明,作用在任意倾角、任意形状平面上静水总压力的大小等于该受压平面面积与其形心点处静水压强(即整个受压平面的平均压强)的乘积;当受压平面形心点在液面下的淹没深度 h_C 不变时,则只要受压面积不发生变化,静水总压力 P 值就不会随受压面的倾斜角 α 而变化。

2. 静水总压力 P 的作用点

静水总压力 P 的作用线与受压平面的交点称为静水总压力的作用点,又称为压力中心,常以 D 表示。如图 2-21,P 的作用点 D 位置可用坐标 x_D 和 y_D 来表示。

(1) y_D 的确定　如图 2-21,根据理论力学中的合力矩定理(即合力对某一轴的力矩等于合力的各分力对同一轴力矩的代数和),对 ox 轴取力矩得:

$$Py_D = \int_P y\mathrm{d}P = \int_A y\gamma y\sin\alpha\mathrm{d}A = \gamma\sin\alpha\int_A y^2\mathrm{d}A = \gamma\sin\alpha J_x$$

式中 $J_x=\int_A y^2\mathrm{d}A$，为受压平面 AB 对 ox 轴的惯性矩，则：

$$y_D=\frac{\gamma\sin\alpha J_x}{P}=\frac{\gamma\sin\alpha J_x}{\gamma\sin\alpha y_C A}=\frac{J_x}{y_C A} \tag{2-19}$$

若令 J_C 为受压平面 AB 对通过其形心点 C 并与 ox 轴平行的直线为轴的惯性矩，则根据理论力学中的惯性矩平行移轴定理得 $J_x=J_C+y_C^2A$。所以，式(2-19)可改写为：

$$y_D=\frac{J_C+y_C^2A}{y_C A}=y_C+\frac{J_C}{y_C A} \tag{2-20}$$

式中　y_D 和 y_C——分别表示静水总压力的作用点 D 和受压平面的形心点 C 沿着受压平面到自由液面的距离。

式(2-20)就是计算 y_D 的常用公式，因为式中的 $\frac{J_C}{y_C A}$ 总是正值，故 $y_D>y_C$。这说明静水总压力 P 的作用点 D 总是位于受压平面的形心点 C 之下。

(2) x_D 的确定　作用点 D 的横坐标 x_D 的确定方法与 y_D 类似。在工程实际中，受压平面常常具有纵向(即平行于 oy 轴方向)对称轴。这时，总压力的作用点 D 必位于该对称轴之上。故当 y_D 确定之后，总压力作用点 D 的位置就完全确定了，可无需计算 x_D。

常见受压平面的面积 A，形心点位置 y_C 和惯性矩 J_C 的计算公式见表 2-1。

常见受压平面的 A、y_C 及 J_C 值　　　　**表 2-1**

受压平面形状	面积 A	形心位置 y_C①	惯性矩 J_C
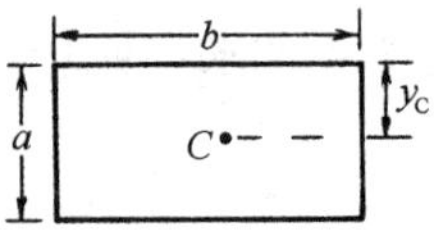	ba	$\frac{a}{2}$	$\frac{ba^3}{12}$
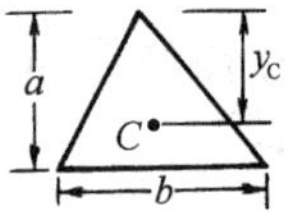	$\frac{ba}{2}$	$\frac{2a}{3}$	$\frac{ba^3}{36}$
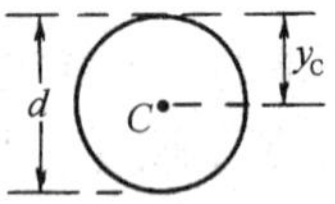	$\frac{\pi d^2}{4}$	$\frac{d}{2}$	$\frac{\pi d^4}{64}$
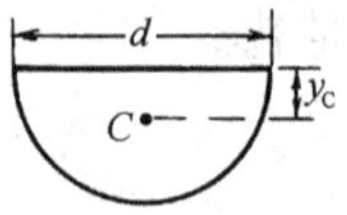	$\frac{\pi d^2}{8}$	$\frac{2d}{3\pi}$	$\frac{9\pi^2-64}{1152\pi}d^4$
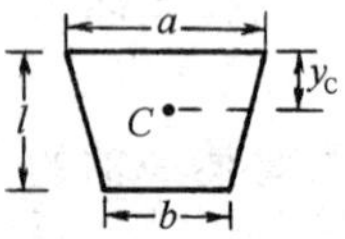	$\frac{l(a+b)}{2}$	$\frac{l}{3}\left(\frac{a+2b}{a+b}\right)$	$\frac{l^3}{36}\left(\frac{a^2+4ab+b^2}{a+b}\right)$

① 当受压平面的上缘位于测压管液面以下时，式(2-18)、(2-19)和(2-20)中的 y_C 还应加上从受压平面的上缘沿着受压平面的方向到测压管液面的距离。

必须说明,上述式(2-18)、(2-19)、(2-20)只适用于受压平面一侧有同种液体,并且液面相对压强为零(即为自由液面)的情况。当不符合这些条件时,应注意正确使用这些公式。例如,若受压平面一侧为同种液体,但液面的相对压强不为零,如采用上述公式计算静水总压力及其作用点,则应以相对压强为零的液面(即测压管液面)为准来进行计算。这时,式(2-18)中的 h_C 应取受压平面形心点 C 在测压管液面下的淹没深度,式(2-19)和(2-20)中的 y_C 和 y_D,则应取受压平面的形心点 C 和静水总压力的作用点 D 沿受压平面的方向到测压管液面的距离。

二、图解法

图解法就是利用静水压强分布图求解平面上静水总压力的方法。计算底边与液面平行的矩形平面上的静水总压力时,采用此法很方便。

如图 2-22 为与水平面成 α 角的矩形平面闸门,其宽度为 b,高为 l,上边缘与自由水面齐平,闸前水深为 H。现讨论该闸门上静水总压力 P 的计算问题。

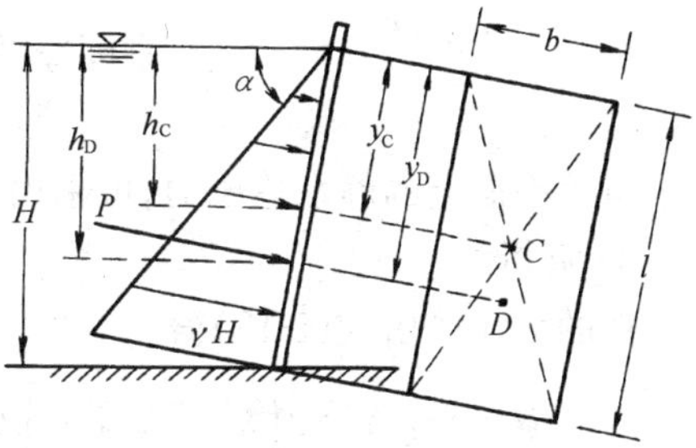

图 2-22

1. 静水总压力 P 的大小

由式(2-18),作用在该矩形闸门上静水总压力 P 的大小为:

$$P = \gamma h_C A = \gamma \frac{H}{2} lb = \frac{1}{2} \gamma Hlb$$

式中 $\frac{1}{2}\gamma Hl$ 恰好为闸门上静水压强分布图的面积,令其为 S_P,则上式为:

$$P = S_P b = V \tag{2-21}$$

可见,该闸门上静水总压力 P 的大小等于作用其上的静水压强分布图的面积 S_P 与闸宽 b 的乘积,即为静水压强分布体的体积 V。因此,在求解如图所示的矩形平面上静水总压力 P 的大小时,只需绘出作用于其上的静水压强分布图,就可很容易求得其静水总压力的大小。

2. 静水总压力 P 的作用点

静水总压力 P 的作用线必通过静水压强分布体的形心并与矩形闸门的纵向对称轴相交,这一交点即为 P 的作用点 D。如图 2-22,闸门上静水压强分布图为直角三角形,故作用点 D 到自由水面的距离为:

$$y_D = \frac{2}{3} l$$

D 点的淹没深度为:

$$h_D = y_D \sin\alpha = \frac{2}{3} l \sin\alpha = \frac{2}{3} H$$

这一关系也可由式(2-20)得到:

$$y_D = y_C + \frac{J_C}{y_C A} = \frac{l}{2} + \frac{bl^3/12}{\frac{l}{2} \cdot lb} = \frac{2}{3} l$$

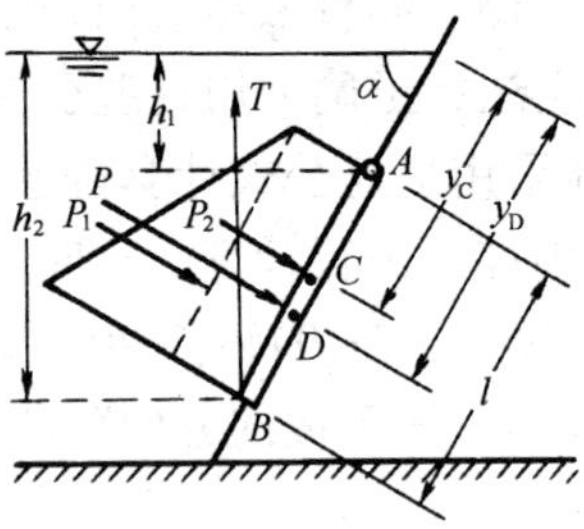

图 2-23

显然，利用图解法求解平面上静水总压力的大小和作用点的结论，也同样适用于任意倾角、任意形状的受压平面。但是，由于只有底边与液面平行的矩形平面，才能较容易求得静水压强分布体的体积和其形心的位置，故图解法通常只用于计算底边与液面平行的矩形平面上的静水总压力。

【例 2-7】 某倾斜矩形闸门 AB，转轴位于 A 端，如图 2-23 所示。已知闸门的倾角 $\alpha=60^\circ$，门宽 $b=2.5\text{m}$，门长 $l=4\text{m}$，门顶在水面下的淹没深度 $h_1=3\text{m}$。若不计闸门自重和轴间摩擦阻力，试求闸门开启时所需竖直向上的提升力 T。

【解】 (1) 先求作用于闸门上的静水总压力 P

矩形平面上的静水总压力，可采用解析法和图解法两种方法求解。

① 解析法

P 的大小　由式(2-18)得：

$$P=\gamma h_C A=\gamma\left(h_1+\frac{l}{2}\sin\alpha\right)lb=9.8\left(3+\frac{4}{2}\sin60^\circ\right)\times4\times2.5=463.74\text{kN}$$

P 的作用点　由式(2-20)得：

$$y_D=y_C+\frac{J_C}{y_C A}$$

式中　$y_C=\dfrac{h_1}{\sin\alpha}+\dfrac{l}{2}=\dfrac{3}{\sin60^\circ}+\dfrac{4}{2}=5.46\text{m}$，　$J_C=\dfrac{bl^3}{12}=\dfrac{2.5\times4^3}{12}=13.33\text{m}^4$，$A=bl=2.5\times4=10\text{m}^2$。

则
$$y_D=5.46+\frac{13.33}{5.46\times10}=5.70\text{m}$$

② 图解法

P 的大小　首先画出闸门 AB 上的静水压强分布图，如图 2-23 所示。

门顶 A 点的静水压强　$\gamma h_1=9.8\times3=29.4\text{kPa}$

门底 B 点的静水压强　$\gamma h_2=\gamma(h_1+l\sin60^\circ)=9.8(3+4\sin60^\circ)=63.35\text{kPa}$

静水压强分布图为梯形，其面积为：

$$S=\frac{1}{2}(\gamma h_1+\gamma h_3)l=\frac{1}{2}\times(29.4+63.35)\times4=185.5\text{kN/m}$$

则由式(2-21)得静水总压力 P 为：

$$P=Sb=185.5\times2.5=463.75\text{kN}$$

P 的作用点　如图 2-23，将闸门 AB 上的静水压强分布图分解为三角形和矩形两部分，并假设这两部分对闸门 AB 产生的作用力分别为 P_1 和 P_2。

其中　$P_2=\gamma h_1 lb=29.4\times4\times2.5=294\text{kN}$，$P_1=P-P_2=463.75-294=169.75\text{kN}$

根据合力矩定理，对 A 轴取力矩得：

$$P\cdot AD=P_1\times\frac{2}{3}l+P_2\times\frac{l}{2}$$

所以
$$AD=\frac{P_1\times\frac{2}{3}l+P_2\times\frac{l}{2}}{P}=\frac{169.75\times\frac{2}{3}\times4+294\times\frac{4}{2}}{463.75}=2.24\text{m}$$

故总压力 P 的作用点 D 沿着闸门到水面的斜矩为：

$$y_D=\frac{h_1}{\sin60^\circ}+AD=\frac{3}{\sin60^\circ}+2.24=5.70\text{m}$$

可见，两种方法的计算结果是一样的。

(2) 求竖直向上的拉力 T

不计闸门 AB 的自重和轴间摩擦阻力时，该闸门所受的力为：静水总压力 P 和提升力 T。这时，当提升力 T 对 A 轴的力矩大于等于压力 P 对 A 轴的力矩时，闸门 AB 才能被开启。为求这一提升力 T，令

$$Tl\cos\alpha=P\cdot AD$$

则
$$T=\frac{P\cdot AD}{l\cos\alpha}=\frac{463.75\times2.24}{4\times\cos60^\circ}=519.4\text{kN}$$

即竖直向上的提升力 $T\geqslant519.4\text{kN}$ 时闸门才能被开启。

【例 2-8】 平面 AB 如图 2-24 所示。已知其宽度 $b=1\text{m}$，倾角 $\alpha=45^\circ$，左侧水深 $h_1=3\text{m}$，右侧水深 $h_2=2\text{m}$。试求作用在平面 AB 上的静水总压力大小及其作用点。

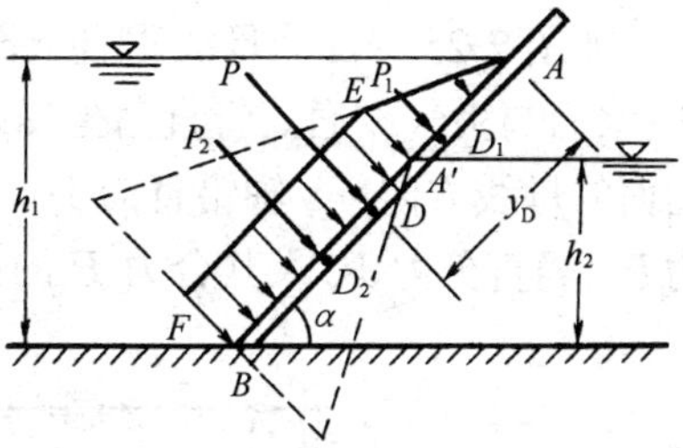

图 2-24

【解】 对于两侧具有同种液体的受压平面，采用图解法计算较为简单、方便，其求解过程如下：

(1) 总压力 P 的大小

画出作用在 AB 平面上的静水压强分布图，如图 2-24 所示。该压强分布图由三角形 AEA' 和矩形 $EFBA'$ 组成，因为图中

$$AA'=\frac{h_1-h_2}{\sin\alpha}=\frac{3-2}{\sin45^\circ}=1.414\text{m};\quad A'B=\frac{h_2}{\sin\alpha}=\frac{2}{\sin45^\circ}=2.828\text{m}$$

所以压强分布图的面积为：

$$S=\frac{1}{2}\gamma(h_1-h_2)AA'+\gamma(h_1-h_2)A'B$$

$$=\frac{1}{2}\times9.8\times(3-2)\times1.414+9.8\times(3-2)\times2.828=34.643\text{kN/m}$$

则由式(2-21)得，静水总压力 P 的大小为：

$$P=Sb=34.64\times1=34.64\text{kN}$$

(2) 总压力 P 的作用点

设三角形和矩形的压强分布图对平面 AB 所产生的作用力分别为 P_1 和 P_2。根据合力矩定理，对 A 点取力矩得：

$$Py_D=P_1y_{D_1}+P_2y_{D_2}$$

式中
$$y_{D_1}=\frac{2}{3}AA'=\frac{2}{3}\times1.414=0.943\text{m};$$

$$y_{D_2}=\frac{A'B}{2}+AA'=\frac{2.828}{2}+1.414=2.828\text{m};$$

$$P_2=\gamma(h_1-h_2)A'B\cdot b=9.8(3-2)\times2.828\times1=27.714\text{kN};$$

$$P_1=P-P_2=34.64-27.714=6.926\text{kN}。$$

则静水总压力 P 的作用点 D 沿平面 AB 到水面的斜距为：

$$y_D = \frac{P_1 y_{D_1} + P_2 y_{D_2}}{P} = \frac{6.926 \times 0.943 + 27.714 \times 2.828}{34.64} = 2.45\text{m}$$

第七节 作用在曲面上的静水总压力

工程实际中常遇到受压面为曲面的情况，如弧形闸门、输水管壁和圆柱形贮液设备的壁面等。因为作用在曲面上的静水压强方向不是相互平行的，所以不能简单地按平行力系求和的方法直接计算曲面的静水总压力。计算曲面静水总压力时，一般是先计算其水平分力和竖直分力，然后再求合力。本节着重讨论工程中常见的静止液体中柱形曲面静水总压力的计算问题，然后再将其结论推广到三维空间曲面中去。与平面壁静水总压力的计算一样，这里只考虑相对压强引起的作用。

如图 2-25，AB 为母线垂直纸面的柱形曲面，母线长（即柱面长）为 b，柱面左侧承受水压，水面与大气相通。将直角坐标系的原点 o 设在水面上，ox 轴水平向左，oy 轴平行于 AB 曲面的母线方向，oz 轴铅直向下。下面，分别讨论作用在 AB 曲面上静水总压力的水平分力 P_x、竖直分力 P_z 及其合力 P 的计算方法。

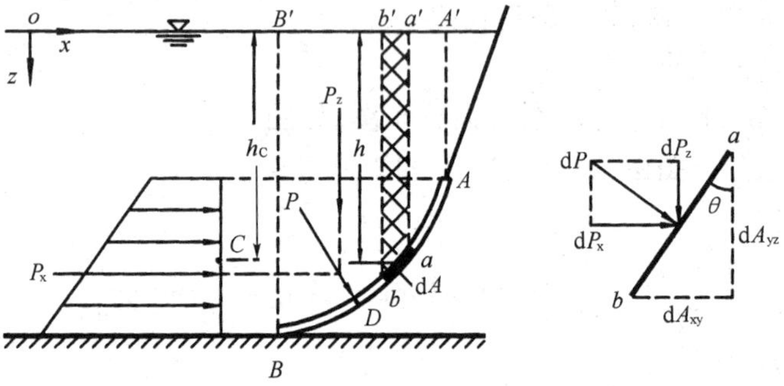

图 2-25

一、水平分力 P_x

如图 2-25，在水深为 h 处的 AB 曲面上取一微元曲面 ab，其面积为 dA。则作用在其上的静水总压力为 $dP = \gamma h dA$。

设 dA 与铅直面的夹角为 θ，则 dP 在水平方向的分力 dP_x 为：

$$dP_x = dP\cos\theta = \gamma h dA\cos\theta = \gamma h dA_{yz}$$

式中 $dA_{yz} = dA\cos\theta$，为 dA 在铅直面 yoz 上的投影面积。因为所有微小曲面上的水平分力方向都相同，故作用在整个 AB 曲面上静水总压力的水平分力 P_x 为：

$$P_x = \int_{P_x} dP_x = \int_A \gamma h dA\cos\theta = \gamma \int_{A_{yz}} h dA_{yz}$$

$\int_{A_{yz}} h dA_{yz}$ 为受压曲面 AB 在铅直平面上的投影平面对水平 oy 轴的静矩。与式(2-18)相同，其值等于投影平面的面积 A_{yz} 与其形心 C 在水面下的淹没深度 h_C 的乘积，所以：

$$P_x = \gamma h_C A_{yz} \tag{2-22}$$

该式表明，作用于曲面上静水总压力的水平分力 P_x 等于作用于该曲面在铅直平面上的投影平面 A_{yz}上的静水总压力，可以按照平面上静水总压力的计算方法来求解。

二、竖直分力 P_z

如图 2-25，作用在微元曲面 ab 上静水总压力的竖直分力为：

$$dP_z = dP\sin\theta = \gamma h\, dA\sin\theta = \gamma h\, dA_{xy}$$

式中 $dA_{xy} = dA\sin\theta$，为 dA 在水平面 xoy 上的投影面积。所以，作用在整个 AB 曲面上静水总压力的竖直分力 P_z 为：

$$P_z = \int_{P_z} dP_z = \int_A \gamma h\, dA\sin\theta = \gamma\int_{A_{xy}} h\, dA_{xy}$$

从图 2-25 可以看出，上式中的 $h\,dA_{xy}$为微元曲面 ab 上所托的液体体积$a'abb'$。由积分的几何意义可知，$\int_{A_{xy}} h\,dA_{xy}$ 为 AB 曲面上所托的液体体积(如图中的 $A'ABB'$部分)。水力学中称其为压力体，以 V_p 表示。则

$$P_z = \gamma\int_{A_{xy}} h\, dA_{xy} = \gamma V_p \tag{2-23}$$

该式表明，作用在曲面壁上静水总压力的竖直分力 P_z 等于充满于压力体的液体重量。

注意，压力体只是作为计算竖直分力 P_z 而引入的一个数值当量，它并不一定都是由实际液体构成的(见下面实、虚压力体的概念)，但 P_z 的大小总是等于充满于压力体的液体重量。

可见，正确绘制压力体是计算竖直分力 P_z 的关键。压力体一般是由三种面所组成的几何柱状体，即它的两个端面为受压曲面本身和它在自由液面或自由液面的延长面上的投影面，侧面为沿着受压曲面的边缘向自由液面或自由液面的延长面所作的铅直面。注意，这里所提到的自由液面，是指相对压强为零的液面，即测压管水面。当液面的相对压强不为零，即液面不是自由液面(或测压管水面)时，确定压力体就必须以测压管水面为准，而不能以液面为准。

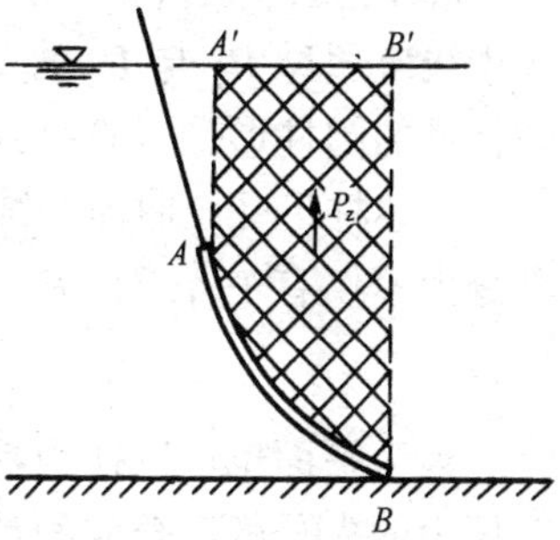

图 2-26

竖直分力 P_z 的方向决定于液体及压力体与受压曲面间的相互位置关系。当液体和压力体位于受压曲面同侧时，压力体是由实际液体构成的(如图 2-25 中的 $A'ABB'$部分)，此时 P_z 竖直向下，这种压力体称为实压力体；当液体和压力体分别位于受压曲面两侧时，压力体中无实际液体(如图 2-26 中 $A'ABB'$部分)，此时 P_z 竖直向上，这种压力体称为虚压力体。

显然，竖直分力 P_z 的作用线应通过压力体的形心。

对于受压曲面为凹凸相间的复杂柱面，确定其静水总压力的竖直分力时，可在曲面与铅直面相切处将其分为几个部分，分别确定各部分曲面的压力体和竖直分力的方向，然后再将其叠加来确定整个曲面上竖直分力 P_z 的大小和方向。如图 2-27 中，可将图(a)中的受压曲面 AB 分为AC、CD 和 DB 三个部分，各部分的压力体及相应的竖直分力方向如图(b)、(c)、(d)所示，叠加后的压力体和竖直分力的方向如图(e)所示。

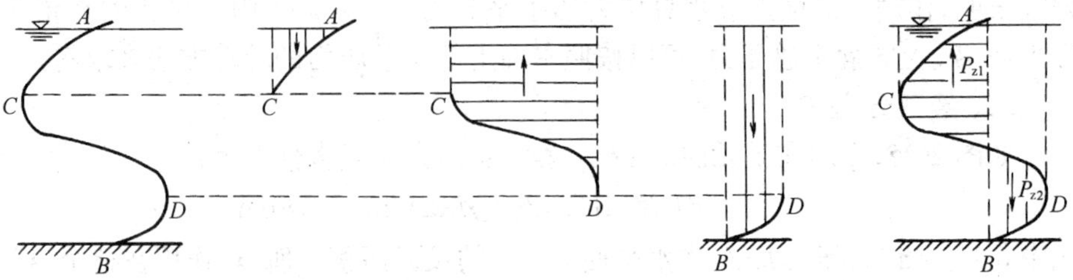

图 2-27

三、总压力 *P*

1. P 的大小

作用在受压曲面 AB 上静水总压力 P 的大小为所求得的水平分力 P_x 和竖直分力 P_z 的合力，即：

$$P=\sqrt{P_x^2+P_z^2} \tag{2-24}$$

2. P 的方向

静水总压力 P 的方向是其作用线与水平面的夹角 θ 为：

$$\theta=\text{arctg}\,\frac{P_z}{P_x} \tag{2-25}$$

3. P 的作用点

静水总压力 P 的作用线与受压曲面的交点 D 即为静水总压力 P 的作用点。显然，P 的作用线应通过 P_x 与 P_z 的交点(这一交点不一定在受压曲面上，如图 2-25)。对于工程实际中常见的圆柱形受压曲面，P 的作用线必交于圆柱曲面的中心轴。

上述柱形受压曲面的结论，完全可以应用于任意的三元受压曲面，不同的是，这时的水平分力不仅有 P_x，还有 P_y。所以，三元受压曲面静水总压力 P 的大小为：

$$P=\sqrt{P_x^2+P_y^2+P_z^2} \tag{2-26}$$

因为平面也可以视为特殊的曲面，所以曲面壁静水总压力的先分解后合成的计算方法，也同样适用于平面壁静水总压力的计算(见【例 2-11】)。

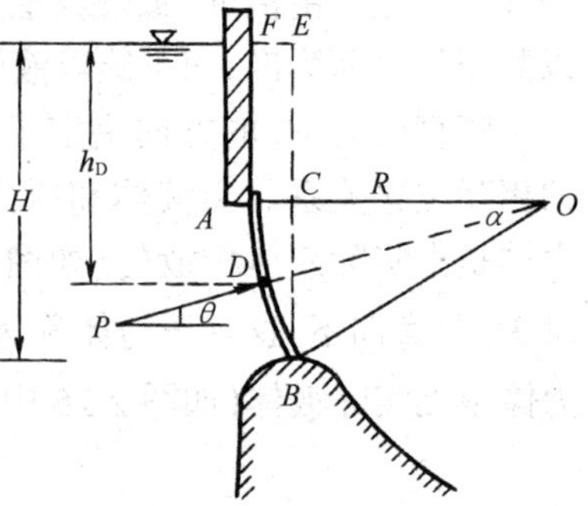

图 2-28

【例 2-9】 溢流坝上的弧形闸门 AB 如图 2-28 所示。弧面为圆柱形曲面，已知闸门半径 $R=4\text{m}$，宽 $b=6\text{m}$，圆心角 $\alpha=30°$，门轴 O 与门顶 A 点在同一水平面上，坝顶 B 点的淹没深度 $H=4\text{m}$。试求作用于该弧形闸门上的静水总压力 P 的大小及其作用点 D 的位置。

【解】 (1) 水平分力 P_x

由式(2-22)得：

$$P_x=\gamma h_C A_{yz}=\gamma\left(H-\frac{1}{2}R\sin\alpha\right)bR\sin\alpha$$

$$=9.8\left(4-\frac{1}{2}\times 4\sin 30°\right)\times 6\times 4\sin 30°=352.8\text{kN}$$

(2) 竖直分力 P_z

由式(2-23)得：

$$P_z=\gamma V_P=\gamma S_{ABCEF}b=\gamma(S_{ABC}+S_{ACEF})b$$

式中 $S_{ABC}=$扇形 $S_{OAB}-$三角形 $S_{OCB}=\pi R^2\dfrac{\alpha}{360^\circ}-\dfrac{1}{2}R\sin\alpha\cdot R\cos\alpha$

$$=3.14\times4^2\times\frac{30^\circ}{360^\circ}-\frac{1}{2}\times4\times\sin30^\circ\times4\times\cos30^\circ=0.723\text{m}^2$$

$$S_{ACEF}=AF\cdot AC=(H-R\sin\alpha)(R-R\cos\alpha)=(4-4\sin30^\circ)(4-4\cos30^\circ)=1.072\text{m}^2$$

所以：　　$P_z=\gamma(S_{ABC}+S_{ACEF})b=9.8\times(0.723+1.072)\times6=105.55\text{kN}$

(3) 总压力 P

由式(2-24)得：

$$P=\sqrt{P_x^2+P_z^2}=\sqrt{352.8^2+105.55^2}=368.3\text{kN}$$

P 的作用线与水平面的夹角 θ 由式(2-25)得：

$$\theta=\text{arctg}\,\frac{P_z}{P_x}=\text{arctg}\,\frac{105.55}{352.8}=16.66^\circ$$

作用点 D 的淹没深度为：

$$h_D=R\sin\theta+AF=R\sin\theta+(H-R\sin\alpha)=4\sin16.66^\circ+4-4\sin30^\circ=3.15\text{m}$$

【例 2-10】 某薄壁钢管直径为 d，承受最大静水压强为 p，由于 p/γ 比 d 大得多，可以认为钢管内壁的压强是均匀分布的，如图 2-29(a)所示。若钢管的允许拉应力为$[\sigma]$，试求管壁的厚度 δ 为多少？

【解】 设管道长度为 Δl。因为可以认为钢管内壁的压强是均匀分布的，故可沿管道任一直径方向将管段分为两半，取其一半分析受力平衡条件。显然，对于如图 2-29(b)所示的这半个管段而言，在 y 方向的水压力互相抵消，只有 x 方向的水压力，即：

$$P=P_x=pd\Delta l$$

为了维持这半个管段的平衡，必有：

$$2T=2\delta\Delta l[\sigma]=pd\Delta l$$

故使管段不破裂的管壁厚度 δ 应为：

$$\delta\geqslant\frac{p\cdot d}{2[\sigma]}$$

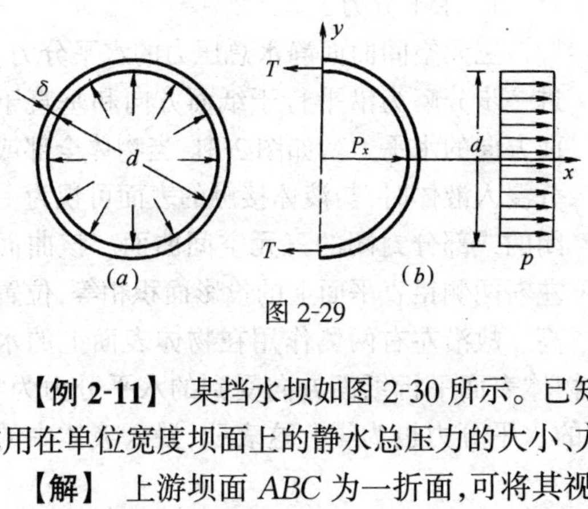

图 2-29

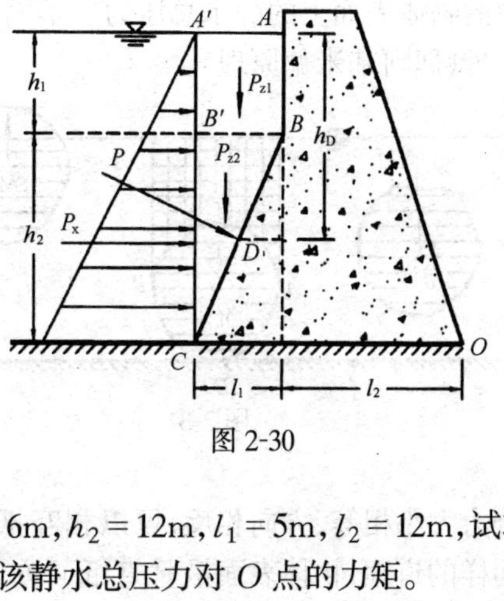

图 2-30

【例 2-11】 某挡水坝如图 2-30 所示。已知 $h_1=6\text{m}$，$h_2=12\text{m}$，$l_1=5\text{m}$，$l_2=12\text{m}$，试求作用在单位宽度坝面上的静水总压力的大小、方向及该静水总压力对 O 点的力矩。

【解】 上游坝面 ABC 为一折面，可将其视为一特殊曲面计算坝面上的静水总压力。

水平分力由式(2-22)得：

$$P_x=\gamma h_C A_{yz}=\gamma\left(\frac{h_1+h_2}{2}\right)(h_1+h_2)b$$

$$=9.8\left(\frac{6+12}{2}\right)(6+12)\times1=1587.6\text{kN}$$

竖直分力由式(2-23)得：

$$P_z=\gamma V_P=\gamma\left[l_1(h_1+h_2)-\frac{1}{2}l_1h_2\right]b$$

$$=9.8\left[5(6+12)-\frac{1}{2}\times5\times12\right]\times1=588\text{kN}$$

合力由式(2-24)得：

$$P=\sqrt{P_x^2+P_z^2}=\sqrt{1587.6^2+588^2}=1693\text{kN}$$

P 的作用线与水平面的夹角 θ 由式(2-25)得：

$$\theta=\text{arctg}\frac{P_z}{P_x}=\text{arctg}\frac{588}{1587.6}=20.32°$$

根据几何关系，还可进一步求得 P 的作用点 D 的淹没深度为 $h_D=12.13\text{m}$

P 对 O 点的力矩为：

$$M_O=P_x\frac{h_1+h_2}{3}-\left[P_{z1}\left(\frac{l_1}{2}+l_2\right)+P_{z2}\left(\frac{2}{3}l_1+l_2\right)\right]$$

式中 $P_{z1}=\gamma V_{AA'B'B}=\gamma h_1 l_1 b=9.8\times6\times5\times1=294\text{kN}$

$P_{z2}=\gamma V_{BB'C}=P_z-P_{z1}=588-294=294\text{kN}$

故 $$M_O=1587.6\times\frac{6+12}{3}-\left[294\left(\frac{5}{2}+12\right)+294\left(\frac{2}{3}\times5+12\right)\right]=754.6\text{kN}\cdot\text{m}$$

四、作用在物体上的静水总压力——浮力

在物理学中，我们已经知道，全部或部分浸入液体中的物体，除受到其自身的重力外，还始终受到一个竖直向上的浮力作用，如图2-31所示。这一浮力实质上就是作用在浸入液体中的物体表面上的静水总压力。下面，根据曲面壁静水总压力的计算方法，导出浮力的计算原理(即阿基米德原理)。

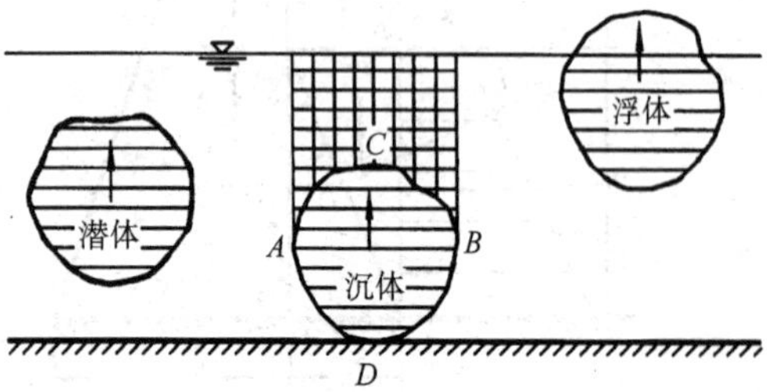

图2-31

1. 水平分力

三元空间曲面静水总压力的水平分力，可进一步分解为沿平行于纸面方向和垂直于纸面方向的水平力。如图2-31，当物体全部或部分浸入液体时，与液体接触的表面可视为一封闭的或部分封闭的三元空间曲面。该曲面在左右两侧铅直平面上的投影面积相等，位置同高。故沿左右两侧作用在物体表面上的水平分力大小相等、方向相反，可以相互抵消，即物体表面平行纸面方向受到的水平分力为零。同样的道理，物体表面沿垂直纸面方向受到的水平分力也为零。这表明，浸入液体中的物体，其表面上静水总压力的水平分力为零。

2. 竖直分力

由于水平分力为零，这一竖直分力就是作用在浸入液体中物体表面的静水总压力。如图 2-31，对于全部浸入液体中的物体，用与物体相切的铅直柱面，可将其表面分割为 ACB 和 ADB 上、下两部分。分别画出这两部分表面的压力体后再叠加，可得该物体表面的压力体就是物体表面所围成的体积，并且为虚压力体。显然，对于部分浸入液体中的物体表面，其压力体也是浸入液体部分的物体体积，并且也是虚压力体。所以，浸入液体中的物体始终受到一个数值等于其排开液体的重量，方向竖直向上的静水总压力 P_z，该压力又称为浮力。这一原理是希腊科学家阿基米德于公元前 250 年提出的，故称为阿基米德原理。对于均质液体，浮力的作用线通过所排开液体体积的形心，水力学中称之为浮心。

浸入液体中的物体同时受到重力和浮力的作用，设液体容重为 γ，物体重量为 G、体积为 V，则它在重力和浮力的共同作用下，可以有如图 2-31 所示的三种情况。即

(1) $G>\gamma V$，物体下沉至底，这种物体称为沉体。

(2) $G=\gamma V$，物体可以在液体中任何位置保持平衡，这种物体称为潜体。

(3) $G<\gamma V$，物体将不断上浮，直至重力 G 与浮力 P_z 相等而使物体平衡为止，这种物体称为浮体。

思　考　题

2-1　试以相对地面作匀速直线运动的相对平衡液体为例，推导水静力学基本方程。

2-2　压强有哪几种表示方法和常用的量度单位？它们之间的相互关系是什么？

2-3　水静力学基本方程的几何意义和能量意义是什么？该方程有哪两种基本的表示形式？它们适用于何种液体，反映了静水压强怎样的分布规律？

2-4　如图所示，互不相混的两种液体盛在一个容器中，其中 $\gamma_1<\gamma_2$，试分析下面三个方程的对与错。

$$(1)z_1+\frac{p_1}{\gamma}=z_2+\frac{p_2}{\gamma_2};\quad (2)z_2+\frac{p_2}{\gamma_2}=z_3+\frac{p_3}{\gamma_2};\quad (3)z_1+\frac{p_1}{\gamma_1}=z_3+\frac{p_3}{\gamma_2};$$

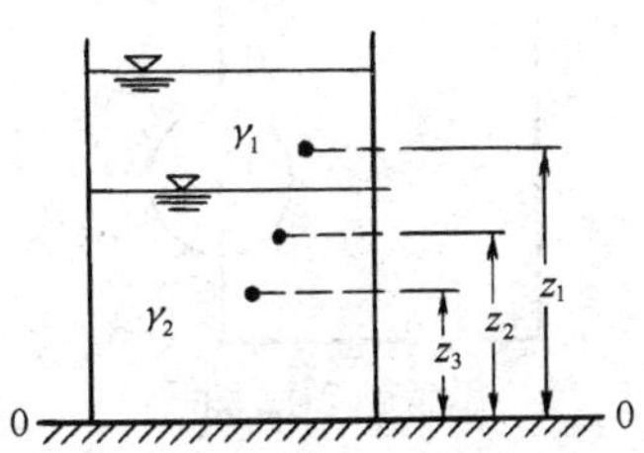

思考题 2-4 图

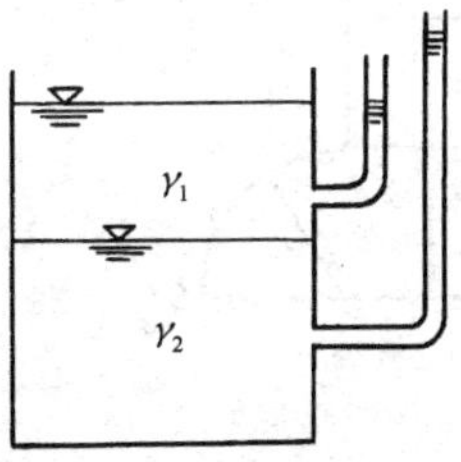

思考题 2-5 图

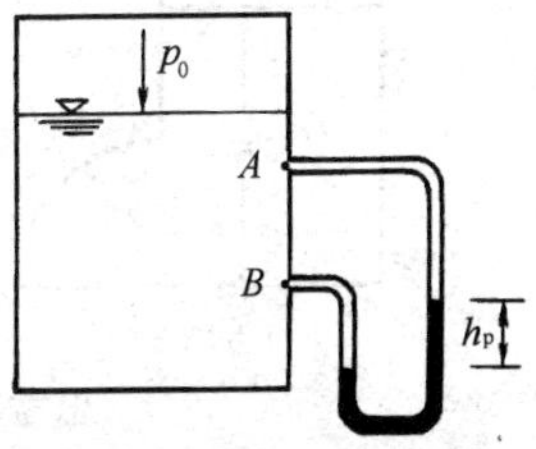

思考题 2-6 图

2-5　如图所示，互不相混的两种液体盛在一个容器中，其中 $\gamma_1<\gamma_2$，在容器侧壁安装了两根测压管，试问图中标明的测压管水面关系是否正确？为什么？

2-6　如图所示，A、B 两点均位于箱内的静水中，试分析连接该两点 U 形水银压差计的液面高差 h_p 应为何值。

2-7　如图所示，在管道的 A、B、C 三点处分别安装有测压管。当阀门 K 关闭时，(1)试问在各测压管中的水面高度如何？(2)在图中标出各点的位置水头、压强水头和测压管水头。

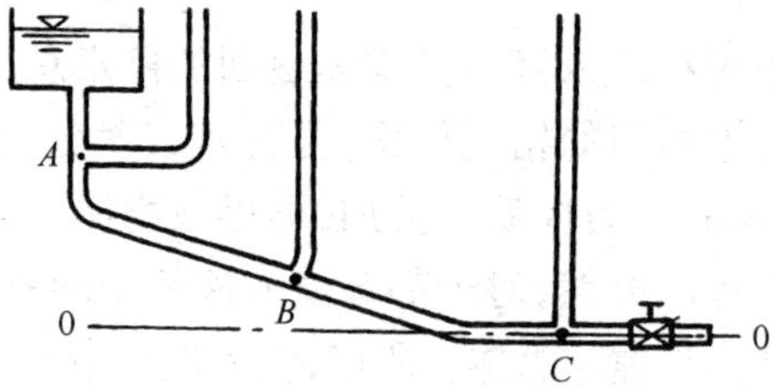

思考题 2-7 图

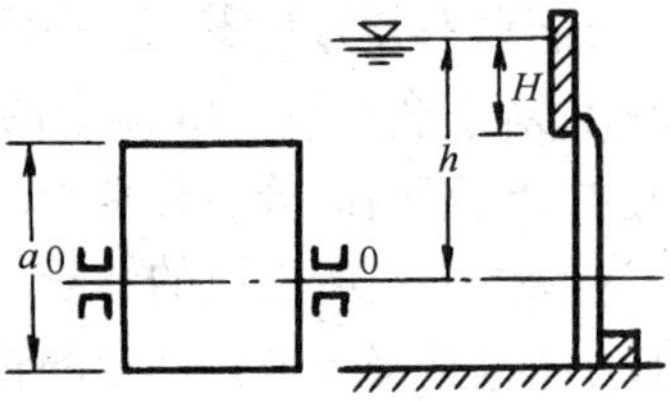

思考题 2-8 图

2-8　如图所示为一铅直矩形自动泄水闸门，门高为 a，门顶水面超高为 H。(1)当闸门自动泄水时，试写出门轴 0-0 距水面的距离 h 与门高 a、门顶水面超高 H 的关系式；(2)如果将门轴 0-0 放在通过闸门形心的水平面上，当 H 不断加大时，问闸门能否自动打开？为什么？

2-9　如图所示，三个密闭容器中的水深 H 和水面压强 p_0 均相等，(a)图容器放在地面上；(b)图容器以加速度 g 向上运动；(c)图容器以加速度 g 自由下落运动。试写出三种情况下平衡液体内部静水压强分布的表达式，并画出三种情况下作用在容器侧壁 AB 上的静水压强分布图。

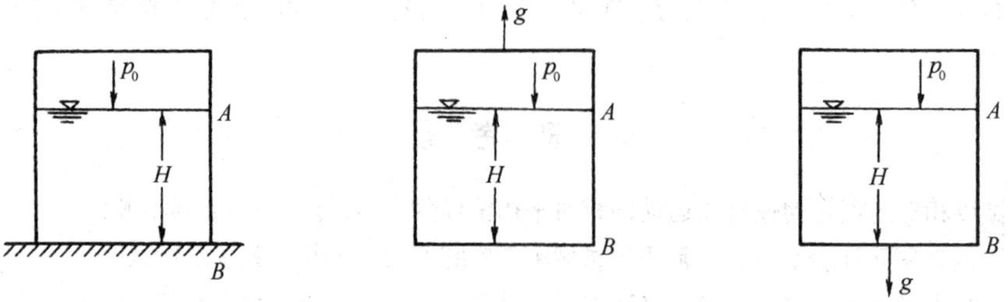

(a)　　　(b)　　　(c)

思考题 2-9 图

2-10　在计算平面静水总压力的过程中，当液面上的相对压强不为零时，如何确定式(2-18)和式(2-20)中的 h_C、y_C 和 y_D？在计算曲面壁的竖直分力 P_z 的过程中，当液面上的相对压强不为零时，如何确定压力体？

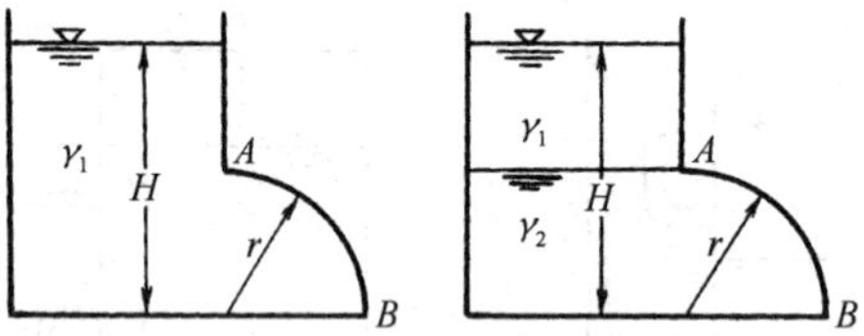

(a)　　　(b)

思考题 2-11 图

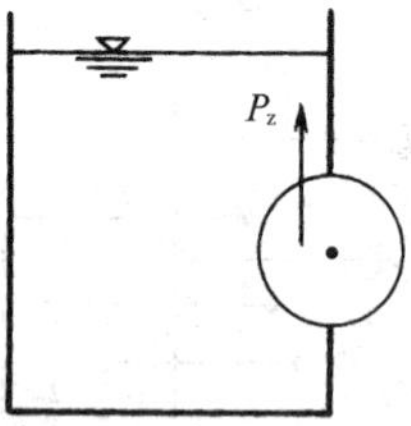

思考题 2-12 图

2-11　如图所示，图(a)容器中盛有容重为 γ_1 的液体，图(b)容器中盛容重为 γ_2 和 γ_1($\gamma_2 < \gamma_1$)的两种液体，两容器中的水深均为 H。试问(1)两图中圆柱形曲面 AB 上的压力体图是否相同？(2)如何计算图(b)中曲面 AB 上所受到静水总压力的水平分力和竖直分力？(假设 AB 圆柱形曲面的宽度为 b)

2-12　如图所示，有一圆柱体，其左半部分在水的作用下受到浮力 P_z，若忽略一切摩擦阻力，试问该圆柱体在该浮力 P_z 的作用下能否绕其中心轴转动不息？为什么？

习　题

2-1　如图所示，用 U 形测压管测量 A 点压强。如果测得 $h = 1\text{m}$，试求 A 点的相对压强、绝对压强、真空压强,并分别用 Pa、mH_2O、mmHg 表示。

2-2　如图所示一盛水容器,在容器左侧壁上安装一测压管,右侧壁上安装一水银测压计,已知容器中心 A 点的相对压强为 0.8at,$h'=0.2m$。试求 h 和 h_p。

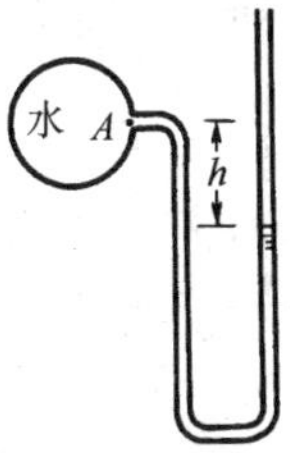

题 2-1 图

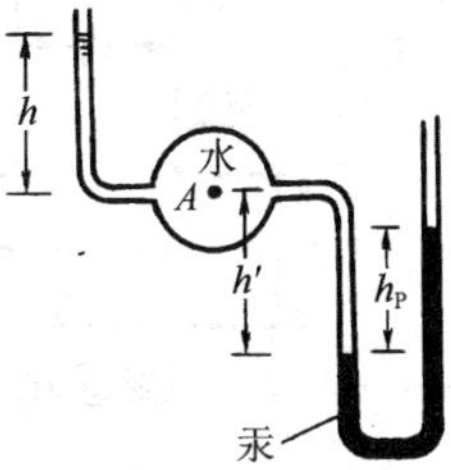

题 2-2 图

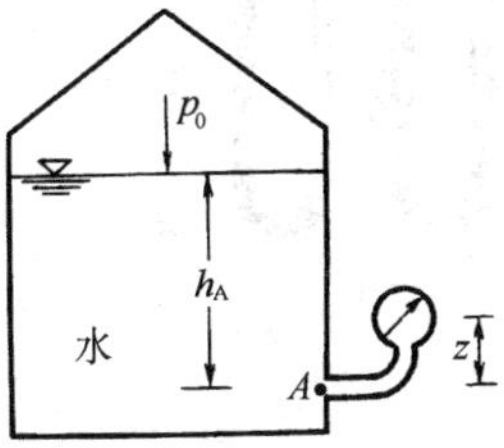

题 2-3 图

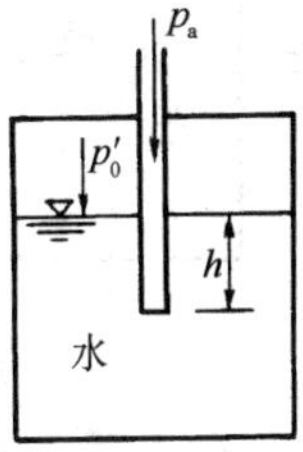

题 2-4 图

2-3　如图所示一密闭水箱,在水深 $h_A=1.5m$ 的 A 点处安装一压力表,压力表中心距 A 点距离 $z=0.5m$,压力表读数为 4900Pa。试求水面的相对压强、绝对压强和真空压强各为多少?

2-4　如图所示,一密闭容器水面的绝对压强 $p'_0=85kPa$,中间玻璃管两端是开口的,当既无空气通过玻璃管进入容器,又无水进入玻璃管时,玻璃管伸入水面以下的深度 h 应为多少?

2-5　图示所示容器内盛有水,水面高程为 1.0m,两个测压管的安装高程分别为 0.5m 和 0.1m,当地大气压强值为 $p_a=100kPa$(绝对压强)。试求(1)$p'_0/\gamma=15mH_2O$(绝对压强)时,点 1 和点 2 的绝对压强水头、相对压强水头及测压管水头各为多少?(2)当 $p'_0/\gamma=6mH_2O$(绝对压强)时,点 1 和点 2 的绝对压强水头、相对压强水头、真空度及测压管水头各为多少?

2-6　用如图所示的真空计测量容器中 A 点真空压强,已知 $z=1m$,$h=2m$,试求 A 点的相对压强及真空度,并推算真空计中液面空气的真空度。

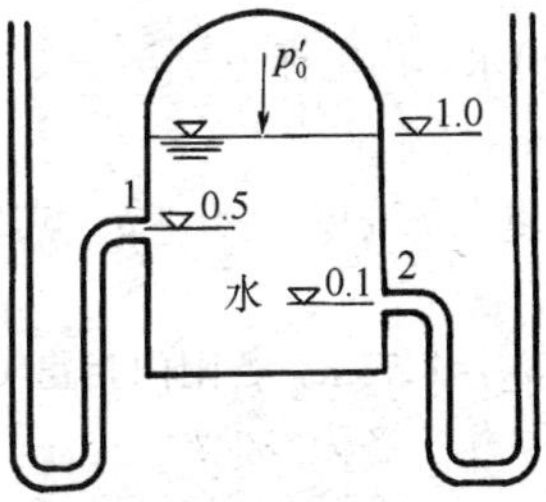

题 2-5 图

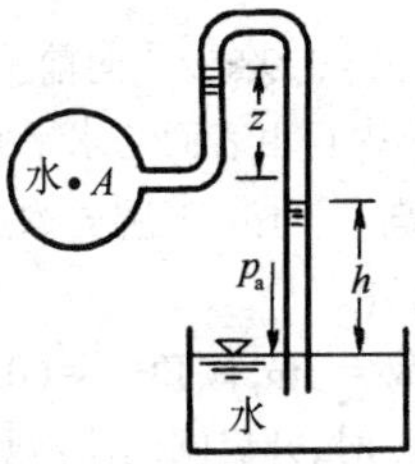

题 2-6 图

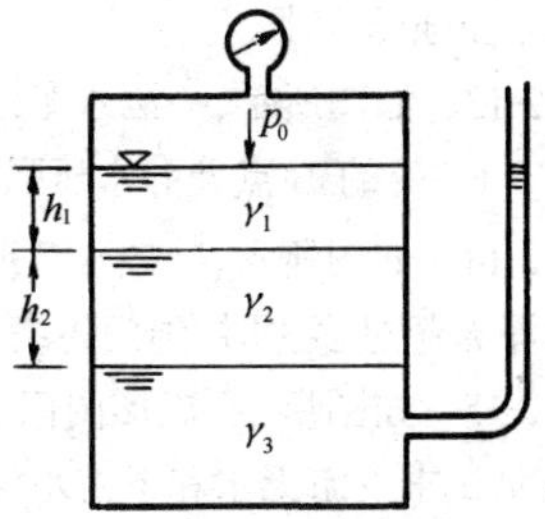

题 2-7 图

2-7　如图所示,密闭容器内装有三种互不相混的液体,已知 $h_1=2m$,$h_2=3m$,$\gamma_1=6.84kN/m^3$,$\gamma_2=8.83kN/m^3$,$\gamma_3=9.8kN/m^3$。试问压力表读数为多少时,测压管中液面可上升到与容器内液面同高。

2-8　如图所示,已知水管中 A、B 两点的高差 $\Delta z=1m$,水银差压计中的水银柱高差 $h_p=0.36m$。试求 A、B 两点的压强差及测压管水头差。

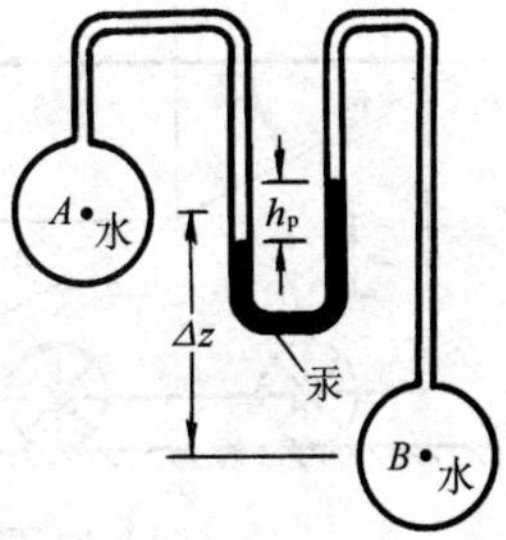

题 2-8 图

2-9　如图根据复式水银测压计所示读数,试确定 A 点的相对压强 p_A 及压力箱中水面的相对压强 p_0。(图中所示标高以 m 计)

2-10　如图所示一上口带活塞盛满水的容器,已知容器上口直径 $d_1=1.0m$,下底直径 $d_2=2.0m$,其它各部分尺寸如图。若在活塞 A 上施加一 $G=5kN$ 的重荷(包括活塞自重),试求(1)作用在容器底部的静水总压力;(2)作用在容器环形平面上的静水总

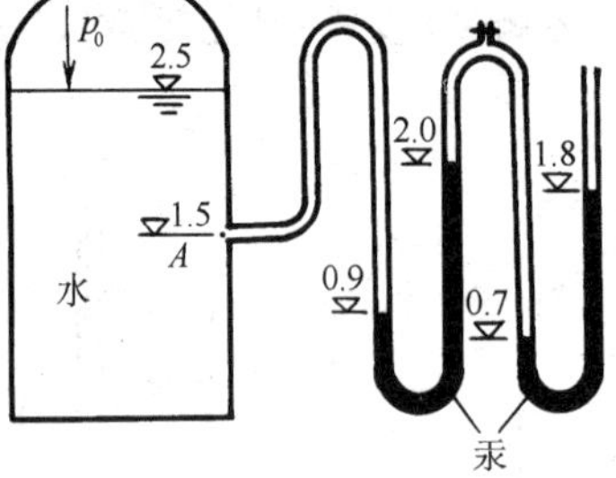

题 2-9 图

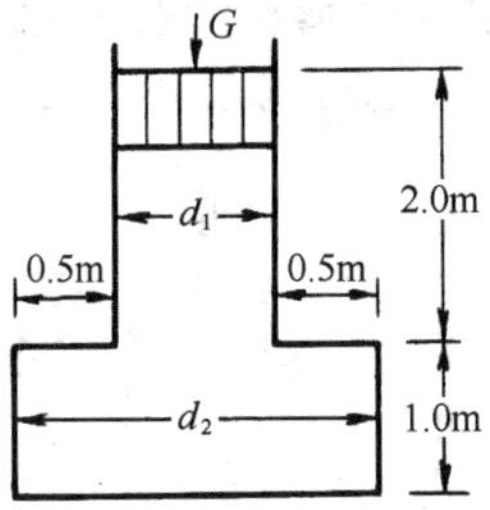

题 2-10 图

压力;(3)桌面支撑容器的反作用力;(4)分析(1)与(3)的结果为何不同。

2-11 绘出图中 AB 面上的静水压强分布图。

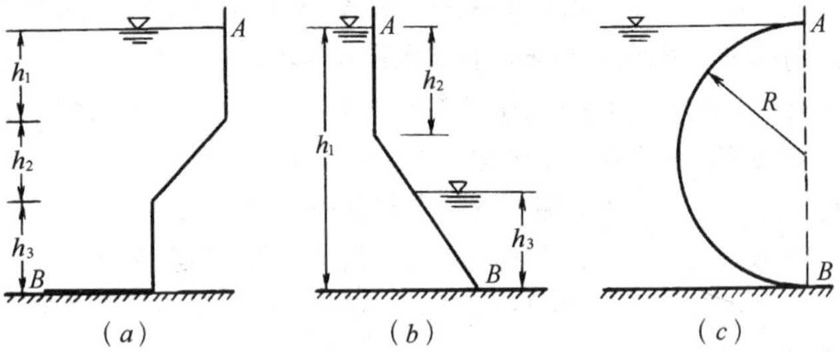

题 2-11 图

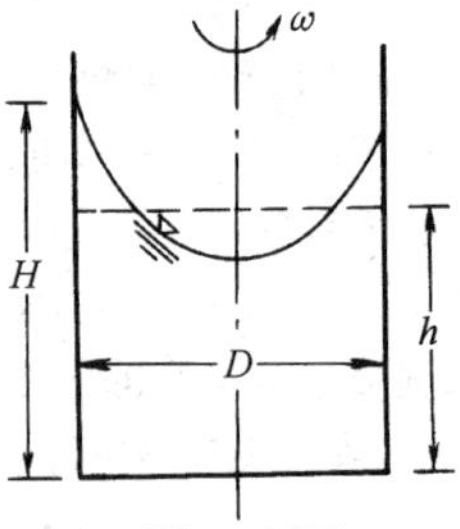

题 2-12 图

2-12 如图所示,圆柱形容器的直径 $D=30\text{cm}$,高 $H=50\text{cm}$,充水深度 $h=30\text{cm}$。当容器绕其中心轴旋转时,试求使自由水面恰好与容器上口同高时的旋转角速度 ω 值;并确定此时容器底部中心轴处和边壁处静水压强的大小。

2-13 如图所示,一洒水车以匀加速度 $a=0.98\text{m/s}^2$ 向前平驶,试求(1)水车内坐标为 $x_B=-1.5\text{m}$,$z_B=-1.0\text{m}$ 的 B 点处静水压强 p_B;(2)水车内自由表面与水平面间的夹角 α。

2-14 如图所示,某挡水矩形平板闸门高 $a=1\text{m}$,下游支撑点位于渠底以上的高度 $e=0.4\text{m}$。试求闸前水深 h 超过多少时,闸门将绕 o 点自动打开。

2-15 如图所示,矩形闸门 AB 的宽度 $b=3\text{m}$,倾角 $\alpha=60°$,$h_1=1\text{m}$,$h_2=1.73\text{m}$。若闸门自重 $G=9.8\text{kN}$,试求下游无水和下游水深 $h_3=0.5h_2$ 时,开启闸门所需竖直向上的拉力 T 各为多少?

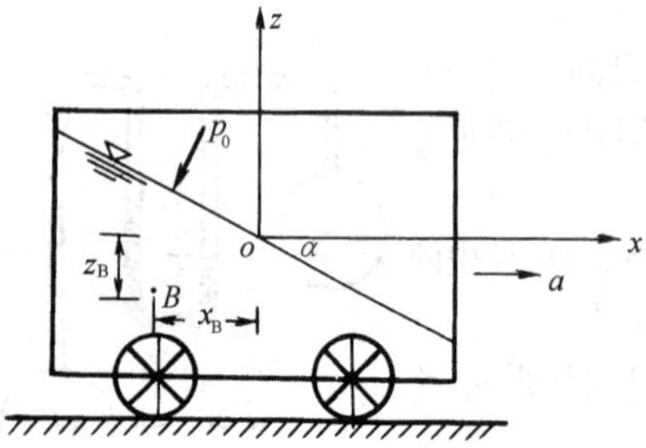

题 2-13 图

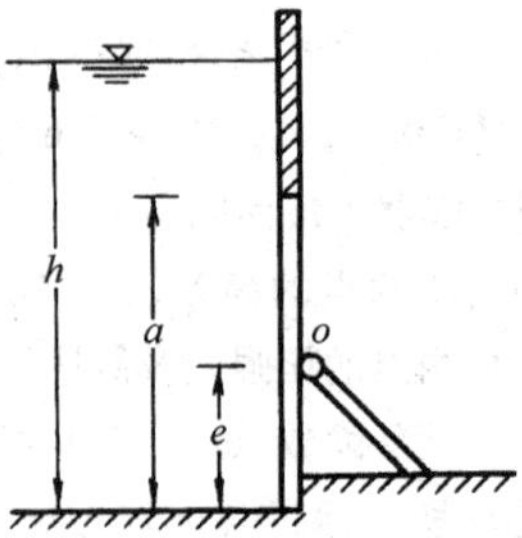

题 2-14 图

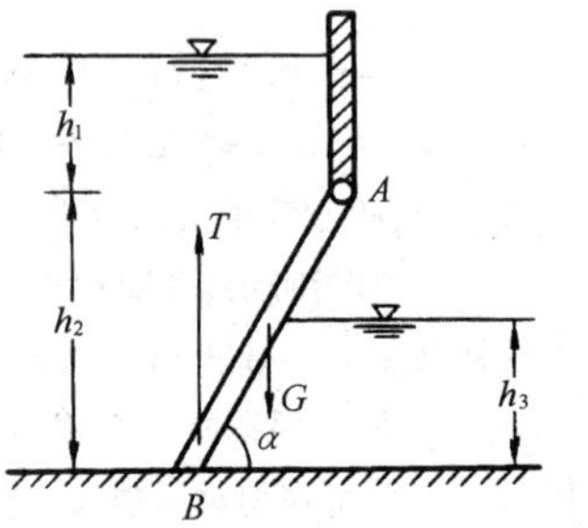

题 2-15 图

2-16 如图所示,一直立矩形平面闸门,用三根工字梁支撑,已知闸门上游水深 $H=3\text{m}$,为使这三根工字梁分担相同的负荷,其位置应如何布置?

2-17 如图所示，在盛水密闭容器侧壁上有一直径 $d=0.5\text{m}$ 的圆形孔盖板。当盖板顶的淹没深度 $h=0.8\text{m}$，水面的相对压强 $p_0=0.2\text{at}$ 时，试求作用在此圆形盖板上的静水总压力的大小和作用点。

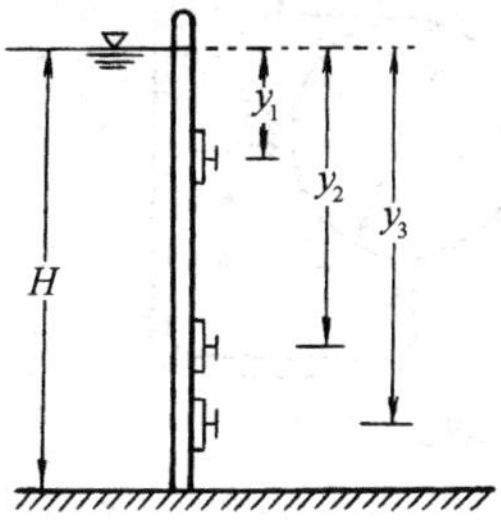

题 2-16 图

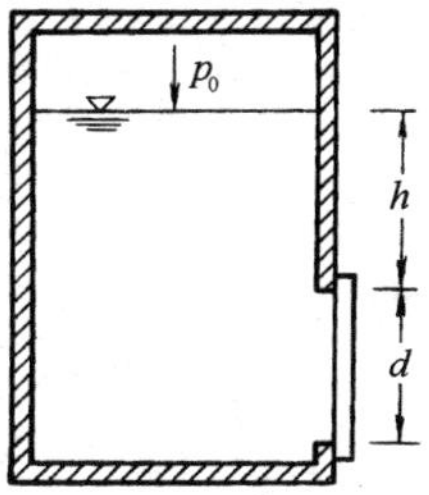

题 2-17 图

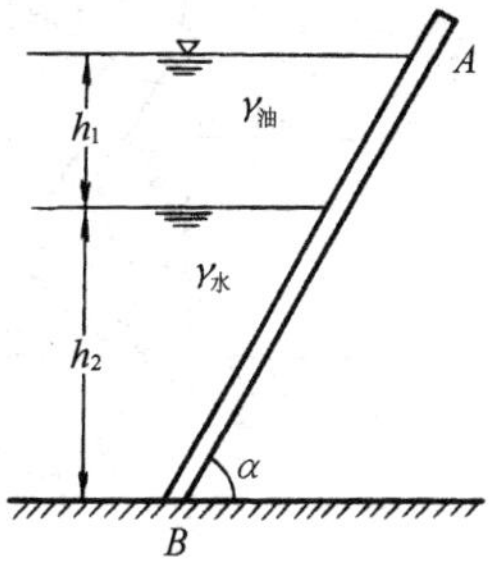

题 2-18 图

2-18 如图所示，平板 AB 左侧承受两种液体压力，已知 AB 平板的倾角 $\alpha=60°$，上部受油压深度 $h_1=1.0\text{m}$，下部受水压深度 $h_2=2.0\text{m}$，油的容重 $\gamma_{油}=8.0\text{kN/m}^3$。试求作用在 AB 平板单位宽度上的静水总压力的大小及其作用点的位置。

2-19 绘出作用在如图所示曲面上的水平静水压力的压强分布图和竖直静水压力的压力体图，并在图中标出水平静水压力和竖直静水压力的方向。

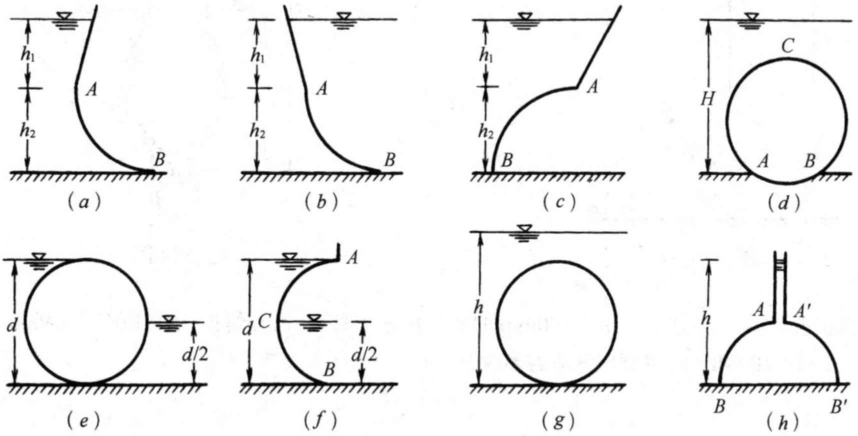

题 2-19 图

2-20 一扇形闸门如图所示，圆心角 $\alpha=45°$，半径 $r=4.24\text{m}$，闸门前水深 $H=3\text{m}$。试求单位宽度闸门所受静水总压力的大小、方向和作用点。

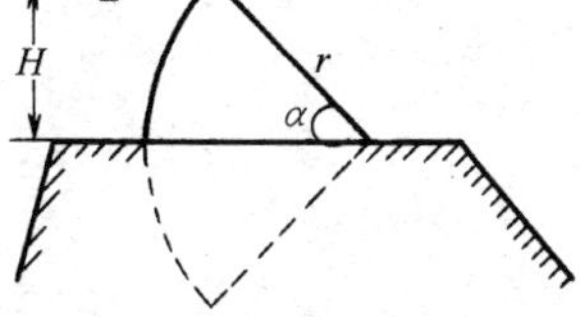

题 2-20 图

2-21 溢流坝顶的圆柱面弧形闸门如图所示。已知闸门宽度 $b=6\text{m}$，半径 $R=11\text{m}$，闸门转动中心高程、上游水位高程和溢流坝顶高程见图中所标。试求作用于闸门上静水总压力的大小、方向和作用点。

2-22 如图所示，由二个半球面铆接而成的盛水压力容器，下半球固定在支架上。在容器底部接出一测压管，若测得测压管水面高出球顶的高度 $h=0.8\text{m}$，球形容器的直径 $d=2\text{m}$，试求全部铆钉所受到的总拉力 T。

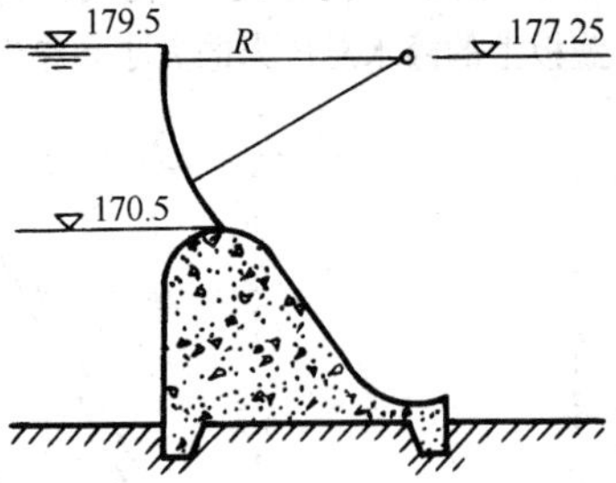

题 2-21 图

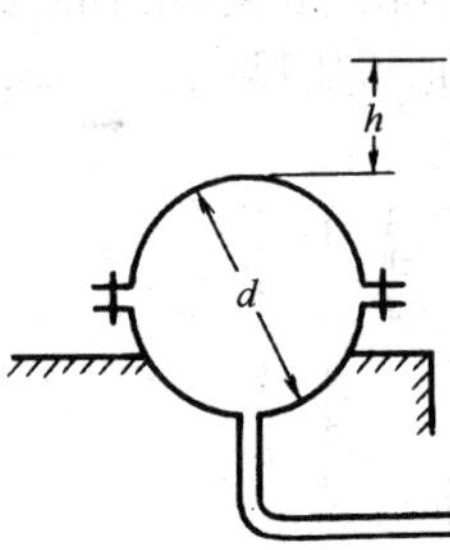

题 2-22 图

2-23　如图所示，AB 为四分之一圆柱形曲面壁，半径 $r=1.2\text{m}$，壁宽 $b=2\text{m}$，A 点的淹没深度 $h_A=1\text{m}$。试求作用在 AB 曲面壁上的静水总压力的大小、方向和作用点。

2-24　如图所示，水泵吸水的圆球式底阀直径 $D=150\text{mm}$，装于直径 $d=100\text{mm}$ 的阀座上，圆球为实心体，其容重 $\gamma_c=83.3\text{kN/m}^3$。若图中的 $H_1=3.5\text{m}$，$H_2=1.5\text{m}$，试问吸水管液面上的真空度应为多大时才能将阀门吸起。

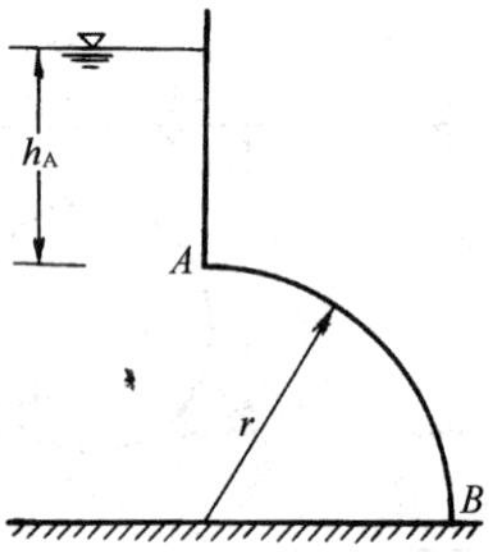

题 2-23 图

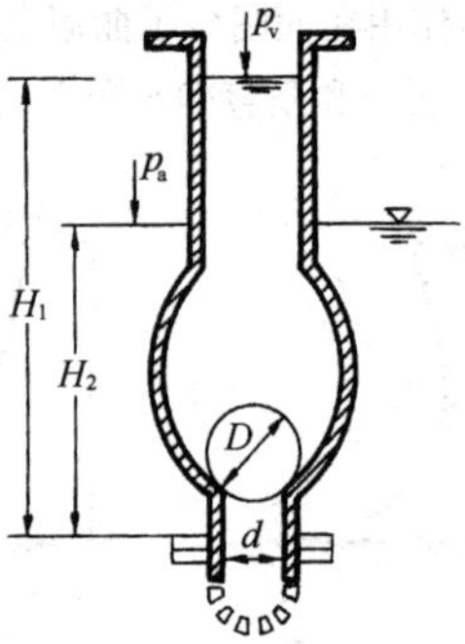

题 2-24 图

2-25　根据设计需要，选用直径 $d=300\text{mm}$ 的钢管作输水管道，已知管内设计压强 $p=4666.7\text{kPa}$，试计算允许应力 $[\sigma]=100\text{MPa}$ 的钢管壁厚应为多少？

第三章　一元水动力学

上一章讨论的平衡液体只是运动液体的一种特殊形式，研究运动液体的一般规律及其在工程实际中的应用，才更有普遍意义。从本章开始，将讨论水动力学的一些基本原理及其应用。

表征液体运动状态的物理量，如流速、加速度、动水压强等统称为液体的运动要素。水动力学的任务就是研究这些运动要素随空间和时间的变化规律及其相互间的关系，从而提出解决工程实际问题的方法。

这里需要说明，流动液体在空间某点处的动水压强问题。动水压强同样符合绪论中式(1-15)的定义。理想液流由于不存在粘滞性，其内部各点处动水压强的大小和静水压强一样与受压面的方位无关；而实际液流因粘滞性的影响，其内部各点处动水压强的大小一般与受压面的方位有关。但由于粘滞力对压强随方位变化的影响很小，而且理论上可以证明，实际液流中同一点处的任意三个相互垂直方向上的压强平均值为常数，水力学中，就将该平均值定义为实际液流在该点的动水压强，并同样以 p 表示。按照这样的定义，则不论是理想液流还是实际液流，其空间点上的动水压强一般就只是位置坐标和时间的函数，即 $p=p(x,y,z,t)$，而与受压面的方位无关。

显然，对液流中某点处动水压强的测量，不可能在该点同时测量三个相互垂直方向上的压强值，然后再取平均而得到。动水压强在实际液流中的分布有两种特殊情况：一种情况是在液体与固体的接触表面上，由于液体质点的速度为零，其上各点压强的大小与受压面的方位无关；另一种情况是在均匀流(其概念见本章第二节)条件下，液流中同一点处平行于液流方向与垂直于液流方向的压强值相等，即这些指定方向上的压强值都等于该点处按上述定义的动水压强 p。利用测压管等测压仪表对动水压强的测量和本章中有关的水动力学问题的分析就是以这些结论为依据的。

本章首先介绍描述液体运动的方法和有关的基本概念，然后根据运动学和动力学的普遍规律，重点讨论液体一元恒定流的三大基本方程，即恒定流的连续性方程、能量方程和动量方程。它们是水力学基本内容的核心，是分析工程实际中液流问题的理论基础。

第一节　描述液体运动的两种方法

研究液体运动时，根据其着眼点的不同，有两种描述液体运动的方法。

一、拉格朗日法

拉格朗日(法国数学家和天文学家)法是以研究液流的个别质点为基础，通过研究液体中每个质点在整个运动过程中的轨迹及其运动要素随时间的变化规律来获得整个液体运动的全貌。

拉格朗日法的着眼点是液体中的各个质点。显然，这种方法就是我们在物理学中所熟悉的描述刚体运动的方法。它在概念上易于接受，但由于液体运动较固体运动复杂得多，在大多数情况下，试图研究液体中每个质点运动的全过程是很困难的，况且在实用上一般也没有必要。所以，除少数情况外，水力学中通常不采用这种方法，而普遍采用下述的欧拉法来描述液体运动。

二、欧拉法

在实际生活和生产中，人们关心的往往是水流在某些指定地点的运动状态，如水泵出口处的压力和流量，城市附近防汛河堤处的水位等，而不去关心水流中各质点的运动过程。这就是欧拉法的思想。

充满运动液体质点的空间称为流场。欧拉法就是以流场中各空间点上液体质点的运动要素为研究对象，通过考察每一时刻流场中各空间点上液体质点运动要素的分布和变化情况来获得整个液体运动的全貌。即它研究的是各种运动要素的分布场，所以这种方法又称为流场法。

一般说来，在同一时刻，各空间点的运动要素是不等的，在同一空间点上，不同时刻的运动要素也不一样。所以在直角坐标系中，流场中液体质点的运动要素可表示为空间点的坐标(x,y,z)和时间 t 的函数。变量 x,y,z,t 统称为欧拉变量。例如，液体的流速场可表示为：

$$\left.\begin{aligned} u_{\mathrm{x}} &= u_{\mathrm{x}}(x,y,z,t) \\ u_{\mathrm{y}} &= u_{\mathrm{y}}(x,y,z,t) \\ u_{\mathrm{z}} &= u_{\mathrm{z}}(x,y,z,t) \end{aligned}\right\} \tag{3-1}$$

同样，动水压强场可表示为：

$$p=p(x,y,z,t) \tag{3-2}$$

在上面的公式中，如令 x,y,z 为常数，t 为变量，则可得出相应某一固定点上液体质点的流速和动水压强随时间 t 的变化情况；如令 t 为常数，x,y,z 为变量，则可得出同一时刻，在流场内不同空间点上液体质点的流速和动水压强的分布情况，即瞬时流速场和压强场。

在欧拉法中，加速度的表示比较复杂。因为运动液体质点本身的坐标 x,y,z 也是时间 t 的函数，所以质点的加速度在 x 轴方向的分量 a_{x} 应是 u_{x} 对时间 t 的全导数，即：

$$a_{\mathrm{x}}=\frac{\mathrm{d}u_{\mathrm{x}}}{\mathrm{d}t}=\frac{\partial u_{\mathrm{x}}}{\partial t}+\frac{\partial u_{\mathrm{x}}}{\partial x}\cdot\frac{\mathrm{d}x}{\mathrm{d}t}+\frac{\partial u_{\mathrm{x}}}{\partial y}\cdot\frac{\mathrm{d}y}{\mathrm{d}t}+\frac{\partial u_{\mathrm{x}}}{\partial z}\cdot\frac{\mathrm{d}z}{\mathrm{d}t}$$

因为：

$$\frac{\mathrm{d}x}{\mathrm{d}t}=u_{\mathrm{x}},\quad \frac{\mathrm{d}y}{\mathrm{d}t}=u_{\mathrm{y}},\quad \frac{\mathrm{d}z}{\mathrm{d}t}=u_{\mathrm{z}}$$

故：

$$a_{\mathrm{x}}=\frac{\mathrm{d}u_{\mathrm{x}}}{\mathrm{d}t}=\frac{\partial u_{\mathrm{x}}}{\partial t}+u_{\mathrm{x}}\frac{\partial u_{\mathrm{x}}}{\partial x}+u_{\mathrm{y}}\frac{\partial u_{\mathrm{x}}}{\partial y}+u_{\mathrm{z}}\frac{\partial u_{\mathrm{x}}}{\partial z}$$

同理：

$$\left.\begin{aligned} a_{\mathrm{x}} &= \frac{\mathrm{d}u_{\mathrm{x}}}{\mathrm{d}t}=\frac{\partial u_{\mathrm{x}}}{\partial t}+u_{\mathrm{x}}\frac{\partial u_{\mathrm{x}}}{\partial x}+u_{\mathrm{y}}\frac{\partial u_{\mathrm{x}}}{\partial y}+u_{\mathrm{z}}\frac{\partial u_{\mathrm{x}}}{\partial z} \\ a_{\mathrm{y}} &= \frac{\mathrm{d}u_{\mathrm{y}}}{\mathrm{d}t}=\frac{\partial u_{\mathrm{y}}}{\partial t}+u_{\mathrm{x}}\frac{\partial u_{\mathrm{y}}}{\partial x}+u_{\mathrm{y}}\frac{\partial u_{\mathrm{y}}}{\partial y}+u_{\mathrm{z}}\frac{\partial u_{\mathrm{y}}}{\partial z} \\ a_{\mathrm{z}} &= \frac{\mathrm{d}u_{\mathrm{z}}}{\mathrm{d}t}=\frac{\partial u_{\mathrm{z}}}{\partial t}+u_{\mathrm{x}}\frac{\partial u_{\mathrm{z}}}{\partial x}+u_{\mathrm{y}}\frac{\partial u_{\mathrm{z}}}{\partial y}+u_{\mathrm{z}}\frac{\partial u_{\mathrm{z}}}{\partial z} \end{aligned}\right\} \tag{3-3}$$

可见，欧拉法所描述的质点加速度由两部分组成，第一部分为上方程式等号右边的第一项$\left(\frac{\partial u_x}{\partial t},\frac{\partial u_y}{\partial t},\frac{\partial u_z}{\partial t}\right)$，它表示了通过固定点的液体质点速度随时间的变化率，称为当地加速度；第二部分为上方程式等号右边的后三项之和（如$u_x\frac{\partial u_x}{\partial x}+u_y\frac{\partial u_x}{\partial y}+u_z\frac{\partial u_x}{\partial z}$），它表示了同一时刻液体质点因空间位置的变化而引起的加速度，称为迁移加速度。如图3-1，水箱经渐缩管放水，箱中水位逐渐下降。这时，渐缩管内某定点A处的质点流速，一方面随时间变化而不断减小，引起负的当地加速度；另一方面，由于管段的收缩，同一时刻管内各质点的流速又沿x轴方向而增加，故在定点A处又会引起正的迁移加速度。

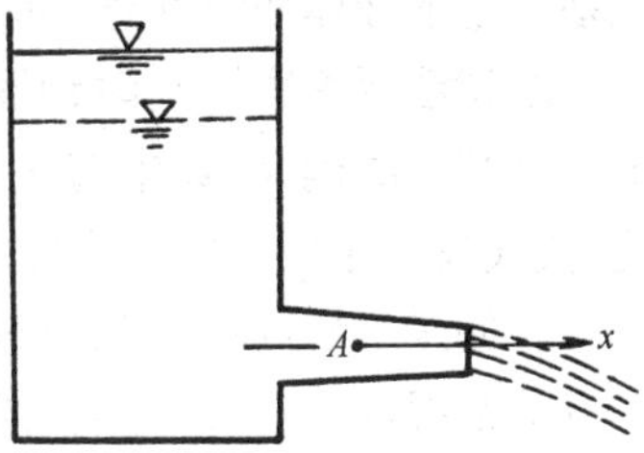

图 3-1

第二节　描述液体运动的基本概念

一、恒定流与非恒定流

根据流场中各空间点的运动要素与欧拉变量中时间变量t的关系，可将液体的流动分为恒定流与非恒定流。

恒定流是流场中所有空间点上的液体运动要素均与时间无关的流动，即在恒定流流场的任一空间点上，无论哪个液体质点通过，其运动要素都是不变的，运动要素仅仅是空间坐标的函数，它对时间的偏导数为零。例如，在恒定流中的流速场和动水压强场可表示为：

$$\left.\begin{aligned}u_x&=u_x(x,y,z)\\u_y&=u_y(x,y,z)\\u_z&=u_z(x,y,z)\\p&=p(x,y,z)\end{aligned}\right\}\tag{3-4}$$

它们对时间t的偏导数都为零，即：

$$\frac{\partial u_x}{\partial t}=\frac{\partial u_y}{\partial t}=\frac{\partial u_z}{\partial t}=\frac{\partial p}{\partial t}=0\tag{3-5}$$

可见，在恒定流中液体质点的当地加速度为零。

如果流场中任一空间点上有任何一种运动要素是随时间而变化的，那么这种流动就是非恒定流。

如图3-1，在水箱的放空过程中，随着箱中水位的下降，渐缩管中的流速和动水压强不仅与位置有关，在固定点上它们还随着时间的延续而不断减小，因此为非恒定流。但在这一过程中，若设法保持箱内水位恒定，则水流即为恒定流。

恒定流与非恒定流相比较，欧拉变量中少了一个时间变量t，这使问题的分析要简单得多。在实际中，恒定流只是相对的，绝对的恒定流并不存在。但工程中的大多数液流，其运动要素随时间的变化都很缓慢，或者在一段时间内其运动要素的平均值几乎不变，这些液流都可简化为恒定流动来处理。本书主要讨论恒定流问题。

二、迹线与流线

拉格朗日法研究个别液体质点在不同时刻的运动情况，由此引出了迹线的概念。迹线就是一定的液体质点在连续时间内所经过的空间点的连线，也就是液体质点运动的轨迹线。

欧拉法要考察同一时刻液体质点在不同空间位置的运动情况，由此引出了流线的概念。流线是某一时刻，流场中与一系列液体质点的流速矢量相切的假想曲线，如图 3-2 所示。可见，流线反映了同一时刻在流线上各液体质点的流速方向，这个方向就是流线上各点的切线方向。如果绘出同一时刻通过流场中各液体质点的一簇流线，则整个流场的液体在该时刻的流动情况就可一目了然。流线簇不仅反映了空间点上液体质点的流速方向，而且对于不可压缩的液体，流线的稀密也定性地反映了液体质点流速的大小。流线愈密集处，液体质点的流速就愈大；反之，则流速愈小(如图 3-3)。

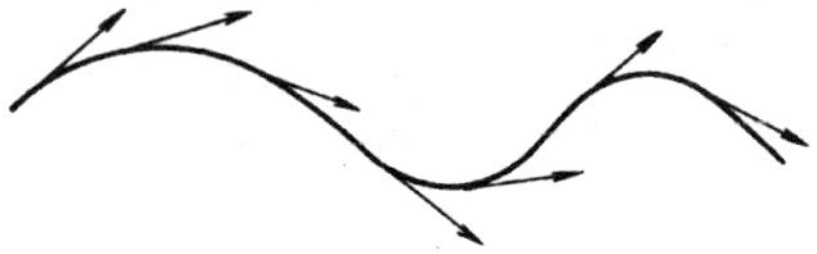
图 3-2

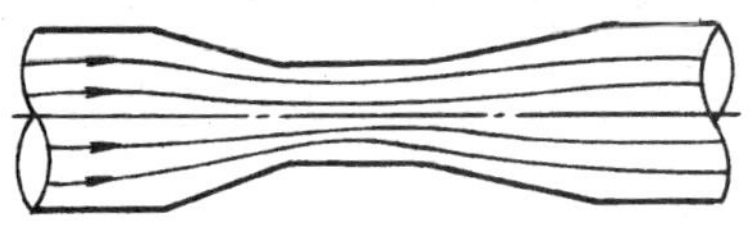
图 3-3

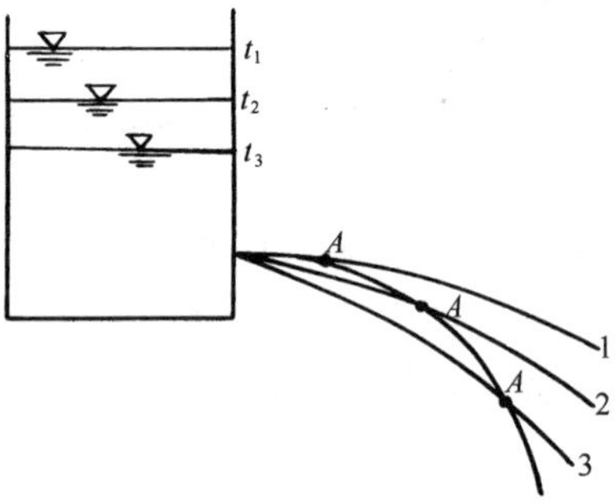

图 3-4

这里再强调一下流线与迹线的区别：迹线是单个液体质点随着时间推移的运动轨迹线，而流线则是在同一时刻与众多液体质点的流速矢量相切的假想曲线。如图 3-4 为水经水箱侧壁上小孔的非恒定出流过程。图中的三个自由水面线和 1、2、3 三条曲线，分别代表了 t_1、t_2、t_3 三个时刻水箱中水面的位置和相应这三个时刻出流时的流线形状，它尤如三张照相的底片叠加在一起。而这三个时刻在各流线上的同一液体质点 A 的连线，就是该质点 A 从 t_1 到 t_3 时段中走过的迹线。

根据流线的概念，可以看出流线具有以下几个特性：

(1) 在恒定流中，流线的形状和位置不随时间而变化，流线与迹线重合。

(2) 在非恒定流中，流线的形状或位置一般是随时间而变化的，即流线一般只具有瞬时意义，并且流线与迹线一般不重合。

(3) 流线不能相交或转折。因为如果两条流线在某点处相交或流线发生转折，则必在交点或折点处同时有两个流速矢量，这是不可能的(极特殊点除外)。故流线只能是一条光滑的曲线。

三、流管、元流与总流

1. 流管

在流场中任取一不与流线重合的微小封闭曲线，通过这条曲线上的每一点都可以引出一条流线，由这些流线所构成的管状空间称为流管，如图 3-5 所示。

图 3-5

2. 元流

充满以流管为边界的一束液流称为元流(也称为微小流束)。根据流线的性质可知：任何时刻，液体都不可能穿过元流的侧表面流进或流出；在恒定流中，元流的形状和位置不会随时间而改变。

3. 总流

由无数元流所构成的液流总体称为总流。任何一个具有一定规模边界和一定大小尺寸的实际液流都是总流。

四、过水断面、流量与断面平均流速

1. 过水断面

与总流(或元流)流线正交的横断面称为过水断面,其面积常以 A 表示,单位为 m^2。

如果液流的流线相互平行,则过水断面为平面,否则过水断面为曲面。如图 3-6 中 A-A、C-C 断面为平面,B-B 断面为曲面。

因为元流的过水断面面积 dA 是微小量,所以可认为,在同一时刻元流过水断面上各点的液体运动要素是相等的。

2. 流量

单位时间内通过某一过水断面的液体量称为流量。可分为体积流量(m^3/s 或 L/s),质量流量(kg/s)和重量流量(kN/s)。在水力学中,通常采用体积流量来表示流量,并将其简称为流量,以 Q 表示。

设在总流中任取的元流过水断面面积为 dA,流速为 u。则通过该断面的流量 dQ 为:

$$dQ = u\,dA \tag{3-6}$$

通过总流过水断面 A 的流量,应等于无数多个元流流量的总和,即:

$$Q = \int_Q dQ = \int_A u\,dA \tag{3-7}$$

3. 断面平均流速

总流过水断面上各点流速 u 的大小实际是不同的,如图 3-7 为管流中过水断面上的流速分布情况。工程实际中为了方便,常采用断面上的平均流速 v(如图 3-7)来代替过水断面上各点的实际流速 u,即:

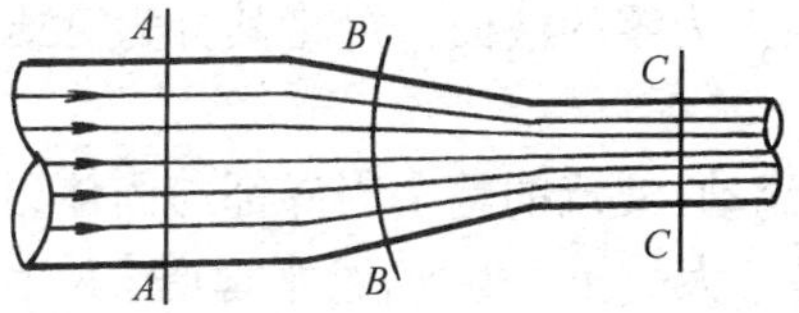

图 3-6

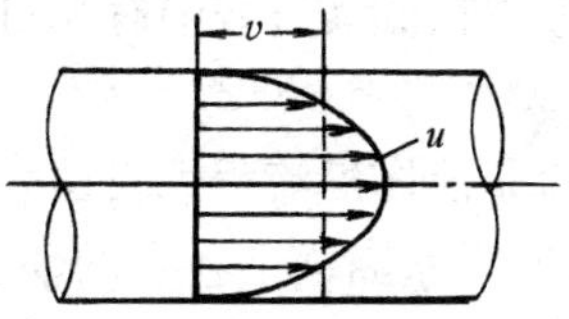

图 3-7

$$Q = \int_A u\,dA = vA \tag{3-8a}$$

或:

$$v = \frac{\int_A u\,dA}{A} = \frac{Q}{A} \tag{3-8b}$$

可见,总流的流量 Q 等于断面平均流速 v 与过水断面面积 A 的乘积。

五、一元、二元、三元流动和一元流动分析法

前面根据液体运动要素与欧拉变量中时间变量 t 的关系,将液流分为恒定流与非恒定流。如果考虑液体运动要素与欧拉变量中坐标变量的关系,又可将液流分为一元、二元和三元流动。

1. 三元流动

如果液体的运动要素是在三维空间内变化的,即液体的运动要素是三个空间坐标的函数,这种流动称为三元流动。例如,水在断面形状沿流程变化的天然河道中流动时,在同一时刻,流场中各空间点上的流速一般是不同的,属于三元流动。

2. 二元流动

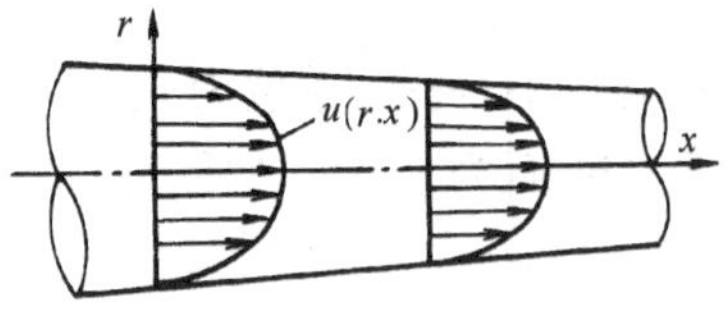

图 3-8

如果液体的运动要素只在二维平面内变化,即液体的运动要素只是两个空间坐标的函数,这种流动称为二元流动(也称平面流动)。例如,水在圆形管道中流动时(如图 3-8),同一时刻,管中各点的流速只是柱坐标 r 和 x 的函数,而与角度坐标 θ 无关,属于二元流动。

3. 一元流动

如果液体的运动要素只沿着一个方向变化,即液体的运动要素只是一个坐标的函数,这种流动称为一元流动。例如,元流在同一时刻其运动要素只是流程坐标 s(一般为曲线坐标)的函数,属于一元流动。

4. 一元流动分析法

在工程实际中,实际液体(即总流)的运动一般都是在三维空间内进行的,但常见到的液流往往都沿着某一主要方向流动。例如,管流和渠流主要是沿着管道的轴线方向和渠道的主流线方向流动的。这样,我们就可以沿着这一主要流动方向选取坐标 s(一般为曲线坐标),把整个流动的液体作为研究对象,沿流程分析液体运动要素在过水断面上平均值(如断面平均流速、断面平均动能等)的变化规律,从而将三元流动简化为一元流动来分析,使问题大为简化并且实用。这种将液体的运动要素等效地视为只是沿流程一个坐标函数的分析方法称为一元流动分析法。它是水力学的主要分析方法,本书主要应用这一分析方法讨论液体的流动规律。

六、有压流与无压流

根据液体在流动过程中有无自由表面(即相对压强为零的液面),可将其分为有压流与无压流。

有压流是液体沿流程无自由表面的流动。这种流动,液流的整个周界都与固体边界相接触,而且其过水断面上各点的动水压强一般都不等于大气压。例如,给水管道中的水流一般为均有压流。

无压流是液体沿流程具有自由表面的流动。这种流动,液体只是部分周界与固体边界相接触,另一部分周界是与大气相通的自由液面,不承受压力。无压流依靠重力作用流动,液面又与大气相通,故也称为重力流或明渠流。例如,排水管道中的水流(一般为非满管流动)和河渠中的水流,一般均为无压流。

七、均匀流与非均匀流、渐变流与急变流

根据流线形状的不同,可将液体流动分为均匀流与非均匀流。

均匀流是流线为相互平行直线的流动;非均匀流则是流线不为相互平行直线的流动。例如,在等截面长而直的管道或渠道中流动的水流,就属于均匀流;而水流流经断面收缩、扩散、轴线弯曲的管道或断面沿程变化的天然河道时,就属于非均匀流。

在非均匀流中,根据流线的弯曲程度和不平行程度,又可将其分为渐变流与急变流。渐变流是流线近似为相互平行直线的流动。如果一个实际液流,其流线间的夹角很小,而且流线的弯曲程度也很小,就可视为渐变流。急变流则是流线有较明显的弯曲,或流线间夹角较大的流动。渐变流与急变流之间并没有严格的定量界限,一般根据精度要求而定。

均匀流和非均匀渐变流与急变流的流线变化情况如图 3-9 所示。

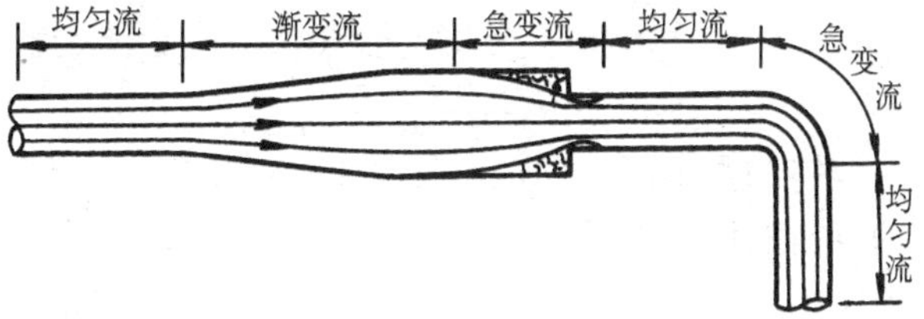

图 3-9

根据均匀流的概念，可以证明它具有以下特性：

(1) 均匀流的过水断面为平面，且过水断面的形状和尺寸沿流线方向不变。

(2) 均匀流中液体质点的迁移加速度为零，同一流线上不同质点速度的大小和方向都相同，从而各过水断面上的流速分布相同，断面平均流速相等。

(3) 均匀流在过水断面上的动水压强分布规律与静水压强分布规律相同，即在同一过水断面上各点的测压管水头 $z+\frac{p}{\gamma}=$ 常数。但不同过水断面上的这一常数一般不等，如图 3-10 所示。

上述第三条性质表明，作用在均匀流过水断面上任一点的动水压强或断面上的动水总压力都可以按照静水压强及静水总压力的公式来计算。但要注意，这一特性必须是对于有固体边界约束的水流才适用。如由孔口或管道末端流入大气的水流，虽然在出口断面或距出口断面不远处，水流可视为均匀流（如图 3-11），但因该断面的周界均与大气相接触，从而其过水断面上的动水压强分布不服从静水压强的分布规律。这时，一般可以认为其断面上各点的动水压强均与周界气体压强相同。

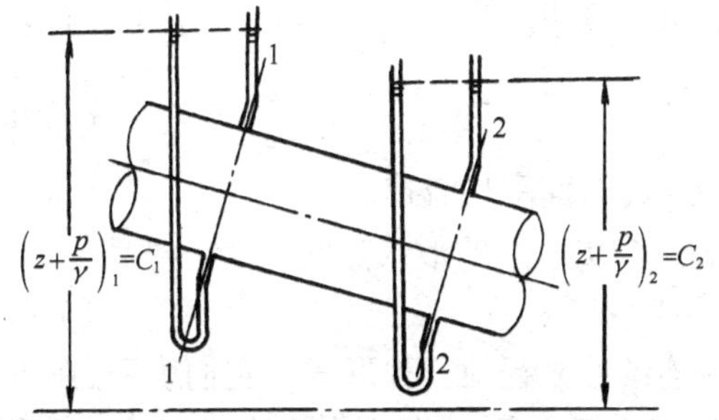

图 3-10

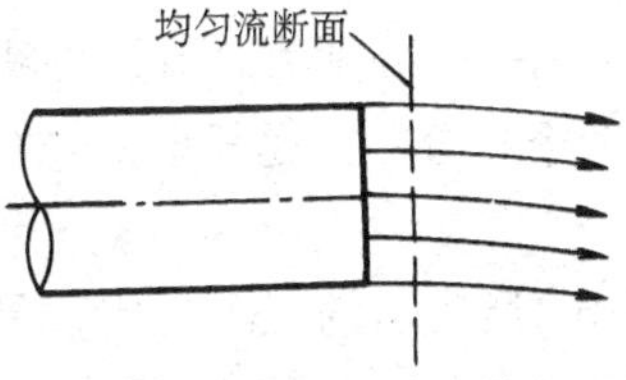

图 3-11

非均匀流不具备上述均匀流的特性，它的过水断面为曲面，过水断面上的流速分布沿流线方向是变化的，同一过水断面上各点的测压管水头 $z+\frac{p}{\gamma}\neq$ 常数。均匀流由于具有上述特性，在计算过程中相对非均匀流要简单得多。在工程实际中，真正的均匀流是不多见的，常见到的是接近均匀流的渐变流。渐变流近似具有上述均匀流的特性，在实际应用中可近似按均匀流计算。

注意，均匀流与非均匀流、恒定流与非恒定流是彼此相对独立的两种概念，前者是按流线形状划分的，后者则是按流场中液体运动要素与时间的关系划分的，它们可以相互组合。所以，液流中可以出现恒定均匀流、恒定非均匀流、非恒定均匀流和非恒定非均匀流四种流动情况。但在无压流（明渠流）中，由于相对压强为零的自由液面的存在，不会出现非恒定均匀流情况。

第三节 恒定流连续性方程

液体的恒定流连续性方程是物质质量守恒原理在液体运动中的具体表现,现采用一元流动分析法讨论如下。

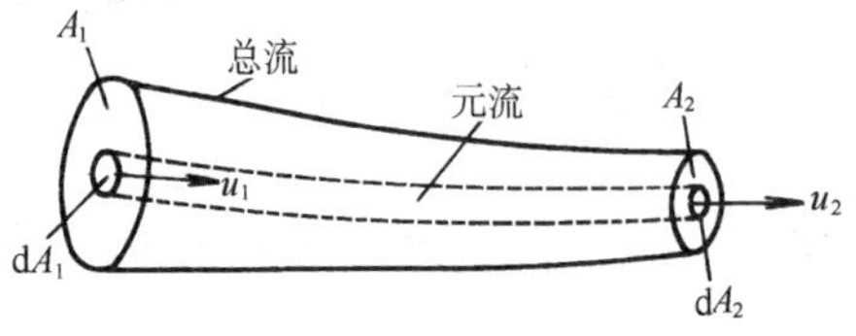

图 3-12

在恒定总流中任取一元流流段,如图 3-12 所示。设其进出口断面面积分别为 dA_1 和 dA_2,相应的流速分别为 u_1 和 u_2。因为液体一般可视为不可压缩的连续介质,其密度 ρ 为常数;恒定流中,元流的形状和位置不随时间而改变;在元流的侧壁上不会有液体的流入和流出。所以,根据质量守恒原理,在 dt 时段内,流入 dA_1 与流出 dA_2 的质量应相等,即:

$$\rho u_1 dA_1 dt = \rho u_2 dA_2 dt$$

化简得:

$$u_1 dA_1 = u_2 dA_2$$

或:

$$dQ = u_1 dA_1 = u_2 dA_2 = 常数 \tag{3-9}$$

上式为恒定元流的连续性方程。将其对相应的总流过水断面积分为:

$$\int_Q dQ = \int_{A_1} u_1 dA_1 = \int_{A_2} u_2 dA_2$$

即:

$$Q = v_1 A_1 = v_2 A_2 = 常数 \tag{3-10a}$$

或:

$$\frac{v_2}{v_1} = \frac{A_1}{A_2} \tag{3-10b}$$

式中 v_1 与 v_2——分别为总流过水断面 A_1 与 A_2 的断面平均流速。

因为两个积分断面是任取的,故上式亦可表示为更一般的形式:

$$Q = vA = 常数 \tag{3-10c}$$

式(3-10)所表示的三个公式,就是恒定总流连续性方程的三种形式。它们表明,在不可压缩恒定总流的同一流股中,任意过水断面上的流量都相等,或断面平均流速与过水断面面积成反比。

恒定流连续性方程的形式尽管很简单,但在分析液体运动时却极为重要,它是不涉及任何作用力的反映液体运动规律的基本方程,对于理想液体和实际液体都适用。

式(3-10)是针对两断面间没有流量的汇入或分出的同一流股建立的,若流量在两断面间有流入或分出,则连续性方程应作相应的变化。如图 3-13(a)有流量汇入时,其连续性方

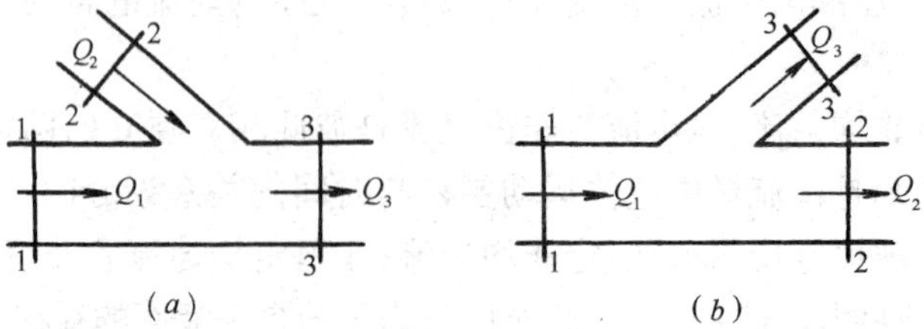

图 3-13

程为：

$$Q_1+Q_2=Q_3 \tag{3-11}$$

图 3-13(b)有流量分出时，其连续性方程为：

$$Q_1=Q_2+Q_3 \tag{3-12}$$

【例 3-1】 如图 3-14 所示的管道系统，已知各管段的直径分别为 $d_1=200$mm，$d_2=150$mm，$d_3=100$mm，管道末端流速 $v_3=4$m/s。试求(1)管中流量 Q 及 AB、BC 两管段的断面平均流速；(2)若在节点 B、C 处各有流量 $q_1=15$L/s 和 $q_2=8$L/s 分出，但管道末端维持流速 $v_3=4$m/s 不变，试求各管段的流量 Q_1、Q_2、Q_3 及 AB、BC 两管段的断面平均流速 v_1、v_2。

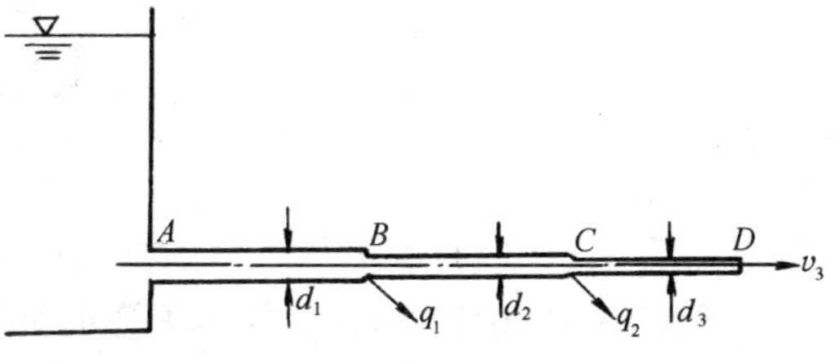

图 3-14

【解】 (1) 当节点 B、C 处无流量分出时，管中各管段流量都相等，即：

$$Q_1=Q_2=Q_3=Q$$

所以：
$$Q=v_3A_3=v_3\frac{\pi}{4}d_3^2=4\times\frac{3.14}{4}\times0.1^2=0.0314\text{m}^3/\text{s}=31.4\text{L/s}$$

再由式(3-10b)得，BC 和 AB 管段的断面平均流速分别为：

$$v_2=v_3\left(\frac{d_3}{d_2}\right)^2=4\times\left(\frac{0.1}{0.15}\right)^2=1.78\text{m/s},\quad v_1=v_3\frac{A_3}{A_1}=v_3\left(\frac{d_3}{d_1}\right)^2=4\times\left(\frac{0.1}{0.2}\right)^2=1\text{m/s}$$

(2) 当节点 B、C 处有流量分出时，因为管道末端流速 $v_3=4$m/s 维持不变，故 CD 管段的流量不变，即 $Q_3=31.4$L/s。BC 和 AB 两管段的流量由式(3-12)得：

$$Q_2=Q_3+q_2=31.4+8=39.4\text{L/s},\quad Q_1=Q_2+q_1=39.4+15=54.4\text{L/s}$$

再由式(3-8)得，BC 和 AB 管段的流速分别为：

$$v_2=\frac{Q_2}{A_2}=\frac{4Q_2}{\pi d_2^2}=\frac{4\times0.0394}{3.14\times0.15^2}=2.23\text{m/s},\quad v_1=\frac{Q_1}{A_1}=\frac{4Q_1}{\pi d_1^2}=\frac{4\times0.0544}{3.14\times0.2^2}=1.73\text{m/s}$$

注意，当管道中各管段的流量有变化时，不能使用式(3-10b)计算各管段的流速。

第四节　恒定流能量方程

液体的恒定流能量方程是物质能量转化与守恒原理在液体运动中的具体表现。

前一节讨论的连续性方程只给出了液体断面平均流速与过水断面面积之间的关系，恒定流能量方程则从动力学的角度给出了运动液体的动能、压能和位能之间的相互关系，它在水力学中有着极其重要的意义。下面，我们先观察液体由静到动的现象变化，再利用动能原理，采用一元流动分析法，讨论液体的恒定流能量方程。

一、液体静与动的现象对比

如图 3-15，当管端阀门 E 关闭时，水箱和管道系统中的水处于静止状态，管中各点的测压管水面与水箱水面同高(如图中虚线)。这反映了水静力学的规律，即：

$$z+\frac{p}{\gamma}=常数$$

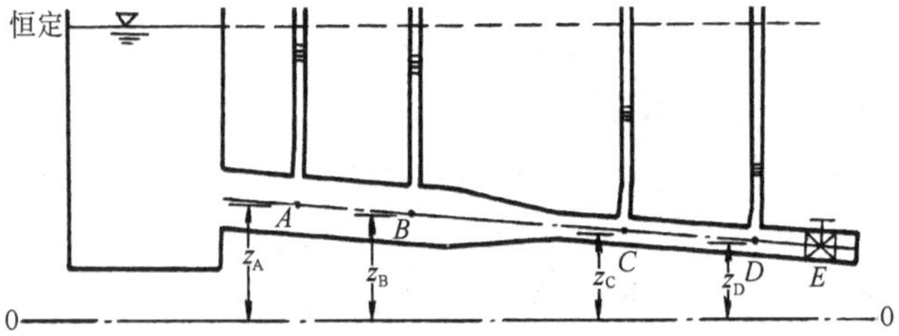

图 3-15

当阀门 E 打开时，各测压管水面都出现了相应的下降。若阀门 E 开度一定，并维持水箱水位不变，水作恒定流动时，各测压管水面均在一定的高度上稳定下来。通过观察可以发现，各测压管水面稳定后，与原来水静止时相比较，流速大处，测压管水面下降幅度也大（如图中 C 点、D 点处的测压管水面较 A 点、B 点处的下降幅度要大一些）；同时在流速相同处，下游的测压管水面也比上游的测压管水面稍低一些（如图中 A 点与 B 点处和 C 点与 D 点处测压管水面的情况）。

我们知道，测压管水头代表了液体的单位势能。因此，上述现象表明，液体有了流动，其势能（与原来静水时相比较）就要减小，而且流速愈大势能减小就愈多；在流速相同的情况下，势能的减小幅度还沿流程而增加。这里涉及到了液体机械能的转化与损失问题。下面，利用动能定理，讨论这种机械能的转化与损失的定量关系。

二、恒定元流能量方程

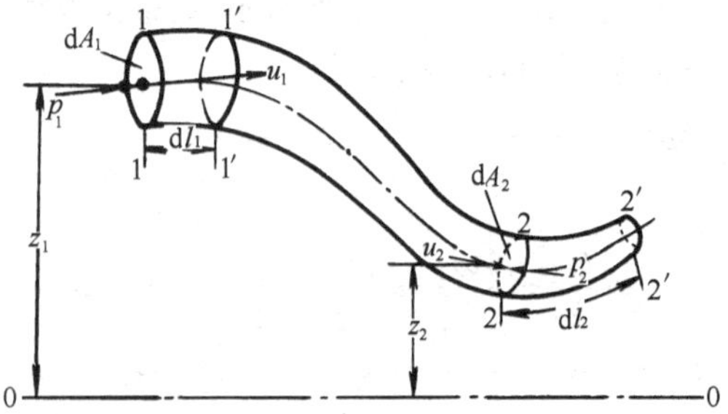

图 3-16

物理学中的动能定理可表述为：所有外力对物体所作的功等于物体动能的增量。现将其应用于恒定液流，建立恒定元流能量方程。

在不可压缩的恒定总流中任取一段元流，如图 3-16 所示。其进出口过水断面 1-1 和 2-2 的面积分别为 dA_1 和 dA_2，两断面的位置高度分别为 z_1 和 z_2，流速分别为 u_1 和 u_2，动水压强分别为 p_1 和 p_2。设经过微小时段 dt，元流段自位置 11-22 移动到 $1'1'$-$2'2'$，两断面的相应位移量分别为 dl_1 和 dl_2。由于 dl_1、dl_2 都是微小量，在这一位移中，元流两端的断面面积、流速和位置高度都可认为是不变的。现根据动能定理具体分析如下。

1. 外力作功

如图 3-16，作用在元流段上的外力有：重力、动水压力和元流体在运动过程中所受到的摩擦阻力。

(1) 重力作功　dt 时段内，所取的元流段虽然在流动，但由于液体是恒定流动，其公共段 $1'1'$-22 的形状、位置和质量并不随时间而变化。因此，该元流段从位置 11-22 移到 $1'1'$-$2'2'$ 时重力所作的功，就等于流段 11-$1'1'$ 运动到 22-$2'2'$ 位置时重力所作的功。

对于不可压缩液体，根据连续性方程，流段 11-$1'1'$ 与 22-$2'2'$ 应占有相同的体积，即 $u_1 dA_1 dt = u_2 dA_2 dt = dQdt$。所以，$dt$ 时段内重力对元流段所作的功为：

$$\gamma dQdt(z_1 - z_2)$$

(2) 动水压力作功　作用在该元流段上的动水压力有两端断面上的动水压力和元流侧表面上的动水压力。

作用在断面 1-1 上的动水压力 $p_1 \mathrm{d}A_1$ 与液体运动方向相同，$\mathrm{d}t$ 时段内所作的正功为 $p_1 \mathrm{d}A_1 \mathrm{d}l_1 = p_1 \mathrm{d}A_1 u_1 \mathrm{d}t = p_1 \mathrm{d}Q \mathrm{d}t$；作用在断面 2-2 上的动水压力 $p_2 \mathrm{d}A_2$ 与液体运动方向相反，$\mathrm{d}t$ 时段内所作的负功为 $-p_2 \mathrm{d}A_2 \mathrm{d}l_2 = -p_2 \mathrm{d}A_2 u_2 \mathrm{d}t = -p_2 \mathrm{d}Q \mathrm{d}t$；作用在元流侧面上的动水压力与液体运动方向垂直，不作功。所以，$\mathrm{d}t$ 时段内动水压力对元流段所作的功为：

$$p_1 \mathrm{d}Q \mathrm{d}t - p_2 \mathrm{d}Q \mathrm{d}t = \mathrm{d}Q \mathrm{d}t (p_1 - p_2)$$

(3) 摩擦阻力作功　实际液体运动时，由于粘滞性而产生内摩擦阻力。分布在元流段侧表面上的内摩擦阻力，在 $\mathrm{d}t$ 时段内将阻碍元流段运动而作负功，这项负功使元流段的部分机械能转化成热能损失掉了，所以又称其为能量损失。内摩擦阻力的计算将在第四章中讨论，现令这项负功为：

$$-\mathrm{d}H_\mathrm{w}$$

所以，外力所作的功应为以上三项外力作功的代数和，即：

$$\gamma \mathrm{d}Q \mathrm{d}t (z_1 - z_2) + \mathrm{d}Q \mathrm{d}t (p_1 - p_2) - \mathrm{d}H_\mathrm{w} \tag{a}$$

2. 动能的增量

$\mathrm{d}t$ 时段内，该元流段动能的增量应为流段 1′1′-2′2′ 与流段 11-22 所具有的动能之差。由于是恒定流，在 $\mathrm{d}t$ 时段内公共段 1′1′-22 的质量和各点的流速都没有变化，即其动能没有变化。所以，该元流段动能的增量就等于流段 22-2′2′ 与 11-1′1′ 所具有的动能之差。

对于不可压缩液体，根据连续性方程可得，流段 22-2′2′ 与 11-1′1′ 的质量均为 $\mathrm{d}m = \rho \mathrm{d}Q \mathrm{d}t$，故 $\mathrm{d}t$ 时段内元流段动能的增量为：

$$\frac{1}{2}\mathrm{d}m u_2^2 - \frac{1}{2}\mathrm{d}m u_1^2 = \frac{\rho \mathrm{d}Q \mathrm{d}t}{2}(u_2^2 - u_1^2) \tag{b}$$

根据动能定理，式(a) = 式(b)，即：

$$\gamma \mathrm{d}Q \mathrm{d}t (z_1 - z_2) + \mathrm{d}Q \mathrm{d}t (p_1 - p_2) - \mathrm{d}H_\mathrm{w} = \frac{\rho \mathrm{d}Q \mathrm{d}t}{2}(u_2^2 - u_1^2)$$

将上式各项同除以 $\gamma \mathrm{d}Q \mathrm{d}t$，并令 $\dfrac{\mathrm{d}H_\mathrm{w}}{\gamma \mathrm{d}Q \mathrm{d}t} = h'_\mathrm{w}$，整理得：

$$z_1 + \frac{p_1}{\gamma} + \frac{u_1^2}{2g} = z_2 + \frac{p_2}{\gamma} + \frac{u_2^2}{2g} + h'_\mathrm{w} \tag{3-13}$$

上式即为恒定元流能量方程，又称元流的伯努利(瑞士物理学家和数学家)方程。下面，分析方程中各项的能量意义和几何意义。

根据第二章水静力学基本方程的讨论，我们已经知道：

z——代表了液体在元流计算断面上相对于某一基准面的单位位能，单位为 m；几何上称为位置水头。

p/γ——代表了液体在元流计算断面上相对于某一压强基准(实用中一般以大气压为基准，即 p 为相对压强)的单位压能，单位为 m；几何上称为压强水头，当 p 为相对压强时，又称为测压管高度。

$z + \dfrac{p}{\gamma}$——代表了液体在元流计算断面上相对某一位置基准和压强基准的单位势能，单位为 m；当 p 为相对压强时，在几何上称 $z + \dfrac{p}{\gamma}$ 为测压管水头。

运动的液体除具有势能外，还具有动能。

$\frac{u^2}{2g}$——代表了单位重量液体在元流计算断面上所具有的动能，简称单位动能（这是因为质量为 m，速度为 u 的液体质点所具有的动能为 $\frac{1}{2}mu^2$，所以该质点的单位动能为 $\left(\frac{\frac{1}{2}mu^2}{mg}=\frac{u^2}{2g}\right)$，单位为 m；几何上称为流速水头。

$z+\frac{p}{\gamma}+\frac{u^2}{2g}$——代表了单位重量液体在元流计算断面上所具有的势能与动能之和，即为单位重量液体所具有的机械能，简称单位机械能，单位为 m；几何上称为总水头。

h'_w——根据上面的讨论，并结合式(3-13)可推知，它代表了单位重量液体从断面 1-1 流动到断面 2-2 的机械能损失，简称单位机械能损失，单位为 m；几何上称为水头损失。

可见，式(3-13)表明，在不可压缩的恒定流中，元流各过水断面上机械能的三种形式是可以相互转化的，但上游断面的单位机械能（总水头）应等于下游断面的单位机械能（总水头）与两断面之间的单位机械能损失（水头损失）之和。这也表明，液流的单位机械能（总水头）沿流程总是逐渐减小的，但在整个流动过程中总单位能量保持守恒。

对于理想液流，不存在内摩擦阻力，所以 $h'_w=0$，则式(3-13)变为：

$$z_1+\frac{p_1}{\gamma}+\frac{u_1^2}{2g}=z_2+\frac{p_2}{\gamma}+\frac{u_2^2}{2g} \tag{3-14a}$$

或：

$$z+\frac{p}{\gamma}+\frac{u^2}{2g}=\text{常数} \tag{3-14b}$$

上式即为理想液体恒定元流能量方程。该方程表明，理想液体在流动过程中单位机械能量守恒。

对于静止液体，$u=0$，且液体中不出现内摩擦阻力，$h'_w=0$，则式(3-13)变为：

$$z+\frac{p}{\gamma}=\text{常数}$$

这正是前面讨论过的水静力学基本方程。可见，水静力学基本方程是恒定流能量方程的一个特例。

三、恒定总流能量方程

为了便于应用能量方程解决工程实际中的液流问题，应将元流能量方程推广到总流，得出总流能量方程。

将式(3-13)两端同乘以 $\gamma \mathrm{d}Q$，得到液体在单位时间内通过元流两过水断面的能量关系式：

$$\left(z_1+\frac{p_1}{\gamma}+\frac{u_1^2}{2g}\right)\gamma \mathrm{d}Q=\left(z_2+\frac{p_2}{\gamma}+\frac{u_2^2}{2g}\right)\gamma \mathrm{d}Q+h'_w\gamma \mathrm{d}Q$$

注意到 $\mathrm{d}Q=u_1\mathrm{d}A_1=u_2\mathrm{d}A_2$，将上式在相应的总流过水断面上积分，可以得到液体在单位时间内，通过总流两过水断面能量的关系式：

$$\int_{A_1}\left(z_1+\frac{p_1}{\gamma}\right)\gamma u_1\mathrm{d}A_1+\int_{A_1}\frac{u_1^3}{2g}\gamma \mathrm{d}A_1$$

$$=\int_{A_2}\left(z_2+\frac{p_2}{\gamma}\right)\gamma u_2\mathrm{d}A_2+\int_{A_2}\frac{u_2^3}{2g}\gamma \mathrm{d}A_2+\int_Q h'_w\gamma \mathrm{d}Q \tag{a}$$

按能量性质,可将上式中的积分划分为三种类型,现分别讨论如下:

1. 势能项积分

$\int_A\left(z+\frac{p}{\gamma}\right)\gamma u\mathrm{d}A$ 表示了液体在单位时间通过总流过水断面的势能总和。显然,如果积分的过水断面是任意选取的,那么该项积分一般不易确定。但若将其选取在总流的渐变流(或均匀流)过水断面上,则 $z+\frac{p}{\gamma}=$常数,于是可得:

$$\int_A\left(z+\frac{p}{\gamma}\right)\gamma u\mathrm{d}A=\left(z+\frac{p}{\gamma}\right)\gamma\int_A u\mathrm{d}A=\left(z+\frac{p}{\gamma}\right)\gamma Q \qquad (b)$$

2. 动能项积分

$\int_A\frac{u^3}{2g}\gamma\mathrm{d}A=\frac{\gamma}{2g}\int_A u^3\mathrm{d}A$ 表示了液体在单位时间通过总流过水断面的动能总和。因为流速 u 在总流过水断面上的分布一般难以确定,所以该项积分一般也难以确定。这时,可采用一元流动分析法,用断面平均流速 v 代替断面上的 u。根据数学知识可知,多个数平均值的立方总是小于多个数立方的平均值。引入平均流速 v 的概念可得:

$$\left(\frac{\int_A u\mathrm{d}A}{A}\right)^3=v^3<\frac{\int_A u^3\mathrm{d}A}{A}$$

即:

$$v^3A<\int_A u^3\mathrm{d}A$$

引入一大于 1 的修正系数 α,使:

$$\alpha v^3A=\int_A u^3\mathrm{d}A$$

则动能项积分可写成:

$$\int_A\frac{u^3}{2g}\gamma\mathrm{d}A=\frac{\gamma}{2g}\int_A u^3\mathrm{d}A=\frac{\gamma}{2g}\alpha v^3A=\frac{\alpha v^2}{2g}\gamma Q \qquad (c)$$

式中的 α 称为动能修正系数,其表示式为:

$$\alpha=\frac{\int_A u^3\mathrm{d}A}{v^3A} \qquad (3\text{-}15)$$

对于实际液体,α 是一个大于 1 的数,其大小决定于过水断面的流速分布。流速分布愈均匀,α 值愈接近于 1(理想液流因 $u=v$,故 $\alpha=1$)。精确的 α 值一般不容易得到,在一般的渐变流中,$\alpha\approx1.05\sim1.10$。因此,除流速分布很不均匀的特殊情况外,在工程实际中为计算方便,通常取 $\alpha=1.0$。

3. 损失项积分

$\int_Q h'_w\gamma\mathrm{d}Q$ 表示单位时间内,上下游两总流过水断面间的液体在运动过程中机械能损失的总和。设 h_w 为总流在这一运动过程中的平均单位机械能损失,则:

$$\int_Q h'_w\gamma\mathrm{d}Q=h_w\gamma Q \qquad (d)$$

将式(b)、(c)、(d)三项积分值代入前积分式(a),并将等式两端同除以 γQ 可得:

$$z_1+\frac{p_1}{\gamma}+\frac{\alpha_1v_1^2}{2g}=z_2+\frac{p_2}{\gamma}+\frac{\alpha_2v_2^2}{2g}+h_w \qquad (3\text{-}16)$$

这就是实用中极为重要的恒定总流能量方程，又称为总流的伯努利方程。

恒定总流能量方程中各项的意义与恒定元流能量方程基本相同。

z 和 p/γ——分别代表了液体在总流计算断面上某一点的单位位能和单位压能，它们的单位都是 m；几何上分别称为液体在总流计算断面上相应点的位置水头和压强水头。

$z+\dfrac{p}{\gamma}$——虽然液体在总流计算断面上各点的 z 和 p/γ 一般都不相同，但恒定总流能量方程的计算断面应取在渐变流（或均匀流）的过水断面上，断面上任一点的 $z+\dfrac{p}{\gamma}=$常数，所以 $z+\dfrac{p}{\gamma}$代表了液体在总流计算断面上的平均单位势能，单位为 m；当 p 为相对压强时，在几何上称 $z+\dfrac{p}{\gamma}$为液体在相应断面上的测压管水头。

$\dfrac{\alpha v^2}{2g}$——代表了液体在总流计算断面上的平均单位动能，单位为 m；几何上称为液体在相应断面上的平均流速水头。

$z+\dfrac{p}{\gamma}+\dfrac{\alpha v^2}{2g}$——代表了液体在总流计算断面上的平均单位机械能，单位为 m；几何上称为液体在相应断面上的总水头。断面平均单位机械能（总水头）常用 E 或 H 表示。

h_w——代表了液体从总流的上游计算断面流动到下游计算断面的平均单位机械能损失，单位为 m；几何上称为水头损失。

与恒定元流能量方程类似，式（3-16）同样反映了在不可压缩的恒定流中，各断面上三种形式机械能的转化与损失规律。不同的是，总流能量方程中的 $z+\dfrac{p}{\gamma}$和$\dfrac{\alpha v^2}{2g}$项分别代表的是总流计算断面上的平均单位势能和平均单位动能，h_w 项代表的是总流两计算断面间的平均单位机械能损失。

四、能量方程的几何表示——水头线

在上面的讨论中我们已经知道，不论是恒定元流能量方程，还是恒定总流能量方程，式中的各项都代表单位重量液体的某种能量，并可以用几何水头来表示。如果将沿流程各过水断面相应的水头都用图形（即水头线）表示出来，就可使液体沿流程能量的转化与损失情况直观、形象地反映出来。图 3-17 就是这种图形。

在图 3-17 中，选定了基准面后，管流各过水断面形心到基准面的高度，代表了各断面的位置水头 z，这些位置水头的连线（即管流的轴线）称为该管流的位置水头线。它反映了液体的断面平均单位位能沿流程的变化情况。

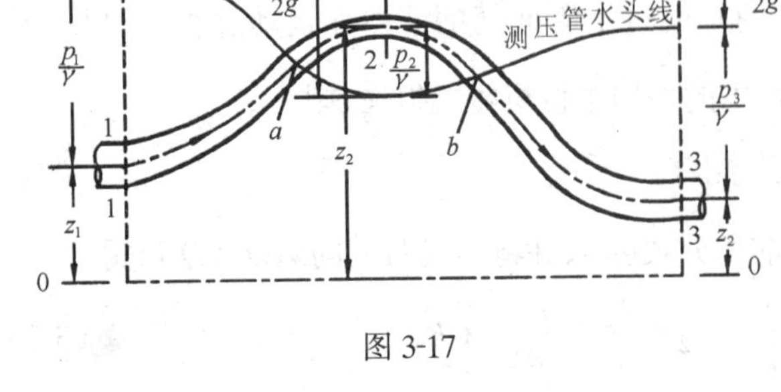

图 3-17

管流沿流程各断面的测压管水头 $z+\dfrac{p}{\gamma}$的连线称为该管流的测压管水头线。它反映了液体的断面平均单位势能沿流程的变化情况。测压管水头

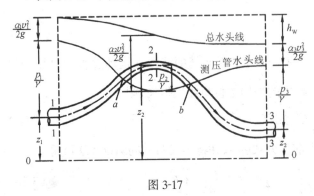

线与位置水头线(即管流的轴线)之间的铅直距离,反映了液体的断面平均相对压强(即断面的平均单位压能)沿流程的变化情况。测压管水头线在管流轴线之上的区域,管内的液体为正压,形成正压区;测压管水头线在管流轴线之下的区域,管内的液体为负压,形成负压区。如图 3-17,ab 区间即为负压区。

沿流程各过水断面总水头 $z+\frac{p}{\gamma}+\frac{\alpha v^2}{2g}$ 的连线称为该管流的总水头线。它反映了液体的平均单位机械能沿流程的变化情况。

任意两个过水断面间总水头线的下降高度,就是这两个过水断面间液流的水头损失 h_w。因为实际液流总是有水头损失的,所以它的总水头线总是沿流程下降的(除非有外加能量)。总水头线沿流程下降的快慢程度,可以用水力坡度 J 来表示。水力坡度是液体在单位流程上的水头损失(即总水头线坡度),即:

$$J=\frac{\mathrm{d}h_w}{\mathrm{d}l}=-\frac{\mathrm{d}H}{\mathrm{d}l} \tag{3-17}$$

式中,$\mathrm{d}H$ 为总水头在 $\mathrm{d}l$ 流程上的增量。由于 $\mathrm{d}H$ 总为负值,为使水力坡度 J 为正值,上式中要加一负号。

因为势能和动能沿流程可以相互转化,所以测压管水头线沿流程可以下降、也可以升高或是水平的。它沿流程的变化情况,可以用测压管水头线坡度 J_p 表示。J_p 是液体在单位流程上的测压管水头降低值,即:

$$J_p=-\frac{\mathrm{d}\left(z+\frac{p}{\gamma}\right)}{\mathrm{d}l}=-\frac{\mathrm{d}H_p}{\mathrm{d}l} \tag{3-18}$$

式中,$\mathrm{d}H_p=\mathrm{d}\left(z+\frac{p}{\gamma}\right)$是测压管水头在 $\mathrm{d}l$ 流程上的增量。按上述定义,测压管水头线下降时 J_p 为正,上升时 J_p 为负,所以式中要加一负号。

测压管水头线与总水线平行时,表明液流的断面平均流速沿流程不变;若两条水头线间距减小,表明液流断面平均流速沿流程减小;反之,则表明断面平均流速沿流程增加。

能量方程的这种几何表示法,使液流各项单位能量沿流程的变化与损失情况一目了然。它是工程实际中分析液流现象和进行有关水力计算的有利工具。

第五节　恒定流能量方程的应用

一、能量方程的应用条件

恒定流能量方程是在一定条件下推导出来的,因此用它来解决实际问题时,必须受到相应的条件限制。这些限制条件可归纳为以下几点:

(1) 液流必须是恒定流。

(2) 液体不可压缩,其密度沿流程保持不变。

(3) 建立能量方程所选取的两个计算断面,一般应为渐变流(或均匀流)过水断面,但两断面间可以是急变流。对于 $z+\frac{p}{\gamma}\neq$常数的过水断面,如果能够算得其断面的平均单位势能 $z+\frac{p}{\gamma}$和平均流速 v,也可作为能量方程的计算断面。

(4) 因为能量方程式(3-16)是相对惯性参照系(即与地面间无相对运动的固体边界)建立的,所以也可以说,能量方程式(3-16)所研究的液体受到的质量力只有重力。

(5) 能量方程在推导的过程中,流量是沿流程不变的。但因为能量方程讨论的是单位重量液体的能量平衡问题,所以一般而论,对于沿流程有流量分出或汇入的情况,仍可分别对每一支流建立能量方程。即对于如图 3-18(a)所示的分流情况,断面 1-1 与 2-2 和断面 1-1 与 3-3 的能量方程分别为:

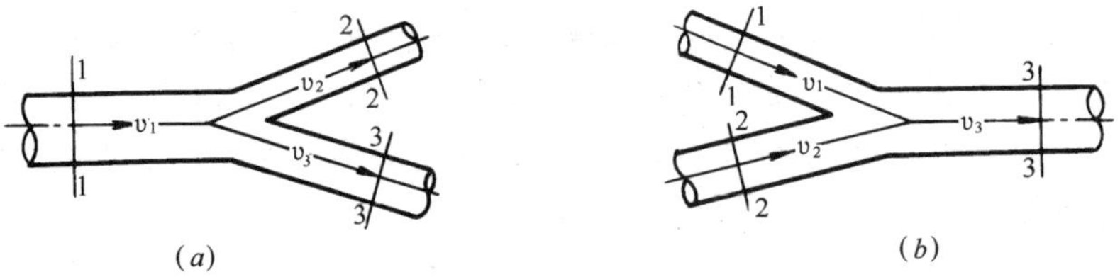

图 3-18

$$z_1+\frac{p_1}{\gamma}+\frac{\alpha_1 v_1^2}{2g}=z_2+\frac{p_2}{\gamma}+\frac{\alpha_2 v_2^2}{2g}+h_{w_{1-2}} \text{和 } z_1+\frac{p_1}{\gamma}+\frac{\alpha_1 v_1^2}{2g}=z_3+\frac{p_3}{\gamma}+\frac{\alpha_3 v_3^2}{2g}+h_{w_{1-3}}$$

对于如图 3-18(b)所示的合流情况,断面 1-1 与 3-3 和断面 2-2 与 3-3 的能量方程分别为:

$$z_1+\frac{p_1}{\gamma}+\frac{\alpha_1 v_1^2}{2g}=z_3+\frac{p_3}{\gamma}+\frac{\alpha_3 v_3^2}{2g}+h_{w_{1-3}} \text{和 } z_2+\frac{p_2}{\gamma}+\frac{\alpha_2 v_2^2}{2g}=z_3+\frac{p_3}{\gamma}+\frac{\alpha_3 v_3^2}{2g}+h_{w_{2-3}}$$

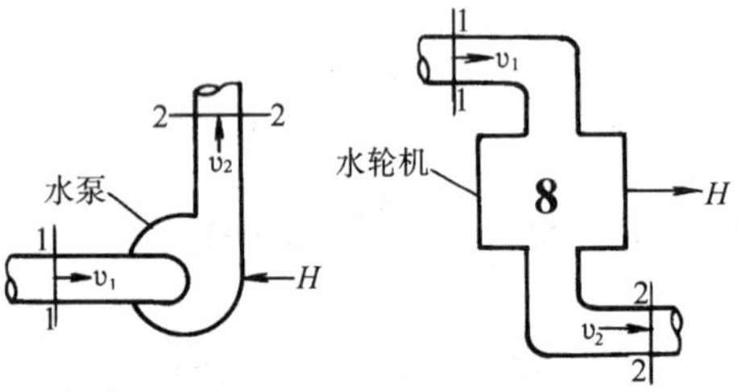

图 3-19

(6) 建立能量方程的两计算断面间,液流除损失的机械能外,没有能量的输入或输出。如图 3-19,如果在两计算断面间有能量的输入(如安装有水泵),或有能量的输出(如安装有水轮机),则根据能量守恒的原理可以推得过水断面 1-1、2-2 的能量方程为:

$$z_1+\frac{p_1}{\gamma}+\frac{\alpha_1 v_1^2}{2g}\pm H=z_2+\frac{p_2}{\gamma}+\frac{\alpha_2 v_2^2}{2g}+h_w \tag{3-19}$$

式中 $+H$——液流自水泵获得的单位机械能(称为水泵的扬程);

$-H$——液流流经水轮机时所输出的单位机械能。

二、应用能量方程的注意事项

应用恒定流能量方程进行有关的水力学计算时,应注意以下几点:

(1) 分析流动　首先应分析所研究的液流问题是否符合能量方程的应用条件。

(2) 选择基准面　任意选择一个水平面都可作为基准面,但在同一能量方程中,两计算断面的位置水头 z 必须相对同一基准面计算。为计算方便,一般将基准面选择在较低的位置上,以使 $z\geqslant 0$。

(3) 选择计算断面　能量方程的计算断面除应选择在渐变流(或均匀流)过水断面上外,同时还应考虑所选取的计算断面包含的已知量最多,并包含所要求的未知量。直接流向大气的管道出口断面,虽然一般其上各点的 $z+\dfrac{p}{\gamma}\neq$常数(因为各点的 z 一般不相等),但由于该断面的平均单位势能 $z+\dfrac{p}{\gamma}$是已知的,并且还常包含着所求的未知量,故常取作能量方程的计算断面。

(4) 选取计算点　选择好计算断面后，要在计算断面上选取建立能量方程的计算点。由于除类似上述管道出口断面的特殊情况外，渐变流过水断面上各点的 $z+\dfrac{p}{\gamma}=$ 常数，而且能量方程中采用的是断面平均流速，它们都与计算点位置无关。因此列写能量方程时，原则上可在渐变流计算断面上任意选取计算点。但为了计算方便，管流的计算点常选在断面的形心点，明渠流的计算点常选在自由表面上。对于直接流向大气的管道出口断面或在大气中水柱的渐变流过水断面，一般只有断面形心点的单位势能才能代表断面上的平均单位势能，所以这时计算点必须选在断面的形心点上。

(5) 断面动水压强的计算　能量方程两端的压强必须采用同一种压强来表示。例如，同取相对压强或同取绝对压强，工程实际中一般采用相对压强。注意，管道出口的断面压强与出口处周围介质的压强相等，若液流经管道出口直接流向大气，则出口处的断面相对压强为零。

(6) 建立能量方程求解　在解决了上述问题后，即可建立两个计算断面的能量方程，方程两端的动能修正系数 α_1 和 α_2 一般可近似取为 1.0。如果所列能量方程中的未知量不只一个，则可以考虑用恒定流连续性方程和后面将要讲到的恒定流动量方程联立求解。

【例 3-2】 如图 3-20 所示，若水箱中水位恒定，水位高出管道进口形心 $H=2$m，管径 $d=200$mm，管长 $l=4$m，管道倾角 $\alpha=14°$。试求不计水头损失和假设管道进口断面的水头损失为 0.6mH_2O，沿流程的水头损失为 1.3mH_2O(其沿管线均匀分布)两种情况下的管中流量 Q 和管道中点 M 处的相对压强 p_M，并绘制这两种情况下管流的总水头线和测压管水头线。

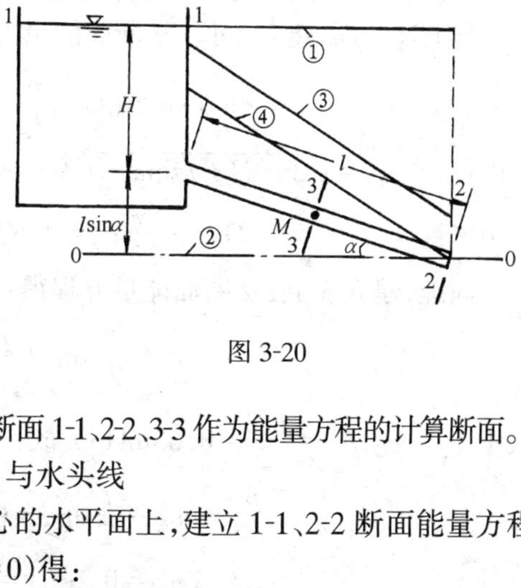

图 3-20

【解】 本题水流符合能量方程的应用条件。取已知量较多，并与所求量有关，符合渐变流条件的断面 1-1、2-2、3-3 作为能量方程的计算断面。

(1) 不计水头损失条件下的流量 Q、压强 p_M 与水头线

将基准面 0-0 取在通过管道出口 2-2 断面形心的水平面上，建立 1-1、2-2 断面能量方程(不计水头损失时，动能修正系数 $\alpha_1=\alpha_2=1, h_w=0$)得：

$$z_1+\frac{p_1}{\gamma}+\frac{v_1^2}{2g}=0+\frac{p_2}{\gamma}+\frac{v_2^2}{2g}$$

式中　$z_1=H+l\sin\alpha$；采用相对压强时，$p_1=p_2=0$；因为断面 1-1 相对很大，故 $v_1\approx 0$。则上式为：

$$H+l\sin\alpha=\frac{v_2^2}{2g}$$

所以：$$v_2=\sqrt{2g(H+l\sin\alpha)}=\sqrt{2\times 9.8(2+4\sin 14°)}=7.63\text{m/s}$$

管中流量为：$$Q=v_2A_2=v_2\frac{\pi}{4}d^2=7.63\times\frac{3.14}{4}\times 0.2^2=0.24\text{m}^3/\text{s}$$

基准面位置不变，建立 3-3、2-2 断面能量方程得：

$$\frac{l}{2}\sin\alpha+\frac{p_M}{\gamma}+\frac{v_3^2}{2g}=\frac{v_2^2}{2g}$$

因为管径 $d_2=d_3$，则 $v_3=v_2$，所以：

$$\frac{p_M}{\gamma}=-\frac{l}{2}\sin\alpha=-\frac{4}{2}\sin14°=-0.484mH_2O$$

$$p_M=-0.484\gamma=-0.484\times9.8=-4.74kPa$$

上面的结果说明，管中的 M 点处于真空状态，其真空压强为 4.74kPa。

不计水头损失时，管中总水头沿流程不变，均为 $H+l\sin\alpha=2+4\sin14°=2.97m$，所以总水头线就是与水箱水面同高的水平直线（如图中线①）；管中为恒定均匀流，其流速水头为 $\frac{v^2}{2g}=\frac{v_2^2}{2g}=H+l\sin\alpha=2.97m=$ 总水头，所以管中各断面的测压管水头均为零，即测压管水头线是与基准面 0-0 重合的水平线（如图中线②）。该图直观地表明，整个管道的轴线均位于测压管水头线②之上。由此可得结论：对于理想液体，当管道出口断面低于进口断面时，整个管道内都处于真空状态，并且管道进口断面压强最低，其相对压强为 $-\gamma l\sin\alpha$；管道出口断面压强最高，其相对压强为零。显然，这种现象是针对理想液流的结论，对于实际液流，管内是否处于真空状态，还决定于液流水头损失 h_w 的大小（见下第二种情况）。

(2) 考虑水头损失条件下的流量 Q、压强 p_M 与水头线

与上述相同，建立 1-1、2-2 断面能量方程（取动能修正系数 $\alpha_1=\alpha_2=1.0$）得：

$$H+l\sin\alpha=\frac{v_2^2}{2g}+h_w=\frac{v_2^2}{2g}+(0.6+1.3)$$

所以：$$v_2=\sqrt{2g(H+l\sin\alpha-1.9)}=\sqrt{2\times9.8(2+4\sin14°-1.9)}=4.57m/s$$

管中流量为：$$Q=v_2\frac{\pi}{4}d_2^2=4.57\times\frac{3.14}{4}\times0.2^2=0.143m^3/s$$

同理，建立 3-3、2-2 断面能量方程得：

$$\frac{l}{2}\sin\alpha+\frac{p_M}{\gamma}+\frac{v_3^2}{2g}=\frac{v_2^2}{2g}+h'_w$$

式中 $v_3=v_2$，$h'_w=\frac{1.3}{2}=0.65mH_2O$，故：

$$\frac{p_M}{\gamma}=h'_w-\frac{l}{2}\sin\alpha=0.65-\frac{4}{2}\sin14°=0.166mH_2O$$

$$p_M=0.166\gamma=0.166\times9.8=1.63kPa$$

由于管道进口断面的总水头为 $H+l\sin\alpha-0.6=2.97-0.6=2.37m$，出口断面的总水头为 $H+l\sin\alpha-(0.6+1.3)=2.97-1.9=1.07m$，并且管中的水头损失沿管线均匀分布，故总水头线就是经过这两个总水头所连接的直线（如图中线③）；管中恒定均匀流的流速水头为 $\frac{v^2}{2g}=\frac{v_2^2}{2g}=\frac{4.57^2}{2\times9.8}=1.07m$，将总水头线下移这一流速水头即得测压管水头线（如图中线④）。

可见，对于实际液流，按照题中所给的条件，整个管内都处于正压状态。当然，若改变条件，使水力坡度 J 小于管道轴线（即位置水头线）坡度 J_z 时，则整个管内仍可处于负压状态。

【例 3-3】 如图 3-21 一水泵装置，已知抽水量 $Q=0.11m^3/s$，水泵泵轴至吸水池水面的高度（称水泵的安装高度）$h_s=4m$，水泵吸水管直径 $d=300mm$，吸水滤头至水泵进水口断

面的水头损失 $h_w=0.6mH_2O$。试求水泵进水口 2-2 断面的真空度。

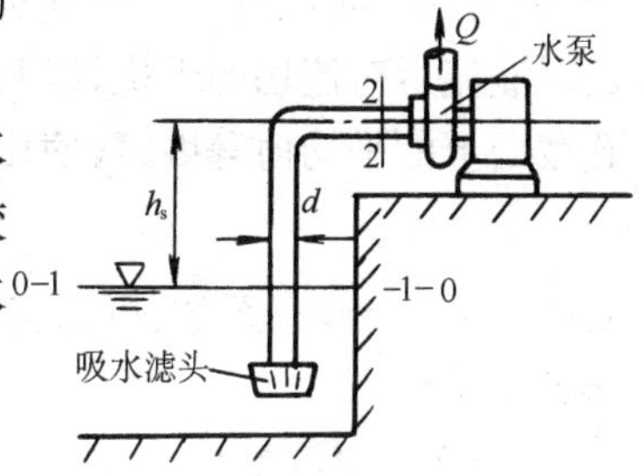

图 3-21

【解】 在水泵转速和水源水面一定的情况下，水泵吸水管内水流为恒定流。以水源水面 1-1 为基准面，取已知量较多，并与所求量有关，符合渐变流条件的水源水面 1-1 和水泵进口断面 2-2 为计算断面，建立能量方程得：

$$0+\frac{p_1}{\gamma}+\frac{\alpha_1 v_1^2}{2g}=h_s+\frac{p_2}{\gamma}+\frac{\alpha_2 v_2^2}{2g}+h_w$$

式中 采用相对压强时，$p_1=0$；因为水源水面相对很大，故 $v_1\approx 0$；$h_s=4m$；$v_2=\dfrac{Q}{A}=\dfrac{4Q}{\pi d^2}=\dfrac{4\times 0.11}{3.14\times 0.3^2}=1.56m/s$；$h_w=0.6mH_2O$；取 $\alpha_2\approx 1.0$。则：

$$\frac{p_{2v}}{\gamma}=-\frac{p_2}{\gamma}=h_s+\frac{\alpha_2 v_2^2}{2g}+h_w=4+\frac{1.56^2}{2\times 9.8}+0.6=4.72mH_2O$$

三、能量方程在流速和流量测量中的应用

作为恒定元流能量方程和恒定总流能量方程的应用，下面分别介绍一种测量流速和测量流量装置的测量原理。

1. 毕托管

毕托管是根据元流能量方程设计的一种测量液体或气体中某点流速的装置。

在恒定流动的液体中放置一测压管和一两端开口称为测速管的 90°弯管，如图 3-22 所示。测速管的前端开口正对着来流置于 B 点，液体在 B 点处因受阻而流速为零，动能全部转化为压能，使得测速管中液柱的上升高度为 p_B/γ（即 B 点的相对压强水头）。这一由于受阻而使液体流速为零的 B 点称为滞止点（或驻点）。另一方面，在 B 点上游同流线上相距很近的 A 点未受测速管的影响，液体流速为 u，其动水压强水头由测压管测得为 p_A/γ。若忽略水头损失，沿流线建立 A、B 两点的元流能量方程得：

$$\frac{p_A}{\gamma}+\frac{u^2}{2g}=\frac{p_B}{\gamma}$$

故：

$$u=\sqrt{2g\frac{p_B-p_A}{\gamma}}=\sqrt{2gh_u} \qquad (a)$$

由此可见，量得测速管和测压管中的液面高差 h_u，就可利用式（a）求得 A 点的流速 u。

根据这个原理，可将测速管和测压管组合制成一种测量定点流速的装置，称为毕托管，其构造如图 3-23 所示。其中与前端迎流孔相通的是测速管，与侧面顺流孔（一般有 4 至 8

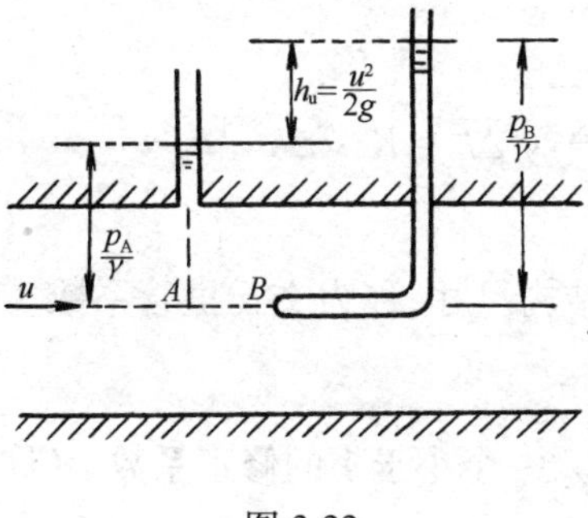

图 3-22

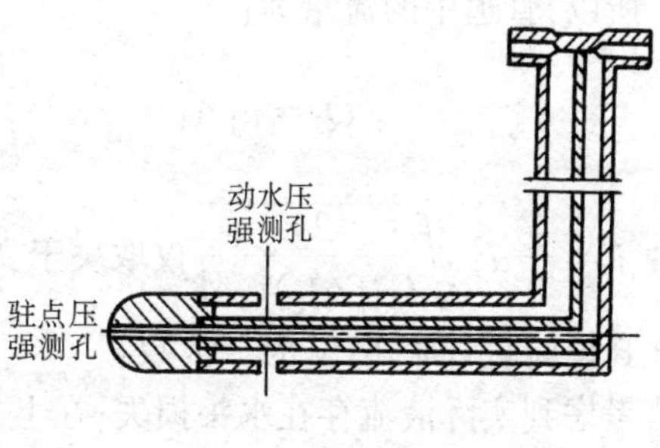

图 3-23

个)相通的是测压管。考虑到实际液体从前端小孔流至侧面小孔的粘滞性效应,还有毕托管放入液流后对流场的干扰,以及测速管和测压管测得的压强水头值并不是一点的值,而是小孔截面上的平均值等因素,使用式(a)时应引入一修正系数 φ,故实际流速的计算公式为:

$$u=\varphi\sqrt{2gh_{\mathrm{u}}} \tag{3-20}$$

式中　φ——修正系数,可由实验确定,在毕托管的出厂说明书中都给出了该值,它通常很接近于 1。

2. 文丘里流量计

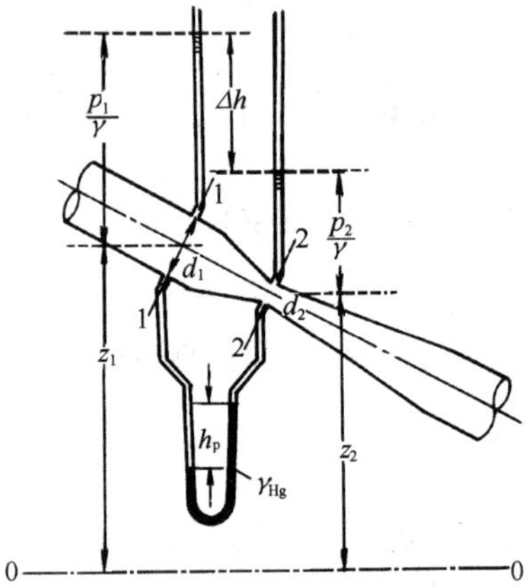

图 3-24

文丘里流量计是以文丘里管为节流件的一种测量有压管道中液体流量的装置。文丘里管由渐缩段、喉道和渐扩段三部分组成,并在渐缩段的进口断面 1-1 和喉道断面 2-2 处设有测压孔,如图 3-24 所示。测量流量时,将其安装在管道中,并在断面 1-1 和 2-2 处各安装一根测压管(或直接设置差压计)。当液体流经文丘里管的喉道时,由于流速增大,导致势能减小,测压管水头下降。通过测量设置在 1-1、2-2 断面处的测压管水头差 Δh(或差压计的读值 h_{P}),根据能量方程就可计算得到管中的流量 Q 值。现讨论如下:

建立 1-1 和 2-2 断面的能量方程,暂不计水头损失,则有:

$$z_1+\frac{p_1}{\gamma}+\frac{v_1^2}{2g}=z_2+\frac{p_2}{\gamma}+\frac{v_2^2}{2g}$$

即

$$\left(z_1+\frac{p_1}{\gamma}\right)-\left(z_2+\frac{p_2}{\gamma}\right)=\Delta h=\frac{v_2^2}{2g}-\frac{v_1^2}{2g} \tag{a}$$

设管道在断面 1-1 和 2-2 处的直径分别为 d_1 和 d_2,则由连续性方程可得:

$$v_2=v_1\left(\frac{d_1}{d_2}\right)^2 \tag{b}$$

将式(b)代入式(a)得:

$$\Delta h=\frac{v_1^2}{2g}\left[\left(\frac{d_1}{d_2}\right)^4-1\right]$$

则

$$v_1=\frac{1}{\sqrt{(d_1/d_2)^4-1}}\sqrt{2g\Delta h}$$

所以,管道中的流量为:

$$Q'=v_1A_1=\frac{\pi}{4}d_1^2\sqrt{\frac{2g}{(d_1/d_2)^4-1}}\sqrt{\Delta h}=K\sqrt{\Delta h}$$

式中 $K=\frac{\pi}{4}d_1^2\sqrt{\frac{2g}{(d_1/d_2)^4-1}}$仅取决于文丘里管的结构尺寸,称为文丘里管系数。对于某一文丘里流量计来讲 K 为一常数。

考虑到实际液流存在水头损失,在上式中应再引入一个小于 1 的修正系数 μ(称为文丘里管流量系数),故实际的流量计算公式为:

$$Q = \mu K \sqrt{\Delta h} \tag{3-21}$$

式中　μ——文丘里管的流量系数，可由实验确定，一般为0.95～0.98。

如果在断面1-1和2-2处直接安装水银差压计，且被测液体为水时，则根据式(2-14a)可得管中的流量为：

$$Q = \mu K \sqrt{12.6 h_{\mathrm{P}}} \tag{3-22}$$

【例3-4】 如图3-24所示，若已知文丘里管的流量系数 $\mu = 0.98$，文丘里管进口直径 $d_1 = 100\mathrm{mm}$，喉道直径 $d_2 = 50\mathrm{mm}$，测得水银差压计的液柱高差 $h_{\mathrm{P}} = 3.97\mathrm{cm}$。试求管道中水的实际流量 Q。

【解】 该文丘里管系数为：

$$K = \frac{\pi}{4} d_1^2 \sqrt{\frac{2g}{(d_1/d_2)^4 - 1}} = \frac{3.14}{4} \times 0.1^2 \times \sqrt{\frac{2 \times 9.8}{(0.1/0.05)^4 - 1}} = 0.00897 \mathrm{m}^{5/2}/\mathrm{s}$$

则由式(3-22)得管道中水的实际流量为：

$$Q = \mu K \sqrt{12.6 h_{\mathrm{P}}} = 0.98 \times 0.00897 \sqrt{12.6 \times 0.0397} = 0.00622 \mathrm{m}^3/\mathrm{s} = 6.22 \mathrm{L/s}$$

第六节　恒定流动量方程

液体的恒定流动量方程是物体动量守恒原理在液体运动中的具体表现，它反映了液体的动量变化与液体和固体边界间作用力的关系。

工程实际中常常会遇到计算液流与固体边界间的相互作用力问题。常见的例子如，液体流经弯管时，对管壁产生的作用力计算问题，它是管道支座的结构设计与计算的重要依据。前面学到的连续性方程和能量方程对分析水动力学问题固然十分重要，但由于它们没有直接反映出液流与固体边界间相互作用力的关系，应用它们往往很难解决这一作用力的计算问题。这时，就可依靠动量方程求解。液体的恒定流动量方程将液流的动量变化与液流和固体边界间的相互作用力直接联系起来，避开了计算水头损失 h_{w} 这一复杂问题。下面，根据质点系动量定理，采用一元流动分析法来讨论液体的恒定流动量方程。

一、恒定流动量方程

物理学中的质点系动量定理可表述为：单位时间内质点系动量的变化量 $\frac{\mathrm{d}(\Sigma m\boldsymbol{u})}{\mathrm{d}t}$（其中的 $\Sigma m\boldsymbol{u}$ 为质点系中各质点在某一时刻所具有动量的矢量和）等于该质点系所受到的合外力 $\Sigma \boldsymbol{F}$，即：

$$\frac{\mathrm{d}(\Sigma m\boldsymbol{u})}{\mathrm{d}t} = \Sigma \boldsymbol{F}$$

现将其应用于恒定液流，建立恒定流动量方程。

在不可压缩的恒定总流中任取一段元流，如图3-25所示。其进出口过水断面1-1和2-2的面积分别为 $\mathrm{d}A_1$ 和 $\mathrm{d}A_2$，相应的流速分别为 $\boldsymbol{u}_1$ 和 $\boldsymbol{u}_2$。设经过 $\mathrm{d}t$ 时段，该元流段自位置11-22移动到1′1′-2′2′。

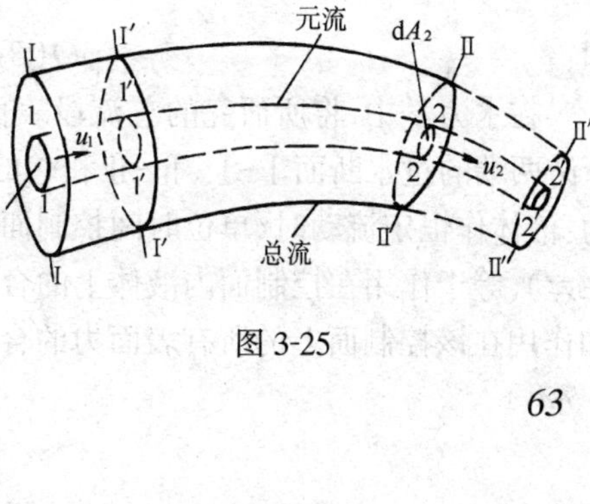

图3-25

在 $\mathrm{d}t$ 时段内，元流段动量的变化量 $\mathrm{d}\boldsymbol{K}$ 等于流段 $1'1'$-$2'2'$ 与流段 11-22 内液体质点动量的矢量和之差。因为是恒定流，$\mathrm{d}t$ 时段内其公共流段 $1'1'$-22 的动量不会改变，所以该元流段动量的变化 $\mathrm{d}\boldsymbol{K}$ 就是流段 22-$2'2'$ 与流段 11-$1'1'$ 的动量差。

对于不可压缩液体，由连续性方程可得，流段 22-$2'2'$ 与 11-$1'1'$ 的质量均为 $\mathrm{d}m=\rho\mathrm{d}Q\mathrm{d}t$，则元流段的动量变化为：

$$\mathrm{d}\boldsymbol{K}=\mathrm{d}m(\boldsymbol{u}_2-\boldsymbol{u}_1)=\rho\mathrm{d}Q\mathrm{d}t(\boldsymbol{u}_2-\boldsymbol{u}_1)$$

总流的动量变化等于总流中所有元流动量变化的矢量和。如图 3-25，将上述元流的动量变化 $\mathrm{d}\boldsymbol{K}$ 对相应的总流过水断面积分，可得 $\mathrm{d}t$ 时段内Ⅰ-Ⅱ总流段的动量变化为：

$$\Sigma\mathrm{d}\boldsymbol{K}=\int_Q\rho\mathrm{d}t\,(\boldsymbol{u}_2-\boldsymbol{u}_1)\mathrm{d}Q=\rho\mathrm{d}t\left(\int_{A_2}\boldsymbol{u}_2u_2\mathrm{d}A_2-\int_{A_1}\boldsymbol{u}_1u_1\mathrm{d}A_1\right)\qquad(a)$$

在积分式 $\int_A\boldsymbol{u}u\mathrm{d}A$ 中，流速 u 在过水断面上的分布一般难以确定，所以采用一元流动分析法，即用断面平均流速 v 代替断面上的流速分布 u。这时，与前面引入动能修正系数类似，需引入一个动量修正系数 β，则积分式 $\int_A\boldsymbol{u}u\mathrm{d}A$ 可表示为：

$$\int_A\boldsymbol{u}u\mathrm{d}A=\beta\boldsymbol{v}\ vA\qquad(b)$$

将(b)式代入(a)式得：

$$\Sigma\mathrm{d}\boldsymbol{K}=\rho\mathrm{d}t(\beta_2\boldsymbol{v}_2v_2A_2-\beta_1\boldsymbol{v}_1v_1A_1)$$

由于 $v_1A_1=v_2A_2=Q$，则：

$$\Sigma\mathrm{d}\boldsymbol{K}=\rho Q\mathrm{d}t(\beta_2\boldsymbol{v}_2-\beta_1\boldsymbol{v}_1)\qquad(c)$$

当计算断面选取在渐变流过水断面时，断面上各点的流速 $\boldsymbol{u}$ 与断面平均流速 $\boldsymbol{v}$ 的方向基本相同，则由(b)式可得，动量修正系数 β 为：

$$\beta=\frac{\int_A u^2\mathrm{d}A}{v^2A}\qquad(3\text{-}23)$$

可见，动量修正系数 β 是单位时间内通过总流过水断面的实际动量与单位时间内以相应的断面平均流速计算的动量之比值。与动能修正系数 α 一样，可以证明 β 值也大于 1，其大小决定于过水断面的流速分布。流速分布愈均匀，β 值愈接近于 1；在一般的渐变流中，$\beta\approx1.02\sim1.05$，工程实际中为计算方便，通常取 $\beta=1.0$。

设作用在Ⅰ-Ⅱ总流段上的合外力为 $\Sigma\boldsymbol{F}$。则根据质点系动量定理，由(c)式可得恒定流（总流）动量方程为：

$$\frac{\Sigma\mathrm{d}\boldsymbol{K}}{\mathrm{d}t}=\Sigma\boldsymbol{F}$$

即：

$$\rho Q(\beta_2\boldsymbol{v}_2-\beta_1\boldsymbol{v}_1)=\Sigma\boldsymbol{F}\qquad(3\text{-}24)$$

在水力学中，将所研究的总流段表面称为控制面。如图 3-25，该总流段的控制面为上下游两端的过水断面Ⅰ-Ⅰ、Ⅱ-Ⅱ和它的侧表面。则恒定流动量方程式(3-24)就可以表述为：液体作恒定流动时，单位时间控制面内液体动量的变化（流出与流入控制面液体的动量之差），等于作用在控制面内液体上的合外力（即作用在控制面内液体质点上的所有质量力和作用在该控制面上的所有表面力的合力）。

式(3-24)是个矢量式，在计算中常将其写成沿着某一方向的投影式。如式(3-24)在直角坐标系中三个坐标轴方向的投影式为：

$$\left.\begin{aligned}\rho Q(\beta_2 v_{2x}-\beta_1 v_{1x})=\Sigma F_x\\ \rho Q(\beta_2 v_{2y}-\beta_1 v_{1y})=\Sigma F_y\\ \rho Q(\beta_2 v_{2z}-\beta_1 v_{1z})=\Sigma F_z\end{aligned}\right\} \tag{3-25}$$

式中　v_{1x}、v_{1y}、v_{1z}和 v_{2x}、v_{2y}、v_{2z}分别为控制面内液体在上、下游两过水断面上的平均流速 $\boldsymbol{v}_1$和$\boldsymbol{v}_2$在三个坐标轴方向上的分量；ΣF_x、ΣF_y、ΣF_z 分别为作用在控面内液体的合外力 $\Sigma \boldsymbol{F}$ 在三个坐标轴方向上的分量。

在上述推导过程中，我们仅仅是从简单的一元流出发，输入和输出动量的只有上、下游两个过水断面。实际上，动量方程可以推广应用于流场中任意封闭控制面内的液体。例如，图 3-26 为一分叉管流，当对其应用动量方程时，可以把管壁及上、下游过水断面取为控制面(如图中虚线所示)。这时，对该控制面内液体的动量方程应为：

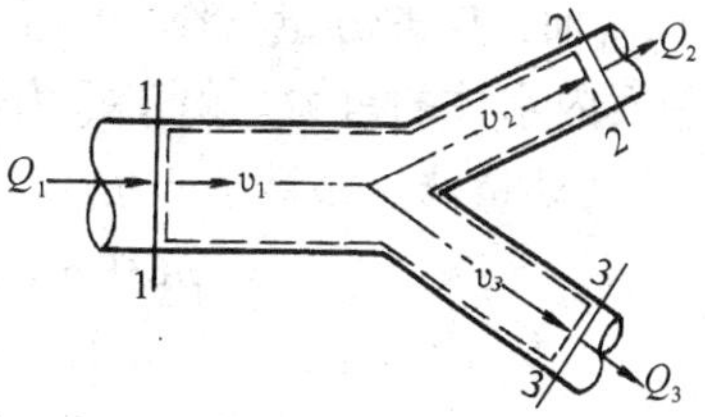

图 3-26

$$\rho Q_2\beta_2 \boldsymbol{v}_2+\rho Q_3\beta_3 \boldsymbol{v}_3-\rho Q_1\beta_1 \boldsymbol{v}_1=\Sigma \boldsymbol{F} \tag{3-26}$$

式中　$\boldsymbol{v}_1$、$\boldsymbol{v}_2$、$\boldsymbol{v}_3$分别为图中三个相应过水断面上的平均流速；$\Sigma \boldsymbol{F}$ 为作用于控制面内液体上的合外力。

二、应用动量方程的注意事项

应用恒定流动量方程时应注意以下几点：

(1) 控制面的选取　控制面为所研究液体流段的封闭表面，原则上它在流场中可以任意选取。但为方便计算，实用中控制面一般选为整个液流的边界面(包括液体与固体的接触边界面及液体的自由表面等)和液流的渐变流过水断面(这时过水断面上的平均流速和总压力很容易计算，并便于取动量修正系数 β)。

(2) 选取投影轴　动量方程是矢量式，式中的流速和作用力都是有方向的量，因此建立动量方程时，必须先选定投影轴，并标明其方向，然后将各流速和作用力投影到该投影轴上。与投影轴方向一致的量均为正值，反之则为负值。投影轴的方向可以任意选取，以计算方便为宜。

(3) 求动量变化　动量方程中的动量变化值必须是单位时间流出控制面液体的动量与流入控制面液体的动量之差，切不可颠倒。

(4) 受力分析　动量方程中的合外力为作用在控制面内液体上的质量力和表面力的合力。在惯性参照系中，质量力就是控制面内液体的重力，表面力为过水断面上的动水压力和固体边界对液体的反力(包括固体边界对液体的摩擦阻力)。固体边界对液体的反力常常就是所求解的力。当其方向事先尚不明确时，可以先暂时假定一个方向，若求得该力为正值，表明原假定方向正确；若求得该力为负值，表明该力的实际方向与原假定方向相反。

动量方程是水动力学中重要的基本方程之一，主要用于计算液流与固体边界的相互作用力问题。在应用动量方程时，常常要配合连续性方程和动量方程联合求解。下面，结合实例说明动量方程的应用。

【例 3-5】　水流通过一水平设置的渐变截面弯管，如图 3-27 所示。已知断面 1-1 的直

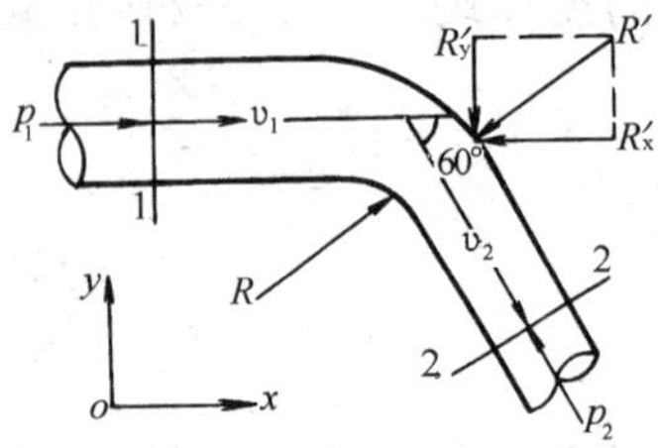

图 3-27

径 $d_1=250$mm，流速 $v_1=2.45$m/s，相对压强 $p_1=1.8$at，断面 2-2 的直径 $d_2=200$mm，转角 $\alpha=60°$。若不计水流阻力，试求水流对此弯管的作用力 R。

【解】 弯管对水流的作用力 R' 是水流对弯管作用力 R 的反作用力，故可通过动量方程求解 R' 得到 R。

如图，在水平面内建立平面坐标系 xoy，并取渐变流过水断面 1-1、2-2 及管道边界为控制面。作用在控制面内液体的外力有：弯管对水流的作用力 R'（图中的 R'_x、R'_y 分别为 R' 沿 x、y 轴方向的分量）；作用于上、下游两过水断面上的动水压力：$P_1=p_1A_1$、$P_2=p_2A_2$ 和控制面内水体的重力。由于重力铅直向下，在水平的 x 轴和 y 轴方向分量为零；不计水流阻力时，动量修正系数 $\beta_1=\beta_2=1$。所以，分别沿 x 轴方向和 y 轴方向建立动量方程可得：

$$\rho Q(v_2\cos\alpha - v_1) = p_1A_1 - p_2A_2\cos\alpha - R'_x$$

$$\rho Q(-v_2\sin\alpha - 0) = 0 + p_2A_2\sin\alpha - R'_y$$

即：

$$R'_x = p_1A_1 - p_2A_2\cos\alpha - \rho Q(v_2\cos\alpha + v_1) \quad (a)$$

$$R'_y = p_2A_2\sin\alpha + \rho Q v_2\sin\alpha \quad (b)$$

式中：

$$Q=\frac{1}{4}\pi d_1^2 v_1=\frac{1}{4}\times 3.14\times 0.25^2\times 2.45=0.12\text{m}^3/\text{s}$$

$$p_1A_1=p_1\frac{\pi}{4}d_1^2=1.8\times 98\times\frac{3.14}{4}\times 0.25^2=8.65\text{kN}$$

由式(3-10)得：

$$v_2=\frac{A_1}{A_2}v_2=\left(\frac{d_1}{d_2}\right)^2 v_1=\left(\frac{0.25}{0.2}\right)^2\times 2.45=3.83\text{m/s}$$

不计水流阻力时，以通过管轴的水平面为基准面，建立 1-1 和 2-2 断面能量方程得：

$$\frac{p_1}{\gamma}+\frac{v_1^2}{2g}=\frac{p_2}{\gamma}+\frac{v_2^2}{2g}$$

所以：

$$p_2=\gamma\left(\frac{p_1}{\gamma}+\frac{v_1^2}{2g}-\frac{v_2^2}{2g}\right)=9.8\left(18+\frac{2.45^2}{2\times 9.8}-\frac{3.83^2}{2\times 9.8}\right)=172.07\text{kPa}$$

故：

$$p_2A_2=p_2\frac{\pi}{4}d_2^2=172.07\times\frac{3.14}{4}\times 0.2^2=5.40\text{kN}$$

将已知数代入前(a)式和(b)式得：

$$R'_x=8.65-5.40\cos 60°-1000\times 0.12(3.83\cos 60°-2.45)\times 10^{-3}=6.01\text{kN}$$

$$R'_y=5.40\sin 60°+1000\times 0.12\times 3.83\sin 60°\times 10^{-3}=5.07\text{kN}$$

R'_x 与 R'_y 的合力为：

$$R'=\sqrt{(R'_x)^2+(R'_y)^2}=\sqrt{6.01^2+5.07^2}=7.86\text{kN}$$

合力 R' 与水平方向的夹角为：

$$\theta=\text{arctg}\frac{R'_y}{R'_x}=\text{arctg}\frac{5.07}{6.01}=40.15°$$

故水流对弯管的作用力 R 的大小为 7.86kN，方向与 R' 相反。

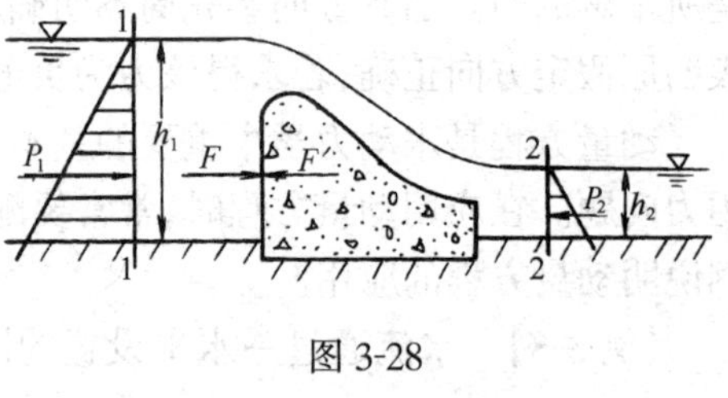

图 3-28

【例 3-6】 图 3-28 为一滚水坝，上游水位因坝的阻挡而抬高，测得渐变流过水断面 1-1 处的水深 $h_1=1.5$m，下游渐变流过水断面 2-2 处的水深 $h_2=0.6$m。假设上、下游渠底在同一水平面上，并且不计水流阻力。试求水流作用在单位宽度坝面上的水平推力 F。

【解】 如图，取渐变流过水断面 1-1、2-2 及水面和固体边界为控制面。不计水流阻力时，控制面内的水体沿水平方向受到的外力有：滚水坝对水流的反作用力 F'；水流作用在断面 1-1 和 2-2 上的动水压力 P_1 和 P_2；动量修正系数 $\beta_1=\beta_2=1$。则沿流向建立动量方程得：

$$\rho Q(v_2-v_1)=P_1-P_2-F'$$

所以：

$$F'=P_1-P_2-\rho Q(v_2-v_1) \tag{a}$$

1-1 和 2-2 均为渐变流过水断面，故：

$$P_1=\frac{1}{2}\gamma h_1A_1=\frac{1}{2}\times9.8\times1.5\times1.5\times1=11.025\text{kN}$$

$$P_2=\frac{1}{2}\gamma h_2A_2=\frac{1}{2}\times9.8\times0.6\times0.6\times1=1.764\text{kN}$$

以渠底面为基准面，不计水流阻力时，建立 1-1、2-2 过水断面能量方程得：

$$h_1+\frac{v_1^2}{2g}=h_2+\frac{v_2^2}{2g} \tag{b}$$

由式(3-10)得：

$$v_2=\frac{A_1}{A_2}v_1=\frac{h_1}{h_2}v_1=\frac{1.5}{0.6}v_1=2.5v_1$$

将上式代入(b)式解得：

$$v_1=\sqrt{\frac{2g(h_1-h_2)}{2.5^2-1}}=\sqrt{\frac{2\times9.8(1.5-0.6)}{5.25}}=1.833\text{m/s}$$

所以：

$$v_2=2.5v_1=2.5\times1.833=4.583\text{m/s}$$

$$Q=v_1A_1=v_1h_1\times1=1.833\times1.5\times1=2.750\text{m}^3/\text{s}$$

将已知数代入前(a)式得：

$$F'=11.025-1.764-1000\times2.750(4.583-1.833)\times10^{-3}=1.70\text{kN}$$

F'为所求之力 F 的反作用力，故 F 的大小为 1.70kN，方向与水流方向相同。

【例 3-7】 如图 3-29，水自喷嘴水平射向一与其夹角 $\alpha=60°$的水平光滑平板上（不计摩擦阻力）。若喷嘴出口直径 $d=25$mm，喷射流量 $Q=33.4$L/s，当不计水头损失时，试求射流沿平板两侧的分流流量 Q_1 与 Q_2 及射流对平板的作用力 F。

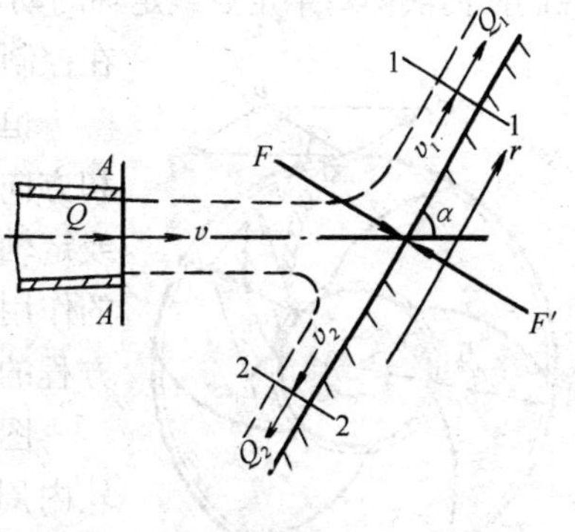

图 3-29

【解】 由于图中的平板为光滑平板，故水流对该平板的作用力 F 应与平板正交。取 A-A、1-1、2-2 过水断面及水柱表面和平板边界为控制面，设平板对水流的作用力为 F'（该力为所求之力 F 的反作用力，故也与平板正交）。控制面内水流的重力与水流方向垂直，在水平面内建立动量方程时，可不必考虑；不计水头损失时，动量修正系数 $\beta_1=\beta_2=1$。

(1) 计算流量 Q_1、Q_2

沿与平板平行的 r 轴方向建立动量方程得：

$$\rho Q_1 v_1 - \rho Q_2 v_2 - \rho Q v\cos\alpha = 0$$

即：
$$Q_1 v_1 - (Q - Q_1) v_2 - Q v\cos\alpha = 0 \quad (a)$$

由于不计水头损失，建立 A-A、1-1 断面能量方程得：$\frac{v^2}{2g}=\frac{v_1^2}{2g}$，即 $v_1 = v$。

同理，建立 A-A、2-2 断面能量方程可求得：$v_2 = v$。

将上述流速代入前式(a)得：

$$Q_1 v - (Q - Q_1) v - Q v\cos\alpha = 0$$

所以：
$$Q_1 = \frac{Q(1+\cos\alpha)}{2} = \frac{33.4(1+\cos60^\circ)}{2} = 25.05\text{L/s}$$

$$Q_2 = Q - Q_1 = 33.4 - 25.05 = 8.35\text{L/s}$$

(2) 计算作用力 F

沿 F 方向建立动量方程得：

$$0 - \rho Q v\sin\alpha = -F'$$

式中：
$$v = \frac{4Q}{\pi d^2} = \frac{4\times0.0334}{3.14\times0.025^2} = 68.08\text{m/s}$$

所以：
$$F' = \rho Q v\sin\alpha = 1000\times0.0334\times68.08\times\sin60^\circ = 1969\text{N} = 1.969\text{kN}$$

F'为所求之力 F 的反作用力，故 F 的大小为 1.969kN，方向与 F'相反。

解本例题时要注意两点：①当水流的作用面为光滑平面(不计摩擦阻力)时，水流的作用力应与该平面正交；②建立动量方程时要注意选择合适的投影轴方向。本例题若沿着喷嘴出口流速 v 的方向或垂直 v 的方向建立动量方程，则由于方程中含有多个未知量，会使求解过程变得十分繁杂。

第七节 恒定流动量矩方程

将物理学中的动量矩定理应用到恒定流动的液体中，使用建立恒定流动量方程类似的方法，可以推得恒定流动量矩方程。恒定流动量矩方程可表述为：液体作恒定流动时，单位时间控制面内液体对某定点或定轴的动量矩变化(流出与流入控制面液体的动量矩之差)等于作用在控制面内液体上的所有外力对同一定点或定轴的力矩之和。

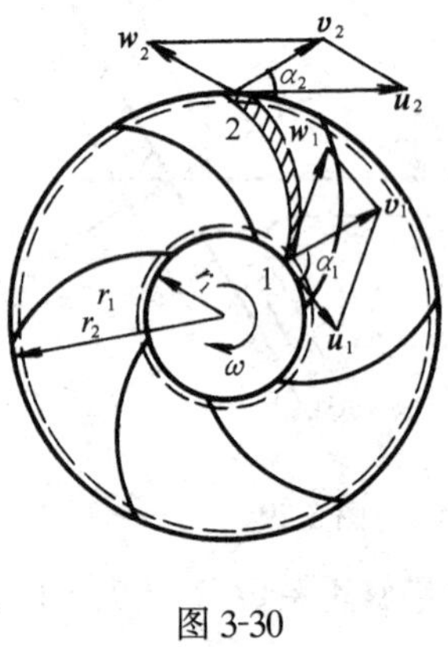

图 3-30

恒定流动量方程能够确定液流与固体边界间作用力的大小和方向。根据恒定流动量矩方程则可确定这一作用力对某定点或定轴作用力矩的大小和方向，并由此力矩可确定这一作用力的作用点位置。下面，分析水流通过离心式水泵叶轮时动量矩方程的具体式。

图 3-30 为离心式水泵叶轮示意图。水流从半径为 r_1 的叶轮内周流入，经叶片所形成的通道从半径为 r_2 的叶轮外周流出。水流质点在叶轮中是一种复合运动，一方面是水流质点相对叶片的流动(相对运动)，设其相对速度为 $\boldsymbol{w}$；另一方面水流质

点受旋转叶片的作用相对地面作圆周运动(牵连运动),设其牵连速度(即沿圆周的切线方向速度)为 $\boldsymbol{u}$。则叶轮内水流质点相对地面的绝对速度$\boldsymbol{v}$ 应等于其相对速度 $\boldsymbol{w}$ 与牵连速度 $\boldsymbol{u}$ 的矢量和,即:

$$\boldsymbol{v} = \boldsymbol{w} + \boldsymbol{u} \tag{3-27}$$

在同一流线上,$\boldsymbol{v}$ 、$\boldsymbol{w}$、$\boldsymbol{u}$ 三者在叶轮进、出口处的关系如图 3-30 所示,图中的 α_1 和 α_2 分别为进出口处绝对速度与相应的牵连速度(即圆周切线方向)的夹角。

取叶轮进、出口断面(如图中虚线所示)和叶轮的前、后固体边界为控制面,将叶轮内的全部水流作为研究对象。当忽略水的粘滞性时,在同一圆周过水断面上的流速分布是均匀的,所以在叶轮进、出口断面上各点的绝对流速大小相等,方向相同,而且叶轮进、出口过水断面上的动量修正系数 $\beta_1 = \beta_2 = 1$。设流入叶轮水的流量为 Q,如对叶轮转轴取矩,则单位时间流入叶轮的动量矩为 $\rho Q v_1 r_1 \cos\alpha_1$,流出叶轮的动量矩为 $\rho Q v_2 r_2 \cos\alpha_2$。故根据动量矩定理可得:

$$\rho Q(v_2 r_2 \cos\alpha_2 - v_1 r_1 \cos\alpha_1) = M \tag{3-28}$$

上式即为水流通过离心式水泵叶轮的动量矩方程。式中的 M 是作用于叶轮内水体上的所有外力对叶轮转轴力矩的和。由于轴对称性,叶轮内水的重力对转轴的力矩为零;叶轮进、出口断面动水压力的作用线必通过叶轮中心,对叶轮转轴不会产生力矩;忽略了水的粘滞性,不存在液流阻力,所以叶轮前后固体边界对水体的作用力是平行于转轴方向的,对叶轮转轴也不会产生力矩。因此,这一合外力矩 M 就是叶轮在转动过程中,叶片施加给水体的作用力对叶轮转轴产生的力矩。水流通过水泵叶轮时,正是由于这一力矩的作用而获得了能量。

水轮机的工作情况与离心式水泵刚好相反(如图 3-31),水流是从叶轮外缘流向内缘,使叶轮获得能量而转动。所以,水流对水轮机叶轮转轴的力矩 M'就是与上述外力矩M 方向相反的力矩,即

$$M' = \rho Q(v_1 r_1 \cos\alpha_1 - v_2 r_2 \cos\alpha_2) \tag{3-29}$$

根据式(3-28)和(3-29),可进一步推导离心式水泵和水轮机的基本方程。这将在有关专业课中讲述。

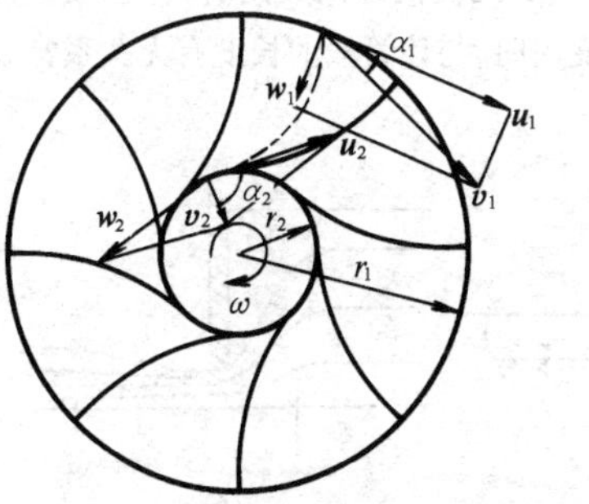

图 3-31

【例 3-8】 图 3-32 为一水平放置的具有对称臂的洒水器。已知总流量 $Q = 6\times10^{-4}\,m^3/s$,喷嘴面积 $A = 1cm^2$,转臂半径 $r = 0.5m$,喷嘴倾角 $\alpha = 45°$。试求(1)不计摩擦阻力时,洒水器的转数 n;(2)如果不让洒水器转动,需加多大的外力矩 M。

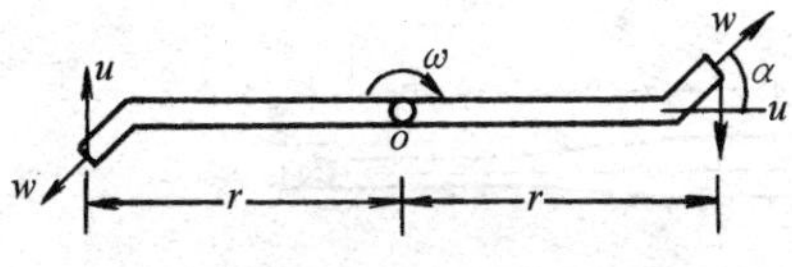

图 3-32

【解】 (1) 计算转数 n

因为两端喷嘴出流量相等,均为$\dfrac{Q}{2}$,所以喷嘴出流的相对速度为:

$$w = \frac{Q/2}{A} = \frac{6\times10^{-4}/2}{0.0001} = 3m/s$$

设洒水器绕转轴 o 的旋转角速度为 ω,则喷嘴出流的牵连速度为:

$$u = r\omega$$

取洒水器进口断面、两个出口喷嘴断面和洒水器的固体边界为控制面。不计摩擦阻力时,作用于控制面内水体的外力只有:洒水器进口的断面压力和水体的重力。这两个力的方向都与转轴 o 平行,所以外力对转轴 o 的合力矩为零。洒水器进口的断面平均流速与转轴 o 平行,出口喷嘴垂直于转臂的绝对断面平均流速为 $v = w\sin\alpha - r\omega$。由于不计摩擦阻力,动量修正系数 $\beta_1 = \beta_2 = 1$。则对转轴 o 施加动量矩方程得:

$$2\rho\frac{Q}{2}(w\sin\alpha - r\omega)r = \rho Q(w\sin\alpha - r\omega)r = 0$$

所以: $$\omega = \frac{w\sin\alpha}{r} = \frac{3\times\sin45^\circ}{0.5} = 4.24\ 弧度/\text{s}$$

故所求之转数为: $$n = \frac{60\omega}{2\pi} = \frac{60\times4.24}{2\times3.14} = 40.5\text{r/min}$$

(2) 计算施加的外力矩 M

当不让洒水器转动时,出口喷嘴的牵连速度 $u = 0$,故需施加的外力矩为:

$$M = \rho Qwr\sin\alpha = 1000\times6\times10^{-4}\times3\times0.5\sin45^\circ = 0.64\text{N}\cdot\text{m}$$

思 考 题

3-1 总结一下静水压强与动水压强有哪些相同点和不同点。

3-2 欧拉法与拉格朗日法有什么不同？试举出一二实例说明欧拉法的应用。

3-3 流线与迹线有什么区别？总结一下流线有哪些特性。

3-4 均匀流与非均匀流,渐变流与急变流有哪些区别？总结一下均匀流(渐变流)有哪些特性。

3-5 有人认为均匀流和渐变流一定是恒定流,急变流则一定是非恒定流,这种说法是否合适？说明其理由。举例说明,生产实践中哪些水流可视为恒定均匀流和恒定非均匀流;哪些水流可视为非恒定均匀流和非恒定非均匀流。为什么说在无压流(明渠流)中,不可能出现非恒定均匀流的情况？

3-6 什么叫作一元流动分析法？这种分析方法对水力学的研究有何意义？

3-7 如图所示,水流通过三段等截面和一段变截面的管段时,若上游水位保持不变,试问(1)当阀门开度一定时,各管段中是恒定流还是非恒定流？是均匀流还是非均匀流？(2)当阀门逐渐关闭时,各管段中又是何种流动？(3)在恒定流条件下,当判别第Ⅲ段管中是渐变流还是急变流时,与该管段的长度有无关系？

3-8 定性画出图中标定位置处的过水断面形状。

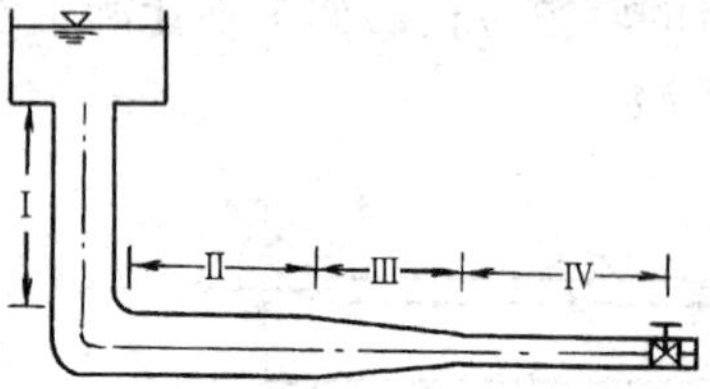

思考题 3-7 图

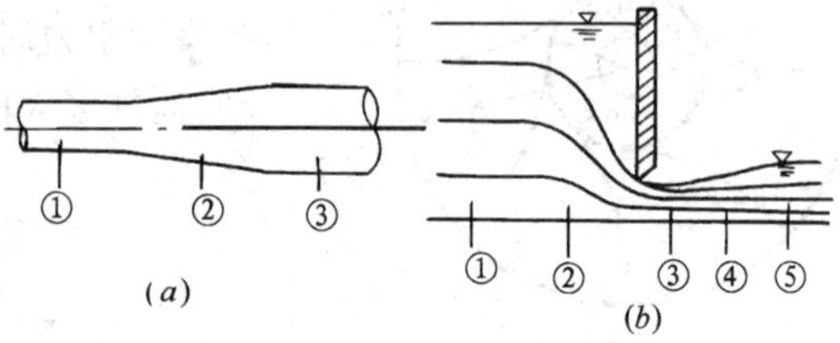

思考题 3-8 图

3-9 恒定总流能量方程(3-16)反映了什么规律？方程中各项的能量意义和几何意义是什么？恒定元流能量方程(3-13)与总流能量方程相比较,在意义上和应用上有什么不同？

3-10 关于水流的流向有如下一些说法:(1)水一定从高处向低处流;(2)水一定从压强大处向压强小处流;(3)水一定从流速大处向流速小处流。这些说法是否准确？一般应如何正确判断水流流向？

3-11　建立能量方程时，基准面的位置和在管流及明渠流渐变流过水断面上计算点的位置，为什么可以任意选取？直接流向大气的管道出口断面和大气中水柱的渐变流过水断面，是否也可以任意选取计算点？

3-12　如图所示的等直径弯管，若水箱内水位恒定，试问(1)在水流由低处流向高处的 AB 管段中，断面平均流速 v 是否会沿流程减小？而在由高处流向低处的 BC 管段中，断面平均流速是否会沿流程增大？为什么？(2)如果不计管中水头损失，管中何处压强最小？何处压强最大？管道进口处 A 点的相对压强是否为 γH？

3-13　如图所示一输水管道，若水箱内水位保持不变，试问 A 点的压强能否比 B 点低？C 点的压强能否比 D 点低？E 点的压强能否比 F 点低？为什么？

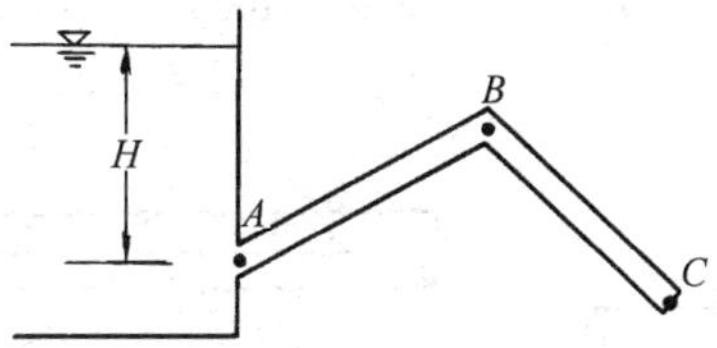

思考题 3-12 图

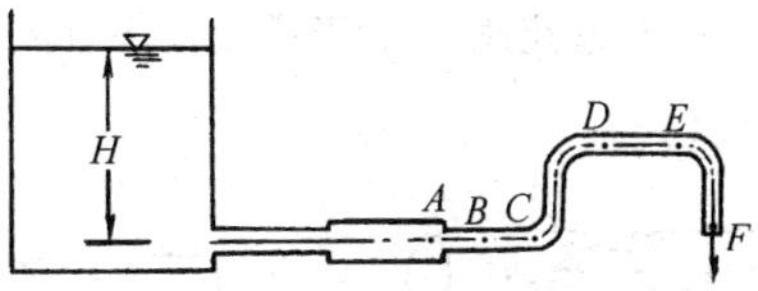

思考题 3-13 图

3-14　如图所示，装有文丘里管的倾斜管道通过的流量为 Q 时，图中水银差压计的读数为 h_p。试问(1)当阀门 B 逐渐开大或逐渐关小时，水银差压计的读数 h_p 将如何变化？为什么？(2)若保证管中流量不变，将管道水平设置，水银差压计的读数 h_p 是否会改变？为什么？

3-15　如图所示一分叉恒定管流，以上、下游过水断面和管壁为控制面，试写出该控制面内液体动量方程的矢量式和沿 v_1 方向的标量式。

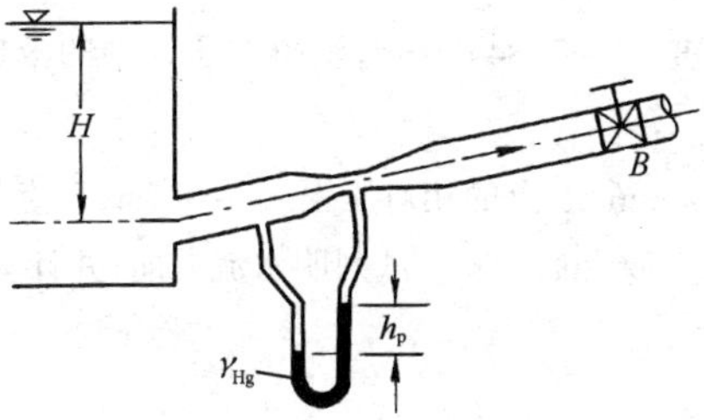

思考题 3-14 图

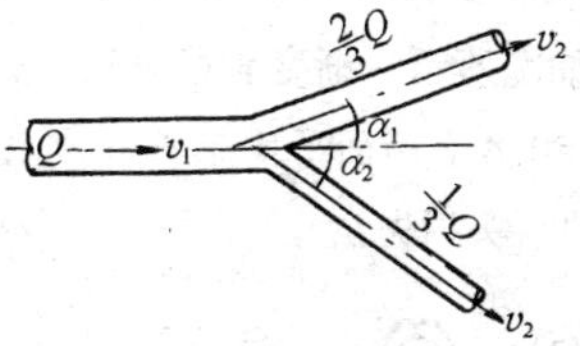

思考题 3-15 图

3-16　如图所示的两恒定管流，若不计水流阻力，试问在这两种情况下，管道是否均受到轴向力的作用？轴向力的方向如何？为什么？

3-17　在水平面上有如图所示的四个喷水器，其喷射流量 Q 和管径 d 均相同，试问(1)各喷嘴能否绕铅直轴旋转，旋转方向如何？(2)是等速旋转还是变速旋转？(3)哪个旋转得最快？

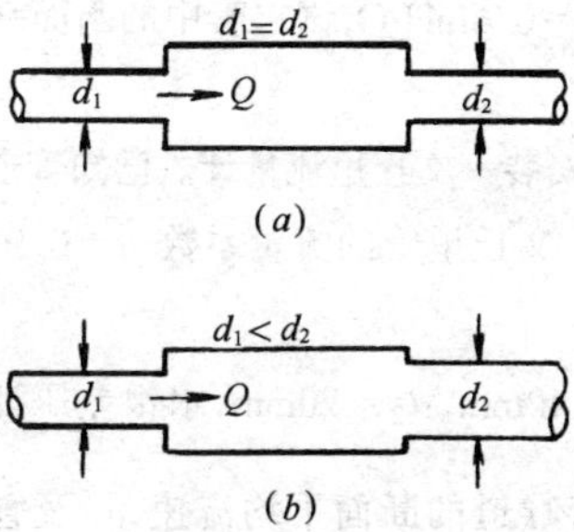

思考题 3-16 图

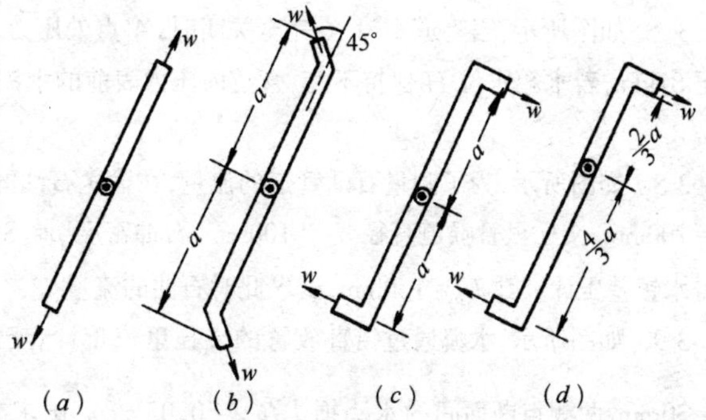

思考题 3-17 图

习　题

3-1　如图所示，有压圆管中的流速分布为 $u = u_m\left(1 - \frac{r^2}{r_0^2}\right)$，式中 r_0 为管道半径，u_m 为管轴上的流速，u 为半径为 r 处的流速。若 $r_0 = 3\text{cm}$，$u_m = 0.15\text{m/s}$，试求管中的流量 Q 与断面平均流速 v。

3-2　如图所示，直径 d 为 100mm 的输水管中有一变截面管段，若测得管内流量 $Q = 10\text{L/s}$，变截面管段最小截面处的断面平均流速 $v_0 = 7.94\text{m/s}$，试求输水管的断面平均流速 v 及最小截面处的直径 d_0。

3-3　如图所示，水流通过三通管形成分枝流。已知管径 $d_1 = d_2 = 200\text{mm}$，$d_3 = 100\text{mm}$，流速 $v_1 = 3\text{m/s}$，$v_2 = 2\text{m/s}$。试求流速 v_3 和流量 Q_1、Q_2、Q_3。

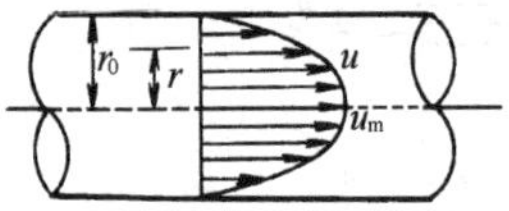

题 3-1 图

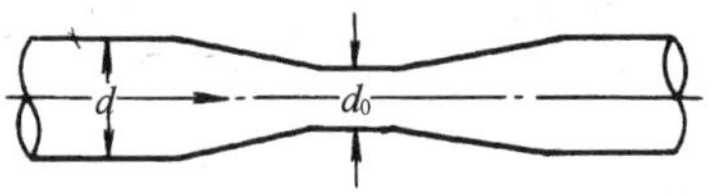

题 3-2 图

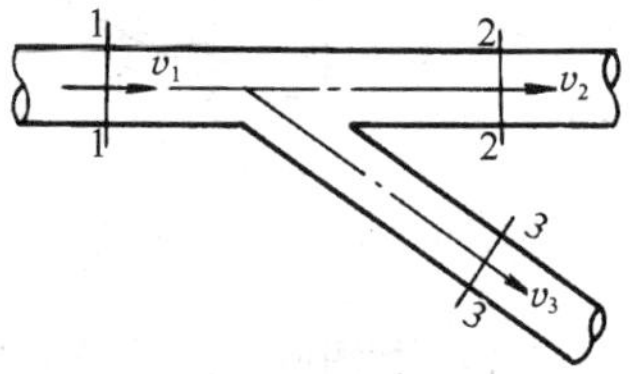

题 3-3 图

3-4　如图所示，利用毕托管原理测量输水管中的流量。已知输水管直径 $d = 200\text{mm}$，测得水银差压计读数 $h_p = 60\text{mm}$，若管流的断面平均流速 $v = 0.84u_m$，式中 u_m 为管中轴线上的最大流速。试求输水管中的流量 Q。

3-5　如图所示，已知倒置的 U 形差压计中的液体容重 $\gamma_p = 7.84\text{kN/m}^3$，测得差压计中的液柱高差 $h_p = 300\text{mm}$，试求管道中心处的最大流速 u_m。

3-6　如图所示一渐变管段，已知 $d_A = 200\text{mm}$，$d_B = 400\text{mm}$，A 点的相对压强 $p_A = 0.7\text{at}$，B 点处的相对压强 $p_B = 0.4\text{at}$，断面平均流速 $v_B = 1\text{m/s}$，A、B 两点位置高差 $\Delta h = 1\text{m}$。试判明水流方向，并计算 A、B 两断面间的水头损失 h_w。

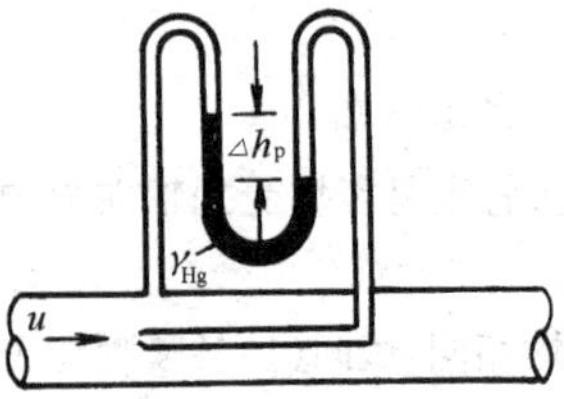

题 3-4 图

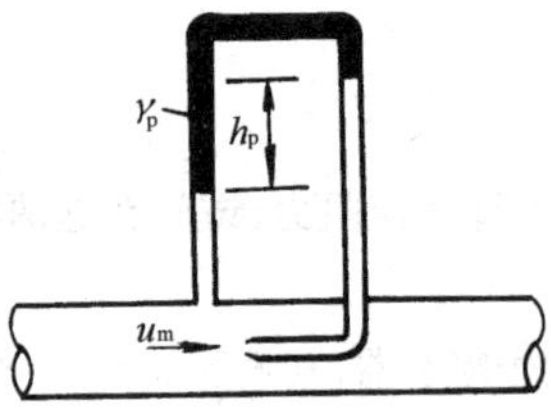

题 3-5 图

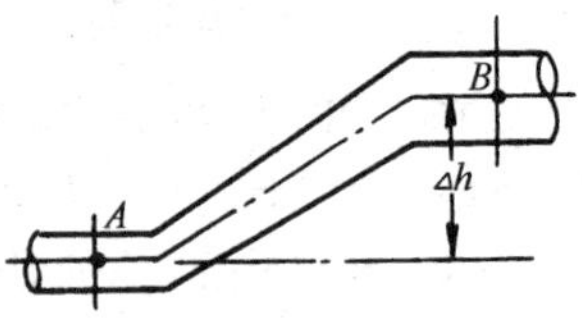

题 3-6 图

3-7　如图所示，当管道阀门 K 完全关闭时，A 点处压力表读数为 1at。将阀门 K 打开后，压力表读数降至 81kPa，若水箱水位 H 保持不变，管道内压力表前的水头损失 $h_w = 0.6\text{mH}_2\text{O}$，试求管中的断面平均流速 v。

3-8　如图所示，为了测量石油管道的流量，在输送石油的管道上安装一文丘里流量计。已知管道直径 $d_1 = 200\text{mm}$，文丘里管喉道直径 $d_2 = 100\text{mm}$，石油密度 $\rho = 850\text{kg/m}^3$，文丘里管的流量系数 $\mu = 0.95$。现测得水银差压计读数 $h_p = 150\text{mm}$，试求此时石油的流量 Q。

3-9　如图所示，水流通过铅直放置的文丘里流量计。已知 $d_1 = 40\text{mm}$，$d_2 = 20\text{mm}$，水银差压计读数 $h_p = 30\text{mm}$，两测点断面间的水头损失 $h_w = 0.05\,\frac{v_2^2}{2g}$。试求文丘里管喉道的断面平均流速 v_2 及管中流量 Q。

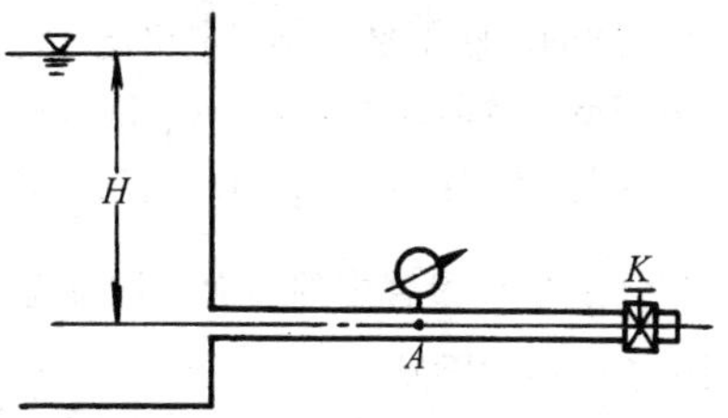

题 3-7 图

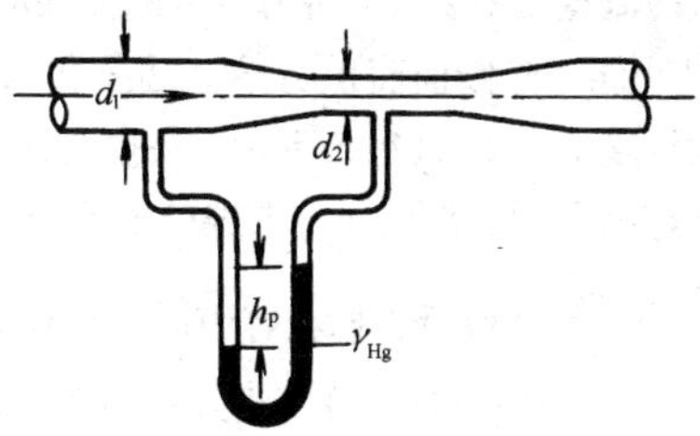

题 3-8 图

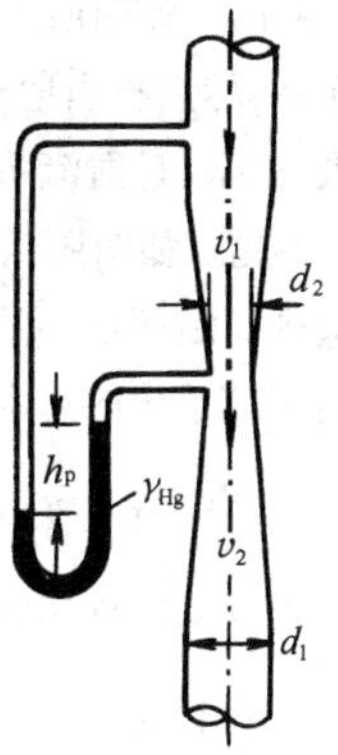

题 3-9 图

3-10　如图所示，利用文丘里管喉道产生的负压抽吸基坑中的积水。已知 $d_1=50\text{mm}$，$d_2=100\text{mm}$，$h=2\text{m}$。若不计水头损失，试求管道中的流量至少为多大时，才能抽出基坑中的积水。

3-11　如图所示，水从密闭容器中经管道恒定泄出。已知容器内液面的真空压强 $p_{0v}=20\text{kPa}$，图中的 $h_1=h_2=3\text{m}$，$l_1=l_2=4\text{m}$，$d_1=100\text{mm}$，$d_2=150\text{mm}$。若不计水头损失，试求(1)管道中的流量；(2)A 点所在断面的平均流速；(3)压强最低点的位置及其压强值。

3-12　如图所示，水箱中的水经铅直管及出口处的收缩喷嘴恒定出流。已知铅直管直径 $d=100\text{mm}$，收缩喷嘴出口 B 处断面直径 $d_B=50\text{mm}$，水箱水面和管中 A 点距喷嘴出口断面的距离 $h_1=7\text{m}$，$h_2=4\text{m}$。若不计水头损失，试求管中流量 Q 及 A 点的相对压强 p_A。

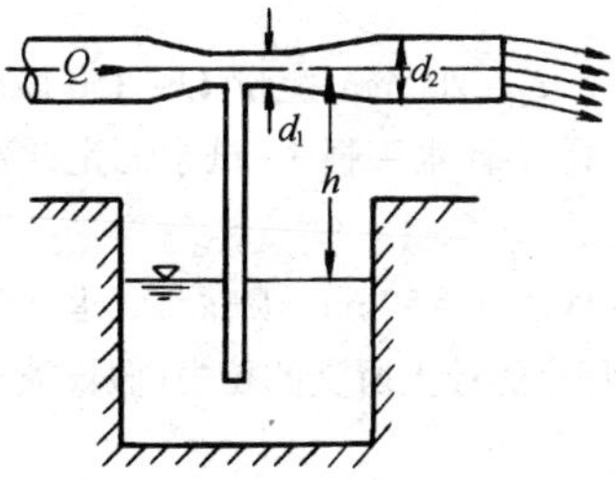

题 3-10 图

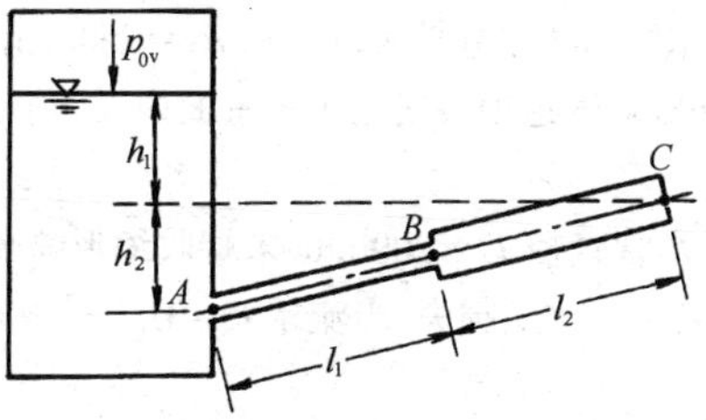

题 3-11 图

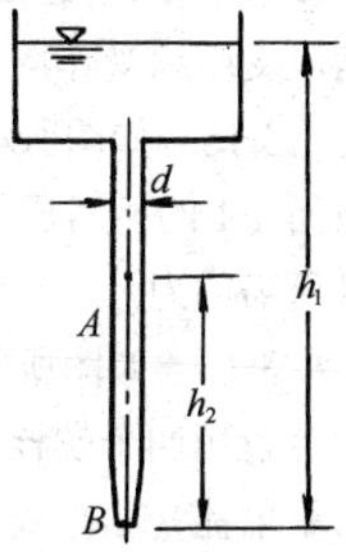

题 3-12 图

3-13　如图所示，容重 $\gamma=8.428\text{kN/m}^3$ 的液体在水平管道中流动。若该流动液体在当时温度下的汽化压强为 26.26kPa，并已知断面 1-1 处的直径 $d_1=750\text{mm}$，相对压强 $p_1=70\text{kPa}$，断面 2-2 处直径 $d_2=250\text{mm}$。设当地大气压强为 94kPa，试求管中液体不发生汽化时的最大流量 Q(不计水头损失)。

3-14　如图所示，离心式风机借集流器 A 从大气中吸入空气。在直径 $d=200\text{mm}$ 的圆形管道下方接一根玻璃管，管的下端插入水槽。在风机的吸气过程中，若测得玻璃管中水柱上升高度 $h=15\text{mm}$，试求风机吸取空气的流量 Q(假设风机在吸气过程中空气密度不变，并已知空气的密度为 1.29kg/m^3)。

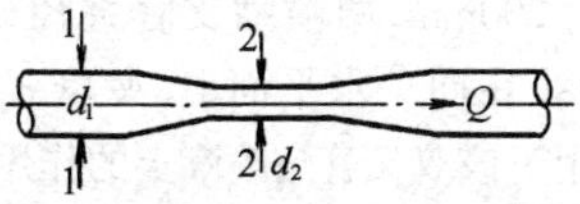

题 3-13 图

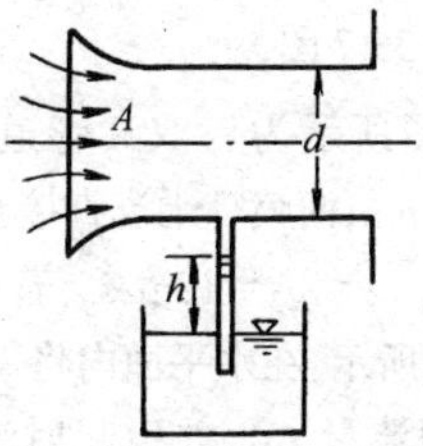

题 3-14 图

3-15 如图所示射流泵，其工作原理是借工作室中管嘴高速射流产生的真空，将外部水池中的水吸进工作室，然后再由射流带进出水管。已知图中的 $H=2\text{m}$，$h=1\text{m}$，$d_1=100\text{mm}$，$d_2=70\text{mm}$。假设不计水头损失，试求(1)射流泵提供的流量 Q；(2)工作室中 3-3 断面处的真空度 h_{3v}。

3-16 如图所示，水从水箱中经断面面积 $A_1=0.2\text{m}^2$ 和 $A_2=0.1\text{m}^2$ 的串联水平管道恒定出流。已知管道进口断面形心的淹没深度 $H=4\text{m}$，(1)若不计水头损失，(a)求两段管中的断面平均流速 v_1 和 v_2；(b)绘制管道系统的总水头线与测压管水头线；(c)求进口 B 点处的相对压强。(2)若计入水头损失，第一管段 $h_{w1}=3\dfrac{v_1^2}{2g}$，第二管段 $h_{w2}=4\dfrac{v_2^2}{2g}$，并假设它们在管中沿流程均匀分布，($a$)求两段管中的断面平均流速 v_1 和 v_2；(b)绘制管道系统的总水头线与测压管水头线；(c)求两管段中点的相对压强。

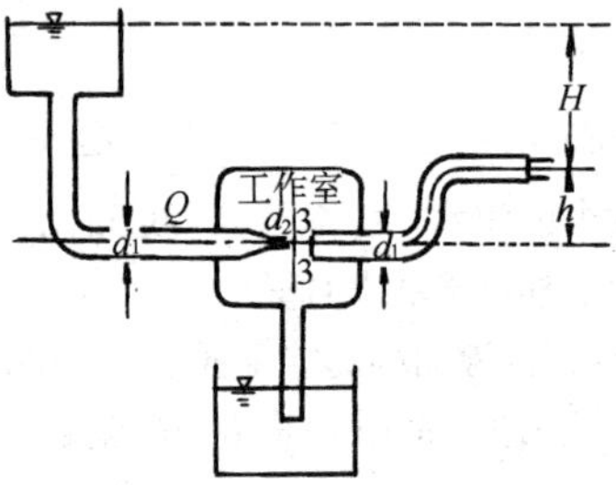

题 3-15 图

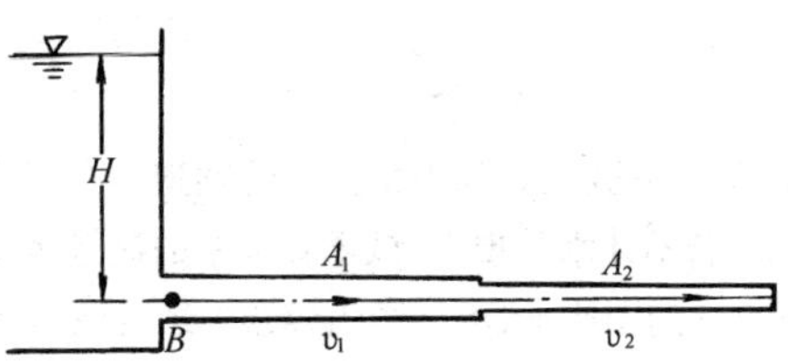

题 3-16 图

3-17 如图所示，嵌入支座内的一段渐缩输水管，直径由 $d_1=1500\text{mm}$ 变化到 $d_2=1000\text{mm}$。若管中流量 $Q=1.8\text{m}^3/\text{s}$，支座前的相对压强 $p_1=4\text{at}$。(1)试求该渐缩段支座承受的轴向作用力；(2)若该管道上述参数不变，管道沿流向上仰 30°角，并假设管道的渐缩段体积 $V=3.73\text{m}^3$，轴线长度 $l=3.0\text{m}$，试求该渐缩段支座承受作用力的大小和方向。(不计水头损失)

3-18 如图所示，某引水管的渐缩弯段入口直径 $d_1=250\text{mm}$，出口直径 $d_2=200\text{mm}$，流量 $Q=150\ \text{L/s}$，断面 1-1 的相对压强为 196kPa，管道中心线位于水平面内，转角 $\alpha=90°$。若不计水头损失，试求固定此弯管所需的力。

3-19 如图所示，消防水管直径 $D=200\text{mm}$，末端收缩形喷嘴的出口直径 $d=50\text{mm}$，喷嘴与管道通过法兰盘用四个螺栓连接。若不计水头损失，当流量 $Q=0.1\text{m}^3/\text{s}$ 时，试求每个螺栓上所受的拉力(假设喷嘴水平射流)。

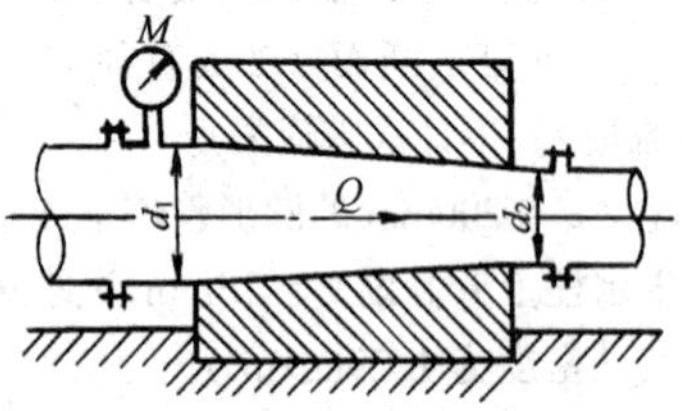

题 3-17 图

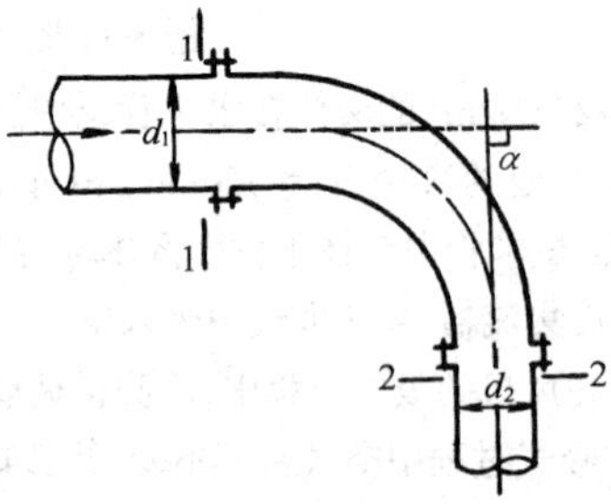

题 3-18 图

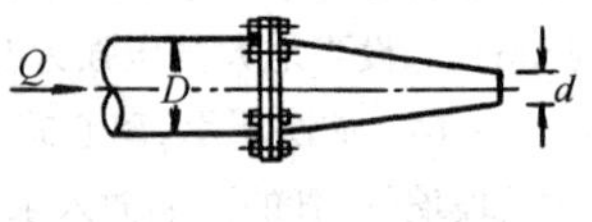

题 3-19 图

3-20 如图所示为一双叉管道喷嘴。已知干管直径 $d_1=200\text{mm}$，两喷嘴支管直径分别为 $d_2=100\text{mm}$，$d_3=80\text{mm}$；两喷嘴水流直接流向大气，且喷嘴与干管轴线在同一水平面上，夹角 $\alpha_1=15°$，$\alpha_2=30°$；两喷嘴流速 $v_2=v_3=12\text{m/s}$。若忽略水头损失，试求水流作用于该双叉管道喷嘴上的作用力。

3-21 如图所示，在水平面内将一平板伸入水平自由射流的水柱中，并保持平板与射流轴线垂直，该平板截去一部分射流量 Q_1，并引起射流的剩余部分偏转一角度 θ。已知射流流速 $v=30\text{m/s}$，流量 $Q=36\text{L/s}$，$Q_1=12\text{L/s}$。若不计摩擦阻力，试求射流对平板的作用力 F 及射流的偏转角度 θ。

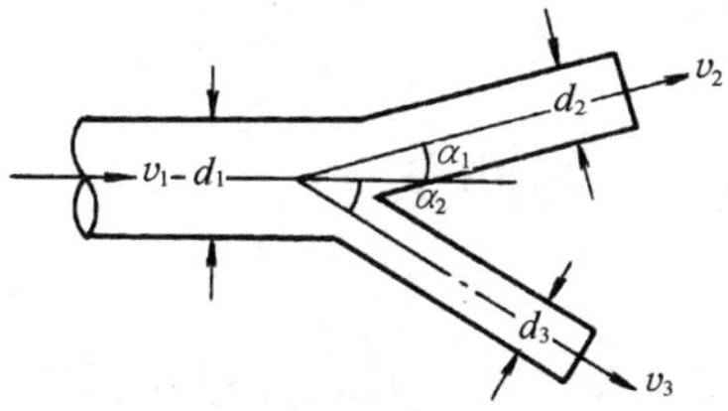

题 3-20 图

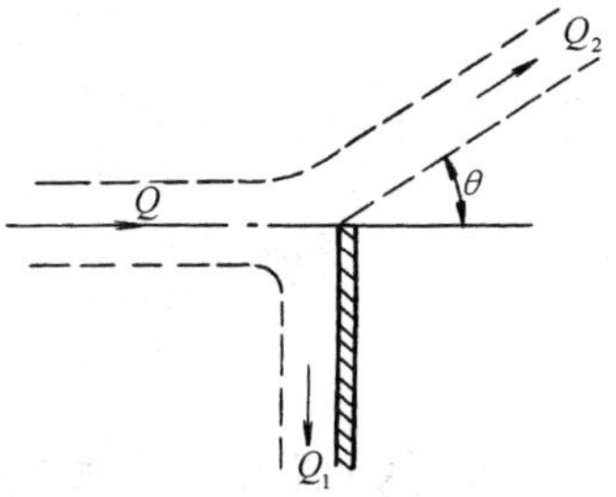

题 3-21 图

3-22 如图所示为一射流推进船，用离心泵将水从船头吸入，再从船尾喷出。已知水泵的流量 $Q=800\text{L/s}$，船前吸水的相对速度 $w_1=0.5\text{m/s}$，船尾出水的相对速度 $w_2=12\text{m/s}$。试求水流对船的推进力 R。

3-23 如图所示，在水平面上有一弯管。已知管径 $d=200\text{mm}$，流量 $Q=100\text{L/s}$，断面 1-1 的相对压强 $p_1=196\text{kPa}$，弯管轴线的圆弧半径 $r=600\text{mm}$。若不计水头损失，试求(1)使弯管转动的力矩 M；(2)断面 1-1处的压强 p_1 为何值时，弯管所受到的力矩为零(即弯管处于平衡状态)。

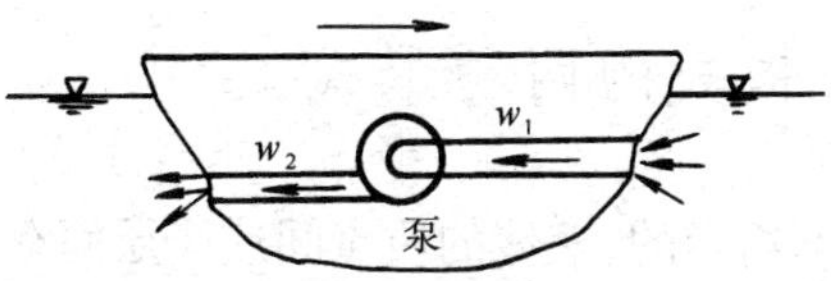

题 3-22 图

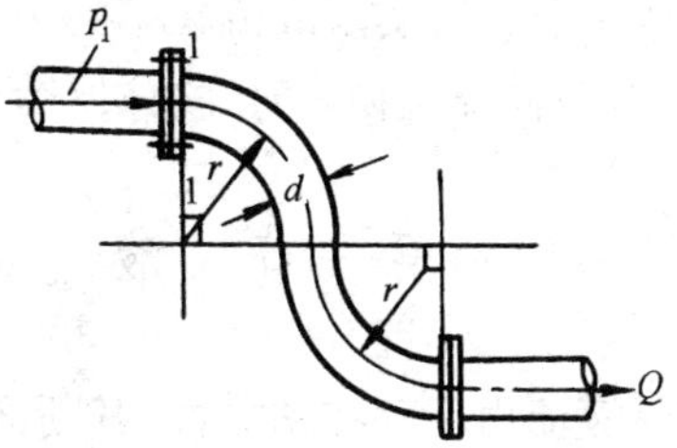

题 3-23 图

第四章　液流阻力与水头损失

在上一章中，我们采用一元流动分析法讨论了水动力学的三大基本方程，但最后没有解决液流的水头损失（或称单位机械能损失）h_w 的计算问题，这是能量方程在应用中必须要解决的问题。本章中专门讨论这一遗留问题。

液流水头损失的大小在工程实际中极为重要，直接关系到工程目的的实现及工程投资的多少。如何改善液流本身的特性及液流的边界条件，是节能的重要课题。由于液流边界条件的复杂性，有关液流阻力的一些理论问题尚待研究。目前，在工程中主要采用半经验公式或经验公式来计算液流阻力及相应的水头损失。这也是本章内容的特点。

本章主要介绍实际液流在不同边界条件和不同流动形态下水头损失的变化规律与计算方法，并对液体绕流物体时，物体所受到的绕流阻力与升力也作简单的介绍。

第一节　液流阻力与水头损失的两种形式

实际液流由于存在粘滞性，其断面流速分布是不均匀的，液体的质点间或流层间存在相对运动。液流阻力就是出现在相对运动的液体质点间或流层间的内摩擦力，并常以切应力的形式表示。液流克服液流阻力作功而产生水头损失。液流阻力虽然不是液流与固体边壁间的直接摩擦阻力，但由于液流边界条件的变化直接影响着液流断面的流速分布情况，从而影响液流阻力和水头损失。为了便于计算，水力学中根据液流的边界条件，将液流阻力和水头损失分为以下两种形式。

一、沿程阻力与沿程水头损失

当液流受固体边界限制作恒定均匀流动时，液流阻力中只有沿流程不变的切应力，这种液流阻力称为沿程阻力。液流克服沿程阻力作功而产生的水头损失称为沿程水头损失，以 h_f 表示。在恒定均匀流中，沿程阻力沿流程均匀分布，断面平均流速沿流程不变，因此沿程水头损失的大小与流程长度成正比，总水头线为一沿流程下降并与测压管水头线平行的直线，如图 4-1 所示。在实用中，渐变流段的水头损失可近似按沿程水头损失计算。

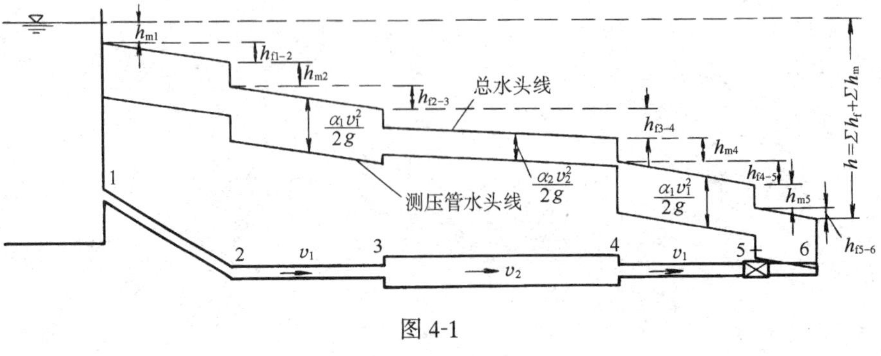

图 4-1

二、局部阻力与局部水头损失

由于液流局部边界条件的突然改变，引起断面流速分布的急剧变化和调整，并常引起主流与固体边壁分离而产生漩涡的现象（如图 4-2），使液体质点在局部相对运动增强，质点间的摩擦碰撞加剧，从而引起集中发生在较短范围内的液流阻力称为局部阻力。液流由于克服局部阻力作功而引起的水头损失称为局部水头损失，以 h_m 表示。局部水头损失一般发生在液流过水断面突变、液流轴线急剧弯曲或液流前进方向上有明显的局部障碍等处。如图 4-1 中，水流经过管道出口、弯道、突扩、突缩及闸门等局部构件时，都产生了一定的局部水头损失。

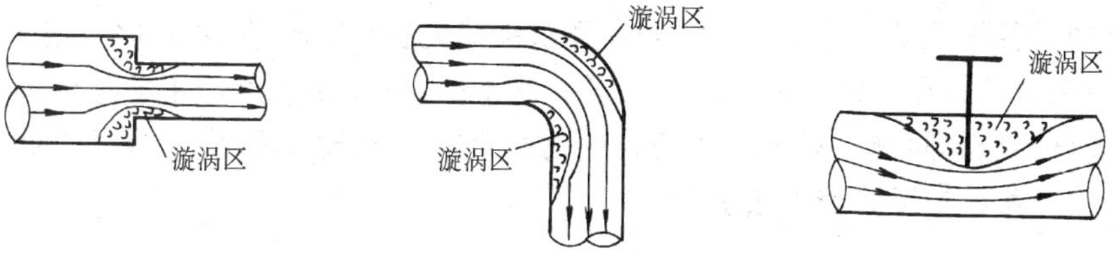

图 4-2

沿程和局部水头损失在液体内部的物理成因是相同的。它们都是液流克服液流阻力作功而产生的，只是由于产生的外部条件不同，而导致表现的形式不同而已。这里需要说明，局部水头损失是集中发生在局部构件前后的一定流段内的，在该流段内，显然也同时伴生着沿程水头损失，而且这两种水头损失相互影响，使得水头损失过程复杂而难以计算。因此，在实际水头损失的计算中，一般假定局部水头损失集中发生在边界条件突变的局部构件断面上，而不影响沿程水头损失（如图 4-1）。这样处理，就可将实际上相互影响、难以分割的两种水头损失视为互不干扰、各自独立发生的水头损失分别加以计算，既方便实用，又不会影响总水头损失的计算结果。因此，某流段上的总水头损失，就是该流段中各分段的沿程水头损失和各局部构件上的局部水头损失的总和，即：

$$h_w = \Sigma h_f + \Sigma h_m \tag{4-1}$$

三、水头损失的计算公式

工程中计算沿程和局部水头损失时，通常习惯将它们表示成流速水头$\frac{v^2}{2g}$的某一倍数的形式。

沿程水头损失的通用公式为：

$$h_f = \lambda \frac{l}{4R}\frac{v^2}{2g} \tag{4-2a}$$

对有压管流又可表示为：

$$h_f = \lambda \frac{l}{d}\frac{v^2}{2g} \tag{4-2b}$$

式中 l——液体的流程长度；

R——过水断面面积 A 与湿周 χ（过水断面中液体与固体边界的接触周长）的比值，即 $R = A/\chi$，它是综合反映断面大小和几何形状对液流影响水力要素，称为水力半径；

d——管径，根据上述水力半径的定义，$d = 4R$；

λ——无量纲数，称为沿程阻力系数。

式(4-2)是19世纪中叶由法国工程师达西和德国水力学家魏斯巴赫在归纳总结前人实验资料的基础上提出的,故称为达西-魏斯巴赫公式,简称达西公式。

局部水头损失的通用公式为:

$$h_m = \xi \frac{v^2}{2g} \tag{4-3}$$

式中 ξ——无量纲数,称为局部阻力系数。

公式(4-2)和(4-3)把水头损失的计算问题归结为流速水头与沿程阻力系数 λ 或局部阻力系数 ξ 乘积的形式。这相当于把对水头损失影响的其他因素都归结在这两个无量纲的系数当中,从而对各种流动条件下的沿程和局部水头损失的计算问题,就转化为相应条件下的这两个阻力系数的计算问题。由于影响因素的复杂性,目前还不可能用纯理论的方法解决水头损失计算的全部问题。对于上述公式中的两个阻力系数 λ 和 ξ,主要是借助于典型试验的成果,用经验或半经验的方法求得。

第二节　沿程水头损失与切应力的关系

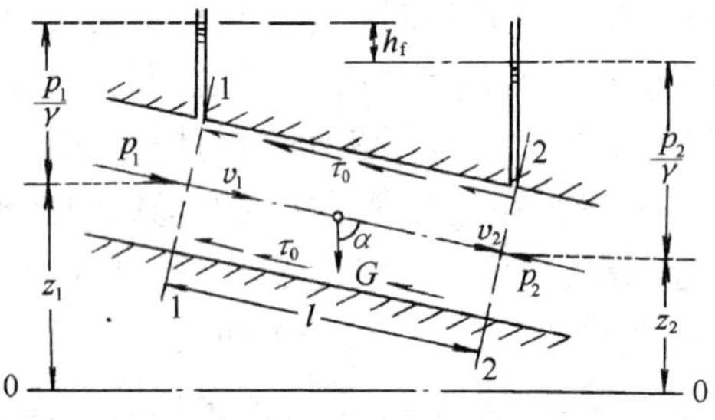

图 4-3

恒定均匀流中沿流程不变的切应力是产生沿程水头损失的根源。下面,讨论沿程水头损失与切应力的关系。

在恒定均匀流中任取长度为 l 的流段 11-22,如图 4-3 所示。建立 1-1、2-2 断面能量方程,并结合均匀流条件($v_1 = v_2 = v, h_w = h_f$)可推得该流段的水头损失为:

$$h_w = h_f = \left(z_1 + \frac{p_1}{\gamma}\right) - \left(z_2 + \frac{p_2}{\gamma}\right) \tag{a}$$

设该均匀流段轴线与铅直线的夹角为 α,过水断面面积为 A,湿周为 χ,最靠近边壁液流表面上的平均切应力为 τ_0,则该流段的受力情况如下:

表面力为:两过水断面上的动水压力 p_1A 和 p_2A 以及侧表面上的摩擦力 $\tau_0 \chi l$。

质量力为:重力 $G = \gamma Al$。

由于为均匀流段,液体沿流向受到的合外力应为零,即:

$$p_1A - p_2A + \gamma Al\cos\alpha - \tau_0 \chi l = 0$$

式中 $l\cos\alpha = z_1 - z_2$,代入上式得:

$$p_1A - p_2A + \gamma A(z_1 - z_2) - \tau_0 \chi l = 0$$

将上式各项同除以 γA,整理得:

$$\left(z_1 + \frac{p_1}{\gamma}\right) - \left(z_2 + \frac{p_2}{\gamma}\right) = \frac{\tau_0 \chi l}{\gamma A} = \frac{\tau_0 l}{\gamma R} \tag{b}$$

比较(a)、(b)两式可得:

$$h_f = \frac{\tau_0 l}{\gamma R} \tag{4-4}$$

式中 $R = A/\chi$——水力半径。

因为 $h_f/l=J$(水力坡度),故上式也可以写成:

$$\tau_0=\gamma RJ \tag{4-5}$$

式(4-4)或式(4-5)就是沿程水头损失与切应力的关系式,称为均匀流基本方程。该方程对有压流和无压流均适用。

如果所取的流段为恒定有压管均匀流段,因为 $R=\frac{\pi r_0^2}{2\pi r_0}=\frac{r_0}{2}$($r_0$ 为圆管的半径),故这时均匀流基本方程可表示为:

$$h_f=\frac{2\tau_0 l}{\gamma r_0} \tag{4-6}$$

或:

$$\tau_0=\gamma\frac{r_0}{2}J \tag{4-7a}$$

如果在恒定有压管均匀流中,任取一半径为 r 的与管道同轴的圆柱体液流段来讨论(如图 4-4(a)),同样可推得该圆柱表面的平均切应力为:

$$\tau=\gamma\frac{r}{2}J \tag{4-7b}$$

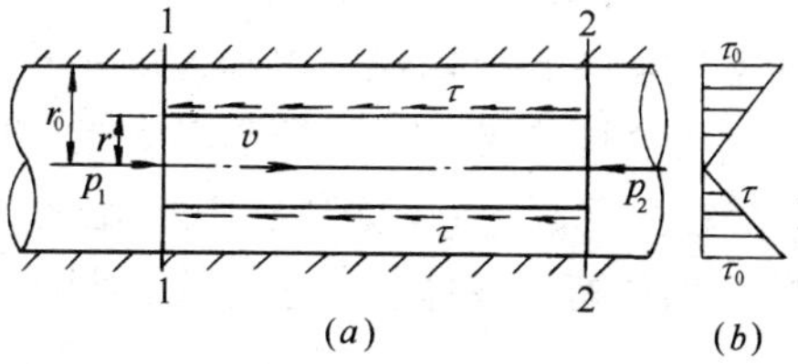

图 4-4

将式(4-7a)与式(4-7b)比较可得:

$$\tau=\frac{\tau_0}{r_0}r \tag{4-8}$$

该式表明,在恒定有压管均匀流的过水断面上,切应力是呈直线分布的,管壁处的切应力最大为 τ_0,管轴处的切应力最小为零(如图 4-4b)。

将式(4-4)代入式(4-2a),可推得沿程阻力系数 λ 与边壁处切应力 τ_0 的关系为:

$$\sqrt{\tau_0/\rho}=v\sqrt{\lambda/8} \tag{4-9a}$$

$\sqrt{\tau_0/\rho}$具有流速的量纲,又与切应力 τ_0 有关,故称为摩阻流速,以 v_* 表示。则上式又可改写为:

$$v_*=v\sqrt{\lambda/8} \tag{4-9b}$$

【例 4-1】 某输水长直管道的管径 $d=250$mm,管长 $l=200$mm,管中水流为恒定流,测得管壁处的切应力 $\tau_0=46$Pa。试求(1)该管道上的水头损失 h_w;(2)在圆管中心和半径 $r=100$mm 处的切应力。

【解】 (1) 求水头损失

根据题中条件,管中水流为恒定均匀流,由式(4-6)可得:

$$h_w=h_f=\frac{2\tau_0 l}{\gamma r_0}=\frac{4\tau_0 l}{\gamma d}=\frac{4\times46\times200}{9800\times0.25}=15\text{mH}_2\text{O}$$

(2) 求切应力

由式(4-8)可得:

当 $r=100$mm 时, $\tau=\tau_0\frac{r}{r_0}=46\times\frac{100}{125}=36.8$Pa

当 $r=0$mm 时, $\tau=0$Pa

均匀流基本方程虽然给出了沿程水头损失与切应力(即沿程阻力)的关系,但它没有将切应力和沿程水头损失与液体运动直接联系起来。实践表明,液流的切应力和沿程水头损失与液体的流动型态密切相关。

第三节　液体的两种流动型态

一、液体的两种流动型态

早在19世纪初,人们就发现液流在流速很小和流速较大以后,其水头损失与流速之间的关系不同。直到1883年,由于英国物理学家雷诺的试验研究,才使这一问题得到了科学的说明,这就是因为液体存在着内在结构完全不同的两种流动型态——层流与紊流。

雷诺试验装置如图4-5所示。由水箱A中引出一水平固定的玻璃管B,玻璃管的进口为光滑喇叭形,出口端设有阀门C以调节流量,容器D内装有容重与水相近的颜色水,通过调节阀门F可以使颜色水经细管E流入玻璃管B中。

试验时,容器A中装满水,并通过溢流装置保持水面恒定,以使玻璃管B内为恒定流。先缓缓微开阀门C,使管B中水流速十分缓慢,再打开阀门F放出少量颜色水。这时,可见管B内的有色液体呈一股界线分明的细直流束,如图4-6(a)所示。这说明,当流速较小时,管B中的水流质点是有条不紊、互不掺混地作线状运动,这种流动型态称为层流。

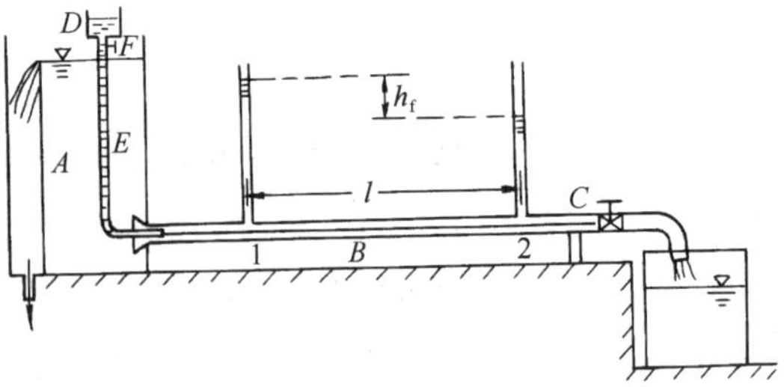

图4-5

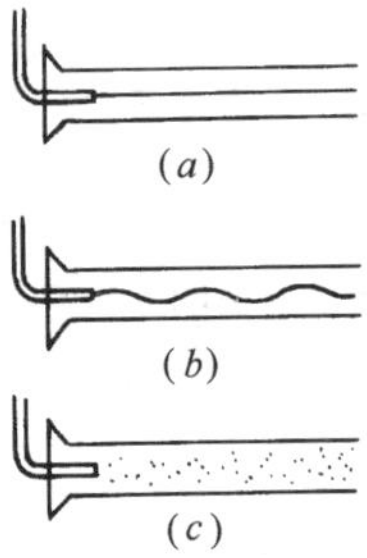

图4-6

当阀门C逐渐开大,使管B中流速逐渐增加到足够大时,颜色水流束开始出现弯曲、动荡,但仍保持线状,如图4-6(b)所示。这说明,此时管B中水流质点开始波动式向前运动,这是流动型态开始转变时的过渡态。

当阀门C继续开大,管B中流速增加至一定值时,颜色水流束突然破裂,并扩散遍及全管,使管B中水流被均匀染色,如图4-6(c)所示。这说明流速增大至一定值以后,管B中水流质点将相互掺混、杂乱无章地向前运动着,这种流动型态称为紊流。

上述试验若以相反的顺序进行,即当管B中流动已处于紊流状态后,再逐渐关小阀门C,则观察到的现象就以上述相反过程重演。不同的是紊流转变为层流时的断面平均流速比层流转变为紊流时的断面平均流速要小一些。这两个流速都是水流流动型态转变时的断面平均流速,前者称为下临界流速,以v_c表示;后者称为上临界流速,以v_c'表示。

上述试验虽然是利用水在特定的装置中进行的,实际上任何实际的液体以及气体,在任何边界条件下流动时,都可以出现类似的流动现象。因此,雷诺通过试验揭示了任何实际流体的流动都具有两种流动型态,即层流与紊流。

二、沿程水头损失与断面平均流速的关系

由于不同流动型态时液体质点的运动方式不同,沿程阻力及相应的沿程水头损失也不

同。我们可以进一步利用雷诺试验，分析不同流动型态的沿程水头损失与流速的关系。

在图 4-5 所示的玻璃管 B 上，相距 l 截取 1 和 2 两过水断面，并分别设置测压管。由于 l 流段为均匀流，只有沿程水头损失，并等于两过水断面的测压管水头差。将阀门 C 由小逐渐开大，再由大逐渐关小，可测得阀门在不同开度下的一系列沿程水头损失 h_f 与相应的断面平均流速 v 值。将所测得的数值点绘在双对数坐标纸上，可得到 h_f 与 v 的关系曲线，如图 4-7 所示。

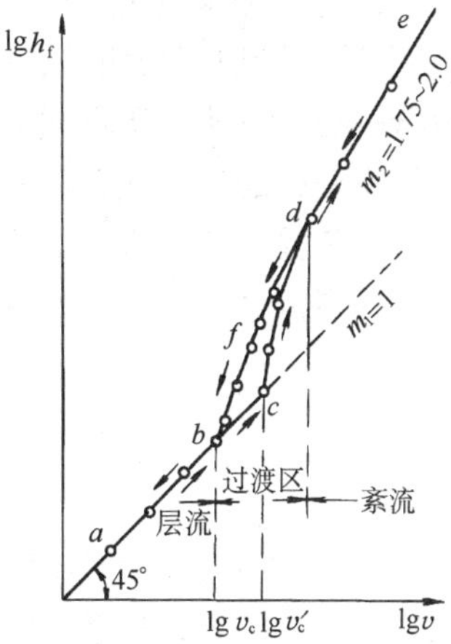

图 4-7

图中 $abcde$ 曲线表示流速 v 由小到大的实测结果，$edfba$ 曲线表示流速 v 由大到小的实测结果。两条曲线在 bd 间不重合，使整个曲线可划分为 ab、bd 和 de 三段区间。ab 段和 de 段为直线，可统一用直线方程表示为：

$$\lg h_f = m \lg v + \lg k$$

即

$$h_f = k v^m$$

式中 $\lg k$——直线在纵轴上的截距；

m——直线的斜率。相应于 ab 和 de 不同的直线段，k 值和 m 值不同。

曲线上三段区间的规律讨论如下：

(1) ab 段为 $v \leqslant v_c$ 的层流区，所有的试验点都分布在与横轴成 45°角的直线 ab 上，即该直线的斜率 $m = m_1 = 1.0$。这说明层流区内，损失 h_f 与流速 v 的一次方成正比，即 $h_f = k_1 v$。

(2) de 段为紊流区，所有试验点都分布在一条与横轴夹角更大的 de 直线上，该直线斜率 $m = m_2 = 1.75 \sim 2.0$。说明紊流区内，损失 h_f 开始与流速 v 的 1.75 次方成正比，随着流速 v 的不断增大，紊流充分发展后，损失 h_f 过渡到与流速 v 的平方成正比，即 $h_f = k_2 v^1.75 \sim 2.0$。

(3) bd 段为流动型态不稳定的过渡区，水流既可能是层流，也可能是紊流。当流速 v 由小到大变化时，试验点沿 bcd 曲线变化，开始的 bc 段是层流区，变化到上临界流速 v_c' 的 c 点后，开始向紊流过渡，到 d 点后完全进入紊流区；当流速 v 由大到小变化时，试验点沿 dfb 曲线变化，在这一变化过程中，开始还是紊流，然后出现由紊流向层流的过渡，变化到下临界流速 v_c 的 b 点后才完全变为层流。

试验表明，上临界流速 v_c' 是个不稳定数，它随试验时水流受外界的扰动情况而变化；而下临界流速 v_c 却是一个稳定的数值，它几乎不受外界扰动情况影响。这就是说，图 4-7 曲线中 c 点的位置根据试验条件是可变化的；而曲线中 d 点的位置，则不受试验时外界扰动的影响，是固定的。

上述试验结论对于任何实际流体的层流与紊流都是适用的，即在层流中，$h_f = k_1 v$；在紊流中，$h_f = k_2 v^{1.75 \sim 2.0}$。

因为不同流动型态时，沿程水头损失的变化规律不同，所以确定沿程水头损失，必须首先判别液体的流动型态。

三、液体流动型态的判别

上述试验现象表明，液流达到临界流速时，其流动型态将发生变化。雷诺在进一步试验中发现，临界流速对于不同的管径 d、不同的液体种类和不同的温度(即不同的液体粘滞系数)是不一样的。因此，以临界流速作为流动型态的判别依据不合适。但分析大量的试验结果发现，临界流速随管径 d 和液体运动粘滞系数 ν 的变化是有规律的，它与 ν/d 成正比，即上、下临界流速可分别表示为：

$$v'_c = Re'_c \frac{\nu}{d}; \quad v_c = Re_c \frac{\nu}{d}$$

或

$$Re'_c = \frac{v'_c d}{\nu}; \quad Re_c = \frac{v_c d}{\nu}$$

式中 Re'_c 和 Re_c 是不随管径 d 和液体运动粘滞系数 ν 而变化的无量纲比例常数，分别称为液流的上、下临界雷诺数。

显然，对于流速为 v 的实际液流，这一无量纲数可一般地表示为：

$$Re = \frac{vd}{\nu} \tag{4-10}$$

Re 称为实际液流的雷诺数，它综合反映了影响液体流动型态的有关因素。

临界雷诺数是一个与 d、ν 无关，而与流动型态发生变化对应的无量纲常数。因此，可以通过实际液流的雷诺数与临界雷诺数的比较来判别流动型态。

在前面已经指出，下临界流速 v_c 不受液流扰动情况影响，比较稳定，而上临界流速 v'_c 则受液流扰动情况影响很大，不稳定。因此，与 v_c 对应的下临界雷诺数 Re_c 是一个稳定的常数；而与 v'_c 对应的下临界雷数 Re'_c 则是个不稳定的数值，如果水流能维持高度的平静条件，Re'_c 可以很高，反之 Re'_c 则较低。实验表明，有压圆管流的 $Re_c = 2300$，而 Re'_c 一般约为12000，但如果在外界干扰很少的条件下，Re'_c 可高达 40000～50000。

在工程实际中，液流的扰动总是存在的。由于不稳定的流动型态过渡区范围不大，而且在过渡区，对于同一流速 v，紊流时的损失 h_f 相对大于层流的损失 h_f，用紊流的结果去解决或设计工程问题是相对较安全的。因此，工程实际中就统一用下临界雷诺数 Re_c 作为液体流动型态的判别标准。即对于有压圆管流，当其实际雷诺数：

$$\left.\begin{aligned} Re = \frac{vd}{\nu} \leqslant Re_c = 2300 \quad \text{为层流} \\ Re = \frac{vd}{\nu} > Re_c = 2300 \quad \text{为紊流} \end{aligned}\right\} \tag{4-11}$$

对于明渠流和非圆形断面的有压流，其雷诺数 Re 中的长度量 d 一般采用水力半径 R 代替。实验表明，这时的临界雷诺数 Re_c 一般为 500～600。例如，明渠流的 Re_c 可取 575。天然条件下的明渠流，其雷诺数一般都相当大，多属于紊流，因此很少进行流动型态的判别。

当然，若有压圆管流中的长度量 d 也用水力半径 R 来代替，则其临界雷诺数值为 575。

【例 4-2】 某管径 $d = 20$mm 的有压管流，断面平均流速 $v = 18$cm/s，水温 $t = 16$℃。试确定(1)管中水流的流动型态；(2)水流流动型态转变时的临界流速 v_c 和临界水温 t_c。

【解】 (1)确定流动型态

查表 1-3，水温 $t = 16$℃时，$\nu = 1.112 \times 10^{-6} m^2/s$，则

$$Re = \frac{vd}{\nu} = \frac{0.18 \times 0.02}{1.112 \times 10^{-6}} \approx 3237 > 2300$$

故管中水流为紊流。

(2) 求临界流速 v_c 和临界温度 t_c

当水温 $t=16℃$ 不变时，与 $Re_c=2300$ 对应的 v_c 为：

$$v_c=\frac{Re_c \cdot \nu}{d}=\frac{2300\times1.112\times10^{-6}}{0.02}=0.1279\text{m/s}=12.79\text{cm/s}$$

即当流速 $v\leqslant12.79\text{cm/s}$ 时，管中水流由紊流转变为层流。

当液体流速 $v=18\text{cm/s}$ 不变时，与 $Re_c=2300$ 对应水的运动粘度 ν 为：

$$\nu=\frac{vd}{Re_c}=\frac{18\times2}{2300}=0.01565\text{cm}^2/\text{s}=1.565\times10^{-6}\text{m}^2/\text{s}$$

查表 1-3 得水温 $t\leqslant4℃$ 时，管中水流由紊流转变为层流。

四、紊流的形成过程

由雷诺试验可知，层流与紊流的主要区别是：紊流时各流层之间液体质点有不断的相互混掺作用，而层流则没有这种作用。涡体的形成是混掺作用产生的根源。下面，从涡体的形成与发展过程来讨论紊流的形成。

实际液流为层流运动时，因为流速梯度的存在，使液流内部各液层之间产生粘滞性切应力。对于某选定的流层来说，流速较大的邻层施加于它的切应力是顺流向的，流速较小的邻层施加于它的切应力是逆流向的，所以该选定流层所承受的切应力有构成力矩使流层发生旋转的倾向。由于外界的微小干扰或来流中残存的扰动，该流层将不可避免地出现微小波动，随同这种波动而来的是局部流速和压强的重新调整。如图 4-8(a)，在波峰上面，由于流线加密，流速变大，根据能量方程可知，压强将减小；而波峰下面，由于流线变稀，流速变小，压强则增大。在波谷附近的流速和压强也有相应的变化，但与波峰附近的情况相反。这样就使发生微小波动的流层各段承受方向不同的横向压力 P。显然，在这种横向压力和切应力的共同作用下，会促使流层的波动幅度不断加大，进而使波峰与波谷重叠，最后形成涡体(如图 4-8(b)、(c)、(d))。涡体形成后，涡体旋转方向与水流流速方向相同的一侧流速变大，压强减小；相反的一侧流速变小，压强增大。这样，在涡体两侧压差的作用下，会使涡体受到一个近于垂直流向的横向作用力，使涡体有可能脱离原流层而进入流速较高的邻层。如果涡体在该横向力的作用下能够进入邻层，它就会扰动邻层进一步产生新的涡体，如此发展下去，层流即可转化为紊流。

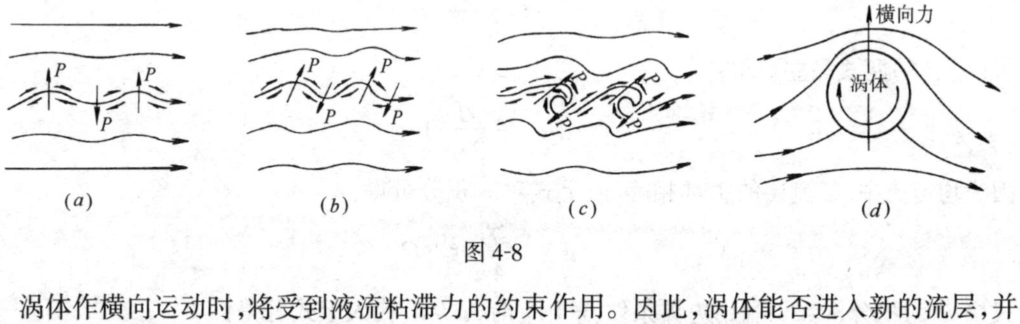

图 4-8

涡体作横向运动时，将受到液流粘滞力的约束作用。因此，涡体能否进入新的流层，并进一步发展使层流转化为紊流，就决定于液体因被扰动而产生的惯性力与起稳定作用的粘滞力的对比关系。在第十章中我们将知道，雷诺数 Re 正是表征液流中惯性力与粘滞力比值的参数。这也正是可以用临界雷诺数 Re_c 判别流动型态的原因。当雷诺数较小($Re<Re_c$)

时，液流中粘滞力将起主导作用，它将约束涡体的发展与横向运动，从而使液流为层流运动。当雷诺数达到一定值($Re>Re_c$)后，液流中惯性力将起主导作用，它将使涡体克服粘滞力的约束而脱离原流层进入新的流层，并进一步发展形成紊流。

可见，紊流形成的先决条件是涡体的形成，其次是雷诺数 Re 要达到一定的数值。如果液流非常平稳，没有任何扰动，涡体就不易形成，则雷诺数 Re 虽然达到一定的数值，也不可能产生紊流，所以自层流转变为紊流时的上临界雷诺数 Re_c' 极不稳定。反之，自紊流转变为层流时，只要雷诺数 Re 降低到下临界雷诺数 Re_c，即使涡体继续存在，惯性力也不足以使涡体克服粘滞力，混掺作用也将消失，所以不管有无扰动，下临界雷诺数 Re_c 是比较稳定的。

在本节中，通过雷诺试验虽然说明了液流在不同流动型态下，其沿程水头损失规律不同，但还没有彻底解决沿程水头损失的计算问题。下面，分别阐述层流和紊流的液流阻力与水头损失规律。

第四节　圆管中的层流运动

层流运动比紊流运动要简单得多，可以通过理论分析得到与试验完全吻合的结果。工程中某些很细管道内的液体流动，或低速、高粘液体在管道中的流动，如阻尼管、润滑油管、原油输送管内的流动多属层流。研究层流不仅有一定的工程实际意义，重要的是通过层流与紊流的对比，加强对紊流的认识。本节从理论上分析有压圆管中层流运动的流速分布，进而导出其沿程阻力系数 λ 的计算公式。

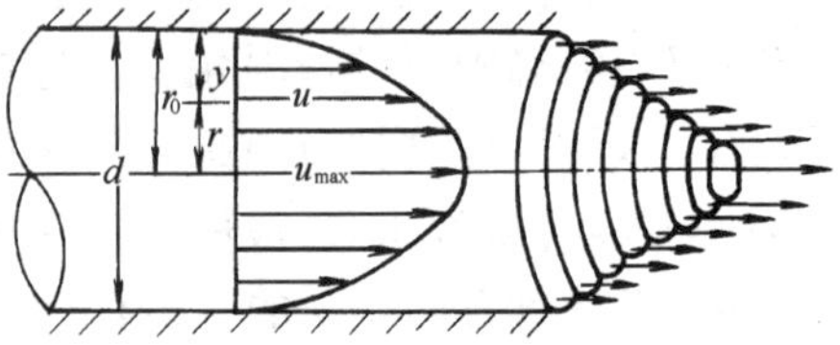

图 4-9

如图 4-9，有压圆管中的均匀层流运动可以看作是由无穷多和无限薄的同心圆筒流层一个套一个轴对称地运动，每一流层表面的切应力都服从牛顿内摩擦定律。距管轴 r 处任意流层表面的切应力为：

$$\tau=\mu\frac{du}{dy}=\mu\frac{du}{dr} \tag{a}$$

式中　$dr=d(r_0-y)=-dy$。

在均匀流中，距管轴 r 处流层表面的切应力还应满足均匀流基本方程式(4-7b)，即：

$$\tau=\gamma\frac{r}{2}J \tag{b}$$

将(a)、(b)两式联立可得：

$$du=-\frac{\gamma J}{2\mu}r\,dr$$

因为均匀流中，各流层的 J 都相等，故上式对 r 积分可得：

$$u=-\frac{\gamma J}{4\mu}r^2+C \tag{c}$$

式中 C 为积分常数。利用边界条件，$r=r_0$ 时，$u=0$，代入上式可得：

$$C=\frac{\gamma J}{4\mu}r_0^2$$

将 C 值代入(c)式得流速分布为：

$$u=\frac{\gamma J}{4\mu}(r_0^2-r^2) \tag{4-12}$$

式(4-12)表明,有压圆管均匀层流的流速分布为一旋转抛物面(如图 4-9)。这是层流的重要特征之一。根据式(4-12)可以推得有压圆管均匀层流的以下结论:

(1) 最大流速 u_{max}发生在管轴上,并由 $r=0$ 代入式(4-12)得:

$$u_{max}=\frac{\gamma J}{4\mu}r_0^2=\frac{\gamma J}{16\mu}d^2 \tag{4-13}$$

(2) 断面平均流速为:

$$v=\frac{\int_A u\mathrm{d}A}{A}=\frac{1}{\pi r_0^2}\int_0^r\frac{\gamma J}{4\mu}(r_0^2-r^2)2\pi r\mathrm{d}r=\frac{\gamma J}{8\mu}r_0^2=\frac{\gamma J}{32\mu}d^2 \tag{4-14}$$

比较式(4-13)和(4-14)可得:

$$v=\frac{1}{2}u_{max} \tag{4-15}$$

有压圆管均匀层流的断面平均流速是最大流速的一半,说明层流断面流速分布很不均匀。

(3) 动能修正系数 α 和动量修正系数 β 分别为:

$$\alpha=\frac{\int_A u^3\mathrm{d}A}{v^3A}=2.0;\qquad \beta=\frac{\int_A u^2\mathrm{d}A}{v^2A}=1.33$$

它们都远大于 1.0,这也说明,液体作层流运动时其断面流速分布的不均匀性。

(4) 由式(4-14)可进一步推得:

$$J=\frac{h_f}{l}=\frac{32\mu v}{\gamma d^2}$$

或

$$h_f=\frac{32\mu l}{\gamma d^2}v \tag{4-16}$$

该式从理论上证明了有压圆管层流的沿程水头损失 h_f 与断面平均流速 v 的一次方成正比,这与雷诺试验结果完全一致。

如将式(4-16)改写成达西公式(4-2)的形式,则:

$$h_f=\frac{32\mu l}{\gamma d^2}v=\frac{32\nu l}{gd^2}v=\frac{64}{vd/\nu}\frac{l}{d}\frac{v^2}{2g}=\frac{64}{\mathrm{Re}}\frac{l}{d}\frac{v^2}{2g}=\lambda\frac{l}{d}\frac{v^2}{2g}$$

可见,在有压圆管层流中沿程阻力系数 λ 为:

$$\lambda=\frac{64}{\mathrm{Re}} \tag{4-17}$$

该式表明,有压圆管层流的沿程阻力系数 λ 为雷诺数 Re 的函数,且与 Re 成反比。

利用明渠均匀层流,同样可以推得类似的结果。即它的流速分布为二次抛物线,沿程水头损失 h_f 与断面平均流速 v 的一次方成正比,且它的沿程阻力系数 λ 与雷诺数 Re 成反比。

【例 4-3】 已知密度 $\rho=850\mathrm{kg/m^3}$,运动粘滞系数 $\nu=0.18\mathrm{cm^2/s}$ 的油在管径 $d=100\mathrm{mm}$ 的长直管中作恒定流动,油的断面平均流速 $v=6.35\mathrm{cm/s}$。试求(1)管中的最大流速 u_{max};(2)离管中心 $r=20\mathrm{mm}$ 处的流速 u;(3)$l=1000\mathrm{m}$ 管长的水头损失 h_w。

【解】 (1) 求管中最大流速 u_{max}

由于 $Re=\frac{vd}{\nu}=\frac{6.35\times10}{0.18}=353<2300$,故为层流。由式(4-15)得:

$$u_{max}=2v=2\times6.35=12.7cm/s$$

(2) 求 $r=20mm=2cm$ 处的流速 u

由式(4-13) $u_{max}=\frac{\gamma J}{4\mu}r_0^2$ 得:

$$\frac{\gamma J}{4\mu}=\frac{u_{max}}{r_0^2}=\frac{12.7}{5^2}=0.508(cm\cdot s)^{-1}$$

则由式(4-12)得:

$$u=\frac{\gamma J}{4\mu}(r_0^2-r^2)=u_{max}-\frac{\gamma J}{4\mu}r^2=12.7-0.508\times2^2=10.67cm/s$$

(3) 求 1000m 管长的水头损失 h_w

等直径长直管道中的恒定液流为恒定均匀流,故 $h_w=h_f$。对于层流,由式(4-17)得:

$$\lambda=\frac{64}{Re}=\frac{64}{353}=0.1813$$

再由达西公式(4-2b)得:

$$h_w=h_f=\lambda\frac{l}{d}\frac{v^2}{2g}=0.1813\times\frac{1000}{0.1}\times\frac{0.0635^2}{2\times9.8}=0.373m$$

第五节　紊　流　运　动

自然界和工程中所遇到的液流绝大多数都是紊流,对它的研究具有更普遍的意义。我们将从本节开始对紊流作详细的讨论。

一、紊流的基本特征与时均化概念

紊流的基本特征是许许多多大小不等的涡体相互混掺着前进,它们的位置、形态、速度都在不断地随机变化着。由此必然会造成紊流流场中各空间点处的运动要素(如流速、压强等)也是随时间而随机波动的,这种现象称为紊流运动要素的脉动现象。这种脉动现象,不仅使紊流流场中各空间点的运动要素不可避免地要随时间而变化,在同一时刻流场中的流线也不可能是相互平行的直线。可见,紊流实质上不可能是恒定流和均匀流。这给紊流运动的研究带来了很大的困难。

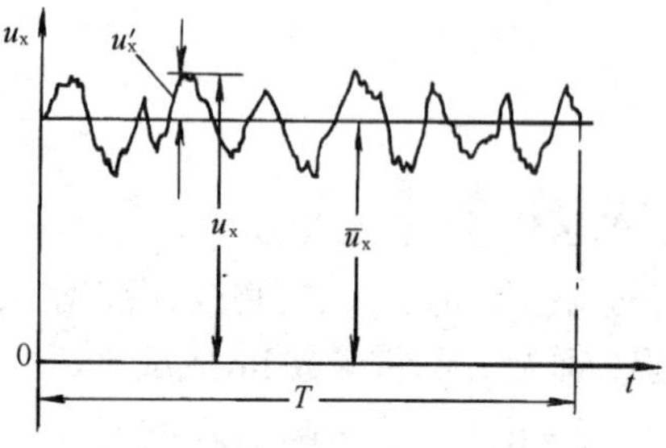

图 4-10

应用仪器可以将紊流运动要素在空间点上的脉动现象测量出来。如图 4-10,就是管流在保持作用水头不变的情况下,紊流中某空间点沿流动方向的瞬时流速 u_x 随时间 t 的变化过程线。可以看出,这一瞬时流速 u_x 虽然随时间不断随机变化,但它却始终围绕着某一平均值 $\overline{u}_x$ 上下波动。这一平均值 $\overline{u}_x$ 就是在足够长时间 T 的过程中,瞬时流速 u_x 的时间平均值,简称为时均流速。其数学表达式为:

$$\overline{u}_x=\frac{1}{T}\int_0^T u_x dx \tag{4-18}$$

显然，瞬时流速 u_x 与时均流速 $\overline{u}_x$ 的关系为：

$$u_x = \overline{u}_x + u'_x \tag{4-19}$$

式中　u'_x——瞬时流速 u_x 与时均流速 $\overline{u}_x$ 的差值，称为脉动流速。其值可正可负，在一定范围内随机不定。

对于垂直流动方向的瞬时流速 u_y、u_z，同样也可以表示为相应方向的时均流速 $\overline{u}_y$、$\overline{u}_z$ 与脉动流速 u'_y、u'_z 之和的形式，但在垂直流动方向上不可能有时均流速，即 $\overline{u}_y = \overline{u}_z = 0$。故紊流中垂直流动方向上的瞬时流速只有脉动流速，即：

$$u_y = u'_y, \quad u_z = u'_z \tag{4-20}$$

将式(4-19)代入式(4-18)展开可得：

$$\frac{1}{T}\int_0^T u'_x \mathrm{d}t = 0$$

所以，脉动流速 u'_x 的时均值 $\overline{u'}_x = 0$。同理 $\overline{u'}_y = \overline{u'}_z = 0$。

以上这种流速时均化的方法，也可以用来描述紊流的其他运动要素，如瞬时动水压强可表示为：

$$p = \overline{p} + p'$$

式中　$\overline{p}$——时均动水压强，$\overline{p} = \dfrac{1}{T}\int_0^T p\mathrm{d}t$；

p'——脉动动水压强。

经引入时均化的概念后，就可以将复杂的紊流运动看作为一个简单的时均运动和一个脉动运动的叠加，这给紊流运动的研究带来了很大的方便。

水力学所关心的主要是紊流的时均运动。在时均运动中，紊流的运动要素是没有脉动影响的时均运动要素。这样，第三章所建立的描述液体运动的一些概念，在“时均”的意义上对紊流仍然适用。例如，在紊流中，恒定流与非恒定流是根据流场中各空间点的时均运动要素是否与时间有关，划分的时均恒定流与时均非恒定流；流线是与时均流速对应的时均流线；均匀流与非均匀流也是根据时均流线的形状划分的时均均匀流与时均非均匀流等等。显然，根据恒定流导出的水动力学基本方程，对于时均恒定流同样适用。水力学中所提到的紊流运动要素，若无特殊指明时，一般均指时均运动要素，并在书写上省去字母上的横线(例如，上面提到 $\overline{u}$ 和 $\overline{p}$ 仅以 u 和 p 表示)，在提法上也省去“时均”二字。

应当指出，以时均运动代替实际的紊流运动固然为研究带来了很大的方便，但时均运动只能代表紊流的总体运动，不能反映出脉动现象对液流运动的影响。因此，对于与紊流特征有关的问题(如下面要讨论的紊流切应力问题)，则必须考虑到紊流的混掺与脉动的特点，才能得出符合客观实际的结论。

二、紊流的切应力

我们已经知道，在均匀层流中只存在由于液层间的相对运动所引起的粘滞性切应力 τ，它可由牛顿内摩擦定律式(1-8)计算。

在均匀紊流中的切应力则应是紊流的时均运动和脉动运动所产生的两部分切应力的叠加。这两部分切应力分述如下：

(1) 在时均运动中，由于各流层的时均流速不同，流层间同样产生粘滞性切应力 $\overline{\tau}_1$，它可用牛顿内摩擦定律表示为：

$$\overline{\tau}_1 = \mu \frac{d\overline{u}}{dy}$$

(2) 在脉动运动中，相邻液层间存在质量交换。当低速液层的质点由于横向运动进入高速液层时，对高速液层的质点将起阻滞作用；反之，当高速液层的质点进入低速液层时，对低速液层的质点将起推动作用。可见，两种流速液层间液体的质量交换，必引起相应的动量交换，从而在液层分界面上产生紊流的附加切应力 $\overline{\tau}_2$。

由于紊流运动的复杂性，对于紊流附加切应力 $\overline{\tau}_2$，目前还不能用成熟的理论来加以确定。在研究中，以德国水力学家普朗特于 1925 年提出的半经验理论——动量传递理论应用最广。

普朗特的动量传递理论认为，液体质点从某一流速的液层因脉动进入另一流速的液层时，要运行一段与时均流速垂直的距离 l' 后，才与周围质点发生动量交换，而在运行距离 l' 之间，液体质点的动量保持不变。显然，这一理论是不够严谨的(因此称为半经验理论)，但应用这一理论推得的结论与实验数据符合较好，所以至今仍然是工程中应用最广的紊流半经验理论。普朗特将此 l' 称为混合长度，故这一半经验理论又称为混合长度理论。根据这一理论可以推得：

$$\overline{\tau}_2 = \rho l^2 \left(\frac{d\overline{u}}{dy}\right)^2 \tag{4-21}$$

上式中的 l 是与混合长度 l' 成比例的量，也称为混合长度，但它已没有直接的物理意义。普朗特考虑到紊流在固体边壁附近，液体质点的紊动将受到约束，在固体边壁上混合长度 $l=0$，因此他假设在固体边壁附近，紊流的这一 l 值正比于液体质点到固体边壁的距离 y，即

$$l = ky \tag{4-22}$$

式中 k 称为卡门常数。试验结果表明，$k=0.36\sim0.435$，一般取 $k=0.4$。

所以，省去时均值上面的横线后，紊流中切应力 τ 的一般表达式为：

$$\tau = \tau_1 + \tau_2 = \mu \frac{du}{dy} + \rho l^2 \left(\frac{du}{dy}\right)^2 \tag{4-23}$$

上式中两部分切应力的大小随流动情况而有所不同。当雷诺数 Re 较小，紊流脉动较弱时，粘滞性切应力 τ_1 占主要地位；随着 Re 的增加，紊流脉动增强，紊流附加切应力 τ_2 逐渐加大，当 Re 很大，紊流充分发展后，τ_2 将占主导地位，而 τ_1 则可以忽略不计。工程实际中的液流，一般都是 Re 足够大的紊流，故其切应力可近似为紊流附加切应力，即 $\tau=\tau_2$。

三、紊流中的粘性底层与紊流流核

紊流中，在紧靠固体边壁附近，液体质点的紊动受到了固体边壁的抑制，混合长度几乎为零。同时，由于粘附于固体边壁上的液体质点流速为零，在沿边壁法线方向上流速由零迅速增加，流速梯度很大。因此，紊流在紧靠固体边壁附近有一层极薄的粘滞性切应力很大的层流层存在。该层流层称为粘性底层或层流底层，其厚度以 δ_0 表示。在粘性底层之外，有一层厚度不大的由层流向紊流转变的过渡层，在该过渡层之外才是紊流。由于过渡层的实际意义不大，通常将粘性底层之外的液流区统称为紊流流核。如图 4-11 是有压圆管紊流的结构示意图。

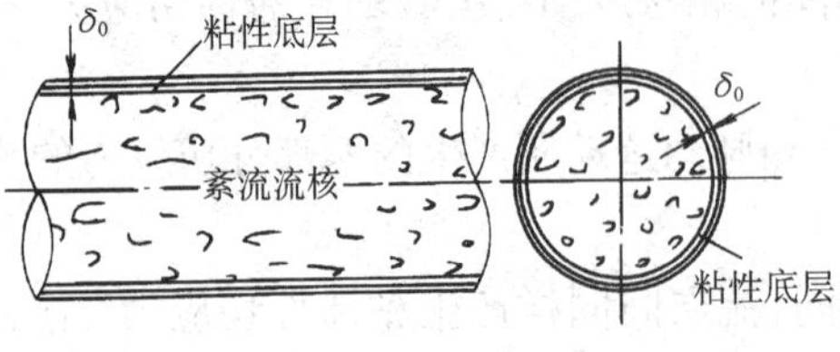

图 4-11

显然,粘性底层的厚度 δ_0 与液体的紊动强度有直接关系,液体的紊动强度愈大,液体质点紊动到边壁附近的机会就愈多,则 δ_0 就愈薄。而液体的紊动强度又决定于液体雷诺数 Re 的大小。

有压圆管紊流的粘性底层厚度 δ_0,可由层流流速分布和牛顿内摩擦定律并结合尼古拉兹(德国工程师)试验资料推得,其表示式为:

$$\delta_0 = 11.6\frac{\nu}{\sqrt{\tau_0/\rho}} = 11.6\frac{\nu}{v_*} \tag{a}$$

将式(4-9*b*)代入式(*a*)可得:

$$\delta_0 = \frac{32.8\nu}{v\sqrt{\lambda}} = \frac{32.8d}{\mathrm{Re}\sqrt{\lambda}} \tag{4-24}$$

由上式可见,有压圆管紊流的粘性底层厚度 δ_0 将随着雷诺数 Re 的增大而减小。

粘性底层厚度 δ_0 很薄,一般只有十分之几毫米,但它对液流阻力和水头损失影响重大。因为任何材料加工的壁面,由于受加工条件限制和运用情况影响,其表面总是或多或少粗糙不平。壁面粗糙凸起高度的平均值称为壁面的绝对粗糙度,以 Δ 表示。由于 δ_0 随 Re 而变化,所以这一 δ_0 就可能大于或小于 Δ。

当 Re 较小时,δ_0 可以大于 Δ 若干倍。此时,壁面虽然凸凹不平,但凸起的高度完全被淹没在粘性底层之中,即粘性底层将紊流流核与边壁隔开(见图 4-12(*a*))。这时,边壁对紊流运动的影响主要表现为粘性底层的粘滞性切应力,壁面的粗糙度对紊流运动不起作用。从水力学观点来看,液流就像在光滑的壁面上流动一样,这种壁面称为水力光滑壁面。

当 Re 很大时,δ_0 可以小于 Δ 若干倍。此时,壁面粗糙凸起高度几乎全部伸入到紊流流核中(见图 4-12(*b*))。这时,壁面的粗糙度对紊流运动将起主要作用,而粘性底层中粘滞性切应力的作用则几乎可以忽略不计,这种壁面称为水力粗糙壁面。

图 4-12

介于以上两者之间的情况,粘性底层厚度 δ_0 已不足以完全掩盖住边壁粗糙度对液流的影响,但粗糙度对紊流运动还没有起到决定性作用,这种壁面称为过渡粗糙壁面。

必须指出,水力光滑或水力粗糙并非只取决于边壁的光滑或粗糙程度,它必须依据粘性底层的厚度 δ_0 和壁面的绝对粗糙度 Δ 的大小关系而决定。对于同一材料的固体壁面,随着 Re 的不同,可以是水力光滑的,也可以是水力粗糙的。根据尼古拉兹试验资料,可将水力光滑壁面、过渡粗糙壁面和水力粗糙壁面的划分规定如下:

$$\left.\begin{array}{ll}\text{水力光滑壁面} & \Delta < 0.4\delta_0 \\ \text{过渡粗糙壁面} & 0.4\delta_0 < \Delta < 6\delta_0 \\ \text{水力粗糙壁面} & \Delta > 6\delta_0\end{array}\right\} \tag{4-25a}$$

或将上述关系代入前式(*a*)并整理得:

$$
\left.\begin{aligned}
&\text{水力光滑壁面} && \frac{v_*\Delta}{\nu}=\mathrm{Re}_*<5\\
&\text{过渡粗糙壁面} && 5<\frac{v_*\Delta}{\nu}=\mathrm{Re}_*<70\\
&\text{水力粗糙壁面} && \frac{v_*\Delta}{\nu}=\mathrm{Re}_*>70
\end{aligned}\right\}\tag{4-25b}
$$

式中　$\mathrm{Re}_*=\frac{v_*\Delta}{\nu}$，称为粗糙雷诺数。

四、紊流的流速分布规律

紊流的断面流速分布是研究紊流运动、建立紊流沿程阻力系数计算公式的理论基础。

显然，紊流的断面流速分布应由粘性底层内的层流流速分布和紊流流核区内的紊流流速分布两部分组成。

以有压圆管紊流为例，在粘性底层内，由于 $r\approx r_0$，故由式(4-12)可得，粘性底层内的层流流速可近似为直线分布，即：

$$u=\frac{\gamma J}{4\mu}(r_0^2-r^2)=\frac{\gamma J}{4\mu}(r_0+r)(r_0-r)\approx\frac{\gamma J}{2\mu}r_0y$$

对于紊流流核区内的流速分布，目前尚无纯理论的计算公式，一般是采用经验公式或半经验公式来表达。下面，根据普朗特半经验理论的结论式(4-23)来推导紊流流速分布。前面已经指出，对于紊流充分发展的紊流流核来说，其切应力可近似表示为：

$$\tau=\rho l^2\left(\frac{\mathrm{d}u}{\mathrm{d}y}\right)^2$$

根据式(4-22)，上式中的 $l=ky$。为利用上式推求流速分布，还必须知道式中的 τ 在过水断面上的变化情况。为此，普朗特又提出一点假设：紊流中的切应力 τ 近似等于边壁处的切应力 τ_0（显然，这一假设只有在边壁附近才合理），即 $\tau=\tau_0$。

将 $l=ky$ 及 $\tau=\tau_0$ 两点假设代入上式，并整理可得：

$$\mathrm{d}u=\frac{1}{ky}\sqrt{\frac{\tau_0}{\rho}}\mathrm{d}y=\frac{1}{ky}v_*\mathrm{d}y$$

式中卡门常数 k 和摩阻流速 v_* 均为常数，故对上式积分，并取 $k=0.4$，可得：

$$u=\frac{v_*}{k}\ln y+C=5.75v_*\lg y+C\tag{4-26}$$

式中　C——积分常数，可根据紊流的具体状态由试验资料加以确定（见下一节）。

式(4-26)就是根据普朗特的半经验理论得到的紊流流核流速分布的一般表达式，它表明紊流流核区的流速是按对数规律分布的。虽然这一流速分布是根据紊流边壁附近的条件推导出来的，但实验表明，从实用角度讲，这种对数形式的流速分布适用于整个紊流流核区，而且对于有压流和无压流都适用。

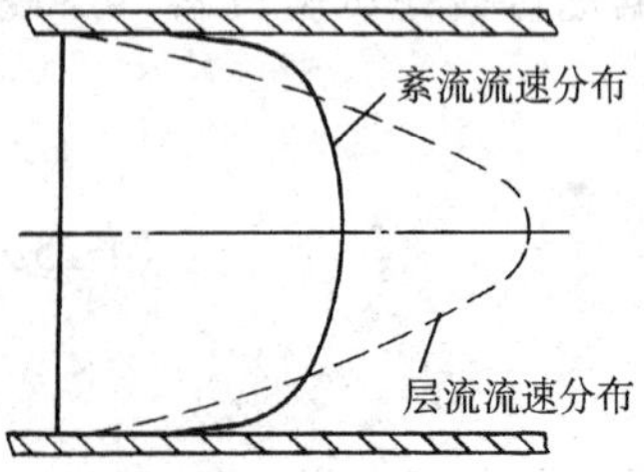

图 4-13

由于紊流中的粘性底层厚度 δ_0 极薄，在计算紊流的流量和断面平均流速时，粘性底层完全可以忽略不计。所以式(4-26)实际上也代表了紊流整个断面的流速分布。

如图 4-13，将紊流的对数流速分布与层流的抛物线流速分布作定性比较，可以看出，紊流过水断面上的流速分布相对要均匀得多。这是因为紊流时，液体质点的混掺碰撞作用，动量发生交换，使流速分布均匀化的结果。根据实测资料，有压管中紊流的断面平均流速与最大流速的比为$\frac{v}{u_{max}}=0.75\sim0.9$,雷诺数愈大,流速分布愈趋向于均匀化。正因为紊流的断面流速分布比较均匀,而且工程实际中的液流又以紊流为主,所以在实际计算中可将液流的动能修正系数 α 和动量修正系数β都近似为 1.0。

除上述对数型公式外,对于处于水力光滑壁面的有压圆管紊流,还有一个简单实用的指数型经验公式,即:

$$\frac{u}{u_{max}}=\left(\frac{y}{r_0}\right)^n \tag{4-27}$$

式中 u_{max}——管轴处的流速;

r_0——圆管的半径;

y——计算点到管壁的距离;

n——指数,随雷诺数 Re 而变化,其对应关系见表 4-1。当 $Re\leqslant10^5$ 时,可近似取指数 $n=1/7$,这是式(4-27)常用的形式,称为流速分布的七分之一方律。

根据平均流速的定义式(3-8),由上式可推得:

$$\frac{v}{u_{max}}=\frac{2}{(n+1)(n+2)} \tag{4-28}$$

n 与 Re 的关系 **表 4-1**

Re	4.0×10^3	2.3×10^4	1.1×10^5	1.1×10^6	2×10^6	3.2×10^6
n	1/6.0	1/6.6	1/7	1/8.8	1/10	1/10

第六节 圆管中的沿程阻力系数

由式(4-2)可知,计算沿程水头损失 h_f 的关键是沿程阻力系数 λ 的确定。根据大量试验资料分析发现,一般而论有压管流的沿程阻力系数 λ 可概括地表示为:

$$\lambda=f(Re,\Delta/d) \tag{4-29}$$

式中 Re——液流的雷诺数,其大小反映了液体的流动状态,是影响 λ 的内因;

Δ/d——为管道壁面的绝对粗糙度 Δ 与管径d 的比值,称为管道壁面的相对粗糙度。它决定了液流边壁的相对粗糙程度,是影响 λ 的外因。

有压圆管层流的 λ 计算问题,在本章第四节的讨论中已经得到解决,即 $\lambda=64/Re$。

关于紊流,由于其运动的复杂性,目前还不能像层流那样严格地从理论上来推导 λ 的计算公式。实用中,紊流 λ 的变化规律和计算公式往往是根据半经验理论的研究成果,再结合典型的试验研究或者直接根据试验研究经总结获得。

下面,主要通过一个典型试验来揭示液流 λ 的变化规律,并讨论有压圆管紊流的 λ 计算方法。

一、尼古拉兹试验

为了探索 λ 的变化规律,验证和补充普朗特的半经验理论,德国水力学家尼古拉兹在人工均匀粗糙管道中进行了系统试验,并于 1933 年发表了反映有压圆管流的试验结果。

由于实际管道壁面粗糙的凸起高度、形状及其排列疏密等因素具有很大的随机性,尼古拉兹为了简化试验条件，在试验中使用了一种简化的人工粗糙模型。他把经过筛分的粒径相同的砂粒均匀地粘附于管道内壁，制成了一种人工粗糙管道。这时，砂粒的直径就是壁面的绝对粗糙度 Δ。

尼古拉兹用不同的管径和不同粒径的砂粒组成了六组相对粗糙度$\left(\dfrac{\Delta}{d}=\dfrac{1}{30}\sim\dfrac{1}{1014}\right)$的人工粗糙管道，采用类似于图 4-5 的装置进行系统的试验。他通过分别实测每组相对粗糙度 Δ/d 的管道在不同流量下的断面平均流速 v 和沿程水头损失 h_f，再由式(4-2b)、(4-10)分别计算相应的 λ 和 Re 值，最后将每一组 Δ/d 的 lg100λ 和 lgRe 值点绘在坐标纸上，得到了尼古拉兹试验曲线，如图 4-14 所示。

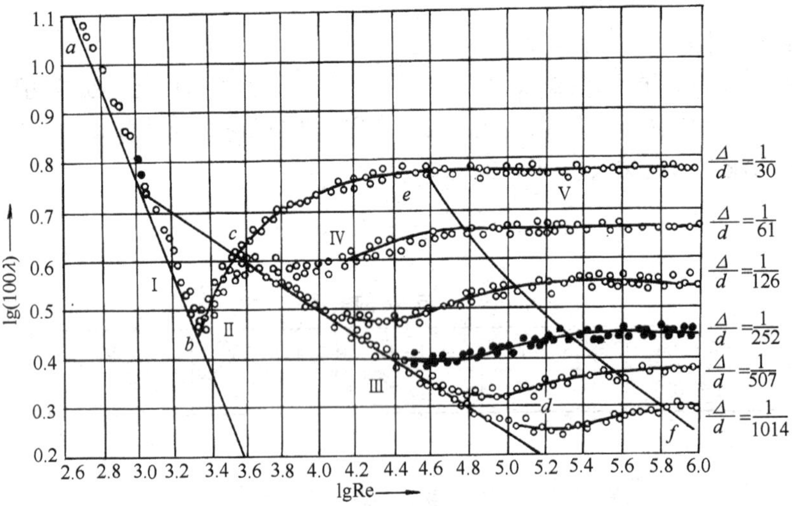

图 4-14

根据 λ 随 Re 和 Δ/d 的变化特征不同，图 4-14 中的曲线可分为五个阻力区。

Ⅰ区　为 Re≤2300(lgRe≤3.36)的层流区。在该区内，不同 Δ/d 的试验点都落在直线 ab 上，说明 λ 值仅与 Re 有关，而与 Δ/d 无关。由直线 ab 可得，其方程为 $\lambda=64/\mathrm{Re}$。这与已知的理论结果完全一致。

Ⅱ区　为 2300＜Re＜4000(3.36＜lgRe＜3.6)的层流与紊流之间的过渡区。在该区内，不同 Δ/d 的试验点都落在 bc 线附近，也说明 λ 值仅与 Re 有关，而与 Δ/d 无关，即 $\lambda=f(\mathrm{Re})$。由于该区范围很窄，实用意义不大，人们对它的研究也不多。

当 Re≥4000(lgRe≥3.6)以后，液流已处于紊流状态，从图中曲线的变化特征可以看出，紊流中可以进一步分为三个区，即图中的Ⅲ、Ⅳ、Ⅴ区。

Ⅲ区　为不同 Δ/d 的试验点都落在斜率为 −0.25 的直线 cd 上的范围。这也说明，在该区内(指在 cd 直线上)，λ 值仅与 Re 有关，而与 Δ/d 无关，即 $\lambda=f(\mathrm{Re})$。这是因为 Re 较小时，粘性底层厚度 δ_0 相对较大，管壁处于水力光滑状态，反映壁面粗糙的 Δ/d 对液流阻力(亦即对 λ)将不产生影响。所以，该区称为紊流光滑区。由 cd 直线的斜率可进一步得，在该区内 $\lambda\propto\mathrm{Re}^{-0.25}\propto v^{-0.25}$。将这一关系代入式(4-2)可推得 $h_f\propto v^{1.75}$，这也与雷诺试验相吻合。

在图 4-14 中还可以看出，Δ/d 较大的试验点较早地离开 cd 直线，紊流光滑区范围较小

(如 $\Delta/d=1/30$ 的管道紊流光滑区几乎只有一个点)；而 Δ/d 较小的管道试验点则较晚离开 cd 直线，紊流光滑区范围较大。显然，这是由于粘性底层厚度 δ_0 随着 Re 的增大而减小，Δ/d 较大的管道壁面粗糙凸起高度将较早地对 λ 产生影响的原故。

Ⅳ区　是直线 cd 与 ef 间的曲线族区。在该区内，Δ/d 不同的试验点分别分布在各自的曲线上，说明 λ 值与 Re 及 Δ/d 都有关，即 $\lambda=f(\mathrm{Re},\Delta/d)$。这是因为随着 Re 的增大，$\delta_0$ 已减小到不能完全掩盖管壁粗糙度对液流的影响，管壁处于过渡粗糙状态，Re 的变化和反映管壁粗糙程度的 Δ/d 对 λ 的影响都不能忽略。所以，该区称为紊流过渡区。

Ⅴ区　是直线 ef 右侧的与横坐标平行的直线族区。在该区内，不同 Δ/d 的试验点分别分布在与横坐标平行的各自直线上，说明 λ 值与 Re 无关，而只与 Δ/d 有关，即 $\lambda=f(\Delta/d)$。这是因为 Re 足够大后，随 Re 而变化的 δ_0 已非常小，管壁处于水力粗糙状态，反映壁面粗糙的 Δ/d 对 λ 的影响将占绝对优势。所以，该区称为紊流粗糙区。在该区中，对于确定的管道，λ 为定值而与流速 v 无关，由式(4-2)可得沿程水头损失 h_f 与 v^2 成正比，这也与雷诺试验相吻合。同时，由式(4-7b)并结合式(4-2b)可推得，这时该区液流内部的切应力 τ 也与 v^2 成正比，因此该区又称为阻力平方区。

综上所述，随着有压圆管流雷诺数 Re 的由小到大，尼古拉兹试验所揭示的沿程阻力系数 λ 在各个阻力区内的变化规律可归纳为：

层流区　$\lambda=f(\mathrm{Re})=64/\mathrm{Re}$ ，$h_f\propto v^1$；

层流与紊流间的过渡区　$\lambda=f(\mathrm{Re})$，范围窄，实用意义不大，一般不讨论；

紊流光滑区　$\lambda=f(\mathrm{Re})$ ，$h_f\propto v^{1.75}$；

紊流过渡区　$\lambda=f(\mathrm{Re},\Delta/d)$；

紊流粗糙区(阻力平方区)　$\lambda=f(\Delta/d)$ ，$h_f\propto v^2$。

尼古拉兹试验虽然是在人工粗糙管中进行的，其结果不能完全用于实际管流，但它的意义在于，全面揭示了沿程阻力系数 λ 在不同流动状态下的变化规律，提出了紊流阻力分区的概念，为补充普朗特的半经验理论，推导紊流沿程阻力系数 λ 的半经验公式提供了可靠的依据。

1938 年，前苏联水力学家蔡克士达在人工粗糙的矩形明渠中进行沿程阻力系数 λ 的试验，得出了与尼古拉兹试验类似的结果。这说明，尼古拉兹所揭示的沿程阻力系数 λ 的变化规律对明渠流也同样适用。

二、人工粗糙管道紊流沿程阻力系数 λ 的半经验公式

由式(4-9b)可知，紊流的沿程阻力系数 λ 与断面平均流速 v 的关系为：

$$\frac{1}{\sqrt{\lambda}}=\frac{1}{\sqrt{8}}\frac{v}{v_*} \tag{a}$$

可见，只要能够确定紊流中各阻力区的断面平均流速 v，由上式即可得到相应阻力区的 λ 计算公式。

工程中使用的液流管道均属实际管道。试验研究表明，人工粗糙管道与实际管道的 λ 在紊流光滑区和粗糙区具有相同的变化规律，因此讨论人工粗糙管在这两个阻力区的 λ 计算公式，对实际管道 λ 的计算具有指导意义。

尼古拉兹在普朗特理论的研究成果式(4-26)的基础上，结合人工粗糙管道的试验资料，进一步确定了该式中在紊流光滑区和粗糙区的积分常数，从而给出了人工粗糙管的紊流在

这两个阻力区的 λ 半经验公式。

1. 紊流光滑区的 λ

根据紊流流速分布的一般表达式(4-26),并结合尼古拉兹试验资料可得,有压圆管流在紊流光滑区的流速分布为:

$$u = v_*\left(5.75\lg\frac{v_* y}{\nu} + 5.5\right) \tag{4-30}$$

式中 ν——液体的运动粘滞性系数。

根据平均流速的定义式(3-8),由式(4-30)可推得有压圆管流在紊流光滑区的断面平均流速为:

$$v = v_*\left(5.75\ln\frac{r_0 v_*}{\nu} + 1.75\right) \tag{4-31}$$

式中 r_0——圆管的半径。

将上式代入前式(a),并经试验修正得:

$$\frac{1}{\sqrt{\lambda}} = 2\lg(\mathrm{Re}\sqrt{\lambda}) - 0.8 \tag{4-32a}$$

或:

$$\frac{1}{\sqrt{\lambda}} = 2\lg\frac{\mathrm{Re}\sqrt{\lambda}}{2.51} \tag{4-32b}$$

式(4-32)即为有压圆管流在紊流光滑区计算 λ 的半经验公式,称为尼古拉兹光滑区公式。它表明了在该阻力区 λ 仅与 Re 有关,而与 Δ/d 无关。

2. 紊流粗糙区的 λ

同样根据式(4-26),并结合尼古拉兹试验资料可得,有压圆管紊流在粗糙区的流速分布为:

$$u = v_*\left(5.75\lg\frac{y}{\Delta} + 8.5\right) \tag{4-33}$$

同理,根据式(3-8)可推得有压圆管流在紊流粗糙区的断面平均流速为:

$$v = v_*\left(5.75\lg\frac{r_0}{\Delta} + 4.75\right) \tag{4-34}$$

将上式代入前式(a),并经试验修正得:

$$\lambda = \frac{1}{\left(2\lg\frac{r_0}{\Delta} + 1.74\right)^2} = \frac{1}{\left[2\lg\left(3.7\frac{d}{\Delta}\right)\right]^2} \tag{4-35}$$

式中 r_0、d——分别为圆管的半径和直径。

式(4-35)即为有压圆管流在紊流粗糙区计算 λ 的半经验公式,称为尼古拉兹粗糙区公式。它表明了在该阻力区 λ 仅与 Δ/d 有关,而与 Re 无关。

人工粗糙管道与实际管道在紊流过渡区的 λ 变化规律相差较大,因此没有必要讨论人工粗糙管道在该阻力区内 λ 的计算公式。

三、实际管道紊流沿程阻力系数 λ 的确定

1. 紊流光滑区的 λ

前面的尼古拉兹试验已经指出,在紊流光滑区内,管壁的相对粗糙度 Δ/d 对 λ 不产生影响。这表明,无所谓人工粗糙管道还是实际管道,在该阻力区内,λ 必然有相同的计算公

式。因此,实际管道在紊流光滑区的 λ 值就可直接采用式(4-32)计算。

在紊流光滑区,λ 还有一个简单实用的布拉修斯经验公式:

$$\lambda=\frac{0.3164}{Re^{0.25}} \tag{4-36}$$

该式是1913年德国水力学家布拉修斯在总结紊流光滑区实验资料的基础上提出的。它形式简单,计算方便,在 $4000<Re<10^5$ 范围内与实验结果相符,故得到了广泛应用。

2. 紊流粗糙区的 λ

前已提及,人工粗糙管道与实际管道在紊流粗糙区的 λ 具有相同的变化规律。但两种管道的壁面粗糙特性是不同的,为了使式(4-35)也能够适用于实际管道的计算,必须解决实际管道绝对粗糙度 Δ 的量度问题。

由于实际管道壁面粗糙的复杂性,其绝对粗糙度 Δ 很难具体测量,因此在研究中提出了实际管道的当量粗糙度概念。所谓实际管道的当量粗糙度,就是在紊流粗糙区,与实际管道的 λ 值相等、且管径相同的尼古拉兹人工粗糙管道的绝对粗糙度 Δ(即砂粒直径)。可见,实际管道的"当量粗糙度 Δ"不是一个实测值,它是反映实际管道壁面粗糙因素对 λ 值综合影响的等效值。对于某种管材的实际管道,其当量粗糙度 Δ,可通过实验测得其在紊流粗糙区的 λ 值,并将其代入式(4-35)反算得到。

引入了实际管道当量粗糙度的概念后,只要将式(4-35)中的 Δ 值用这种当量粗糙度代替,实际管道在紊流粗糙区的 λ 值就可直接采用式(4-35)计算。

部分常用实际管道的当量粗糙度见表4-2所示。需要指出,实际管道的当量粗糙度 Δ 与管道的材料和制造方法有关,而且在管道的使用过程中还会产生相应的变化,各书中给出的 Δ 值都有差异,因此对圆管紊流沿程水头损失计算的准确性有一定的影响。表4-2中给出的当量粗糙度 Δ 值仅供参考,使用时应结合具体情况,查阅有关手册确定。

常用实际管道的当量粗糙度 Δ 值 **表4-2**

壁面种类	当量粗糙度 Δ 值(mm)	壁面种类	当量粗糙度 Δ 值(mm)
新的无缝钢管	0.04~0.17	磨光的水泥管	0.33
一般状况的钢管	0.19	玻璃管	0.0015~0.01
焊接钢管	0.046	镀锌管	0.152
旧的生锈钢管	0.60	木管	0.45~0.60
新的铸铁管	0.2~0.3	混凝土管及钢筋混凝土管	1.8~3.5
旧的铸铁管	0.5~1.6		

在紊流粗糙区,λ 还有一个简单实用的希弗林逊经验公式:

$$\lambda=0.11\left(\frac{\Delta}{d}\right)^{0.25} \tag{4-37}$$

式中 Δ——实际管道的当量粗糙度。

式(4-37)由于形式简单,计算方便,在工程界经常采用。

3. 紊流过渡区的 λ

试验表明,在紊流过渡区,实际管道和人工粗糙管道 λ 值的变化规律有较大的差异,尼古拉兹的试验成果对实际管道不再适用。1939年,柯列勃洛克和怀特根据实际管道的试验结果,提出了实际管道在紊流过渡区 λ 的经验公式:

$$\frac{1}{\sqrt{\lambda}}=-2\lg\left(\frac{\Delta}{3.7d}+\frac{2.51}{\mathrm{Re}\sqrt{\lambda}}\right) \tag{4-38}$$

式中　Δ——实际管道的当量粗糙度。

式(4-38)称为柯列勃洛克-怀特公式(以下简称柯-怀公式)。实际上,它是尼古拉兹光滑区公式(4-32)和粗糙区公式(4-35)的结合。在紊流光滑区,Re 相对较小,使式中括号内的第一项相对很小可以忽略不计,则上式即为式(4-32);在紊流粗糙区,Re 相对很大,使式中括号内的第二项又相对很小可以忽略不计,则上式即为式(4-35)。所以,可以说柯-怀公式(4-38)也适合于紊流的三个阻力区,故又称其为紊流沿程阻力系数 λ 的综合计算公式。该式由于适用范围宽,与实验结果符合良好,在国内外应用广泛。

此外,阿里特苏里也提出了与柯-怀公式类似的简化经验公式:

$$\lambda=0.11\left(\frac{\Delta}{d}+\frac{68}{\mathrm{Re}}\right)^{0.25} \tag{4-39}$$

该式形式简单,计算方便,也是适用于紊流三个阻力区的综合公式。用类似上述方法可以推得,该式就是光滑区的布拉修斯公式(4-36)和粗糙区的希弗林逊公式(4-37)的结合。

4. 莫迪图

上面提到,柯-怀公式(4-38)是适用于紊流在全部的三个阻力区 λ 的综合计算式,应用范围广泛。但用该式计算 λ 值比较麻烦,往往需经几次试算才能完成。为此,1944 年,美国工程师莫迪以式(4-38)为基础绘制了实际管道 λ 的计算曲线图,称为莫迪图,如图 4-15 所示。利用该图,可根据液流的 Re 和管道的相对粗糙度 Δ/d 直接查得 λ 值。

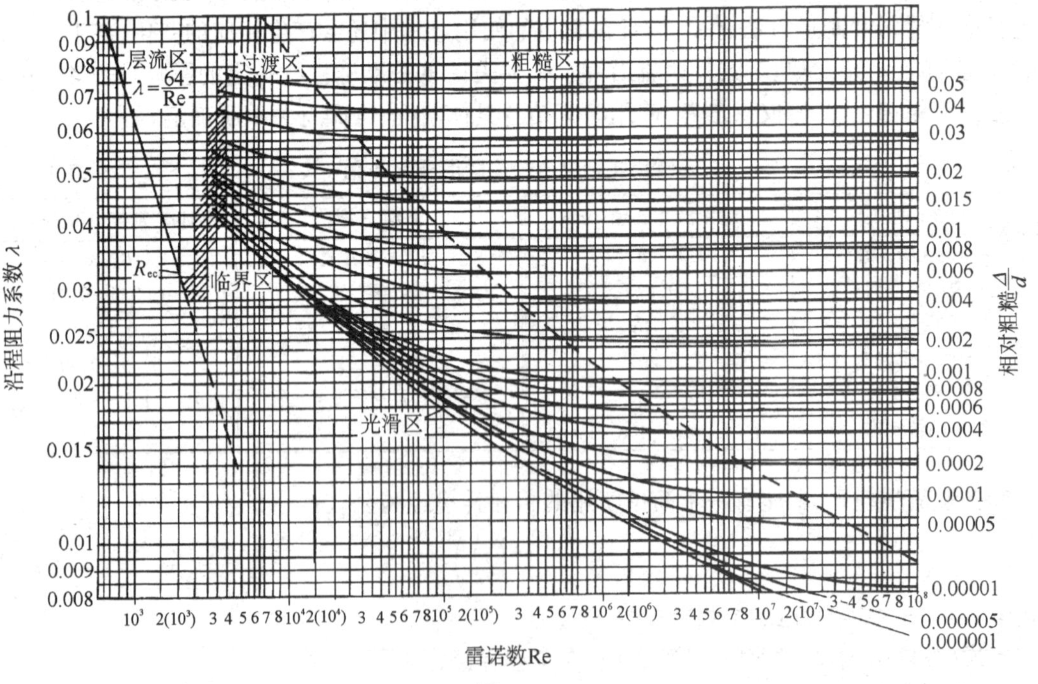

图 4-15

莫迪图反映了实际管道的 λ 在液流各阻力区随 Re 和 Δ/d 的变化关系,将其与尼古拉兹试验曲线比较可以看出,两图在紊流的水力光滑区和粗糙区的定性规律是一致的,但在紊流过渡区却有较大的差别。这主要是由于在该阻力区,随着 Re 的增加,实际管道的不均匀粗糙对液流的影响是一个逐渐的过程,而不同于人工均匀粗糙管道的缘故。

【例 4-4】 有两根管径 d、管长 l 和管材相同的管道,一根输送运动粘滞系数 ν_1 较小的水,另一根输送运动粘滞系数 ν_2 较大的油,试问(1)若两管中液体流速 v 相等,它们的沿程水头损失 h_f 是否相等?(2)若两管中液流的雷诺数 Re 相等,它们的沿程水头损失 h_f 是否相等?

【解】 由式(4-2b)有压管流的沿程水头损失为 $h_f=\lambda\dfrac{l}{d}\dfrac{v^2}{2g}$

(1) 对于题中的第一种情况,当管径 d、管长 l 和管中流速 v 都相同时,由上式可知,两管流的 h_f 仅取决于沿程阻力系数 λ,λ 值大的 h_f 值也大。

λ 在不同阻力区有不同的规律:在层流区 $\lambda=f(\mathrm{Re})$;在紊流光滑区 $\lambda=f(\mathrm{Re})$;在紊流过渡区 $\lambda=f(\mathrm{Re},\Delta/d)$;在紊流粗糙区 $\lambda=f(\Delta/d)$。

因为两管的管材、管径相同,即它们的相对粗糙度 Δ/d 相同,所以两管流在紊流粗糙区 λ 值相等,即 h_f 相等。而在另外三个阻力区,λ 值将决定于雷诺数 Re。题中液流的运动粘滞系数 $\nu_1<\nu_2$,当 d 与 v 相同时,由 $\mathrm{Re}=\dfrac{vd}{\nu}$ 可知,$\mathrm{Re}_1>\mathrm{Re}_2$。根据 $\mathrm{Re}_1>\mathrm{Re}_2$ 查图 4-15 可得,两管流在层流区、紊流光滑区和紊流过渡区均有 $\lambda_1<\lambda_2$,所以相应也有 $h_{f1}<h_{f2}$,即在这三个阻力区中,输水管流的 h_{f1} 都小于输油管流的 h_{f2}。

(2) 对于题中的第二种情况,因两管道的相对粗糙度 Δ/d 和雷诺数 Re 都相同,所以两管流的沿程阻力系数 λ 值在各阻力区都相等。当管径 d、管长 l 和沿程阻力系数 λ 相同时,由式(4-2b)可知,两管流的沿程水头损失 h_f 仅取决于管中的流速 v,v 值大的 h_f 值也大。

因为题中液流的运动粘滞系数 $\nu_1<\nu_2$,由 $\mathrm{Re}_1=\mathrm{Re}_2$,即 $\dfrac{v_1 d}{\nu_1}=\dfrac{v_2 d}{\nu_2}$ 可得 $v_1<v_2$,所以 $h_{f1}<h_{f2}$,即在液流的各个阻力区中,输水管流的 h_{f1} 都小于输油管流的 h_{f2}。

在紊流中,由于涉及到三个阻力区,λ 的计算公式较多,公式中的变量也较多,计算方法有时比较特殊。下面,结合两道例题,来讨论紊流中 λ 的一般计算方法。

【例 4-5】 已知某有压输水管道,管长 $l=30\mathrm{m}$,管径 $d=200\mathrm{mm}$,管壁当量粗糙度 $\Delta=0.2\mathrm{mm}$,水温 $t=6$℃。问当流量 $Q=24\mathrm{L/s}$ 时,沿程水头损失 h_f 为多少?

【解】 首先根据已知条件计算 Re 和 Δ/d

$v=\dfrac{Q}{A}=\dfrac{4\times0.024}{\pi\times0.2^2}=0.764\mathrm{m/s}$;查表 1-3,水温 $t=6$℃时,$\nu=1.473\times10^{-6}\mathrm{m^2/s}$。

则:

$$\mathrm{Re}=\frac{vd}{\nu}=\frac{0.764\times0.2}{1.473\times10^{-6}}=1.04\times10^5>2300 \text{ 为紊流}$$

$$\Delta/d=\frac{0.2}{200}=0.001$$

已知 Re 和 Δ/d 时,可采用多种方法求 λ,下面介绍三种方法:

(1) 由式(4-39)可得:

$$\lambda=0.11\left(\frac{\Delta}{d}+\frac{68}{\mathrm{Re}}\right)^{0.25}=0.11\left(0.001+\frac{68}{1.04\times10^5}\right)^{0.25}=0.0222$$

(2) 由 $\mathrm{Re}=1.04\times10^5$ 和 $\Delta/d=0.001$ 查莫迪图 4-15 得 $\lambda=0.0221$。

(3) 根据 Re 和 Δ/d 由图 4-15 大致判断一下紊流的阻力区,然后选择相应的紊流阻力区公式(如式 4-32 或 4-36,式 4-35 或 4-37 和式 4-38 或 4-39)计算 λ 值。如本题根据 $\mathrm{Re}=1.04\times10^5$ 和 $\Delta/d=0.001$ 由图 4-15 判断得,液流处于紊流过渡区,故可选择式(4-38)计算

λ 值,即:

$$\frac{1}{\sqrt{\lambda}}=-2\lg\left(\frac{\Delta}{3.7d}+\frac{2.51}{\text{Re}\sqrt{\lambda}}\right)$$

将 Re 和 Δ/d 值代入,并经试算得 $\lambda=0.0221$

可见,三种方法求得的 λ 值基本是一致的。

求得 λ 值后,由式(4-2b)得:

$$h_f=\lambda\frac{l}{d}\frac{v^2}{2g}=0.0221\times\frac{30}{0.2}\times\frac{(0.764)^2}{2\times9.8}=0.099\text{mH}_2\text{O}=9.9\text{cmH}_2\text{O}$$

【例 4-6】 已知某长直新铸铁输水管道的长度 $l=400$m,管径 $d=150$mm,测得沿程水头损失 $h_f=4\text{mH}_2\text{O}$,水温 $t=20$℃。(1)判断液流处于紊流的哪一阻力区,(2)确定管中的流量。

【解】 解题思路:(1)根据已知条件,由式(4-25)判断液流所处的紊阻力区;(2)设法求得沿程阻力系数 λ,再由式(4-2b)求得管中流速 v,进而求得流量 Q。

(1) 判断阻力区

查表 1-3,水温 $t=20$℃时,$\nu=1.007\times10^{-6}\text{m}^2/\text{s}$;查表 4-2,取新铸铁管的 $\Delta=0.3$mm;根据摩阻流速的概念,并结合式(4-6)可得:

$$v_*=\sqrt{\frac{\tau_0}{\rho}}=\sqrt{g\frac{d}{4}\frac{h_f}{l}}=\sqrt{9.8\times\frac{0.15}{4}\times\frac{4}{400}}=0.06062\text{m/s}$$

则:

$$\text{Re}_*=\frac{v_*\Delta}{\nu}=\frac{0.06062\times0.3\times10^{-3}}{1.007\times10^{-6}}=18.06$$

根据式(4-25),因为 $5<\text{Re}_*=18.06<70$,故液流处于紊流过渡区。

(2) 确定流量 Q

求 λ　本题液流处于紊流过渡区,$\lambda=f(\text{Re},\Delta/d)$,故要求 λ 必须先求 Re。但因题中流量 Q 未知,故 Re 也无法求得。对于此类问题(包括事先不知紊流所处阻力区的情况)一般采用如下方法解决:①根据经验先假设一 λ 值,或以紊流粗糙区公式计算得到的 λ 值作为假设值(该区中 λ 与 Re 无关,并很容易计算);②由达西公式(4-2)计算 v,并结合已知条件计算 Re;③再根据求得的 Re 和已知的 Δ/d 求新的 λ(可查莫迪图或选择相应的公式计算);④如果新求得的 λ 值与假设的 λ 值相等,则假设的 λ 值即为所求;如果不等,可再以所求得的 λ 值作为新假设 λ 值,重复上述②、③步骤,直到所求得的 λ 值与假设的 λ 值相等为止。本题 λ 的求解过程如下:

由式(4-35)得:

$$\lambda=\frac{1}{\left[2\lg\left(3.7\frac{d}{\Delta}\right)\right]^2}=\frac{1}{\left[2\lg\left(3.7\times\frac{150}{0.3}\right)\right]^2}=0.0234$$

以 $\lambda_1=0.0234$ 作为假设值,由式(4-2b)得:

$$v_1=\sqrt{2g\frac{h_f d}{\lambda_1 l}}=\sqrt{2\times9.8\times\frac{4\times0.15}{0.0234\times400}}=1.12\text{m/s}$$

所以:

$$\text{Re}_1=\frac{v_1 d}{\nu}=\frac{1.12\times0.15}{1.007\times10^{-6}}=166832\approx1.67\times10^5$$

由 $\text{Re}_1=1.67\times10^5$ 和 $\Delta/d=\frac{0.3}{150}=0.002$,查图 4-15 得 $\lambda_2=0.0247\neq\lambda_1$

再以 $\lambda_2=0.0245$ 作为新的假设值，同理，由式(4-2)得：

$$v_2=\sqrt{2\times9.8\times\frac{4\times0.15}{0.0247\times400}}=1.09\text{m/s}$$

$$\text{Re}_2=\frac{1.09\times0.15}{1.007\times10^{-6}}=162363\approx1.6\times10^5$$

再由 $\text{Re}_2=1.6\times10^5$ 和 $\Delta/d=0.002$ 查图 4-15 得 $\lambda_3=0.0248\approx\lambda_2$，故 $\lambda_3=0.0248$ 即为所求的 λ 值。

取 $v=v_2=1.09\text{m/s}$，则所求流量 Q 为：

$$Q=vA=1.09\times\frac{3.14\times(0.15)^2}{4}=0.0193\text{m}^3/\text{s}=19.3\text{L/s}$$

在工农业生产及居民生活的给水工程中，广泛采用着钢管、铸铁管、预制的钢筋混凝土管、石棉水泥管和塑料管等各种材料的管道。对于这些实用的工程管道，工程上往往是根据对每种材料管道的专门经验公式计算 λ，而不常采用上面介绍的计算公式或莫迪图确定 λ。这样做可以避免对每种实际管道当量粗糙度选择的任意性和困难性。下面，介绍一种计算旧钢管和旧铸铁管 λ 的经验公式。其他各种材料管道的 λ 经验公式可参看有关书籍。

5. 舍维列夫经验公式

1953 年，前苏联学者舍维列夫在实验室和生产条件下，对不同管径的新旧钢管、铸铁管进行了沿程阻力系数 λ 的系统实验研究，提出了计算新旧钢管和铸铁管 λ 的经验公式。因为管道在使用过程中会引起管壁结垢，使其粗糙度增大，过水能力降低。为保证输水的安全可靠性，设计管道时，一般都是按旧管道考虑的。

舍维列夫实验指出，如用旧钢管和旧铸铁管输水，当 $\text{Re}<9.2\times10^5d$（或水温 $t=10℃$，$v<1.2\text{m/s}$）时，水流处于紊流过渡区，其沿程阻力系数的经验公式为：

$$\lambda=\frac{1}{d^{0.3}}\left(1.5\times10^{-6}+\frac{\nu}{v}\right)^{0.3} \tag{4-40}$$

若取 $\nu=1.308\times10^{-6}\text{m}^2/\text{s}$（水温为 10℃）时，则：

$$\lambda=\frac{0.0179}{d^{0.3}}\left(1+\frac{0.867}{v}\right)^{0.3} \tag{4-40a}$$

当 $\text{Re}\geqslant9.2\times10^5d$（或水温 $t=10℃$，$v\geqslant1.2\text{m/s}$）时，水流处于紊流粗糙区，其沿程阻力系数的经验公式为：

$$\lambda=\frac{0.021}{d^{0.3}} \tag{4-41}$$

式中 d——管径，m（必须以 m 计）；

v——管道断面平均流速，m/s（必须以 m/s 计）。

工程实用中，在不特殊强调水温时，为了计算方便，人们往往统一按水温 $t=10℃$ 的流速条件来判别使用上述公式，即 $v<1.2\text{m/s}$ 时，按式(4-40a)计算 λ；$v\geqslant1.2\text{m/s}$ 时，按式(4-41)计算 λ。

【例 4-7】 已知某铸铁输水管道的管长 $l=100\text{m}$，管内径 $d=300\text{mm}$，流量 $Q=92\text{L/s}$，水温 $t=10℃$。试求该管流的沿程水头损失 h_f。

【解】 显然，本题若由表 4-2 来确定管道的当量粗糙度 Δ 值，将具有一定的人为性，从而使相应的 λ 和 h_f 也具有一定的人为性。现采用舍维列夫公式来计算，步骤如下：

判别阻力区

$$v=\frac{Q}{A}=\frac{4\times0.092}{\pi\times0.3^2}=1.302\text{m/s}$$

因为水温 $t=10$℃,且 $v=1.302\text{m/s}>1.2\text{m/s}$,故水流处于紊流粗糙区。

计算 λ　采用式(4-41)得:

$$\lambda=\frac{0.021}{d^{0.3}}=\frac{0.021}{0.3^{0.3}}=0.0301$$

计算 h_f　由式(4-2b)得:

$$h_f=\lambda\frac{l}{d}\frac{v^2}{2g}=0.0301\times\frac{100}{0.3}\times\frac{1.302^2}{2\times9.8}=0.87\text{mH}_2\text{O}$$

最后需要说明,本节中所讨论的计算 λ 公式都是针对有压圆管流而言的。对于明渠流,虽然可以用 $4R$ 取代上述公式中的 d 来作为相应明渠流 λ 的近似公式,但因有关明渠当量粗糙度的资料很少,而且方法也不很成熟,故在明渠流中,一般不采用类似本节的方法计算 h_f,而是沿用古老的经验方法计算(见下一节)。

第七节　谢才公式与谢才系数

上一节对沿程阻力系数 λ 变化规律的认识是从本世纪以来才逐渐取得的。但早在二百多年前,人们在生产实践中就总结出一些计算沿程水头损失的经验公式。这些经验公式虽然缺乏理论依据,但由于它们是建立在大量实测资料基础上的,在一定范围内满足了工程设计的需要。其中最有代表性的是谢才公式,目前它在工程实践中仍在广泛使用着。

谢才公式是法国工程师谢才在1769年通过总结大量明渠流实测资料提出的计算恒定均匀流的经验公式,其形式为:

$$v=C\sqrt{RJ} \tag{4-42}$$

式中 C 为谢才系数,$\text{m}^{1/2}/\text{s}$;其他各项符合含义同前。

由于 $J=h_f/l$,将其代入式(4-42)并整理为:

$$h_f=\frac{8g}{C^2}\frac{l}{4R}\frac{v^2}{2g}$$

将上式与式(4-2a)比较可得:

$$\lambda=\frac{8g}{C^2} \tag{4-43a}$$

或

$$C=\sqrt{\frac{8g}{\lambda}} \tag{4-43b}$$

可见,谢才公式(4-42)与达西公式(4-2)实质上是相同的。谢才系数 C 与沿程阻力系数 λ 一样,也是综合反映 Re 和边壁粗糙影响的阻力系数,它们的区别仅在于两者的表示形式不同,C 为有量纲的数,λ 为无量纲数。这样,虽然式(4-42)当初是针对明渠恒定均匀流提出的,但实际上它也适用于有压管恒定均匀流的计算,并且在液流的各阻力区都适用,它也是一个普遍公式。

显然，谢才系数 C 也应根据液流所处阻力区的不同有不同的表达式。但现在广泛使用的谢才系数 C 的计算公式，都是长期以来（在流动型态的概念还没有建立以前）人们通过大量实测资料总结的经验公式。现在看来，这些资料主要来自于紊流粗糙区，故相应的经验公式也就局限于紊流粗糙区范围适用。下面，介绍两个属于这一类的常用经验公式。

1．曼宁公式

$$C=\frac{1}{n}R^{1/6} \tag{4-44}$$

式中　n——综合反映壁面粗糙状态对液流阻力影响的参数，称为粗糙系数。对于一般的管渠，其取值可参考表 4-3。

从式(4-44)中 C 和水力半径 R 的量纲看，n 应该是一有量纲的数。但在应用中，n 是作为无量纲数对待的，这就要求式(4-44)中的 C 和 R 在计算中必须采用规定的单位。该式 C 和 R 的规定单位分别为 $m^{1/2}/s$ 和 m。

管渠粗糙系数 *n* 值①　　　　**表 4-3**

管　渠　类　别	n	管　渠　类　别	n
石棉水泥管、钢管	0.012	浆砌砖渠道	0.015
木　槽	0.012～0.014	浆砌块石渠道	0.017
陶土管、铸铁管	0.013	干砌块面渠道	0.020～0.025
混凝土管、钢筋混凝土管、水泥砂浆抹面渠道	0.013～0.014	土明渠（包括带草皮）	0.025～0.030

① 本表摘自国家计划委员会颁发的"室外排水设计规范(GBJ 14—87)"。对于更广泛的 n 值可查阅有关的专业设计手册。

式(4-44)是爱尔兰工程师曼宁于 1889 年提出的，它形式简单，计算精度较高，特别对于 $R<0.5m$、$n<0.02$ 的管流和明渠流适用情况更好。因此，目前该式在工程中被广泛应用。

2．巴甫洛夫斯基公式（以下简称巴氏公式）

$$C=\frac{1}{n}R^{y} \tag{4-45}$$

式中　n 为粗糙系数，可参考表 4-3 确定；C 和 R 的规定单位与式(4-44)相同。

式(4-45)中的指数 y 可由下式确定：

$$y=2.5\sqrt{n}-0.13-0.75\sqrt{R}(\sqrt{n}-0.10) \tag{4-46}$$

作为近似计算，y 值可采用下列简式：

当 $R<1.0m$ 时　　$y=1.5\sqrt{n}$　　(4-47a)

当 $R>1.0m$ 时　　$y=1.3\sqrt{n}$　　(4-47b)

式(4-45)是前苏联水力学家巴甫洛夫斯基于 1925 年提出，其适用范围是：

$$0.1\leqslant R\leqslant 3.0\ ,\ 0.011\leqslant n\leqslant 0.04$$

为了使用方便，在有些水力学书中或相应的计算手册中列出了与 n 和 R 对应的 C 值关系表，可供查用。

从式(4-44)和(4-45)可以看出，由这两个经验公式所确定的谢才系数 C 只与 n 和 R 有关，而与 v 和 ν 无关，即与 Re 无关。这一点也说明了这两个经验公式仅适用于紊流粗糙区。所以，由这两个经验公式确定谢才系数的谢才公式也就随之仅适用于紊流粗糙区。谢才公式在给水排水工程的管流和明渠流水力计算中经常使用。

【例 4-8】 根据【例 4-7】中的已知条件(铸铁输水管长 $l=100m$,管径 $d=300mm$,流量 $Q=92L/s$,水温 $t=10℃$),改用谢才公式计算管流的沿程水头损失 h_f。

【解】 判别阻力区 根据【例 4-7】中的判别结果($t=10℃$,$v=1.302m/s>1.2m/s$)已经知道,管中水流处于紊流粗糙区。故可采用谢才公式(4-42)计算 h_f。

计算谢才系数 C 因为 $R=\frac{d}{4}=\frac{0.3}{4}=0.075m$,按铸铁管查表 4-3,$n=0.013$,故由曼宁公式(4-44)得:

$$C=\frac{1}{n}R^{1/6}=\frac{1}{0.013}\times 0.075^{1/6}=49.95m^{1/2}/s$$

计算 h_f 将式(4-42)改写为:

$$h_f=\frac{lv^2}{C^2R}$$

代入已知数据得(【例 4-7】中已求得 $v=1.302m/s$):

$$h_f=\frac{100\times 1.302^2}{49.95^2\times 0.075}=0.91m$$

在【例 4-7】中,由舍维列夫公式计算的结果为 $h_f=0.87m$。可见,采用不同的公式计算,最后得到的结果略有不同。

沿程阻力系数 λ 和谢才系数 C 的主要计算公式 **表 4-4**

层 流 区	$\lambda=\frac{64}{Re}$ ($Re\leqslant 2300$)
紊流光滑区	尼古拉兹光滑区半经验公式 $\frac{1}{\sqrt{\lambda}}=2\lg(Re\sqrt{\lambda})-0.8$ ($\Delta<0.4\delta_0$ 或 $Re_*<5$) 布拉修斯经验公式 $\lambda=\frac{0.3164}{Re^{0.25}}$ ($4000<Re<10^5$ 及 $\Delta<0.4\delta_0$)
紊流过渡区	柯列勃洛克-怀特经验公式① $\frac{1}{\sqrt{\lambda}}=-2\lg\left(\frac{\Delta}{3.7d}+\frac{2.51}{Re\sqrt{\lambda}}\right)$ ($0.4\delta_0<\Delta<6\delta_0$ 或 $5<Re_*<70$) 阿里特苏里经验公式② $\lambda=0.11\left(\frac{\Delta}{d}+\frac{68}{Re}\right)^{0.25}$ ($0.4\delta_0<\Delta<6\delta_0$ 或 $5<Re_*<70$) 舍维列夫经验公式 $\lambda=\frac{0.0179}{d^{0.3}}\left(1+\frac{0.867}{v}\right)^{0.3}$ (适用于输水的旧钢管及旧铸铁管,且满足 $Re<9.2\times 10^5 d$ 或 $t=10℃$,$v<1.2m/s$)
紊流粗糙区	尼古拉兹粗糙区半经验公式 $\lambda=\frac{1}{\left(2\lg\frac{r_0}{\Delta}+1.74\right)^2}$ ($\Delta>6\delta_0$ 或 $Re_*>70$) 希弗林逊经验公式 $\lambda=0.11\left(\frac{\Delta}{d}\right)^{0.25}$ ($\Delta>6\delta_0$ 或 $Re_*>70$) 舍维列夫经验公式 $\lambda=\frac{0.021}{d^{0.3}}$ (适用于输水的旧钢管及旧铸铁管,且满足 $Re\geqslant 9.2\times 10^5 d$ 或 $t=10℃$,$v\geqslant 1.2m/s$) 曼宁经验公式 $C=\frac{1}{n}R^{1/6}$ ($R<0.5m$,$n<0.02$) 巴甫洛夫斯基经验公式 $C=\frac{1}{n}R^y$,其中 $y=2.5\sqrt{n}-0.13-0.75\sqrt{R}(\sqrt{n}-0.10)$ ($0.1m\leqslant R\leqslant 3.0m$,$0.011\leqslant n\leqslant 0.04$)

①、② 这两个公式分别是由紊流光滑区与紊流粗糙区的两个半经验公式和两个经验公式组合而成,它们也都适用于紊流的三个阻力区。

通过前面的讨论，到此为止，我们已解决了沿程水头损失 h_f 的计算问题，现将确定 h_f 的关键因素——沿程阻力系数 λ 和谢才系数 C 的主要计算公式总结于表 4-4。

第八节　局部水头损失

前已提及，局部水头损失是由于液流克服局部阻力作功而引起的水头损失，以 h_m 表示。它一般主要发生在液流过水断面突变、液流轴线急剧弯曲或液流前进方向上有明显的局部障碍等局部构件处。

根据式(4-3)，局部水头损失 h_m 的通用计算式为：

$$h_m = \xi \frac{v^2}{2g}$$

式中　ξ——无量纲纯数，称为局部阻力系数，它是计算 h_m 的关键；

v——一般采用局部构件之后的断面平均流速，但也常有例外。因此，当局部构件前后的 v 不相同时，计算 h_m 要注意 ξ 与 v 的对应性。

一般地讲，ξ 应决定于液流的雷诺数 Re 和局部构件处液流的边界形状。但在局部构件处，因为液流受到强烈干扰，一般液流都处于紊流粗糙区，所以 ξ 值往往只取决于局部构件处液流的边界形状，而与 Re 无关。这时，对于液流边界形状一定的局部构件，其 ξ 即为定值。在水力学书籍及水力计算手册中所给出的 ξ 值均指紊流粗糙区的数值。下面，用理论分析的方法，来讨论有压圆管流通过断面突扩处的 h_m 和 ξ 的计算。

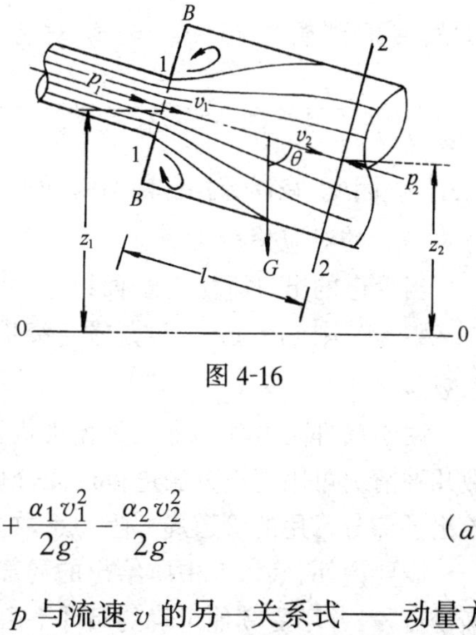

图 4-16

如图 4-16 为有压圆管流在断面突扩处的流动情况，局部水头损失 h_m 发生在渐变流过水断面 1-1 和 2-2 间的 l 流段上。由于两过水断面相距很近，其间的沿程水头损失 h_f 与局部水头损失 h_m 相比可以忽略，则由 1-1 和 2-2 断面的能量方程可得：

$$h_m = \left(z_1 + \frac{p_1}{\gamma}\right) - \left(z_2 + \frac{p_2}{\gamma}\right) + \frac{\alpha_1 v_1^2}{2g} - \frac{\alpha_2 v_2^2}{2g} \tag{a}$$

为将 h_m 表示成流速 v 的函数，可引用动水压强 p 与流速 v 的另一关系式——动量方程。取 B-B、2-2 断面及管壁为控制面，控制面内液体所受到的外力在流动方向上的分力有：

(1) 作用在断面 1-1 和 2-2 上的动水总压力 $P_1 = p_1 A_1$ 和 $P_2 = p_2 A_2$，p_1 和 p_2 分别为断面 1-1 和断面 2-2 形心点的动水压强；

(2) 1-B 环形壁面对液体的作用力 P'_1 的大小等于漩涡区内液体作用在该环形面积上的动水压力。实验表明该环形壁面 1-B 处的动水压强也基本符合静水压强分布规律，故 $P'_1 = p_1(A_2 - A_1)$；

(3) 控制面内液体的重量在流动方向上的分量 $G\cos\theta = \gamma A_2 l \dfrac{z_1 - z_2}{l} = \gamma A_2(z_1 - z_2)$；

(4) l 流段内的液体与管壁间的切应力和其他力比较是微小量,可以忽略。

则沿流动方向建立动量方程得:

$$\rho Q(\beta_2 v_2-\beta_1 v_1)=P_1-P_2+P_1'+G\cos\theta=p_1A_1-p_2A_2+p_1(A_2-A_1)+\gamma A_2(z_1-z_2)$$

以 $Q=v_2A_2$ 代入上式,并以 γA_2 除全式各项,整理得:

$$\frac{v_2}{g}(\beta_2 v_2-\beta_1 v_1)=\left(z_1+\frac{p_1}{\gamma}\right)-\left(z_2+\frac{p_2}{\gamma}\right) \tag{b}$$

将(b)式代入(a)式,并考虑在紊流状态下取 α_1、α_2、β_1、β_2 都近似为 1.0,整理得:

$$h_m=\frac{(v_1-v_2)^2}{2g} \tag{4-48}$$

式(4-48)就是有压圆管流通过断面突扩处局部水头损失 h_m 的理论计算式,实验证明它是符合实际的。式(4-48)表明,突扩圆管的局部水头损失 h_m 等于突扩前后减小的断面平均流速的流速水头。由连续性方程 $v_1A_1=v_2A_2$,可进一步用 v_1 或 v_2 表示这一 h_m,其形式为:

$$h_m=\left(1-\frac{A_1}{A_2}\right)^2\frac{v_1^2}{2g}=\xi_1\frac{v_1^2}{2g} \tag{4-49a}$$

或:

$$h_m=\left(\frac{A_2}{A_1}-1\right)^2\frac{v_2^2}{2g}=\xi_2\frac{v_2^2}{2g} \tag{4-49b}$$

可见,突扩圆管中与 v_1 和 v_2 对应的局部阻力系数分别为 $\xi_1=\left(1-\frac{A_1}{A_2}\right)^2$ 和 $\xi_2=\left(\frac{A_2}{A_1}-1\right)^2$。显然,$\xi_1\neq\xi_2$(由连续性方程可以推得,这两个阻力系数的一般关系为 $\xi_1A_2^2=\xi_2A_1^2$)。因此,在局部构件前后断面面积不相等的情况下,采用式(4-3)计算 h_m 时,必须注意 ξ 与 v 的对应关系。

当管道的出口淹没在水面以下,水流经出口流出到断面很大的容器时,式(4-49a)中 $A_1/A_2\approx0$,则 $\xi_1\approx1.0$。这是圆管突扩的特殊情况,这一 ξ_1 称为管道淹没出口的局部阻力系数。

由于局部阻力和局部水头损失规律的复杂性,对于局部阻力系数 ξ 的计算,目前除少数几种情况可用理论方法进行近似分析外,绝大多数情况是用实验方法确定的。表 4-5 中给出了部分常用的管道局部阻力系数 ξ 值,更详细的数值可查阅有关的水力计算手册。

需要说明,表 4-5 中所给出的局部阻力系数是在局部构件前后都有足够长的均匀流或渐变流段,并不受其他干扰的条件下由实验测得的。故采用这些系数计算时,一般要求各局部构件之间要有一段不小于 3 倍管直径(即 $l\geqslant3d$)的间隔。对于紧连在一起的两个局部构件,其局部阻力系数不等于它们单独分开时的局部阻力系数之和,而应另行由实验测定,这类问题在实用中应予注意。

在工程实际中。为了简化计算过程,有时将局部构件的局部水头损失折算成同直径、一定长度直管段的沿程水头损失进行计算。该直管段的长度称为局部构件的等值长度(或当量长度),以 l_e 表示。令式(4-2b)和式(4-3)相等,可推得局部构件的等值长度为:

$$l_e=\frac{\xi d}{\lambda} \tag{4-50}$$

式中 ξ 为局部构件的局部阻力系数;d 和 λ 分别为等值长度管段的管径和沿程阻力系数。

管道局部阻力系数 ξ 表 4-5

计算局部水头损失公式：$h_m=\xi\frac{v^2}{2g}$，式中 v 如图说明

名 称	图 示	ξ 值 及 说 明
断面突然扩大	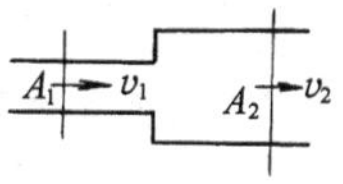	$\xi_1=\left(1-\frac{A_1}{A_2}\right)^2$ （与 v_1 对应） $\xi_2=\left(\frac{A_2}{A_1}-1\right)^2$ （与 v_2 对应）
断面突然缩小	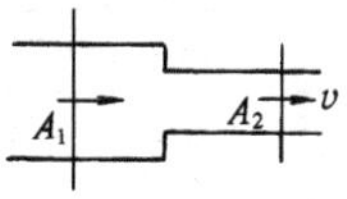	$\xi=0.5\left(1-\frac{A_2}{A_1}\right)$
进口	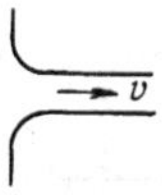	完全修圆 $\xi=0.05\sim0.10$ 稍微修圆 $\xi=0.20\sim0.25$
	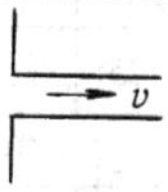	直角进口 $\xi=0.50$
	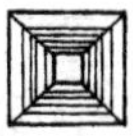	方形喇叭进口 $\xi=0.16$
出口	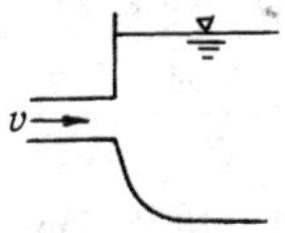	流入水箱或水库 $\xi=1.0$
	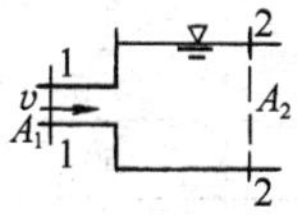	流入明渠 $\xi=\left(1-\frac{A_1}{A_2}\right)^2$
断面逐渐扩大	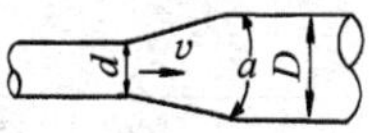	见下表
断面逐渐缩小	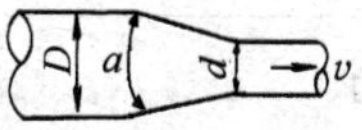	见下表

断面逐渐扩大：

D/d \ α (ξ)	2°	4°	6°	8°	10°	15°	20°	25°	30°	35°	40°	45°	50°	60°
1.1	0.01	0.01	0.01	0.02	0.03	0.05	0.10	0.13	0.16	0.18	0.19	0.20	0.21	0.23
1.2	0.02	0.02	0.02	0.03	0.04	0.09	0.16	0.21	0.25	0.29	0.31	0.33	0.35	0.37
1.4	0.02	0.03	0.03	0.04	0.06	0.12	0.23	0.30	0.36	0.41	0.44	0.47	0.50	0.53
1.6	0.03	0.03	0.04	0.05	0.07	0.14	0.26	0.35	0.42	0.47	0.51	0.54	0.57	0.61
1.8	0.03	0.04	0.04	0.05	0.07	0.15	0.28	0.37	0.44	0.50	0.54	0.58	0.61	0.65
2.0	0.03	0.04	0.04	0.05	0.07	0.16	0.29	0.38	0.46	0.52	0.56	0.60	0.63	0.68
2.5	0.03	0.04	0.04	0.05	0.08	0.16	0.30	0.39	0.48	0.54	0.58	0.62	0.65	0.70
3.0	0.03	0.04	0.04	0.05	0.08	0.16	0.31	0.40	0.48	0.55	0.59	0.63	0.66	0.71

断面逐渐缩小：

α	10°	15°	20°	25°	30°	35°	40°	45°	60°
ζ	0.16	0.18	0.20	0.22	0.24	0.26	0.28	0.30	0.32

计算局部水头损失公式：$h_m=\xi\frac{v^2}{2g}$，式中 v 如图说明

名称	图示	ξ 值及说明
折弯管	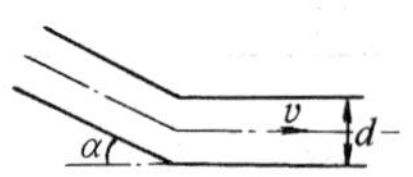	见下表

圆形：

α	10°	20°	30°	40°	50°	60°	70°	80°	90°
ξ	0.04	0.10	0.20	0.30	0.40	0.55	0.70	0.90	1.10

矩形：

α	15°	30°	45°	60°	90°
ξ	0.025	0.11	0.26	0.49	1.20

名称	图示	ξ 值及说明
缓弯管	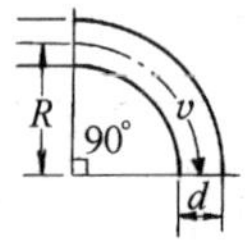	90°弯管

d/R	0.2	0.4	0.6	0.8	1.0
$\xi_{90°}$	0.132	0.138	0.158	0.206	0.294
d/R	1.2	1.4	1.6	1.8	2.0
$\xi_{90°}$	0.440	0.660	0.976	1.406	1.975

名称	图示	ξ 值及说明
缓弯管	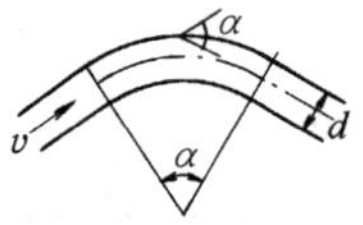	任意角度弯管 $\xi=k\xi_{90°}$

α	20°	30°	40°	50°	60°	70°	80°
k	0.47	0.57	0.66	0.75	0.82	0.88	0.94
α	90°	100°	120°	140°	160°	180°	
k	1.00	1.05	1.16	1.25	1.33	1.41	

名称	图示	ξ 值及说明
闸阀	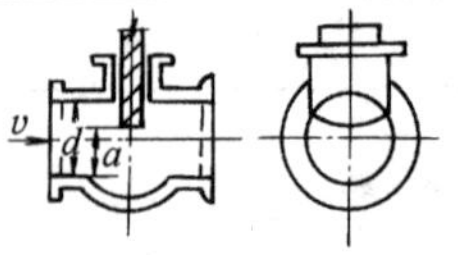	见下表

a/d	0	0.125	0.2	0.3	0.4
ξ	∞	97.3	35.0	10.0	4.60
a/d	0.5	0.6	0.7	0.8	0.9
ξ	2.06	0.98	0.44	0.17	0.06

名称	图示	ξ 值及说明
蝶阀	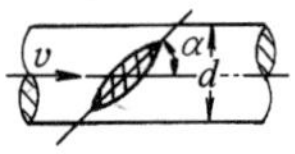	见下表

α	全开	5°	10°	15°	20°	25°	30°	35°
ξ	0.1～0.3	0.24	0.52	0.90	1.54	2.51	3.91	6.22
α	40°	45°	50°	55°	60°	65°	70°	90°
ξ	10.8	18.7	32.6	58.8	118	256	751	∞

名称	图示	ξ 值及说明
截止阀	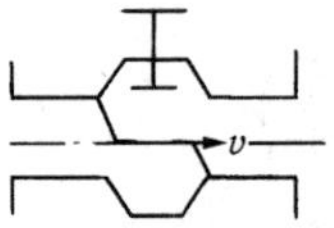	见下表

d(cm)	15	20	25	30
ξ(全开)	6.5	5.5	4.5	3.5
d(cm)	35	40	50	≥60
ξ(全开)	3.0	2.5	1.8	1.7

名称	图示	ξ 值及说明
止回阀	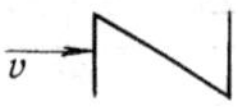	见下表

d(mm)	150	200	250	300	350	400	500	≥600
ξ(全开)	6.5	5.5	4.5	3.5	3.0	2.5	1.8	1.7

名称	图示	ξ 值及说明
滤水网（莲蓬头）	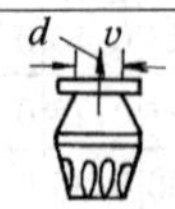	无底阀 ξ=2～3
滤水网（莲蓬头）	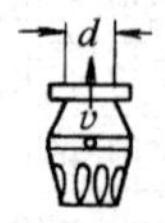	有底阀，见下表

有底阀：

d(mm)	40	50	75	100	150	200
ξ	12.0	10.0	8.5	7.0	6.0	5.2
d(mm)	250	300	350	400	500	750
ξ	4.4	3.7	3.4	3.1	2.5	1.6

名称	图示	ξ 值及说明
渐变段	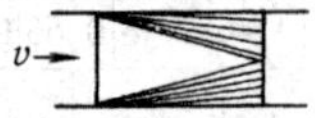	方变圆 ξ=0.05
渐变段	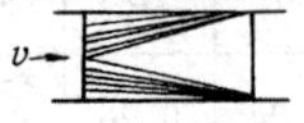	圆变方 ξ=0.1

【例 4-9】 试求直径 $d=100$mm 的闸阀，在开度 a/d 分别为 0.9、0.5 和 0.125 时的等值长度。设等值长度管段的沿程阻力系数 $\lambda=0.03$。

【解】 查表 4-5，闸阀的开度 a/d 为 0.9、0.5、0.125 时的局部阻力系数分别为 $\xi_1=0.06$、$\xi_2=2.06$、$\xi_3=97.3$，故由式(4-50)得相应这些开度的等值长度分别为：

$$l_{e_1}=\frac{\xi_1 d}{\lambda}=\frac{0.06\times0.1}{0.03}=0.2\text{m}$$

$$l_{e_2}=\frac{\xi_2 d}{\lambda}=\frac{2.06\times0.1}{0.03}=6.87\text{m}$$

$$l_{e_3}=\frac{\xi_3 d}{\lambda}=\frac{97.3\times0.1}{0.03}=324.3\text{m}$$

【例 4-10】 如图 4-17 所示，水从水箱 A 经管道流入水箱 B。已知水管直径 $d=150$mm，长度 $l=50$m，管中流量 $Q=19$ L/s，转弯半径 $R=200$mm，折角 $\alpha=30°$，闸阀开度 $a/b=0.6$，两水箱水位保持不变，水温 $t=20$℃。若输水管按旧钢管计算，试求两水箱的水面高差 H。

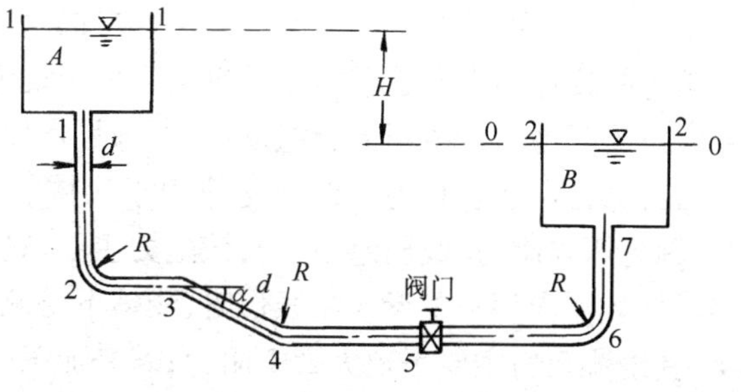

图 4-17

【解】 取 B 水箱水面为基准面 0-0，建立两水面 1-1 和 2-2 断面能量方程得：

$$H+\frac{\alpha_1 v_1^2}{2g}=\frac{\alpha_2 v_2^2}{2g}+h_w$$

因为水箱断面相对很大，故可取 $v_1\approx v_2\approx0$；$h_w=h_f+h_m=\left(\lambda\frac{l}{d}+\Sigma\xi\right)\frac{v^2}{2g}$

所以：
$$H=\left(\lambda\frac{l}{d}+\Sigma\xi\right)\frac{v^2}{2g} \qquad (a)$$

式中 $v=\frac{Q}{A}=\frac{4\times0.019}{3.14\times0.15^2}=1.08\text{m/s}$； $\Sigma\xi=\xi_1+\xi_2+\xi_3+\xi_4+\xi_5+\xi_6+\xi_7$

查表 1-3，水温 $t=20$℃时，$\nu=1.007\times10^{-6}\text{m}^2/\text{s}$，故水的雷诺数为：

$$\text{Re}=\frac{v\cdot d}{\nu}=\frac{1.08\times0.15}{1.007\times10^{-6}}=160874>9.2\times10^5 d=9.2\times10^5\times0.15=138000$$

对于旧钢管，此时水流处于紊流粗糙区，由式(4-41)得：

$$\lambda=\frac{0.021}{d^{0.3}}=\frac{0.021}{0.15^{0.3}}=0.0371$$

查表 4-5，各项局部阻力系数分别为：进口 $\xi_1=0.5$；90°缓弯管，当$\frac{d}{R}=\frac{150}{200}=0.75$时，经内插计算得 $\xi_2=\xi_6=\xi_{90°}=0.194$；折弯管，当 $\alpha=30°$时，$\xi_3=0.20$；30°缓弯管，系数 $k=0.57$，所以 $\xi_4=k\xi_{90°}=0.57\times0.194=0.1106$；闸阀，当开度 $a/b=0.6$ 时，$\xi_5=0.98$；淹没出口 $\xi_7=1.0$。

将已知数据代入前式(a)得所求的水面高差为：

$$H=\left(0.0371\times\frac{50}{0.15}+0.5+2\times0.194+0.2+0.1106+0.98+1.0\right)\frac{1.08^2}{2\times9.8}=0.93\text{m}$$

第九节　绕流阻力与升力

一、绕流阻力

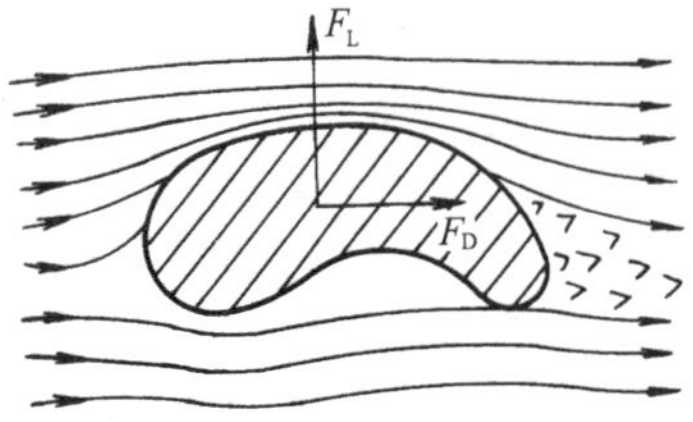

图 4-18

当潜没在液体中的物体与液体间有相对运动时，物体将受到一个与来流方向相同的作用力，这一作用力就称为绕流阻力，以 F_D 表示（如图 4-18）。

在前面的讨论中我们已知道，实际液流在固体边界附近流速梯度很大，当固体边界形状变化较大时，还常出现主流与固体边界分离，并伴生有漩涡区出现的现象，从而产生相应的液流沿程阻力和局部阻力。绕流阻力正是液流阻力的反作用力沿着液体流动方向作用于绕流物体上的宏观结果。

绕流阻力一般由两部分组成：一部分是作用于物体表面的切应力合力在来流方向上的分量，称为摩擦阻力；另一部分是作用于物体表面的压应力（压强）合力在来流方向上的分量，称为压强阻力（或压差阻力），该阻力主要取决于物体迎流的形状，故又称其为形状阻力。当物体顺流向为扁平形或流线形时，物体下游侧漩涡区较小或没有，物体受到的压强阻力较小，其绕流阻力主要表现为摩擦阻力；若来流 Re 较大，且物体迎流成钝形，或物体形状变化较大，此时物体迎流侧正压强较大，而在物体下游侧则较早出现主流与物体边界分离，形成较大的漩涡区，造成压强远小于迎流侧压强，甚至出现负压强，因此压强阻力较大，可远大于摩擦阻力，即绕流阻力主要为压强阻力。例如，水流中的圆柱体、圆球体和桥墩等就是这种情况。为了减小液流中物体的绕流阻力，应将物体制做成流线形。

实验表明，绕流阻力可采用下式计算：

$$F_D = C_D A \frac{\rho u_0^2}{2} \tag{4-51}$$

式中 u_0——末受扰动的来流与绕流物体的相对速度；

A——绕流物体在垂直来流方向上的投影面积；

ρ——绕流液体的密度；

C_D——无量纲数，称为绕流阻力系数。它主要决定于绕流物体的形状及液流的雷诺数 Re，一般由实验确定，可在有关水力计算手册中查得。例如，对于圆球体，当 $1000 < \mathrm{Re} \leqslant 2000$ 时 $\left(\mathrm{Re} = \frac{u_0 d}{\nu}, u_0\right.$ 为圆球与来流的相对速度，d 为圆球的直径$\left.\right)$，可近似采用 $C_D = 0.48$；当 $2000 < \mathrm{Re} \leqslant 2\times10^5$ 时，可近似采用 $C_D = 0.43$。

二、升力

当液体绕流的物体为非对称形，或虽为对称形，但来流方向与其对称轴不平行时，物体两侧流线的疏密程度是不一样的。流线较密的一侧流速相对较大，由能量方程可知这一侧的动水压强相对较小。这样，物体将受到一个由流线较稀一侧指向流线较密一侧的垂直于流向的作用力，这一作用力称为升力，以 F_L 表示。如图 4-18 所示，物体上部的流线相对下部要密一些，则物体受到一个竖直向上的升力作用。注意，升力只是一种习惯称法，它的方向垂直于来流方向，但并不一定竖直向上。

实验表明,升力可采用下式计算:

$$F_L = C_L A \frac{\rho u_0^2}{2} \tag{4-52}$$

式中 C_L——升力系数,为无量纲数,一般由实验确定;

其他符号含义同前式(4-51)。

【例 4-11】 直径 $d=5\text{mm}$ 的粗砂在水温为16℃的静水中下沉,试求该粗砂达到等速下降时的沉降速度(设砂的容重 $\gamma_s = 25.97\text{kN/m}^3$)。

【解】 砂粒在静水中向下沉降时,同时受到自身重力、浮力和绕流阻力的作用。砂粒在开始沉降时,由于向下的重力大于向上的浮力与绕流阻力之和,使其加速沉降。随着沉降速度的加大,作用在砂粒上的绕流阻力也随之加大,当重力、浮力和绕流阻力三力达到平衡时,砂粒开始等速沉降。设该沉降速度为 u_0,并将砂粒近似视为直径为 d 的圆球,计算过程如下:

重力(向下) $G = \gamma_s V = \gamma_s \frac{1}{6}\pi d^3$

浮力(向上) $F = \gamma V = \gamma \frac{1}{6}\pi d^3$

绕流阻力(向上),由式(4-51)得:$F_D = C_D A \frac{\rho u_0^2}{2} = C_D \frac{\pi}{4} d^2 \frac{\rho u_0^2}{2}$

三力平衡时: $G = F + F_D$

即

$$(\gamma_s - \gamma)\frac{1}{6}\pi d^3 = C_D \frac{\pi}{4} d^2 \frac{\rho u_0^2}{2}$$

故砂粒等速沉降时的沉降速度为:

$$u_0 = \sqrt{\frac{4}{3C_D}\left(\frac{\gamma_s}{\gamma} - 1\right) g d}$$

若取圆球的绕流阻力系数 $C_D = 0.43$,将已知的 γ_s、γ 和 d 代入上式得:

$$u_0 = \sqrt{\frac{4}{3\times 0.43}\times\left(\frac{25.97}{9.8} - 1\right)\times 9.8\times 0.005} = 0.501\text{m/s} = 50.1\text{cm/s}$$

下面,校核所取的 $C_D = 0.43$ 是否合理

查表 1-3,水温 $t = 16$℃时,$\nu = 1.112\times 10^{-6}\text{m}^2/\text{s}$,所以砂粒等速沉降时水流的雷诺数为:

$$\text{Re} = \frac{u_0 d}{\nu} = \frac{0.501\times 0.005}{1.112\times 10^{-6}} = 2253 > 2000$$

在前面已经指出,对于圆球当液流的雷诺数 $2000 < \text{Re} \leqslant 2\times 10^5$ 时,可近似取 $C_D = 0.43$,故本例题所取的 C_D 值是合理的。

由于砂粒的形状与圆球有一定的差别,实际的绕流阻力系数 C_D 比 0.43 要大一些,所以砂粒的实际等速沉降速度要小于上述计算值。

思 考 题

4-1 什么叫沿程水头损失和局部水头损失?它们有哪些相同点和不同点?在水头损失的计算中,为什么将局部水头损失视为集中发生在边界条件突变的局部构件断面上?实际上是不是这样?

4-2 既然沿程水头损失的通用计算公式为 $h_f=\lambda\frac{l}{d}\frac{v^2}{2g}$,那么如何理解在层流中,沿程水头损失 h_f 与流速 v 的一次方成正比。

4-3 紊流形成的先决条件是什么？如何理解雷诺数 Re 的物理意义？为什么用下临界雷诺数判别流动型态,而不用上临界雷诺数判别流动型态？两个不同的管道,通过粘滞性不同的液体,它们的临界雷诺数是否相同？

4-4 在有压管流中,当管径一定时,随流量的增加,液流的雷诺数将如何变化？当流量一定时,随管径的增加,雷诺数将如何变化？当管径和流量都不变,但液流的温度升高时,雷诺数又将如何变化？

4-5 紊流中的瞬时流速、脉动流速、时均流速,断面平均流速有何区别？

4-6 为什么用流速仪测定某点的流速时,在测点停留的时间不能过短？

4-7 紊流中为什么不能形成真正的恒定流和均匀流？如何理解紊流中的恒定流与非恒定流、均匀流与非均匀流的概念？

4-8 为什么紊流中在紧靠边壁附近会出现粘性底层？其厚度与哪些因素有关？研究粘性底层有何意义？为什么当水流通过某固定管道时,该管道的壁面既可能是水力光滑的,也可能是水力粗糙的？

4-9 为什么会出现紊流附加切应力？紊流的断面平均流速为什么比层流的断面平均流速均匀得多？

4-10 为什么在实际水力计算中,一般可将液流的动能修正系数 α 和动量修正系数 β 都近似取为1.0？在什么情况下这两个系数不能取为 1.0？

4-11 尼古拉兹为什么要在人工粗糙管道中进行试验？该试验所揭示的规律是什么？意义何在？

4-12 试比较尼古拉兹试验曲线与莫迪图有哪些共同点和不同点？为什么在紊流光滑区和紊流粗糙区,实际管道的沿程阻力系数 λ 可直接采用相应的人工管道公式(4-32)和(4-35)计算？在紊流的计算中,为什么要引入实际管道当量粗糙度的概念？它是如何定义的？

4-13 直径为 d,长度为 l 的有压管流,当流量增大时,沿程阻力系数 λ 和沿程水头损失 h_f 将如何变化？当流量不变,但管壁的绝对粗糙度增大时,λ 和 h_f 又将如何变化？(分不同的阻力区讨论)

4-14 说出当量粗糙度 Δ,粗糙系数 n,沿程阻力系数 λ,谢才系数 C 的含义。

4-15 $\tau=\gamma RJ$, $h_f=\lambda\frac{l}{4R}\frac{v^2}{2g}$ 和 $v=C\sqrt{RJ}$ 三个公式有何联系？这三个公式对恒定有压管流和明渠流中各种流动型态(层流和紊流)的均匀流是否都适用？对非均匀流是否也适用？

4-16 当局部构件前后的断面平均流速不相等时,试建立与这两个断面平均流速对应的两个局部阻力系数的关系式。

4-17 绕流阻力是怎样形成的？它可分为哪两个组成部分？绕流阻力系数与哪些因素有关？升力是怎样形成的？这一作用力是否一定是竖直向上的？

习　题

4-1 某恒定均匀流有压管道,已知管长 $l=100$m,管径 $d=200$mm。若测得水流的水力坡度 $J=0.008$,试求水流在管壁处和半径 $r=50$mm 处的切应力及管中的水头损失。

4-2 水流经变断面管道,已知小断面直径为 d_1,大断面直径为 d_2,且 $d_2/d_1=2$。试问哪个断面的雷诺数大？两断面雷诺数的比值 Re_1/Re_2 是多少？

4-3 已知某有压管流的管径 $d=100$mm,流量 $Q=6$L/s,水温 $t=10$℃。试判别水流的流动型态。如果要保持管内水流为层流运动,管中流量应如何限制？

4-4 用直径 $d=100$mm 的管道输送质量流量为 10kg/s 的水,若水温为 4℃,试确定管内水的流动型态。如用该管道输送同样质量流量的油,已知油的密度 $\rho=850\text{kg/m}^3$,运动粘滞系数 $\nu=1.14\times10^{-4}\text{m}^2/\text{s}$,试确定管内油的流动型态。

4-5 一矩形断面渠道,宽度 $b=2$m,水深 $h=0.6$m,若测得流速 $v=0.5$m/s,水温 $t=20$℃,试判别其流动型态。如果保持水温和水深不变,流速减小到多大时水流为层流？

4-6 某实验用有压管道，已知直径 $d=15\text{mm}$，测量段长度 $l=10\text{m}$，水温 $t=4℃$。试问(1)当流量 $Q=0.02\text{L/s}$ 时，管中是层流还是紊流？(2)此时管道的沿程阻力系数 λ 为多少？(3)此时测量段两断面间的水头损失 h_w 为多少？(4)为保持管中为层流，测量段两断面间最大的测压管水头差为多少？

4-7 如图所示，油在管中以 $v=1\text{m/s}$ 的速度流动，油的密度 $\rho=920\text{kg/m}^3$，管长 $l=3\text{m}$，管径 $d=25\text{mm}$，水银差压计的读值 $h_p=9\text{cm}$。试求(1)油在管中的流动型态；(2)油的粘滞系数 μ 和 ν；(3)若以相同的断面平均流速反向流动，差压计的读数有何变化？

4-8 如图所示，在输油管道的管轴上装有带水银差压计的毕托管。已知该输油管道的管径 $d=75\text{mm}$，油的容重 $\gamma=8.83\text{kN/m}^3$，运动粘滞系数 $\nu=0.9\times10^{-4}\text{m}^2/\text{s}$。若差压计读值 $h_p=20\text{mm}$，试求油每小时流过管道的体积数。

4-9 如图所示，油以流量 $Q=7.7\text{cm}^3/\text{s}$ 通过直径 $d=6\text{mm}$ 的细管时，在相距 $l=2\text{m}$ 的两断面上所接的水银差压计读值为 $h_p=18\text{cm}$。若油的密度 $\rho=900\text{kg/m}^3$，试求油的粘滞系数 μ 和 ν 值。

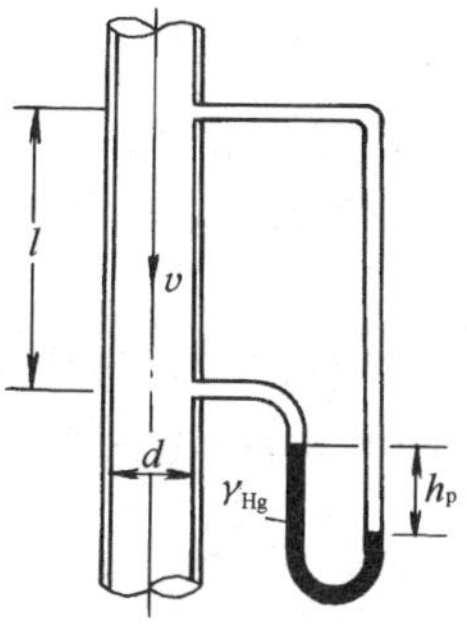

题 4-7 图

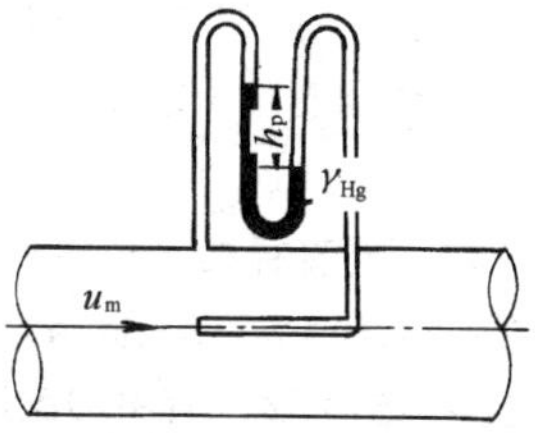

题 4-8 图

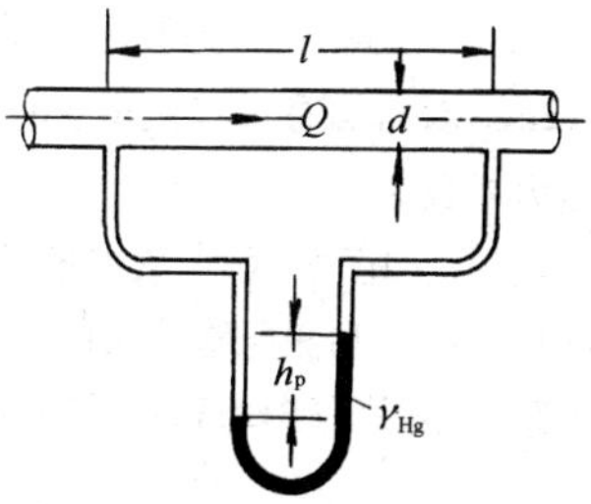

题 4-9 图

4-10 某有压管道直径 $d=100\text{mm}$，通过水流的流速 $v=2\text{m/s}$，若水温 $t=20℃$，管道的沿程阻力系数 $\lambda=0.03$，试求粘性底层厚度 δ_0。

4-11 某有压管道直径 $d=250\text{mm}$，壁面当量粗糙度 $\Delta=0.5\text{mm}$，若水温 $t=10℃$，试问使水流保持在阻力平方区的管中最小流量为多少？并求此时管壁处的切应力 τ_0 为多少？

4-12 在上题中，若管中通过的流量分别为 $0.005\text{m}^3/\text{s}$、$0.02\text{m}^3/\text{s}$、$0.2\text{m}^3/\text{s}$，试求(1)三种情况下，水流所处的阻力区；(2)三种情况下，管流的沿程阻力系数；(3)若管长 $l=100\text{m}$，三种情况下管流的沿程水头损失。

4-13 已知某输水管道的半径 $r_0=150\text{mm}$，断面平均流速 $v=3.0\text{m/s}$，沿程阻力系数 $\lambda=0.015$，水温 $t=16℃$。(1)试求管壁处、$r=0.5r_0$ 处和 $r=0$ 处的切应力；(2)若在 $r=0.5r_0$ 处的流速梯度为 4.34s^{-1}，试求该点的粘滞性切应力和紊流附加切应力。

4-14 已知某输水管道的直径 $d=200\text{mm}$，长度 $l=2000\text{m}$，管壁当量粗糙度 $\Delta=0.4\text{mm}$，沿程水头损失 $h_f=22\text{mH}_2\text{O}$，水温 $t=16℃$。试求管中的流量 Q。(提示：先求 λ 和 v)

4-15 已知某铸铁输水管道的长度 $l=1000\text{m}$，管径 $d=300\text{mm}$，流量 $Q=80\text{L/s}$。试求水温为 10℃ 和 16℃ 两种情况下的沿程水头损失 h_f。如果输水管道水平放置，管道始末端的压强降落值各为多少？

4-16 某矩形混凝土输水渠道中水流为恒定均匀流。若已知水力坡度 $J=0.0009$，渠道宽度 $b=2\text{m}$，水深 $h=1\text{m}$，试求渠中的流量 Q。

4-17 如图所示，断面流速由 v_1 经两次管径突然扩大变为 v_2。若忽略局部阻力的相互干扰，(1)试求中间流速 v 取何值时，总的局部水头损失最小；(2)计算该局部水头损失，并将其与一次扩大时的局部水头损失相比较。

4-18 如图所示，为测定 90°弯头的局部阻力系数 ξ，可在 A、B 两断面处各接一测压管，已知管径 $d=50\text{mm}$，AB 段管长 $l=10\text{m}$，管中流量 $Q=2.74\text{L/s}$，管道的沿程阻力系数 $\lambda=0.03$，测压管水头差 $\Delta h=0.629\text{m}$。试求该弯头的局部阻力系数 ξ 值。

4-19　如图所示一直立突扩大管道，已知管径 $d_1=150\text{mm}$、$d_2=300\text{mm}$，流速 $v_2=1.2\text{m/s}$，水银差压计两测点的间距 l 不大，可忽略期间的沿程水头损失。试问图中所示的差压计水银液面的移动方向是否正确，并计算其液面差值 h_p。

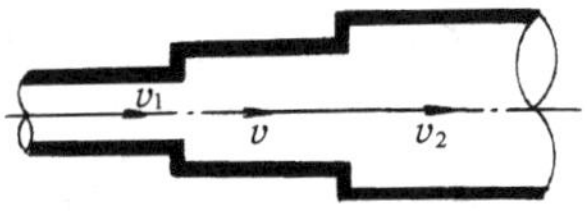

题 4-17 图

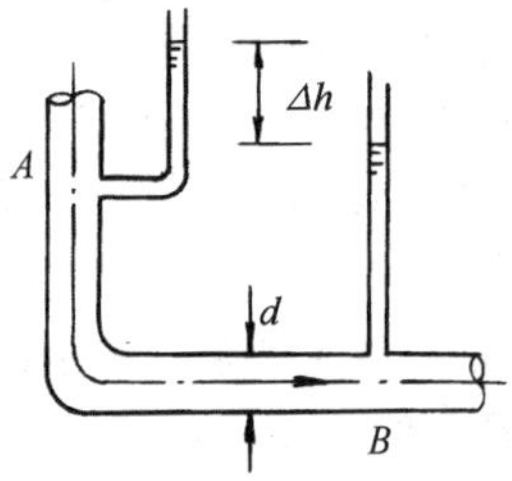

题 4-18 图

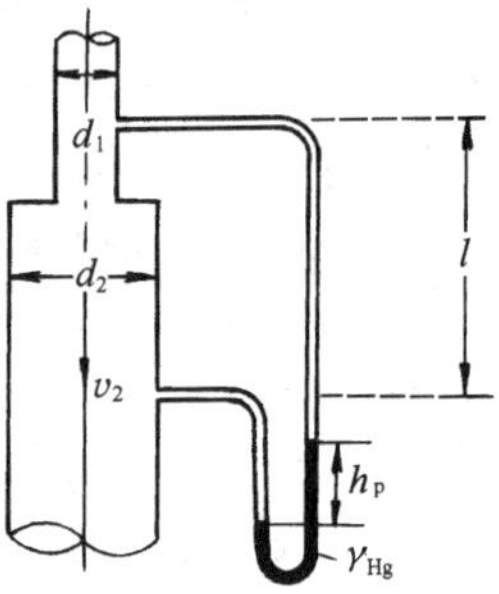

题 4-19 图

4-20　如图所示，为测定阀门的局部阻力系数 ξ，在阀门的上下游装设了三个测压管，其间距 $l_1=1\text{m}$、$l_2=2\text{m}$。若管道直径 $d=50\text{mm}$，流速 $v=3\text{m/s}$，测压管水头差 $\Delta h_1=250\text{mm}$、$\Delta h_2=850\text{mm}$，试求阀门的局部阻力系数 ξ 值。

4-21　如图所示，水从水箱经一根具有三段不同直径的水平输水管道恒定流出。(1)定性绘出管道系统的总水头线和测压管水头线；(2)若图中所标的各量 $d=50\text{mm}$、$D=200\text{mm}$、$l=100\text{m}$、$H=12\text{m}$，管道的沿程阻力系数 $\lambda=0.03$，阀门的局部阻力系数 $\xi=5.0$，试求管中的流量 Q。

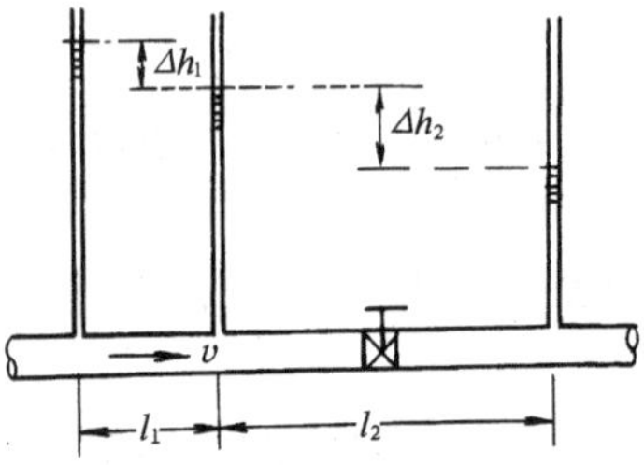

题 4-20 图

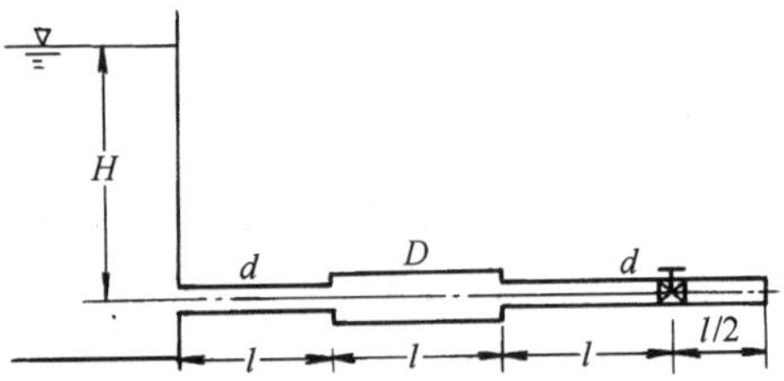

题 4-21 图

4-22　如图所示，水从水箱经水平管道恒定出流。已知图中所标的各量 $h=25\text{cm}$、$l=75\text{cm}$、$d=25\text{mm}$、$v=3.0\text{m/s}$，管道的沿程阻力系数 $\lambda=0.02$。试求水银差压计的水银液面高差 h_p。

4-23　如图所示，水从密闭水箱 A 沿直径 $d=25\text{mm}$，长度 $l=10\text{m}$ 的管道流入水箱 B 中。若容器 A 水面的相对压强 $p_1=2\text{at}$，图中的 $H_1=1\text{m}$，$H_2=5\text{m}$，局部阻力系数 $\xi_{阀}=4.0$，$\xi_{弯}=0.3$，管道的沿程阻力系数 $\lambda=0.025$，试求管中流量 Q。

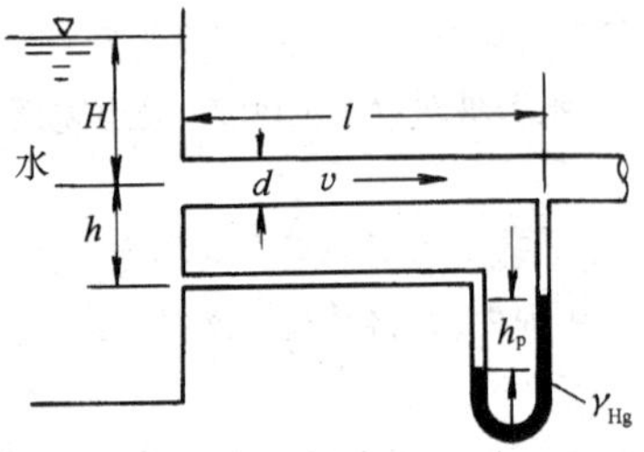

题 4-22 图

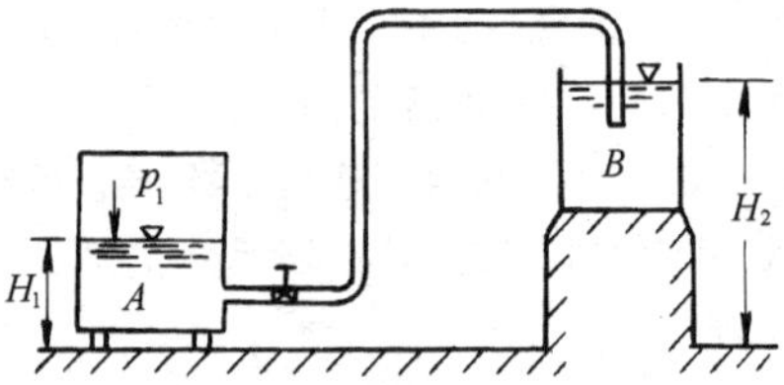

题 4-23 图

第五章　孔口、管嘴出流与紊流射流

前面几章阐述了液体运动的基本规律。从本章开始，将应用这些基本规律，分类研究工程实际中出现的各种液流现象。本章主要讨论孔口、管嘴出流与紊流射流问题。

在容器壁上开个孔，液流经孔口流出的水力现象称为孔口出流；在孔上连接长为 3～4 倍孔径(或孔高)的短管，液流经过该短管满管流出的水力现象称为管嘴出流；流体经孔口、管口或条缝射出后的流动过程称为射流，由于实际射流的流动型态绝大多数都是紊流的，所以又称为紊流射流。

孔口、管嘴出流与紊流射流是给水排水、环境、通风、水利等许多工程领域中经常遇到的问题，因此对它们的研究具有重要的实际意义。

第一节　薄壁孔口的恒定出流

一、孔口的分类

工程实际中，孔口的形式是多样的，不同形式的孔口，其出流性质不同。

按照孔口的形状，可将孔口分为圆形孔口和非圆形孔口(如方形、矩形、三角形等)。在相同面积的孔口中，圆形孔口的周长最小，所以在相同条件下，圆形孔口出流阻力最小。

按照孔口的壁厚，可将孔口分为薄壁孔口和非薄壁孔口。薄壁孔口的边缘是尖锐的，孔壁与液流呈线接触，孔口的壁厚对孔口出流不产生影响，如图 5-1 所示；反之，若孔壁与液流呈面接触，孔口壁厚对孔口出流有影响，就是非薄壁孔口。

如图 5-1，由于孔口在竖直方向上各点的作用水头有所不同，孔口在竖直方向各点的出流情况也不同。但当孔径(或孔高)d 与孔口形心处的作用水头 H_0 相比较很小时，就可近似认为孔口断面上各点的作用水头是相等的，而忽略其出流情况的不同。因此，根据 d 与 H_0 的比值，可将孔口分为大孔口和小孔口两类。

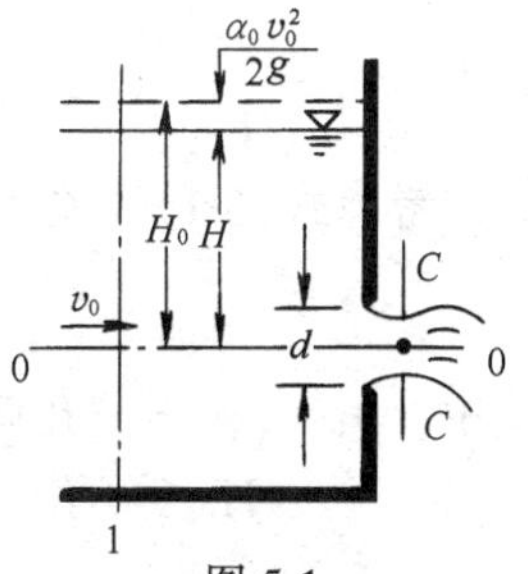

图 5-1

$d/H_0 \leqslant 1/10$ 的称为小孔口。小孔口断面上各点的作用水头可近似认为与其形心处的作用水头 H_0 相等，可忽略孔口在竖直方向各点出流情况的不同。

$d/H_0 > 1/10$ 的称为大孔口。大孔口不能忽略孔口断面在竖直方向各点出流情况的不同。

孔口出流时，根据出流的受流介质不同，可将孔口出流分为自由出流和淹没出流。如果孔口是由液体直接流入大气的出流，称为自由出流；反之，如果是在液面下由液体流入液体的出流，则称为淹没出流。

另外，根据孔口在出流过程中，其作用水头是否随时间而变化，又可将孔口出流分为恒定出流与非恒定出流。作用水头不随时间变化的称为恒定出流，反之称为非恒定出流。

本节讨论薄壁孔口的恒定出流问题。

二、薄壁小孔口的恒定自由出流

如图 5-1 所示，敞口水箱内水位保持恒定，水自水箱经薄壁小孔口恒定自由出流。由于惯性，流线在孔口处不能作直角转弯，而是逐渐弯曲的，这使得水流经过孔口后继续收缩。实验证明，在距孔口内壁约 $d/2$ 的 c-c 断面处收缩完毕，流线趋于平行，这一最小的 c-c 断面，称为孔口出流的收缩断面。收缩断面的面积 A_c 与孔口断面面积 A 的比值称为孔口出流的收缩系数，以 ε 表示，即

$$\varepsilon=\frac{A_c}{A} \tag{5-1}$$

ε 的大小表征了水流经孔口后的收缩程度，其数值可由实验确定。

现应用能量方程讨论该孔口出流的流速和流量公式。如图 5-1，取通过孔口形心的水平面为基准面，建立符合渐变流条件的 1-1 和 c-c 断面的能量方程：

$$H+\frac{\alpha_0 v_0^2}{2g}=\frac{\alpha_c v_c^2}{2g}+h_w$$

式中　v_0——1-1 断面的平均流速，又称其为孔口上游的行近流速；

v_c——收缩断面 c-c 的平均流速；

h_w——两计算断面间的水头损失，其主要为水流经过孔口的局部水头损失，令 $h_w=h_m=\xi_k\frac{v_c^2}{2g}$，其中 ξ_k 为孔口的局部阻力系数。

若令 $H_0=H+\frac{\alpha_0 v_0^2}{2g}$，并取 $\alpha_c=1.0$，则上述能量方程式可表示为：

$$H_0=(1+\xi_k)\frac{v_c^2}{2g}$$

故：

$$v_c=\frac{1}{\sqrt{1+\xi_k}}\sqrt{2gH_0}=\varphi_k\sqrt{2gH_0} \tag{5-2}$$

式中　$\varphi_k\frac{1}{\sqrt{1+\xi_k}}$——孔口流速系数，可由实验确定。

考虑式(5-1)的关系，孔口出流流量为：

$$Q=v_cA_c=\varphi_k\varepsilon A\sqrt{2gH_0}=\mu_kA\sqrt{2gH_0} \tag{5-3}$$

式中　$\mu_k=\varepsilon\varphi_k$——孔口流量系数，可由实验确定；

H_0——孔口上游 1-1 断面的总水头，称为孔口自由出流的作用水头。行近流速 v_0 一般都很小，若忽略行近流速水头，则式(5-3)中的 $H_0\approx H$。

式(5-3)就是薄壁小孔口恒定自由出流的基本公式。

三、薄壁小孔口的恒定淹没出流

如图 5-2 所示，上、下游敞口水箱内水位保持恒定，水自上游水箱恒定淹没出流至下游水箱。水流经孔口时，由于惯性作用，流线先形成收缩然后扩大。

取通过孔口形心的水平面为基准面，建立符合渐变流条件的 1-1 和 2-2 断面的能量方程：

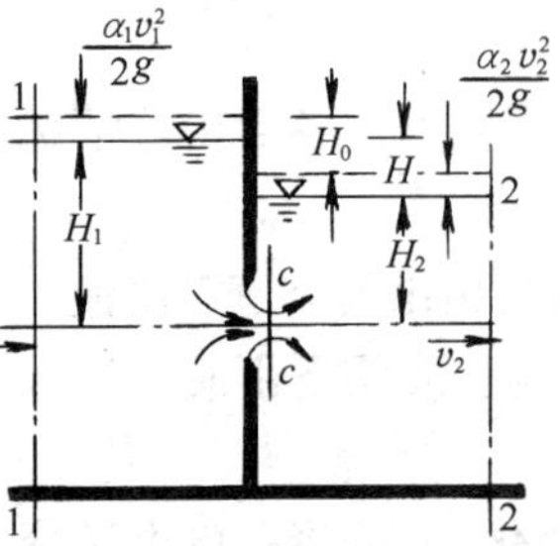

图 5-2

$$H_1+\frac{\alpha_1 v_1^2}{2g}=H_2+\frac{\alpha_2 v_2^2}{2g}+\xi\frac{v_c^2}{2g}$$

或：
$$\left(H_1+\frac{\alpha_1 v_1^2}{2g}\right)-\left(H_2+\frac{\alpha_2 v_2^2}{2g}\right)=H+\frac{\alpha_1 v_1^2}{2g}-\frac{\alpha_2 v_2^2}{2g}=\xi\frac{v_c^2}{2g}$$

式中 $H=H_1-H_2$——上、下游水箱液面的高差；

ξ——孔口淹没出流的局部阻力系数，它可以近似看成是孔口自由出流的局部阻力系数 ξ_k 和管道淹没出口的局部阻力系数 $\xi'\approx1.0$ 之和，即 $\xi\approx1.0+\xi_k$。

若令 $H_0=\left(H_1+\frac{\alpha_1 v_1^2}{2g}\right)-\left(H_2+\frac{\alpha_2 v_2^2}{2g}\right)=H+\frac{\alpha_1 v_1^2}{2g}-\frac{\alpha_2 v_2^2}{2g}$，则上述能量方程可表示为：

$$H_0=(1+\xi_k)\frac{v_c^2}{2g}$$

故：
$$v_c=\frac{1}{\sqrt{1+\xi_k}}\sqrt{2gH_0}=\varphi_k\sqrt{2gH_0} \tag{5-4}$$

所以，孔口出流流量为：

$$Q=v_cA_c=\varphi_k\varepsilon A\sqrt{2gH_0}=\mu_kA\sqrt{2gH_0} \tag{5-5}$$

式中 φ_k 与 μ_k 的含义与式(5-2)和式(5-3)中相同；

H_0——孔口上、下游1-1和2-2断面的总水头之差，称为孔口淹没出流的作用水头。一般情况下，水箱中的流速 v_1 和 v_2 很小，若忽略这两项流速产生的水头，则式(5-5)中的 $H_0\approx H$。

可见，孔口自由出流的流速和流量公式(5-2)和(5-3)与淹没出流的流速和流量公式(5-4)和(5-5)在形式上完全相同，式中的流速系数和流量系数也相同。两者的区别是：自由出流时，孔口出流的作用水头为上游断面的总水头，它与孔口在壁面上的位置高低有关；而淹没出流时，孔口出流的作用水头为上、下游断面的总水头之差，它与孔口在壁面上的位置无关。由此也可推知，孔口在淹没出流时，与孔口的大小无关。

四、孔口的流量系数

经以上分析可知，孔口的流量系数 μ_k 决定于流速系数 φ_k 和收缩系数 ε。由实验可知，φ_k 和 ε 在自由出流和淹没出流的条件下，可以认为是相同的。所以，当液流的雷诺数 Re 足够大时(这一条件一般都能满足)，影响 φ_k 与 ε，亦即影响 μ_k 的主要因素就是孔口的形状、孔口的边缘情况和孔口距容器边界的距离。

1. 孔口的形状

不同形状的孔口，其出流时的局部阻力和断面收缩情况有所不同，从而影响 μ_k 的大小。但对于小孔口，实验证明，孔口的形状对流量系数 μ_k 的影响不大，实用中一般可近似认为 μ_k 与孔口的形状无关。

2. 孔口的边缘情况

孔口边缘情况对孔口出流的收缩将产生较明显的影响。薄壁孔口出流收缩相对较强烈，收缩系数 ε 相对较小(如图5-3a)，因此其流量系数 μ_k 也相对较小。而圆边形孔口出流收缩相对不明显，收缩系数 ε 相对较大，甚至接近于1(如图5-3b)，因此其流量系数 μ_k 也相对较大。

3. 孔口离容器边界的距离

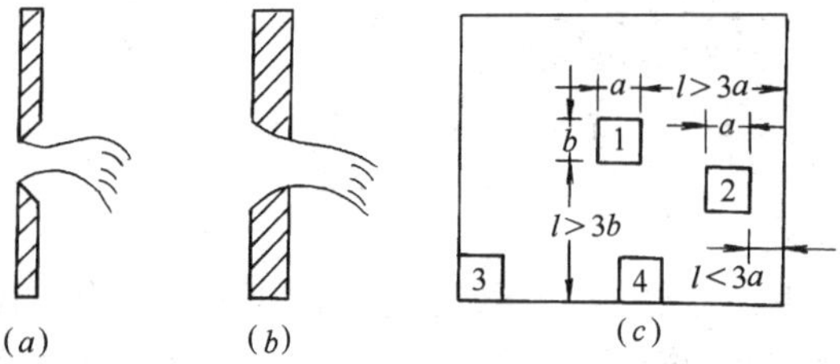

图 5-3

当孔口的全部周界都离开容器边界时，出流在孔口四周都发生收缩，这种孔口称为全部收缩孔口（如图 5-3（c）中 1、2 孔口），否则称为部分收缩孔口（如图 5-3（c）中 3、4 孔口）。全部收缩孔口又可分为完善收缩和不完善收缩孔口：当孔口边缘离容器边界的距离大于同方向孔口尺寸的 3 倍时，孔口出流的收缩不受容器边界的影响，称为完善收缩孔口（如图 5-3（c）中 1 孔口），否则称为不完善收缩孔口（如图 5-3（c）中 2 孔口）。显然，薄壁全部完善收缩孔口的收缩系数 ε 相对最小，所以流量系数 μ_k 也相对最小。

根据实验结果，薄壁全部完善收缩小孔口的各项系数如表 5-1，其中 $\xi_k=\frac{1}{\varphi_k^2}-1$，$\mu_k=\varepsilon\varphi_k$。

薄壁小孔口各项系数 **表 5-1**

收缩系数 ε	流速系数 φ_k	阻力系数 ξ_k	流量系数 μ_k
0.64	0.97	0.06	0.62

其他条件下孔口的各项系数可由实验方法测定。

【例 5-1】 为了使水流均匀地进入平流式沉淀池，通常在平流式沉淀池进口处造一道穿孔墙（如图 5-4）。已知某沉淀池需要通过穿孔墙的总流量 $Q_z=125\text{L/s}$，穿孔墙上设若干面积 $A=15\times15\text{cm}^2$ 的孔口，为防止絮凝体破碎，限制通过孔口面积 A 的平均流速 $v\leqslant0.4\text{m/s}$。若按薄壁小孔口计算，试确定（1）穿孔墙上应设孔口的总数 n；（2）穿孔墙上下游的恒定水位差 H。

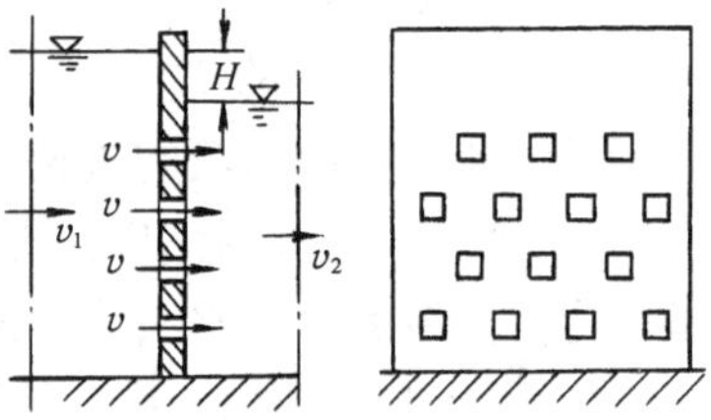

图 5-4

【解】 （1）求 n

n 个孔口的总面积为：

$$A_z=\frac{Q_z}{v}=\frac{125\times10^{-3}}{0.4}=0.3125\text{m}^2$$

则

$$n=\frac{A_z}{A}=\frac{0.3125\times10^4}{15\times15}=13.9\text{ 个，取 } n=14\text{ 个}$$

孔口的实际流速 $v'=\frac{Q_z}{nA}=\frac{125\times10^{-3}}{14\times15\times15\times10^{-4}}=0.397\text{m/s}<0.4\text{m/s}$，符合要求。

（2）求 H

因为孔口是淹没出流，作用水头与孔口在穿孔墙上的位置无关，即 14 个孔口的作用水头是相等的。又因为穿孔墙上下游过水断面很大，$\frac{\alpha_1v_1^2}{2g}\approx\frac{\alpha_2v_2^2}{2g}\approx0$，所以 14 个孔口的作用水头均为 $H_0\approx H$。采用 $\mu_k=0.62$，由式（5-5）得：

$$H=\frac{Q^2}{2g\mu_k^2A^2}=\frac{(Q_z/n)^2}{2g\mu_k^2A^2}=\frac{(125\times10^{-3}/14)^2}{2\times9.8\times0.62^2\times(15\times15\times10^{-4})^2}=0.021\text{m}=2.1\text{cm}$$

五、薄壁大孔口恒定出流

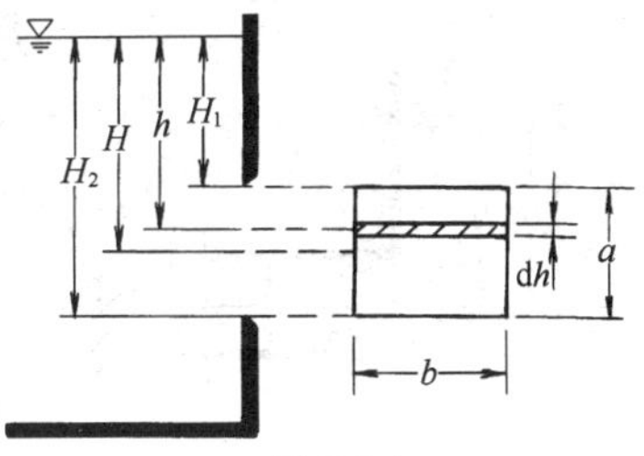

图 5-5

如图 5-5，大孔口是孔高 a 与孔口形心处的作用水头 H_0 之比 $a/H_0>1/10$ 的孔口。前已提及，孔口淹没出流时与孔口大小无关。故无论大小孔口，淹没出流的流量计算公式应是一样的。

大孔口自由出流时，则应考虑孔口在竖直方向上各点作用水头的不同对孔口出流的影响。这时，可以将大孔口分解为许多作用水头不等的微元小孔口，应用小孔口公式计算各微元小孔口流量，然后将其求和得大孔口流量公式。

如图 5-5 为一宽为 b、高为 a 的矩形薄壁大孔口，在恒定出流和忽略孔口行近流速水头的条件下，孔口上、下缘和形心处的作用水头分别为 H_1、H_2 和 H。在孔口中任取一高度为 $\mathrm{d}h$ 的微元小孔口，其作用水头为 h，由式(5-3)可得该微元小孔口的流量为：

$$\mathrm{d}Q=\mu_{\mathrm{k}}b\sqrt{2gh}\,\mathrm{d}h$$

则通过整个大孔口的流量应为：

$$Q=\mu_{\mathrm{k}}b\sqrt{2g}\int_{H_1}^{H_2}\sqrt{h}\,\mathrm{d}h=\frac{2}{3}\mu_{\mathrm{k}}b\sqrt{2g}\left(H_2^{3/2}-H_1^{3/2}\right) \tag{5-6}$$

实践表明，大孔口的出流量，也可以大孔口形心处的作用水头 H 作为出流的平均作用水头，按小孔口的公式近似计算出流量，即：

$$Q=\mu_{\mathrm{k}}A\sqrt{2gH}=\mu_{\mathrm{k}}ab\sqrt{2gH}$$

给水排水工程中的取水口以及闸孔出流，一般均按大孔口计算，并以小孔口的式(5-3)作为流量计算公式。因为大孔口一般为非完善收缩孔口，收缩系数较大，所以流量系数也较大。大孔口的流量系数可由实验确定，实用中也可参考表 5-2 选用。

大孔口流量系数 μ_{k} 　　**表 5-2**

水流收缩情况	μ_{k}	水流收缩情况	μ_{k}
全部不完善收缩	0.70	底部无收缩、侧向收缩中等	0.70～0.75
底部无收缩、侧向收缩较大	0.65～0.70	底部无收缩、侧向收缩很小	0.80～0.90

第二节　管嘴的恒定出流

孔口在出流中，因为水舌的收缩，使孔口的泄流能力降低。若在孔口处接一小短管，形成管嘴出流，就可消除收缩而加大泄流能力。按所接小短管的方式和形状不同，可将管嘴分为不同的类型，本节主要以圆柱形外管嘴恒定出流作为典型介绍，讨论管嘴出流的一般规律性。

一、圆柱形外管嘴的恒定出流

1. 圆柱形外管嘴的流速、流量公式

如图 5-6 所示，在孔口断面外侧接一长度 $l=(3\sim4)d$ 的同直径圆柱形短管，形成圆柱

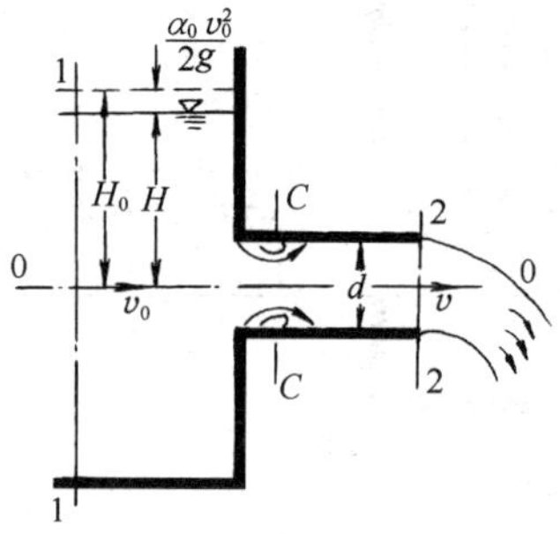

图 5-6

形外管嘴。管嘴出流时，同样形成收缩，在收缩断面 c-c 处水流与管壁分离，形成漩涡区，然后又逐渐扩大至满管，形成管嘴的满管出流。

在图 5-6 中，设水箱敞口，管嘴恒定自由出流。取通过管嘴断面形心的水平面为基准面，建立符合渐变流条件的 1-1 和管嘴出口 2-2 断面的能量方程：

$$H + \frac{\alpha_0 v_0}{2g} = \frac{\alpha v^2}{2g} + h_w$$

式中　h_w——两计算断面间的水头损失。

管嘴长度很短，可以忽略沿程水头损失，而且管嘴中的水流经收缩后在出口断面处已扩大满管出流，所以管嘴出流的损失 h_w 就是管道锐缘进口的局部水头损失，即 $h_w = h_m = \xi_g \frac{v^2}{2g} = 0.5 \frac{v^2}{2g}$。

若令 $H_0 = H + \frac{\alpha_0 v_0^2}{2g}$，并取 $\alpha = 1.0$，则上述能量方程可表示为：

$$H_0 = (1 + \xi_g)\frac{v^2}{2g}$$

所以管嘴出口流速为：

$$v = \frac{1}{\sqrt{1 + \xi_g}} \sqrt{2gH_0} = \varphi_g \sqrt{2gH_0} \tag{5-7}$$

管嘴出流流量为：

$$Q = vA = \varphi_g A \sqrt{2gH_0} = \mu_g A \sqrt{2gH_0} \tag{5-8}$$

式中

$$\varphi_g = \frac{1}{\sqrt{1 + \xi_g}} = \frac{1}{\sqrt{1 + 0.5}} = 0.82\varphi_g$$

$$\mu_g = \varphi_g = 0.82\mu_g$$

H_0——管嘴上游 1-1 断面的总水头，称为管嘴出流作用水头。当忽略行近流速水头时，式(5-8)中的$H_0 \approx H$。

如果管嘴是恒定淹没出流，则与孔口情况一样，由能量方程可以推得与式(5-8)形式完全相同的流量计算公式，区别只是作用水头 H_0 的含义与自由出流时不同。

比较式(5-3)与式(5-8)，两式形式完全相同，然而 $\mu_g = 1.32\mu_k$。可见，在相同作用水头条件下，管嘴的出流能力是同口径孔口出流能力的 1.32 倍。因此，管嘴常用作为泄流出口。

2. 圆柱形外管嘴的真空现象

孔口外面加管嘴后，加大了阻力，但流量却增加了，这是由于管嘴出流收缩断面处存在真空现象的原因。现说明如下：

在管嘴出流的情况下，因为 $A_c < A$，使 $v_c > v$，故由能量方程可知，管嘴收缩断面 c-c 处的压强必小于出口断面处的大气压，即 c-c 断面处于真空状态，其真空压强的大小推求如下：

在图 5-6 中，建立 1-1 和 c-c 断面的能量方程：

$$H+\frac{\alpha_0 v_0^2}{2g}=\frac{p_c}{\gamma}+\frac{\alpha_c v_c^2}{2g}+\xi_k\frac{v_c^2}{2g}$$

式中 $H+\frac{\alpha_0 v_0^2}{2g}=H_0$，取 $\alpha_c=1.0$，可得：

$$\frac{p_c}{\gamma}=H_0-(1+\xi_k)\frac{v_c^2}{2g} \tag{a}$$

由连续性方程式(3-10)和式(5-1)、式(5-7)可得：

$$v_c=v\frac{A}{A_c}=\frac{1}{\varepsilon}v=\frac{1}{\varepsilon}\varphi_g\sqrt{2gH_0}$$

将上式代入式(a)得：

$$\frac{p_c}{\gamma}=H_0-(1+\xi_k)\frac{\varphi_g^2}{\varepsilon^2}H_0$$

因为 $\varphi_g=0.82$、$\varepsilon=0.64$、$\xi_k=0.06$，代入上式得：

$$\frac{p_c}{\gamma}=H_0-1.74H_0=-0.74H_0<0$$

上式表明，管嘴收缩断面处于真空状态，其真空度为：

$$\frac{p_{cv}}{\gamma}=-\frac{p_c}{\gamma}=0.74H_0 \tag{5-9}$$

为了区别，设管嘴出流量用 Q_g、孔口出流量用 Q_k 表示。将式(5-9)代入前式(a)并整理得：

$$H_0-\frac{p_c}{\gamma}=1.74H_0=(1+\xi_k)\frac{v_c^2}{2g}$$

故
$$v_c=\frac{1}{\sqrt{1+\xi_k}}\sqrt{2g(1.74H_0)}=\varphi_k\sqrt{2g(1.74H_0)}$$

所以
$$Q_g=v_cA_c=\varphi_k\varepsilon A\sqrt{2g(1.74H_0)}=1.32\mu_kA\sqrt{2gH_0}=1.32Q_k$$

上式表明，由于管嘴收缩断面 c-c 处的真空现象，在相同条件下，管嘴出流的作用水头较孔口出流时增大了 74%，即管嘴出流的作用水头是孔口出流作用水头的 1.74 倍，故管嘴的流量也相应增加至孔口流量的 $\sqrt{1.74}=1.32$ 倍。

3. 圆柱形外管嘴的正常工作条件

管嘴的正常工作是有条件的，由式(5-9)可知，作用水头 H_0 愈大，则收缩断面的真空度 p_{cv}/γ 也愈大。但当 p_{cv}/γ 过大，使得 c-c 断面的绝对压强 p'_c 减小到液体出流温度下的汽化压强时，就会引起液体的汽化，甚至会造成空气吸入管嘴而破坏真空的现象。工程中，一般限制管嘴的真空度 $p_{cv}/\gamma\leqslant 7mH_2O$，则由式(5-9)得，相应的作用水头应限制为 $H_0\leqslant 9mH_2O$。

另外，管嘴的长度 l 也应有一定的限制。l 过短，流束收缩后来不及扩大到满管出流，无法形成真空区，仍属于孔口出流；l 过长，则沿程水头损失不能忽略。实验表明，管嘴长度 $l=(3\sim4)d$ 是恰当的。

根据以上讨论，圆柱形外管嘴的正常工作条件是：

(1) 作用水头 $H_0\leqslant 9mH_2O$；(2) 管嘴长度 $l=(3\sim4)d$。

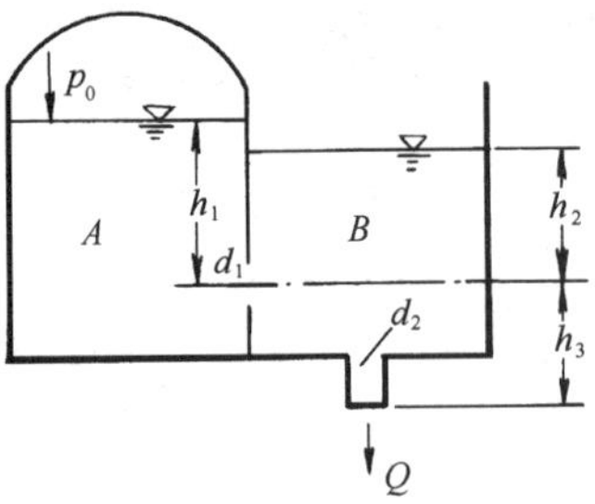

图 5-7

【例 5-2】 如图 5-7 所示，已知密闭水箱 A 中水面相对压强 $p_0 = 0.2\text{at}$，水箱壁面孔口直径 $d_1 = 40\text{mm}$，水箱 B 底部的圆柱形外管嘴直径 $d_2 = 30\text{mm}$，图中的 $h_1 = 3\text{m}$，$h_3 = 1\text{m}$。若水流为恒定流，试求图中的 h_2 及水箱出流量 Q。

【解】 在忽略二水箱中流速水头的情况下，根据式(5-5)和式(5-8)得，孔口淹没出流量为：

$$Q_1 = \mu_k A_1 \sqrt{2gH_0} = \mu_k \frac{\pi d_1^2}{4} \sqrt{2g\left(h_1 + \frac{p_0}{\gamma} - h_2\right)}$$

管嘴出流量为：

$$Q_2 = \mu_g A_2 \sqrt{2gH_0} = \mu_g \frac{\pi d_2^2}{4} \sqrt{2g(h_2 + h_3)}$$

由于水箱系统恒定出流，故 $Q_1 = Q_2 = Q$，则由上二式得：

$$\mu_k^2 d_1^4 \left(h_1 + \frac{p_0}{\gamma} - h_2\right) = \mu_g^2 d_2^4 (h_2 + h_3)$$

取 $\mu_k = 0.62$，$\mu_g = 0.82$，将已知数代入上式得：

$$0.62^2 \times 0.04^4 (3 + 2 - h_2) = 0.82^2 \times 0.03^4 (h_2 + 1)$$

解得

$$h_2 = 2.86\text{m}$$

所以，水箱的出流量为：

$$Q = \mu_g \frac{\pi d_2^2}{4} \sqrt{2g(h_2 + h_3)}$$

$$= 0.82 \times \frac{3.14 \times 0.03^2}{4} \sqrt{2 \times 9.8(2.86 + 1)}$$

$$= 0.00504\text{m}^3/\text{s} = 5.04\text{L/s}$$

二、其他形式管嘴

通过改变管嘴的结构，可以改变管嘴的泄流能力或出流速度。工程中常用的管嘴形式如图 5-8 所示。这些管嘴的出流公式与圆柱形外管嘴的出流公式相同，但各自的水力特点不同，这主要表现在流速系数和流量系数的区别上。

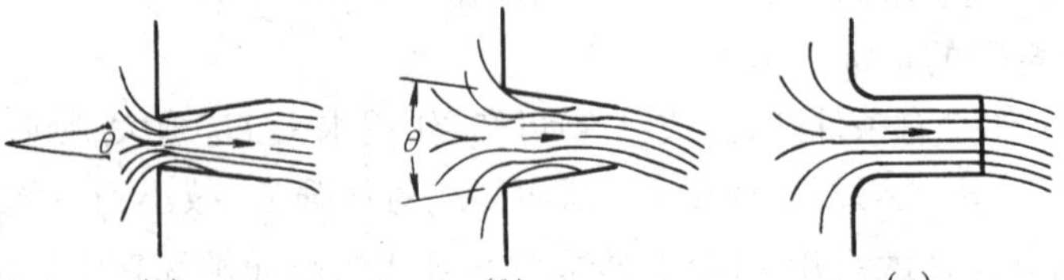

(a) (b) (c)

图 5-8

(1) 圆锥形扩张管嘴（如图 5-8(a)） 它在收缩断面处的真空度随圆锥角 θ 的增大而加大，因此它能形成较大的真空度，并具有较大的过流能力和较低的出口速度。它适用于要求形成较大的出口流量和较小的出口流速的情况，如水轮机尾水管和人工降雨设备等。

(2) 圆锥形收缩管嘴（如图 5-8(b)） 它具有较大的出口流速，适用于消防水枪、水力挖土机、射流泵等机械设备的喷嘴。据实验得，当圆锥角 $\theta = 13°24'$ 时，流量系数 μ_g 达到最大值。

(3) 流线形管嘴(如图 5-8(c)) 它的阻力最小,流量系数最大,水流在管嘴内无收缩和扩大,消除了收缩断面及由此产生的真空,因此无作用水头的限制,常用于泄水出口。

常用管嘴的各项系数见表 5-3。

常用管嘴各项系数① **表 5-3**

相应的系数 / 管嘴种类	阻力系数 ξ_g	收缩系数 ε_g	流速系数 φ_g	流量系数 μ_g
圆柱形外管嘴	0.5	1.0	0.82	0.82
圆柱形扩张管嘴($\theta=5°\sim7°$)	3.0~4.0	1.0	0.45~0.50	0.45~0.50
圆柱形收缩管嘴($\theta=13°24'$)	0.09	0.98	0.96	0.94
流线形管嘴	0.04	1.0	0.98	0.98

① 表中所列系数,均系对管嘴出口断面而言。

第三节 孔口、管嘴的非恒定出流

孔口、管嘴非恒定出流时,由于其作用水头随时间而变化,其流量也随时间而变化。给水排水工程中,水池或水塔经孔口或管嘴的放空或充满过程,就属于这类非恒定流的例子。

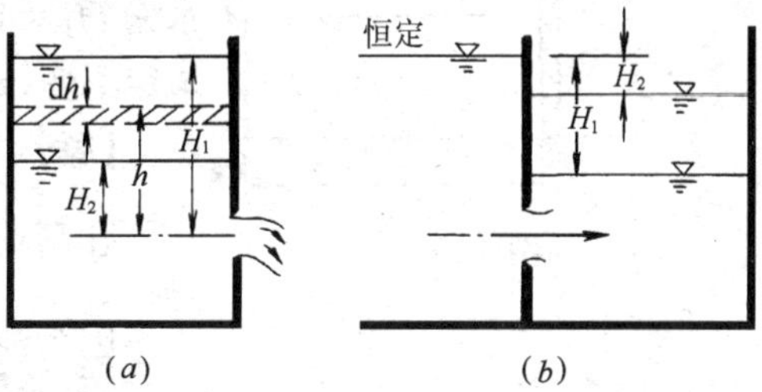

图 5-9

在孔口或管嘴的非恒定出流过程中,当出流的作用水头随时间变化较缓慢时,若将整个出流过程划分为若干微小时段,则在每一微小时段 dt 内,仍可近似按恒定流规律计算,从而可使非恒定流问题转化为恒定流问题来处理。如图 5-9,当圆柱形容器的截面积 Ω 相对很大时,放水过程图(a)容器中的水位下降和充水过程图(b)右侧容器中的水位上升是很缓慢的,现以图(a)为例,讨论容器经孔口或管嘴的放、冲水时间的计算方法。

图 5-9(a)为容器无流量补充的孔口非恒定出流。若忽略容器中的流速水头,并设孔口在某时刻 t 的作用水头为 h,则由式(5-3)可得,dt 时段内,经孔口泄出的水体积为:

$$Q\mathrm{d}t = \mu_k A\sqrt{2gh}\,\mathrm{d}t$$

在同一时段 dt 内,容器内因水位下降 dh 所减少的水体积为:

$$\mathrm{d}V = -\Omega \mathrm{d}h$$

式中负号表示 h 随时间变化而减小。

根据连续性原理,dt 时段内,经孔口流出的水体积和容器内减少的水体积应相等,即

$$\mu_k A\sqrt{2gh}\,\mathrm{d}t = -\Omega \mathrm{d}h$$

于是

$$\mathrm{d}t = -\frac{\Omega \mathrm{d}h}{\mu_k A\sqrt{2gh}}$$

则孔口出流的作用水头从 H_1 降至 H_2 所需的时间为:

$$t = \int_{H_1}^{H_2} -\frac{\Omega}{\mu_k A\sqrt{2g}}\cdot\frac{\mathrm{d}h}{\sqrt{h}} = \frac{2\Omega}{\mu_k A\sqrt{2g}}(\sqrt{H_1}-\sqrt{H_2}) \tag{5-10}$$

当 $H_2=0$，得容器放空（水面降至孔口处）所需的时间为：

$$t=\frac{2\Omega\sqrt{H_1}}{\mu_k A\sqrt{2g}}=\frac{2\Omega H_1}{\mu_k A\sqrt{2gH_1}}=2t' \tag{5-11}$$

式中 ΩH_1——容器泄空的水体积；

$\mu_k A\sqrt{2gH_1}$——作用水头为 H_1 时，经孔口的恒定出流量；

t'——孔口以 H_1 为作用水头恒定出流时，放出 ΩH_1 体积水所需的时间。

根据图 5-9(b)同样可以推得，容器在充水过程中（左侧容器中水位恒定），因右侧容器中水位的不断升高，使孔口非恒定淹没出流的作用水头从 H_1 降至 H_2 和容器完全充满（$H_2=0$），所需的冲水时间同样分别可用式(5-10)和(5-11)计算。

若将式(5-10)和(5-11)中的孔口流量系数 μ_k 换成管嘴流量系数 μ_g，则这两个公式同样适用于管嘴非恒定出流的充放时间计算。

式(5-11)表明，孔口或管嘴非恒定出流时，容器放空或充满所需的时间，等于以起始作用水头 H_1 作恒定出流时，放出或充入容器同体积水量所需时间的两倍。

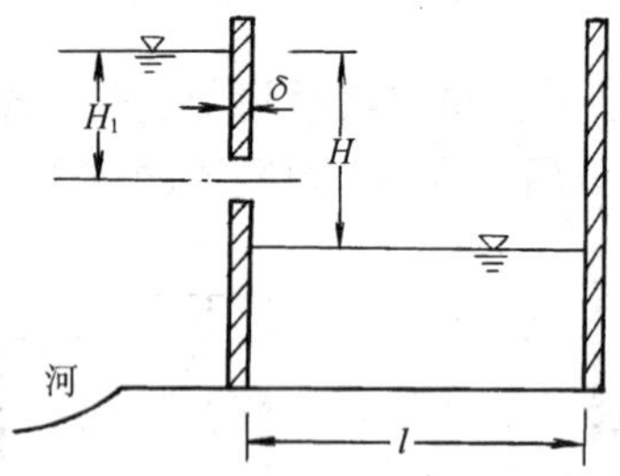

图 5-10

【例 5-3】 如图 5-10，河水经水池壁上的长方形取水孔向水池充水。已知水池长 $l=34$m，宽 $B=12$m（取水孔与水池同宽），池壁厚 $\delta=0.3$m，取水孔面积 $A=3.2\text{m}^2$，孔中心以上的水深 $H_1=4$m，水池内外的初始水位差 $H=7$m。如果河水位恒定不变，试求池内水位与河水位齐平时所需的充水时间 t。

【解】 (1) 判断取水孔类型

孔高 $a=\frac{A}{B}=\frac{3.2}{12}=0.267\text{m}$

因为池壁厚 $\delta=0.3\text{m}<3a=0.8\text{m}$，$\frac{a}{H_1}=\frac{0.267}{4}<\frac{1}{10}$，且取水孔与水池同宽，故该取水孔属于非完善收缩小孔口出流问题，取 $\mu_k=0.65$。

(2) 计算充水时间 t

按题意，池内水位上升至孔口中心高程之前，水位变化不影响孔口的作用水头，故可按恒定流计算其充水时间 t_1，即：

$$t_1=\frac{lB(H-H_1)}{\mu_k A\sqrt{2gH_1}}=\frac{34\times12\times(7-4)}{0.65\times3.2\times\sqrt{2\times9.8\times4}}=66.5\text{s}$$

池内水位上升至孔口中心高程后，孔口属于非恒定淹没出流问题，应用式(5-11)可得充水时间 t_2 为：

$$t_2=\frac{2lB\sqrt{H_1}}{\mu_k A\sqrt{2g}}=\frac{2\times34\times12\times\sqrt{4}}{0.65\times3.2\times\sqrt{2\times9.8}}=177.2\text{s}$$

总充水时间为：

$$t=t_1+t_2=66.5+177.2=243.7\text{s}$$

第四节 紊流射流

前已提及，射流是流体经孔口、管口或条缝射出后的流动过程。射流可从不同的角度进行分类。如果流体射出后进入很大的空间,其运动状态完全不受固体边界影响的射流,称为自由射流,否则称为非自由射流;流体射入与其自身性质相同的介质中(如气体射入空气中或液体射入液体中)的射流称为淹没射流,否则(如液体射入空气)称为非淹没射流;根据射出后流体的流动型态可分为紊流射流和层流射流;根据射流喷口形状又可分为圆形断面射流、矩形断面射流和条缝射流等。因为条缝射流可按二维平面问题分析,所以又称这类射流为平面射流。实际中,绝大多数射流都属于紊流射流,而且实验表明,气体淹没射流和液体淹没射流的规律是完全相同的。本节主要介绍自由淹没紊流射流和水在大气中的自由射流(属自由非淹没射流)的一般特性,以作为进一步学习的基础。

一、自由淹没紊流射流的基本特性

自由淹没紊流射流的最简单情况是流体由喷口射出时流速是均匀分布的,且射入原先为静止无限空间的同类流体中,如图 5-11 所示。设喷口处流速为 u_0,当射流离开喷口后,与周围流体之间立即出现速度不连续的间断面。这个间断面是不稳定的,面上的波动很快发展形成漩涡,产生强烈的紊动。这种紊动,使射流质点部分地与周围静止流体质点发生动量交换,因而卷吸带动周围流体一起向前运动,致使射流在下游方向上宽度不断增加、流量逐渐加大。同时,由于动量交换的结果,射流将部分动能传递给被卷入的流体,使射流边界附近的流体流速减小。这种掺混减速作用沿流程逐渐向射流内部扩展,经过一定距离后达到射流中心,然后随着射流断面沿流程的不断扩大,减速作用的不断进行,最后射流的动能全部消失在不断增加的射流流体之中。

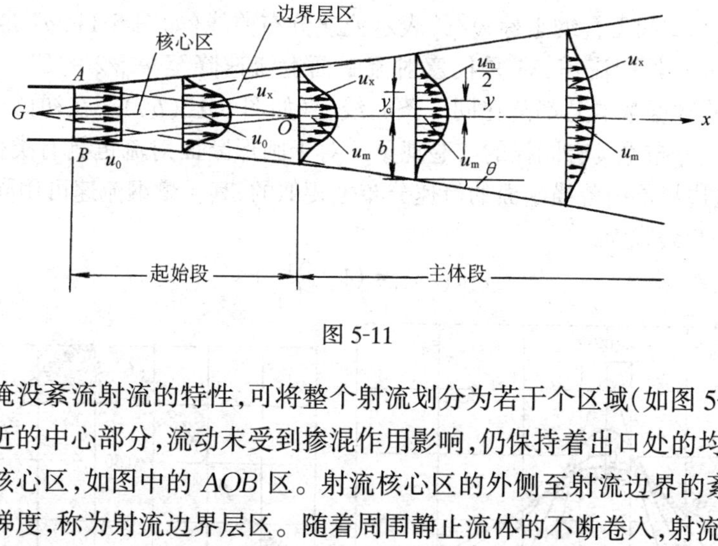

图 5-11

根据自由淹没紊流射流的特性,可将整个射流划分为若干个区域(如图 5-11)。

在出口附近的中心部分,流动未受到掺混作用影响,仍保持着出口处的均匀流速 u_0,该区域称为射流核心区,如图中的 *AOB* 区。射流核心区的外侧至射流边界的紊动掺混区,存在横向的流速梯度,称为射流边界层区。随着周围静止流体的不断卷入,射流核心区逐渐缩小,并将在射流离开出口一段距离后消失。从射流出口到射流核心区消失断面之间的流段称为射流起始段。射流的起始段之后有一过渡段,过渡段之后紊动充分发展的整个射流区段,称为射流主体段。由于过渡段很短,可以认为连接主体段与起始段的只是一个过渡断面。主体段处在射流边界层区内,它的外边界流速为零,轴心处流速最大,并且该最大流速在主体段内沿流程逐渐减小。

由实验得知,自由淹没紊流射流具有以下几个特性:

1.几何特性

实验结果及半经验理论都得出,射流边界层的厚度沿射流轴线 x 方向呈线性增长。

射流主体段外边界线的延长线交点 G 称为射流极点。该外边界线与射流轴线间的夹角 θ 称为射流极角(也称扩散角),如图 5-11。由实验知:

$$\mathrm{tg}\theta = a\varphi \tag{5-12}$$

式中　a 为反映射流出口处流体紊动强度的系数,称为紊流系数,可由实验确定。a 值愈大,表明流体的紊动强度愈大,射流体与周围流体的混合能力愈强,相应的射流极角 θ 也愈大。圆形断面射流,一般取 $a=0.076\sim0.08$;平面射流,一般取 $a=0.0118$;

φ 为射流喷口的形状系数,可由实验确定。不同形状的喷口有不同的 φ 值,圆形断面射流,$\varphi=3.4$;平面射流,一般取 $\varphi=2.44$。

射流起始段的极角与射流主体段的略有不同。可见,当射流喷口形状及出口流速一定时,自由淹没紊流射流的外边界线就是确定的。若忽略射流起始段与射流主体段极角的差别,射流的外边界线将从射流出口开始,按一定的射流极角 θ 不断向外扩散。

注意,射流的外边界实际是一个很难分辨清楚的边界,外边界处的流体实际上是由射流内部的紊流涡团与周围流体交错组成的具有间歇性不规则流动状态的流体。实际分析中所指的边界线是统计意义上的平均线。

2. 运动特性

在射流边界层内,各横断面的流速分布具有相似性。

如图 5-12(a)为平面射流中主体段内不同横断面上的流速分布实验曲线。曲线表明,随着射流距离 x 的增大,射流轴心流速 u_m 逐渐减小,整个流速分布曲线也趋于平坦。若用无量纲速度 u_x/u_m 和无量纲坐标 y/y_c 表示流速分布曲线(如图 5-11,u_x 是任意射流断面上到轴心距离为 y 处的流速,y_c 是任意射流断面上流速降至 $u_m/2$ 的那一点到轴心的距离),则所有实验数据基本上都落在同一条曲线上(如图 5-12(b))。在初始段的边界层内,各横断面的流速分布也具有同样的实验现象。对于圆形断面射流也具有类似的实验资料。这表明了,射流边界层内各横断面的流速分布是相似的,其无量纲流速可用同一函数关系表示,相应的半经验公式为:

$$u_x/u_m=(1-\eta^{1.5})^2 \tag{5-13}$$

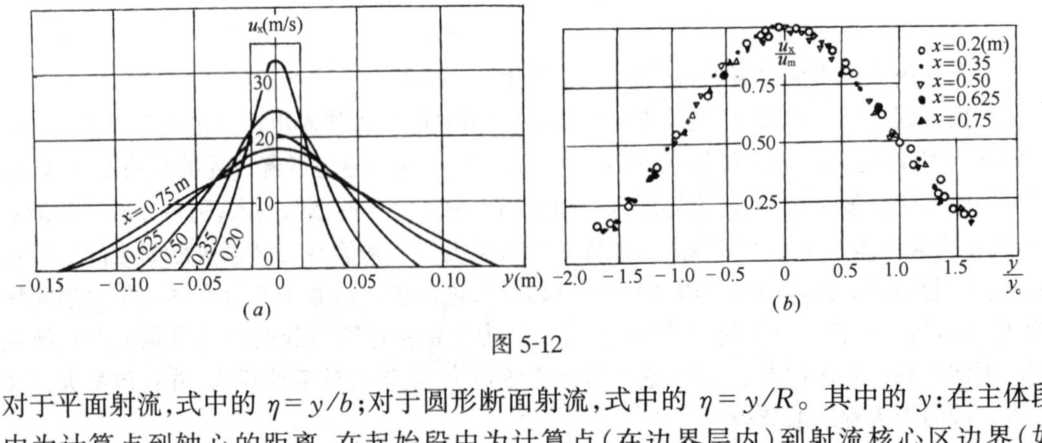

图 5-12

对于平面射流,式中的 $\eta=y/b$;对于圆形断面射流,式中的 $\eta=y/R$。其中的 y:在主体段中为计算点到轴心的距离,在起始段中为计算点(在边界层内)到射流核心区边界(如图 5-11中的 AO 或 BO)的距离;b 为平面射流中计算断面上的边界层厚度;R 为圆形断面射流中计算断面上的边界层厚度(半径)。

3. 动力特性

射流中各点的压强差别不大,可近似认为都等于周围介质的压强。则根据动量方程可推得,单位时间通过射流各断面的动量相等,即动量通量沿射程保持不变。所以,通过任意断面 A 的动量都等于射流在喷口断面 A_0 处的动量,即:

$$\int_A \rho u_x^2 \mathrm{d}A = \rho u_0^2 A_0 \tag{5-14}$$

利用以上三个特性,可以具体分析平面淹没射流或圆形断面淹没射流的边界层厚度 b 或 R、轴心流速 u_m、流量 Q、断面平均流速 v_x 等的变化规律。其具体规律在此就不再讨论了,具体应用时可查阅有关书籍。

二、水在大气中的自由射流

非淹没射流中最常见的是水在大气中的射流。这种射流应用实例很多,根据对射流作用的要求不同,射流的结构有着明显的不同。例如,在尺度很小的喷雾器和农业喷灌中,要求喷射均匀的分散射流;工程中的水力采矿、挖土用的机械水枪,要求液流紧密结实和冲击力很强的射流;消防水枪则要求有足够大的作用半径和冲击力的射流等等。射流的这些特性主要是通过改变喷嘴结构的办法来实现的。非淹没射流的研究还存在不少困难,目前只是对消防水枪射流研究较多,现简介如下。

消防水枪的射流结构可分为四段,如图 5-13 所示。第Ⅰ段是紧密段(又称充实水柱段),该射流段为紧密的连续体,具有光洁的表面,过水断面上的流速分布几乎是均匀的;第Ⅱ段称为核心段,该射流段开始扩散,射流表面已碎裂成互不相连的水块,但射流的核心仍保持圆锥状的紧密状态;第Ⅲ段是碎裂段,该射流段都已碎裂成水块;第Ⅳ段为水滴段,是第Ⅲ段末端水块进一步分散成为水滴的松散组合。

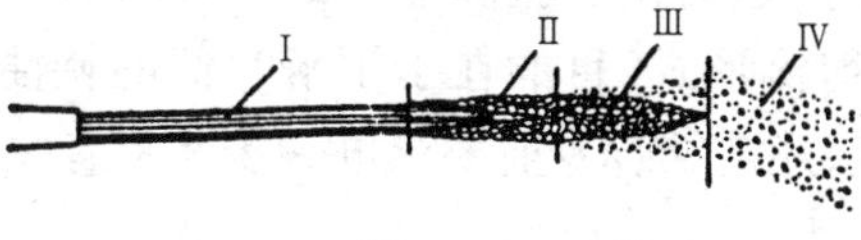

图 5-13

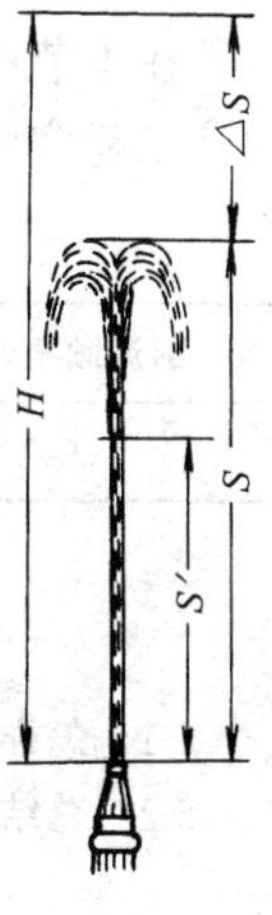

图 5-14

射流碎裂和分散成水滴的原因,首先是射流的紊动,使周围空气与射流质点发生动量交换,空气被吸入射流中来,当射流中空气体积增加到一定数量时,就会破坏射流的连续性;另一方面,重力与空气阻力的作用使得射流断面上流速分布不均匀,加上表面张力的作用,最终使得射流由紧密的连续体变成碎裂的水滴组合体。

消防水枪的射流分为竖直和倾斜两种方式。在实用中,常要知道它们的射程。下面,介绍一些实验成果。

如图 5-14 所示,对于竖直射流,由于射流碎裂分散后受到空气阻力的作用,射流能够达到的高度 S 总是小于喷口处的总水头 H,其关系式为:

$$S = \frac{H}{1 + \Psi H} \tag{5-15}$$

式中　Ψ——与水枪喷口直径 d 有关的系数,可由经验公式 $\Psi = \dfrac{0.25}{d + (0.1d)^3}$ 计算,其中 d

的单位为 mm。

根据实验资料，水枪竖直射流的紧密段高度 S' 与竖直射流高度 S 的关系为：

$$S' = \beta S \tag{5-16}$$

式中　β——与竖直射流高度 S 有关的系数，可由实验确定。β 与 S 的对应关系见表 5-4。

系 数 β 值　　　　表 5-4

射流高度 S(m)	7	9.5	12	14.5	17.2	20	22.9	24.5	26.8	30.5
β	0.840	0.840	0.835	0.825	0.815	0.805	0.790	0.785	0.760	0.725

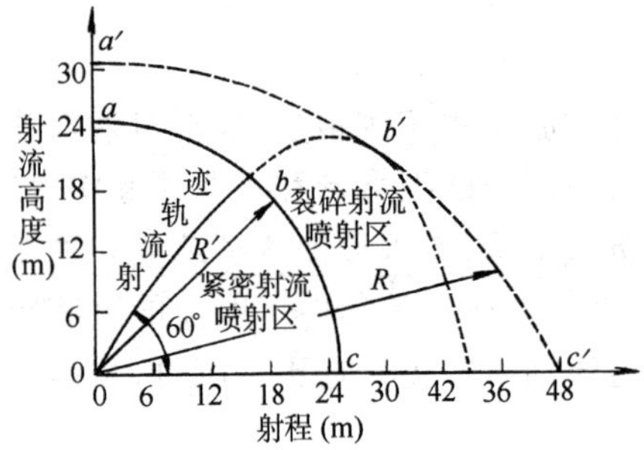

图 5-15

将式(5-16)代入式(5-15)，可得水枪喷口处的总水头 H 与相应的紧密段高度 S' 的关系为：

$$H = \frac{S'}{\beta - \Psi S'} \tag{5-17}$$

下面讨论倾斜射流的情况。如图 5-15 为某一射流以不同倾角射出时的实验曲线。图中的 abc 为射流紧密段的外包曲线，$a'b'c'$ 为水滴段的外包曲线。图中还给出了倾角 $\theta = 60°$ 的一股射流的轨迹线。该实验曲线表明：(1)水枪喷口至射流紧密段边界的距离 R' 与射流倾角 θ 无关，其数值等于竖直射流的紧密段高度，即 $R' = S'$；(2)水枪喷口至射流水滴段边界的距离 R 与射流倾角有关。R 的经验公式为：

$$R = \varphi S \tag{5-18}$$

式中　φ——与射流倾角 θ 有关的系数，可由实验确定。φ 与 θ 的对应关系见表 5-5。

在本节中，介绍了两种基本的射流形式，目的在于了解它们的特性及其运动的基本规律。工程实际中遇到的较复杂射流，还需结合专业要求进一步参考有关专业书籍。

系 数 φ 值　　　　表 5-5

射流倾角 θ	0°	15°	30°	45°	60°	75°	90°
φ	1.40	1.30	1.20	1.12	1.07	1.03	1.00

思 考 题

5-1　怎样区分大孔口与小孔口？在出流规律的计算方面两者有什么不同？

5-2　总结一下孔口恒定自由出流与淹没出流的相同点与不同点。

5-3　为什么孔口淹没出流时，流量计算公式无大小孔口的区分？

5-4　总结一下孔口流量系数的影响因素有哪些？并定性分析如图所示直径和作用水头都相等的三个孔口出流量的大小。

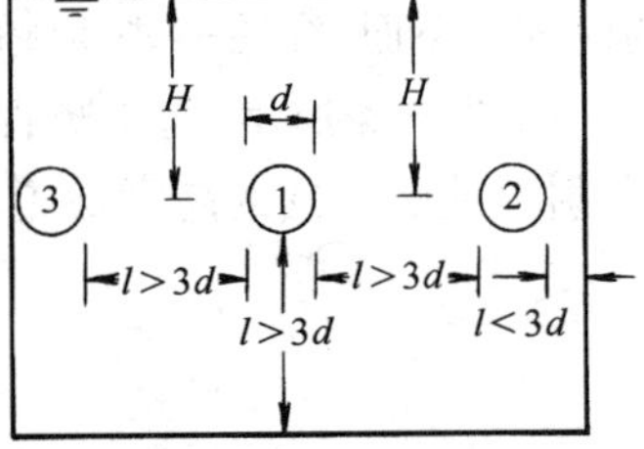

思考题 5-4 图

5-5　某压力水箱中有一调节流量的隔板，其上开有 n 个直径为 d 的圆形小孔口和 m 个边长为 a 的正方形小孔口，它们的流量系数分别为 μ_d 和 μ_a。若隔板上、下游恒定的水位差为 H，水面的相对压强

分别为 $p_1>0$，$p_2<0$，试写出通过隔板上孔口的总流量表达式。

5-6　孔口出流与管嘴出流有什么不同？为什么在条件相同的情况下管嘴比孔口的过流能力强？

5-7　圆柱形外管嘴的正常工作条件是什么？该类管嘴为什么要受到这样工作条件的限制？

5-8　什么叫射流？射流可分为哪几种类型？

5-9　自由淹没紊流射流可划分为哪几个区？各区中流体的流动有哪些特点？试叙述自由淹没紊流射流的几何特性、运动特性和动力特性。

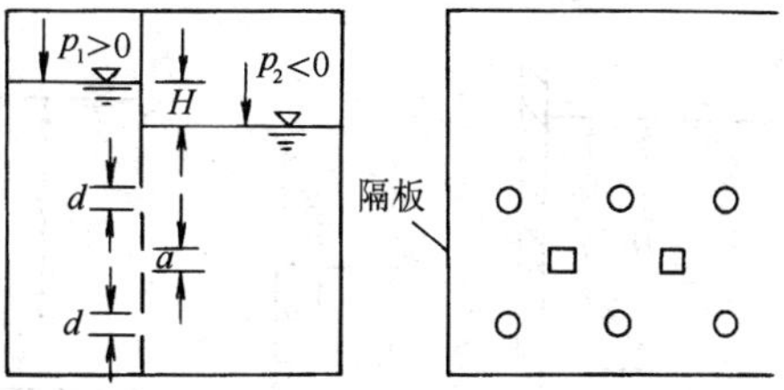

思考题 5-5 图

5-10　消防水枪的射流可分为哪几段？各段中射流体的特点如何？简述这种射流分段的原因。

习　题

5-1　某薄壁圆形孔口直径 $d=10$mm，作用水头 $H_0=2$m，现测得出流收缩断面的直径 $d_c=8$mm，在 $t=32.8$s的时间内，经孔口流出的水量为 0.01m^3。试求该孔口的收缩系数 ε、流量系数 μ_k、流速系数 φ_k 及孔口的局部阻力系数 ξ_k。

5-2　薄壁孔口出流如图所示，已知孔口直径 $d=20$mm，水箱水位恒定 $H=2$m。(1)求孔口的出流量 Q_k；(2)若在此孔口外接一与孔口同直径的圆柱形管嘴，求该管嘴的出流量 Q_g；(3)求管嘴收缩断面的真空度。

5-3　如图所示，某水箱用隔板分为 A、B 两室，隔板上开一薄壁孔口，其直径 $d_1=40$mm；在 B 室底部装有圆柱形外管嘴，其直径 $d_2=30$mm。若已知图中的 $H=3$m，$h_3=1.2$m，A 室液面和 B 室液面的相对压强分别为 $p_{0A}=0.2$at，$p_{0B}=0.1$at，水流为恒定流，试求(1)图中的 h_1 和 h_2；(2)水箱的出流流量 Q。

5-4　某平底空船示意如图所示，已知其水平截面积 $\Omega=8$m^2，船舷高行 $h=0.5$m，船自重 $G=9.8$kN。现船底有一直径 $d=100$mm 的破孔，水自该孔漏入船中，试问经过多少时间后该船将沉没。

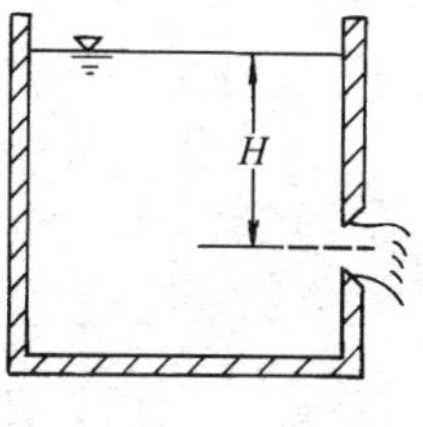

题 5-2 图

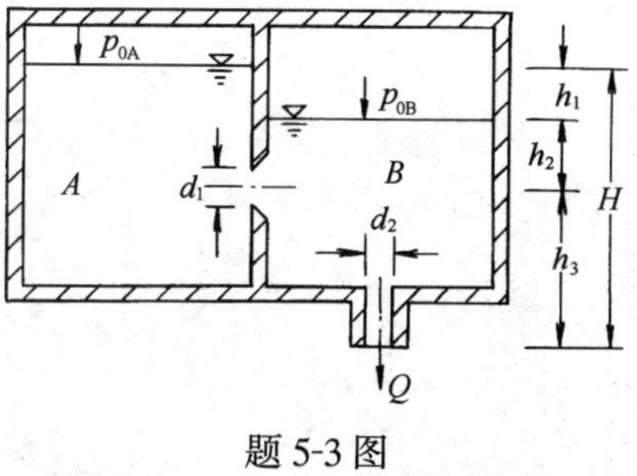

题 5-3 图

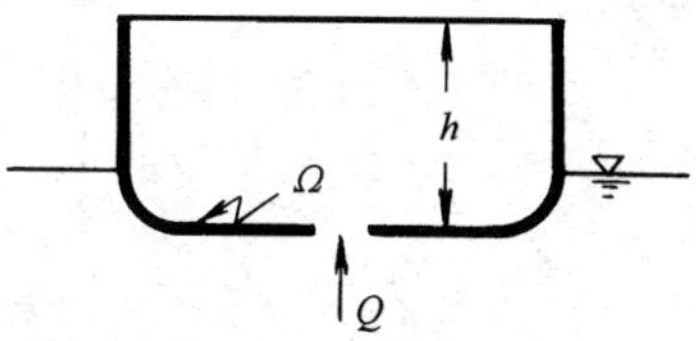

题 5-4 图

5-5　如图所示，某水池通过矩形闸孔出流，已知孔宽 $b=0.8$m，孔高 $a=1.2$m，闸孔上缘在水池水面下的深度 $H_1=2$m。设闸孔的流量系数 $\mu_k=0.7$，水池水位恒定，闸孔全开。(1)分别按大孔口流量公式和小孔口流量公式计算该闸孔的出流量 Q 值；(2)评价按小孔口计算的相对误差为百分之几。

5-6　如图所示，挡水坝的坝内水平泄水管长 $l=4$m，当泄水管进口断面形心的淹没深度 $H=6$m 时，需排泄的水量 $Q=10$m^3/s，试确定该泄水管的直径 d，并求此时管中水流收缩断面处的真空度。

5-7　如图所示，直径 $D=0.8$m 的圆柱形水箱，底部外接直径 $d=25$mm、长 $l=100$mm 的圆柱形外管嘴。若水箱内的充水深度 $H=0.9$m，试求(1)保持水面相对压强 $P_0=0$ 时，放空水箱所需的时间；(2)若使水箱的这一放空时间减小一半，水面的相对压强 p_0 应保持为何值？

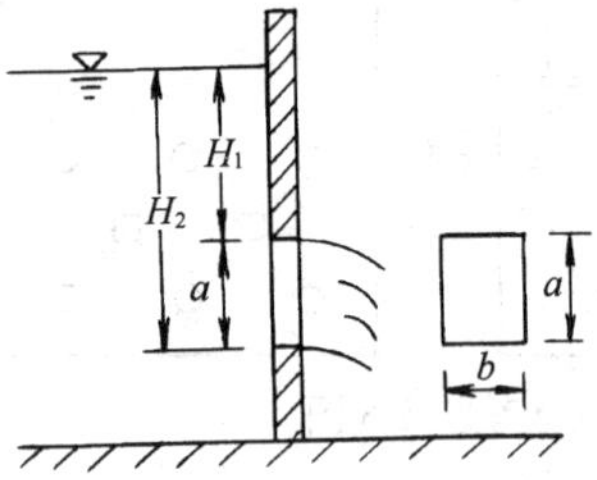

题 5-5 图

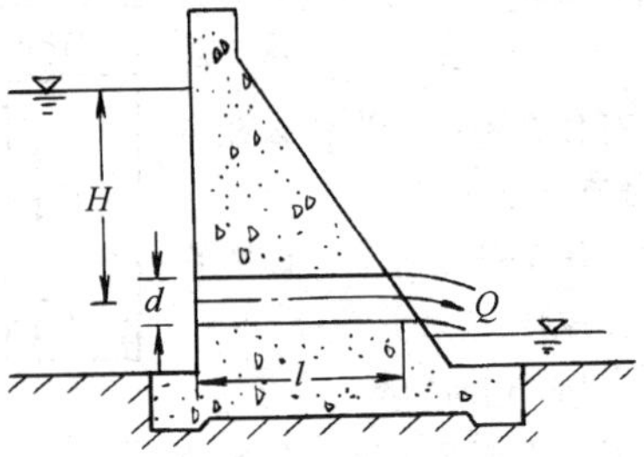

题 5-6 图

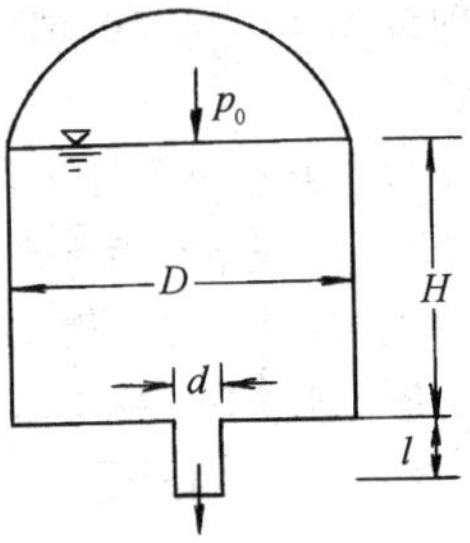

题 5-7 图

5-8　如图所示，某矩形船闸的闸室长 $l=80$m，宽 $b=10$m。设上、下游闸门泄流孔口的流量系数 $\mu=0.60$。现要求在 20min 内完成船闸闸室内充水和放水过程，试求充、放水闸门孔口面积 A_1 和 A_2 各为多少？

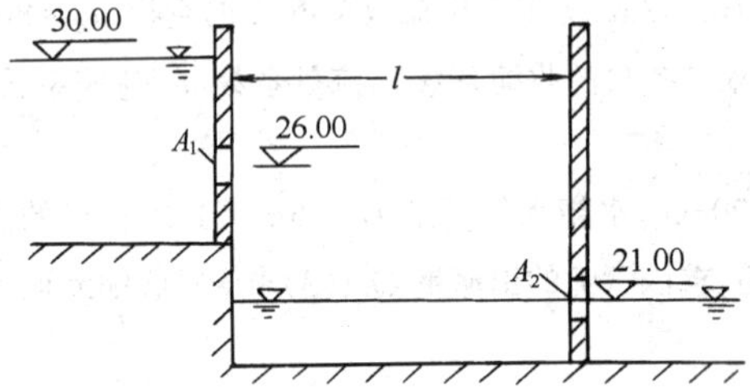

题 5-8 图

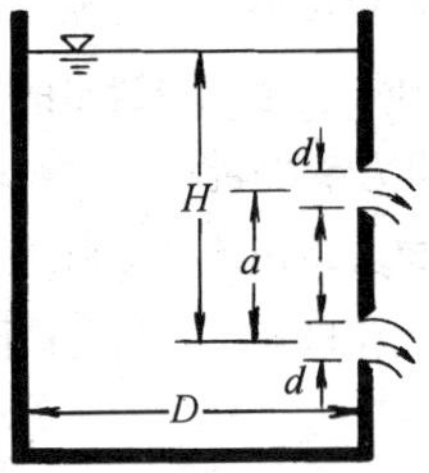

题 5-9 图

5-9　如图所示，直径 $D=0.8$m 的圆柱形水箱，水箱壁上沿铅直方向开有两个直径 $d=10$mm 的圆形薄壁孔口，两孔口上下相距 $a=0.5$m，下部孔口形心的淹没深度 $H=1.5$m。试求当两孔口同时打开时，容器放空所经历的时间 t。

第六章　有　压　管　流

在第三章提及的有压流,主要指的就是圆形管道中的有压管流。有压管流的特点是:管道内没有自由表面,整个过水断面都被液体充满,过水断面上各点的动水压强一般都不等于大气压。有压管道是一切生产、生活输水系统的重要组成部分,研究有压管流具有重要的实际意义。

工程实际中所遇到的有压管流,除特殊情况外,一般都可以按恒定紊流处理。本章应用液体运动的基本规律,重点讨论有压管恒定紊流的水力计算问题,最后讨论有压管非恒定流中的一种水力现象——水击问题。

为了简化水力计算,根据恒定有压管流中沿程水头损失、局部水头损失和流速水头所占的比重不同,可将有压管道分为长管和短管两种情况。

长管是指管流的水头损失以沿程水头损失为主,而局部水头损失和流速水头之和所占比重很小(一般不超过沿程水头损失的5%),在水力计算中将其忽略不计仍能满足工程要求的管道。

短管则是指局部水头损失与流速水头之和所占的比重较大(如大于沿程水头损失的5%),在水力计算中不能忽略的管道。

长管只是在计算精度允许范围内的一种近似简化计算模式,当难以作出这种简化判断时,应按照短管处理。按照上述概念,长管和短管不能简单地从管道长度来加以判断,但长管通常相对要长一些。一般来说,市政给水干管可按长管计算,而虹吸管、水泵的吸水管等均应按短管计算。在工程实际中,为了计算方便,也常将短管的局部水头损失和流速水头按沿程水头损失的某一百分数估算,从而使短管简化为长管(如室内给水管道的水力计算)。

根据管道的布置方式,管道系统又可分为简单管道和复杂管道。

管径、管壁粗糙状况和流量沿流程不变的无分支管道称为简单管道;由两条或两条以上的简单管道组成的串联管道、并联管道和管网等管道系统称为复杂管道。

第一节　短管的水力计算

在第三章和第四章涉及的有关能量方程的许多例题和习题,实质上都属于短管的水力计算问题。本节将在恒定流条件下,对短管的水力计算问题进行归纳和总结,并结合实际问题进行说明。

一、短管出流

工程中要求按短管计算的有压管道一般都属于简单管道。与孔口、管嘴出流一样,短管出流也可划分为自由出流(如图6-1(a))和淹没出流(如图6-1(b))。由图6-1(a)、(b),建立1-1、2-2断面的能量方程,可以很容易推得类似于孔口、管嘴出流的流速和流量计算公式,现介绍如下。

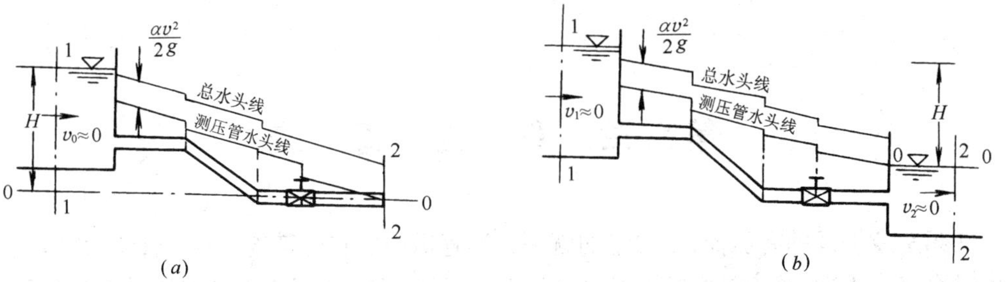

图 6-1

自由出流时：

管中流速
$$v=\frac{1}{\sqrt{\alpha+\lambda\frac{l}{d}+\Sigma\xi}}\sqrt{2gH_0} \tag{6-1}$$

管中流量
$$Q=vA=\frac{1}{\sqrt{\alpha+\lambda\frac{l}{d}+\Sigma\xi}}A\sqrt{2gH_0}=\mu_c A_c\sqrt{2gH_0} \tag{6-2}$$

式中　μ_c——自由出流管道系统流量系数；

$$\mu_c=\frac{1}{\sqrt{\alpha+\lambda\frac{l}{d}+\Sigma\xi}}$$

H_0——1-1 断面的总水头，称为短管自由出流的作用水头。

$$H_0=H+\frac{\alpha_0 v_0^2}{2g}\approx H$$

淹没出流时：

管中流速
$$v=\frac{1}{\sqrt{\lambda\frac{l}{d}+\Sigma\xi}}\sqrt{2gH_0} \tag{6-3}$$

管中流量
$$Q=vA=\frac{1}{\sqrt{\lambda\frac{l}{d}+\Sigma\xi}}A\sqrt{2gH_0}=\mu_c A\sqrt{2gH_0} \tag{6-4}$$

式中　μ_c——淹没出流管道系统流量系数；

$$\mu_c=\frac{1}{\sqrt{\lambda\frac{l}{d}+\Sigma\xi}}$$

H_0——1-1 和 2-2 断面总水头之差，称为短管淹没出流的作用水头。

$$H_0=H+\frac{\alpha_1 v_1^2}{2g}-\frac{\alpha_2 v_2^2}{2g}\approx H$$

式(6-2)和(6-4)就是短管自由出流与淹没出流的水力计算基本公式。两公式中流量系数 μ_c 在形式上有所不同，但实质是一样的。因为式(6-2)的分母根号内虽然多了一项 $\alpha(\approx1.0)$，但在式(6-4)的 $\Sigma\xi$ 中却比式(6-2)多了一项淹没出口的局部阻力系数 $\xi\approx1.0$。两公式的区别在于作用水头 H_0 的含义，当忽略容器内的流速水头时，自由出流的作用水头是上游自由水面与管道出口断面形心的高差，而淹没出流则是上、下游自由水面的高差。在实际的短管水力计算中，人们常常习惯于直接应用能量方程求解，而不去套用式(6-2)或(6-4)计算。

当管道布置一定时(即管材、管长、局部构件的组成等确定时)，在恒定流条件下，短管的水力计算一般可归结为以下四类问题：

(1) 已知作用水头 H_0、管径 d，确定输水流量 Q(或流速 v)；

(2) 已知流量 Q、管径 d，确定作用水头 H_0；

(3) 已知流量 Q、作用水头 H_0，确定管径 d；或直接由已知的流量 Q 确定管径 d 和所需的作用水头 H_0；

(4) 了解管道沿流程各断面动水压强的分布情况。

前两类问题，可根据式(6-2)、(6-4)或直接应用能量方程进行计算。

对于第三类问题，当已知流量 Q 和作用水头 H_0 时，也可根据式(6-2)、(6-4)或直接根据能量方程确定管径 d。但若仅通过已知的流量 Q 来确定管径 d 和作用水头 H_0，由于流速 v 和管径 d 均未知，故属于不定解问题。这时，必须先规定一个流速，然后才能确定 d 和 H_0。

这一规定的流速需要从技术和经济两个方面来考虑。由连续性方程可知，当流量一定时，管中流速与管径的平方成反比。若选用较小的管径，则可节省管材，降低管道造价，但过大的流速会引起较大的水头损失，从而又会使输水的运行费用增加，同时还可能引起较大的噪声和较强的水击作用(水击将在本章第四节讨论)。反之，若选用较大的管径，虽可使运行费用降低，但管道造价将增高，对于水中挟带泥沙的管道，管中流速过小，还会引起泥沙的淤积作用。因此，过大或过小的管中流速，在投资上都不会是最经济的，在技术上也不会是最合理的。工程实际中，人们常通过技术与经济的比较，确定一个在符合技术要求的前提下，使供水总成本最低的经济流速 v_e，作为确定管径 d 的依据。经济流速选定后，即可按下式计算管径：

$$d=\sqrt{\frac{4Q}{\pi v_e}} \tag{6-5}$$

经济流速一般根据实际的设计经验及技术经济资料确定。各种输水管道的经济流速范围可查阅有关设计手册。由于经济流速涉及的因素较多，情况比较复杂，选用时应注意因时因地而异。

管径 d 确定后，根据已知流量 Q 确定所需的作用水头 H_0，就可按上述第二类问题计算。

第四类问题，可通过绘制管道系统的测压管水头线来实现，进而可掌握管道中沿流程各断面动水压强是否满足正常工作的需要。也可以直接应用能量方程对某指定断面的动水压强进行校核计算(是否过大或过小)。

二、短管管道系统水头线的绘制

短管管道系统的水头线包括总水头线和测压管水头线。有关这两种水头线的含义和绘制方法，在第三章和第四章中已有介绍，图 6-1(a)、(b)中绘出了短管自由出流和淹没出流的总水头线和测压管水头线。现将水头线的绘制步骤及绘制注意事项进一步总结如下：

1. 绘制步骤

(1) 根据已知条件，计算沿流程各管段的沿程水头损失和各项局部水头损失。

(2) 从管道进口断面的总水头开始，沿流程依次减去各项水头损失，得各相应断面的总水头值，并连结得到总水头线。

(3) 由总水头线向下位移一个沿流程相应断面的流速水头值，即可得到测压管水头线。

2．绘制注意事项

(1) 局部水头损失实际是发生在局部构件前后不太长的流段内的，但绘制总水头线时，可将局部水头损失等效地集中绘制在局部构件所在的断面上。所以，局部构件前后有两个总水头，以突降的“台阶”高度表示局部水头损失的大小。

(2) 实际液流的总水头线永远是沿流程下降的(除非有外加能量)，任意两过水断面间总水头的下降值即为这个断面间液流的水头损失；测压管水头线则可以沿流程下降、上升或是水平的，这取决于动能与势能的相互转化关系，例如，在等直径管段中，测压管水头线与总水头线是平行的，在管径逐渐扩大的管段上，测压管水头线可能沿流程上升。

(3) 应注意管道进出口处的边界条件。如图 6-1，管道进口断面处总水头线的起点就是上游容器中 1-1 断面的总水头，当该容器敞口，并忽略容器内的行近流速水头时，容器内的自由液面即为总水头线的起点。对于自由出流，液流在出口断面处没有局部水头损失，且测压管水头线的终点应交在出口断面的形心上(如图 6-1(a))；对于淹没出流，当管道下游为敞口容器，并忽略容器内流速时，容器内的自由液面同时是出口断面的总水头和测压管水头，故测压管水头线的终点应在容器的自由液面上，而出口断面的总水头则应以$\frac{\alpha v^2}{2g}$为局部水头损失落在同一自由液面上(如图 6-1(b))。

(4) 测压管水头与相应断面的管轴位置(即断面的位置水头)高差即为压强水头。所以，测压管水头线高出管道轴线的区域为正压区，低于管道轴线的区域为负压区。

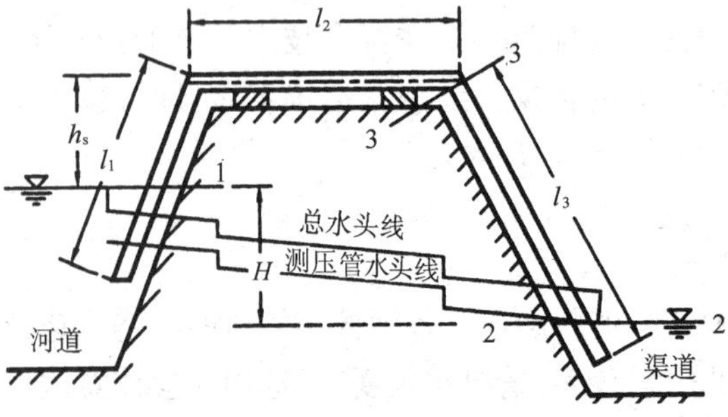

图 6-2

三、虹吸管的水力计算

虹吸管是部分管道轴线高于上游水源自由水面的输水管道，如图 6-2 所示。

虹吸管工作时，必须先排除管内一定量空气，使管内形成一定的真空度。这时，上游的水便会在大气压的作用下从管口进入管内，当水上升至管顶并流向下游后，只要虹吸管内的真空不被破坏，并使上下游自由水面保持一定的高差，虹吸管就能连续输水。

当虹吸管内真空度过大时，将会造成水体汽化而影响虹吸管的输水效果。所以，工程上为保证虹吸管的正常工作，一般限制管内的最大真空度不得超过允许值$[h_v]=7\sim8mH_2O$。由图 6-2 中的测压管水头线可以看出，几乎整个虹吸管段都处于负压区，最大真空度发生在沿流向第二个弯头之后的 3-3 断面处。虹吸管中真空度最大的断面到上游自由水面的铅直距离(即虹吸管顶部断面形心超出上游自由水面的距离)h_s 称为虹吸管的安装高度。

应用虹吸管输水，可以跨越高地，减少挖方，避免埋设管道工程，并且便于自动操作。所以，它在给水排水工程和农田水利工程中应用广泛。

虹吸管是简单管道，一般按短管计算。虹吸管水力计算的主要任务是：计算虹吸管的输水流量，确定虹吸管的安装高度或校核虹吸管内的最大真空度是否超过允许值。

【例 6-1】 如图 6-2 所示，利用一根管径 $d=400mm$ 的铸铁虹吸管将河水引入供水渠道。已知上游河道与下游渠道的恒定水位高差 $H=2m$，虹吸管的安装高度 $h_s=5m$，虹吸管

各段长度分别为 $l_1=8\text{m}$、$l_2=12\text{m}$、$l_3=15\text{m}$,管道两个弯头的局部阻力系数均为 $\xi_1=0.4$,管道进口和淹没出口的局部阻力系数分别为 $\xi_2=0.5$ 和 $\xi_3=1.0$,水温 $t=10℃$。试确定 (1) 虹吸管的输水量;(2) 校核虹吸管中的最大真空度是否超过允许值。

【解】 (1) 确定输水量 Q

如图 6-2,虹吸管属于淹没出流,忽略上游河道和下游渠道中的流速水头,由式(6-4)得:

$$Q=\frac{1}{\sqrt{\lambda\dfrac{l}{d}+\Sigma\xi}}A\sqrt{2gH}=\frac{1}{\sqrt{\lambda\dfrac{l}{d}+\Sigma\xi}}\frac{\pi d^2}{4}\sqrt{2gH} \qquad (a)$$

式中 $l=l_1+l_2+l_3=8+12+15=35\text{m}$; $\Sigma\xi=\xi_2+2\xi_1+\xi_3=0.5+2\times0.4+1.0=2.3$;

设虹吸管中水流处于紊流粗糙区,由舍维列夫公式(4-41)得:$\lambda=\dfrac{0.021}{d^{0.3}}=\dfrac{0.021}{0.4^{0.3}}=0.028$。

将已知的数据代入前(a)式得:

$$Q=\frac{1}{\sqrt{0.028\dfrac{35}{0.4}+2.3}}\frac{3.14\times0.4^2}{4}\sqrt{2\times9.8\times2}=0.361\text{m}^3/\text{s}$$

校核流速 $$v=\frac{4Q}{\pi d^2}=\frac{4\times0.361}{3.14\times0.4^2}=2.87\text{m/s}>1.2\text{m/s}$$

故假设水流处于紊流粗糙区正确。

(2) 校核最大真空度

虹吸管中的最大真空度发生在图 6-2 中沿流向第二个弯头之后的 3-3 断面处。以上游水面 1-1 为基准面,建立 1-1 和 3-3 断面能量方程得(取 $\alpha=1.0$):

$$0=h_s+\frac{p_3}{\gamma}+\frac{v^2}{2g}+h_{w1\text{-}3}$$

式中:$h_{w1\text{-}3}=\left(\lambda\dfrac{l_1+l_2}{d}+\xi_2+2\xi_1\right)\dfrac{v^2}{2g}=\left(0.028\dfrac{8+12}{0.4}+0.5+2\times0.4\right)\dfrac{2.87^2}{2\times9.8}=1.13\text{m}$

所以: $$\frac{-p_3}{\gamma}=\frac{p_{3v}}{\gamma}=h_s+\frac{v^2}{2g}+h_{w1\text{-}3}=5+\frac{2.87^2}{2\times9.8}+1.13=6.55\text{m}$$

虹吸管中的最大真空度 $p_{3v}/\gamma=6.55\text{mH}_2\text{O}<7\text{mH}_2\text{O}$,没有超过允许值,故该虹吸管能够正常工作。

四、离心泵装置的水力计算

泵是将动力机的机械能转化为被输送液体机械能的水力机械,在工程实际中有十分广泛的应用。泵的种类很多,其中最常用的是离心泵。

离心泵装置由吸水管、离心泵和压水管等组成,如图 6-3 所示。从滤水网到水泵进口(A-A 断面)之间的管道称水泵的吸水管;从水泵出口到上游水箱之间的管道称水泵的压水管。

离心泵装置水力计算的主要任务是:确定吸水管和压水管的管径;确定水泵的安装高度 h_s(离心泵泵轴到上游水源自由水面的铅直高度),或校核水泵进口断面处的真空度是否超过

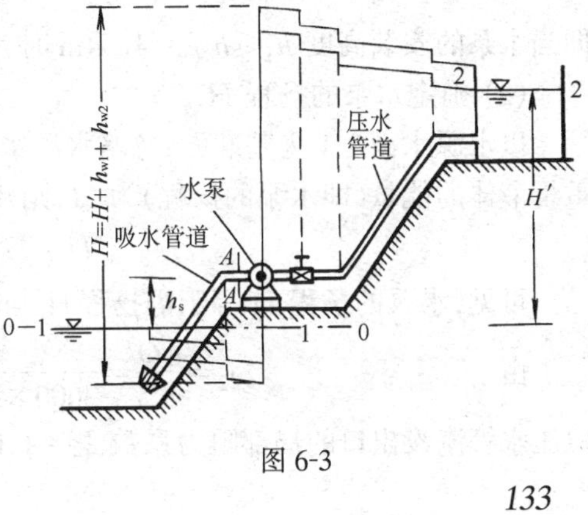

图 6-3

允许值和确定水泵的扬程 H。

水泵吸水管和压水管的管径可根据水泵的设计流量和水泵吸水管、压水管的经济流速由式(6-5)计算。

水泵吸水管和压水管的经济流速，一般可根据下列经验数值选取：

$d_{吸}<250$mm 时，$v_e=1.0\sim1.2$m/s；$d_{吸}\geqslant250$mm 时，$v_e=1.2\sim1.6$m/s

$d_{压}<250$mm 时，$v_e=1.5\sim2.0$m/s；$d_{压}\geqslant250$mm 时，$v_e=2.0\sim2.5$m/s

水泵的安装高度 h_s 和扬程 H 的确定方法，结合例题具体说明如下：

【例 6-2】 某离心泵装置如图 6-3 所示。已知泵的抽水量 $Q=30\text{m}^3/\text{h}$，提水高度(称静扬程)$H'=15$m，吸水管、压水管直径和长度分别为：$d_1=100$mm、$d_2=80$mm、$l_1=8$m、$l_2=20$m，吸水管和压水管的沿程阻力系数均为 $\lambda=0.044$，局部阻力系数分别为：吸水滤网 $\xi_1=8.5$、弯头 $\xi_2=0.17$、阀门 $\xi_3=0.15$。若水泵最大允许真空度$[h_v]=5.3\text{mH}_2\text{O}$，试确定(1)水泵的安装高度 h_s；(2)水泵的扬程 H；(3)定性绘制水泵管道系统的总水头线和测压管水头线。

【解】 (1) 确定水泵安装高度 h_s

以水源水面 1-1 为基准面，忽略水源水池中的流速水头，建立 1-1 和 A-A 断面的能量方程得(取 $\alpha_A=1.0$)：

$$0=h_s+\frac{p_A}{\gamma}+\frac{v_A^2}{2g}+h_{w1}$$

所以：

$$h_s=-\frac{p_A}{\gamma}-\frac{v_A^2}{2g}-h_{w1}=\frac{p_{Av}}{\gamma}-\left(\frac{v_A^2}{2g}+h_{w1}\right) \tag{a}$$

可见，水泵的安装高度 h_s 决定于水泵进口断面 A-A 处的真空度$\frac{p_{Av}}{\gamma}$、水泵吸水管的流速水头$\frac{v_A^2}{2g}$及水头损失 h_{w1}。$\frac{p_{Av}}{\gamma}$愈大，$\left(\frac{v_A^2}{2g}+h_{w1}\right)$愈小，$h_s$ 就愈大。在吸水管布置和吸水管中的流速一定的情况下，水泵的安装高度 h_s 就完全决定于水泵进口断面处的允许真空度$[h_v]$。

在本例中，可取$\frac{p_{Av}}{\gamma}=[h_v]=5.3\text{mH}_2\text{O}$；另外 $v=\frac{4Q}{\pi d_1^2}=\frac{4\times30}{3600\times3.14\times0.1^2}=1.06$m/s；

$$h_{w1}=\left(\lambda\frac{l_1}{d_1}+\xi_1+\xi_2\right)\frac{v_1^2}{2g}=\left(0.044\frac{8}{0.1}+8.5+0.17\right)\frac{1.06^2}{2\times9.8}=0.70\text{mH}_2\text{O}。$$

将上述数据代入前式(a)得水泵的最大安装高度为：

$$h_{sm}=5.3-\frac{1.06^2}{2g}-0.70=4.54\text{m}$$

即当水泵的安装高度 $h_s\leqslant h_{sm}=4.54$m 时，水泵就能够正常工作。

(2) 确定水泵的扬程 H

以水源水面 1-1 为基准面，忽略水源水池和高位水箱中的流速水头，设水泵输送给单位重量液体的能量(即水泵的扬程)为 H，则建立两水面 1-1 和 2-2 的能量方程得：

$$H=H'+h_{w1}+h_{w2} \tag{b}$$

可见，水泵的扬程 H 等于静扬程 H' 与吸水管水头损失 h_{w1}、压水管水头损失 h_{w2}之和。

由于

$$v_2=\frac{4Q}{\pi d_2^2}=\frac{4\times30}{3600\times3.14\times0.08^2}=1.66\text{m/s}$$

取压水管淹没出口的局部阻力系数 $\xi_4=1.0$，则：

$$h_{w2}=\left(\lambda\frac{l_2}{d_2}+\xi_3+\xi_2+\xi_4\right)\frac{v_2^2}{2g}=\left(0.044\frac{20}{0.08}+0.15+0.17+1.0\right)\frac{1.66^2}{2\times9.8}=1.73\text{mH}_2\text{O}$$

将 H'、h_{w1} 和 h_{w2} 代入前式(b)得水泵的扬程为：

$$H=15+0.70+1.73=17.43\text{mH}_2\text{O}$$

(3) 水泵管道系统的总水头线和测压管水头线如图 6-3 所示。

第二节　长管的水力计算

在工程实际中，串联、并联、管网等杂管道常按长管计算。简单管道的水力计算是一切复杂管道水力计算的基础，本节在恒定流条件下，首先讨论简单长管的水力计算，然后在此基础上讨论几种复杂管道的水力计算。

一、简单长管的水力计算

前已述及，简单管道是管径、管壁粗糙状况和流量沿流程不变的无分枝管道，并且长管在水力计算中可以忽略局部水头损失和流速水头。

在图 6-4(a)(自由出流)和图 6-4(b)(淹没出流)中，取基准面 0-0 如图所示，当忽略局部水头损失和流速水头时，建立 1-1 和 2-2 断面的能量方程得：

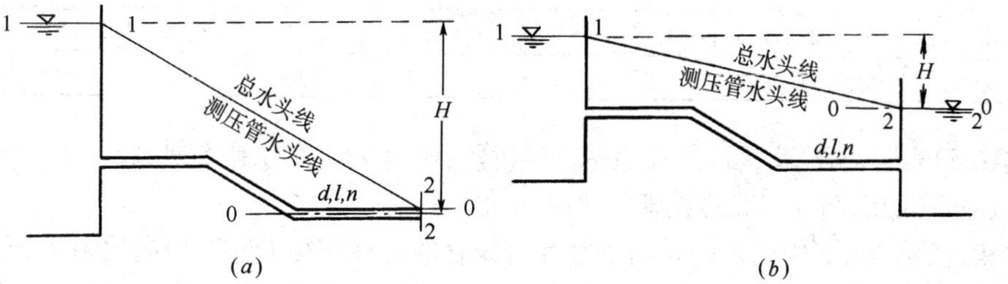

图 6-4

$$H=h_f=\lambda\frac{l}{d}\frac{v^2}{2g} \tag{6-6}$$

上式即为简单长管的基本公式。它表明：无论是自由出流还是淹没出流，简单长管的作用水头 H 完全消耗于沿程水头损失 h_f；只要作用水头 H 恒定，无论管道如何布置，其总水头线都是与测压管水头线重合并且坡度沿流程不变的直线。但与短管出流一样，长管自由出流和淹没出流的作用水头含义有所不同。

在具体的水力计算中，常将上述基本方程按下列两种方式计算。

1. 按比阻计算

以 $v=\frac{4Q}{\pi d^2}$代入式(6-6)，并整理得：

$$H=h_f=\frac{8\lambda}{g\pi^2 d^5}lQ^2=AlQ^2 \tag{6-7}$$

式中　$A=\frac{8\lambda}{g\pi^2 d^5}$——管道的比阻。

式(6-7)就是简单长管按比阻计算的基本公式。比阻 A 是单位流量通过单位长度管道所需要的水头，它决定于沿程阻力系数 λ 和管径 d。给水工程中，输水管道的水流一般都处于紊流粗糙区(即阻力平方区)或紊流过渡区。下面，介绍两种工程中常用的比阻计算公式：

(1) 专用公式　对于给水工程中常用的钢管、铸铁管，因为在使用过程中会发生锈蚀和结垢，管壁粗糙度会相应增大，所以一般按旧管考虑。当水温为 10℃ 时，将舍维列夫公式(4-41)和(4-40a)分别代入比阻 $A=\dfrac{8\lambda}{g\pi^2 d^5}$ 中，并整理得：

$v \geqslant 1.2$m/s(紊流粗糙区)
$$A=\frac{0.001736}{d^{5.3}} \tag{6-8}$$

$v<1.2$m/s(紊流过渡区)
$$A'=0.852\left(1+\frac{0.867}{v}\right)^{0.3}\left(\frac{0.001736}{d^{5.3}}\right)=kA \tag{6-9}$$

式中　k——修正系数。

$$k=0.852\left(1+\frac{0.867}{v}\right)^{0.3}$$

式(6-9)表明，紊流过渡区的比阻 A' 可用紊流粗糙区的比阻 A 乘上修正系数 k 来计算。当水温为 10℃ 时，与不同流速对应的 k 值见表 6-1。

旧钢管、旧铸铁管 A 值的修正系数 k　　　　**表 6-1**

v(m/s)	0.20	0.25	0.30	0.35	0.40	0.45	0.50	0.55	0.60
k	1.41	1.33	1.28	1.24	1.20	1.175	1.15	1.13	1.115
v(m/s)	0.65	0.70	0.75	0.80	0.85	0.90	1.00	1.10	≥1.20
k	1.10	1.085	1.07	1.06	1.05	1.04	1.03	1.015	1.00

式(6-8)表明，紊流粗糙区的比阻 A 只与管径 d 有关。为计算方便，表 6-2 中列出了与不同管径对应的旧钢管和旧铸铁管的比阻 A 值。

注意，虽然表 6-2 中列出的是与钢管和铸铁管的公称直径 DN 对应的比阻 A 值，但这些 A 值实际上是根据钢管和铸铁管的计算内径 d 由式(6-8)计算得到的。计算内径是考虑到管道使用后的锈蚀和结垢影响而采用的内径，它一般略小于新管的内径。因为相同公称直径的钢管与铸铁管的计算内径 d 一般不相等，所以虽然钢管和铸铁管比阻 A 值的计算公式都是式(6-8)，但其计算表却是分列的。

钢管、铸铁管在紊流粗糙区的比阻 A 值(部分)　　　　**表 6-2**

钢管				铸铁管			
公称直径 DN (mm)	A (s^2/m^6)	公称直径 DN (mm)	A (s^2/m^6)	公称直径 DN (mm)	A (s^2/m^6)	公称直径 DN (mm)	A (s^2/m^6)
125	106.2	600	0.02384	50	15190	400	0.2232
150	44.95	700	0.01150	75	1709	450	0.1195
200	9.273	800	0.005665	100	365.3	500	0.06839
250	2.583	900	0.003034	125	110.8	600	0.02602
300	0.9392	1000	0.001736	150	41.85	700	0.01150
350	0.4078	1200	0.0006605	200	9.029	800	0.005665
400	0.2062	1300	0.0004322	250	2.752	900	0.003034
450	0.1089	1400	0.0002918	300	1.025	1000	0.001736
500	0.06222			350	0.4529		

钢管和铸铁管的公称直径与计算内径相差不大，而且公称直径是人们在管道的生产 和使用中习惯使用的一种标准直径，所以在进行其他水力要素计算(如流量 Q、流速 v 等)时，一般直接用公称直径 DN 代替计算内径 d，或将这两种直径不加以区分。

(2) 通用公式　对于处于紊流粗糙区的一般管流，工程上通常选用满宁公式(4-44)计算比阻 A。将式(4-43)和(4-44)代入 $A=\frac{8\lambda}{g\pi^2 d^5}$，并整理得：

$$A=\frac{10.3n^2}{d^{5.33}} \tag{6-10}$$

由该式，根据管道的粗糙系数 n 和管径 d 就可求得相应紊流粗糙区的比阻 A。按式(6-10)同样可编制比阻计算表，表 6-3 列出了几种常用管道的粗糙系数 n 与管径 d 对应的比阻 A 值。

管道在紊流粗糙区的比阻 A 值 $\left(C=\frac{1}{n}R^{1/6}\right)$　　　　**表 6-3**

直径 d (mm)	$A(s^2/m^6)$			直径 d (mm)	$A(s^2/m^6)$		
	$n=0.012$	$n=0.013$	$n=0.014$		$n=0.012$	$n=0.013$	$n=0.014$
75	1480	1740	2010	450	0.105	0.123	0.143
100	319	375	434	500	0.0598	0.0702	0.0815
150	36.7	43.0	49.9	600	0.0226	0.0265	0.0307
200	7.92	9.30	10.8	700	0.00993	0.0117	0.0135
250	2.41	2.83	3.28	800	0.00487	0.00573	0.00663
300	0.911	1.07	1.24	900	0.00260	0.00305	0.00354
350	0.401	0.471	0.545	1000	0.00148	0.00174	0.00201
400	0.196	0.230	0.267				

2. 按水力坡度计算

将式(6-6)改写成：

$$J=\frac{H}{l}=\frac{h_f}{l}=\lambda\,\frac{1}{d}\frac{v^2}{2g} \tag{6-11}$$

上式就是简单长管按水力坡度计算的关系式。水力坡度 J 就是一定流量 Q 通过单位长度管道所需要的作用水头 H。对于旧钢管、旧铸铁管，当水温为 10℃时，将公式(4-41)和(4-40a)代入式(6-11)得：

$v\geqslant 1.2$m/s(紊流粗糙区)　　$$J=0.00107\frac{v^2}{d^{1.3}} \tag{6-12a}$$

$v<1.2$m/s(紊流过渡区)　　$$J=0.000912\frac{v^2}{d^{1.3}}\left(1+\frac{0.867}{v}\right)^{0.3} \tag{6-12b}$$

根据式(6-12)可编制出水力坡度计算表，如表 6-4。利用该表，已知 $v(Q)$、d、J 中任意两个量，便可直接查得另一个量。它不涉及阻力区的修正问题，故在给水管道的水力计算中被广泛采用。

注意，钢管和铸铁管的水力坡度计算表一般也是根据计算内径编制的，但列出的则是公称直径 Dg 与 $v(Q)$、J 的对应关系。

铸铁管的 J 和 v 值(部分) **表 6-4**

Q		公称直径 DN(mm)									
		350		400		450		500		600	
m^3/h	L/s	v	J(‰)	v	J(‰)	v	J(‰)	v	J(‰)	v	J(‰)
547.2	152	1.58	10.5	1.21	5.16	0.96	2.87	0.77	1.69	0.54	0.684
554.4	154	1.60	10.7	1.23	5.29	0.97	2.94	0.78	1.73	0.545	0.700
561.6	156	1.62	11.0	1.24	5.43	0.98	3.01	0.79	1.77	0.55	0.718
568.8	158	1.64	11.3	1.26	5.57	0.99	3.08	0.80	1.81	0.56	0.733
576.0	160	1.66	11.6	1.27	5.71	1.01	3.14	0.81	1.85	0.57	0.750
583.2	162	1.68	11.9	1.29	5.86	1.02	3.22	0.83	1.90	0.573	0.767
590.4	164	1.70	12.2	1.31	6.00	1.03	3.29	0.84	1.94	0.58	0.784
597.6	166	1.73	12.5	1.32	6.51	1.04	3.37	0.85	1.98	0.59	0.802
604.8	168	1.75	12.8	1.34	6.30	1.06	3.44	0.86	2.03	0.594	0.819
612.0	170	1.77	13.1	1.35	6.45	1.07	3.52	0.87	2.07	0.60	0.837
619.2	172	1.79	13.4	1.37	6.30	1.08	3.59	0.88	2.12	0.61	0.855
626.4	174	1.81	13.7	1.38	6.76	1.09	3.67	0.89	2.16	0.615	0.873
633.6	176	1.83	14.0	1.40	6.91	1.11	3.75	0.90	2.21	0.62	0.891
640.8	178	1.85	14.3	1.42	7.07	1.12	3.83	0.91	2.26	0.63	0.909
648.0	180	1.87	14.7	1.43	7.23	1.13	3.91	0.92	2.31	0.64	0.931
655.2	182	1.89	15.0	1.45	7.39	1.14	3.99	0.93	2.35	0.64	0.95
662.4	184	1.91	15.3	1.46	7.56	1.16	4.08	0.94	2.40	0.65	0.97
669.6	186	1.93	15.7	1.48	7.72	1.17	4.16	0.95	2.45	0.66	0.99
676.8	188	1.95	16.0	1.50	7.89	1.18	4.24	0.96	2.50	0.66	1.01
684.0	190	1.97	16.3	1.51	8.06	1.19	4.33	0.97	2.55	0.67	1.03
691.2	192	2.00	16.7	1.53	8.23	1.21	4.41	0.98	2.60	0.68	1.05

对于钢筋混凝土管道,通常采用谢才公式(4-42)计算水力坡度,即:

$$J=\frac{v^2}{C^2R} \tag{6-13}$$

式中 R——水力半径,对于圆管 $R=d/4$;

C——谢才系数,可采用式(4-44)或式(4-45)计算。

按式(6-13)亦可编制相应的水力坡度计算表以简化计算。

由于长管只是短管的一种近似简化计算模式,在管道布置一定的情况下,与短管类似,长管的水力计算主要分为以下三类:

(1) 已知管径 d、作用水头 H,确定流量 Q;

(2) 已知流量 Q、管径 d,确定作用水头 H;

(3) 已知流量 Q、作用水头 H,确定管径 d;或直接由已知的流量 Q 确定管径 d 和所需的作用水头 H。

下面,举例说明简单长管的水力计算。

【例 6-3】 如图 6-5 所示，由水塔通过铸铁管道向工厂供水。已知铸铁管管长 $l = 2640\text{m}$，管径 $d = 450\text{mm}$，水塔处地面标高 $\nabla_1 = 120\text{m}$，水塔内自由水面距地面的高度 $H_0 = 16\text{m}$，工厂地面标高 $\nabla_2 = 108\text{m}$，管路末端需要的自由水头（为管路末端在连接用水设备之前所必需的资用水头）$H_z = 20\text{m}$。试按比阻和水力坡度两种方法计算管道的流量 Q。

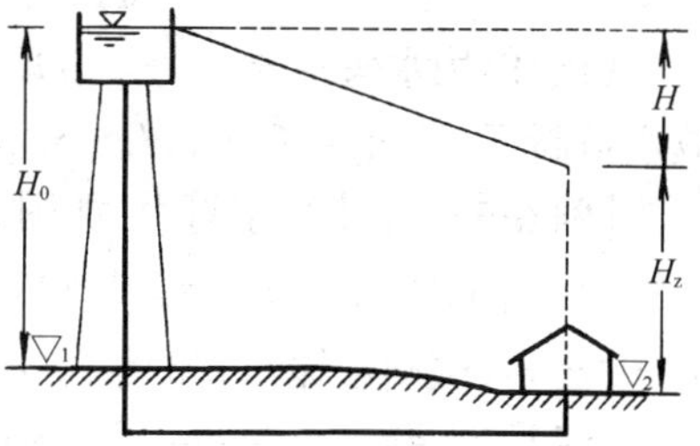

图 6-5

【解】 本题可按简单长管计算，属于上述第一类水力计算问题。

（1）按比阻计算

以海平面为基准面，建立水塔自由水面和管路末端出口断面能量方程：

$$H_0 + \Delta_1 = \Delta_2 + H_z + h_f$$

所以，管道末端的作用水头为：

$$H = h_f = (H_0 + \nabla_1) - (H_z + \nabla_2) = (16 + 120) - (20 + 108) = 8\text{m}$$

设水流处于紊流粗糙区，并近似按 10℃考虑，对于铸铁管查表 6-2，$d = 450\text{mm}$ 时，比阻 $A = 0.1195\text{s}^2/\text{m}^6$。故由式(6-7)得：

$$Q = \sqrt{\frac{H}{Al}} = \sqrt{\frac{8}{0.1195 \times 2640}} = 0.159\text{m}^3/\text{s}$$

校验阻力区

$$v = \frac{4Q}{\pi d^2} = \frac{4 \times 0.159}{3.14 \times 0.45^2} = 1.0\text{m/s} < 1.2\text{m/s}$$

说明水流处于紊流过渡区，比阻 A 需要修正。查表 6-1，当 $v = 1.0\text{m/s}$ 时，$k = 1.03$。故修正后的流量为：

$$Q = \sqrt{\frac{H}{kAl}} = \sqrt{\frac{8}{1.03 \times 0.1195 \times 2640}} = 0.157\text{m}^3/\text{s}$$

（2）按水力坡度计算

由式(6-11)得：
$$J = \frac{H}{l} = \frac{8}{2640} = 0.00303$$

查表 6-4，$d = 450\text{mm}$，$J_1 = 0.00301$ 时，$Q_1 = 0.156\text{m}^3/\text{s}$；$d = 450\text{mm}$，$J_2 = 0.00308$ 时，$Q_2 = 0.158\text{m}^3/\text{s}$。所以由 $\dfrac{0.158 - 0.156}{0.00308 - 0.00301} = \dfrac{Q - 0.156}{0.00303 - 0.00301}$ 内插计算得：

$$Q = 0.157\text{m}^3/\text{s}$$

与按比阻计算的结果一致。

【例 6-4】 在【例 6-3】中（如图 6-5），若工厂需水量增加至 $Q = 0.192\text{m}^3/\text{s}$，管道情况（管材、管长、管径）、地面标高（$\nabla_1$、$\nabla_2$）及管道末端需要的自由水头 H_z 都不变，试设计水塔高度 H_0（指水塔内自由水面距地面的高度）。

【解】 本题属上述第二类水力计算问题，同样可按比阻和水力坡度方法计算，按后者计算较简单，过程如下。

查表 6-4，$d = 450\text{mm}$，$Q = 0.192\text{m}^3/\text{s}$ 时，$J = 0.00441$。故由式(6-11)得作用水头：

$$H = Jl = 0.00441 \times 2640 = 11.64\text{m}$$

由于作用水头：$H = (H_0 + \nabla_1) - (H_z + \nabla_2)$

故水塔高度：$H_0 = H + (H_z + \nabla_2) - \nabla_1 = 11.64 + 20 + 108 - 120 = 19.64\text{m}$

【例 6-5】 在【例 6-3】中（如图 6-5），若管材、管长 l、地面标高（∇_1、∇_2）、水塔内自由水面距地的高度 H_0 及管道末端需要的自由水头 H_z 都不变，但工厂的需水量 $Q = 0.192\text{m}^3/\text{s}$，试确定输水管的管径 d。

【解】 本题与上两题一样，按长管计算，属上述第三类水力计算问题。

以海平面为基准面，通过建立水塔自由水面和管路末端断面能量方程可得，管路末端的作用水头 H 为：

$$H = h_f = (H_0 + \nabla_1) - (H_z + \nabla_2) = (16 + 120) - (20 + 108) = 8\text{m}$$

按比阻计算，由式(6-7)得：

$$A = \frac{H}{lQ^2} = \frac{8}{2640 \times 0.192^2} = 0.08220\text{s}^2/\text{m}^6$$

对于铸铁管，查表 6-2 得，$d_1 = 450\text{mm}$ 时，$A_1 = 0.1195\text{s}^2/\text{m}^6$；$d_2 = 500\text{mm}$ 时，$A_2 = 0.06839\text{s}^2/\text{m}^6$。由于 $A_2 < A < A_1$，合适的管径 d 应介于 d_1 和 d_2 之间。但因无此种规格的产品，为保证供水，只能采用较大的管径 $d = 500\text{mm}$。显然，这样选取管径会造成管道投资的浪费和作用水头 H 的过剩。合理的办法是用 d_1 和 d_2 两种直径的管道串联使用，使串联管道的等效比阻正好为 A。至于这两种直径管道的串联长度各为多少，则可应用下面讨论的串联管道规律计算得到。

二、串联管道的水力计算

由两条或两条以上不同管径或不同粗糙状况的管道依次首尾相接组成的管道系统称为串联管道。串联管道常用于沿流程向多处供水的情况，如图 6-6 所示。由于每隔一段距离便有流量分出，随着流量沿流程的减少，所采用的管径也相应减小。有时供水点虽只有一处，但为节省管材，充分利用作用水头，也采用串联管道。在给水工程中，串联管道常按长管计算。

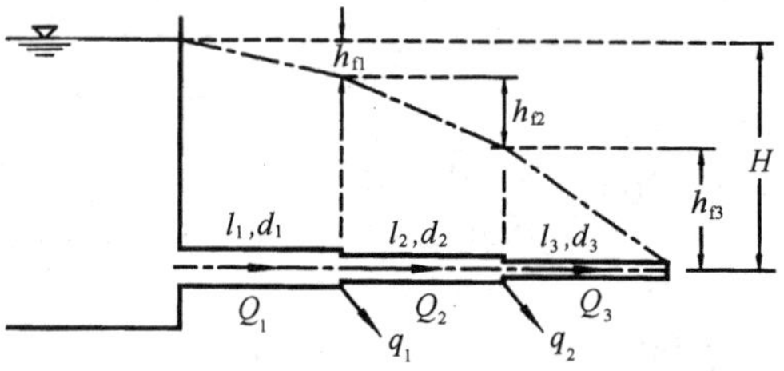

图 6-6

如设串联管道任一管段的长度、直径、流量和管段末端分出的流量分别为 l_i、d_i、Q_i 和 q_i。则由式(6-7)得该管段的水头损失为：

$$h_{fi} = A_i l_i Q_i^2$$

串联管道的总水头损失应等于各串联管段水头损失之和，即

$$H = \sum_{i=1}^{n} h_{fi} = \sum_{i=1}^{n} A_i l_i Q_i^2 \tag{6-14}$$

式中 n——串联管段的总数。

串联管道中各管段的联接点称为节点。由连续性原理，流向节点的流量应等于流出节点的流量，满足节点流量平衡，即：

$$Q_i = q_i + Q_{i+1} \tag{6-15}$$

式(6-14)和(6-15)是串联管道水力计算的基本公式，据此可求解串联管段的流量 Q_i、

管径 d_i 和串联管道的作用水头 H 等类问题。

若串联管道中所有节点均无流量分出，则各管段的流量应相等，即：

$$Q_1 = Q_2 = \cdots\cdots = Q_n = Q$$

于是式(6-14)可简化为：

$$H = \sum_{i=1}^{n} h_{fi} = Q^2 \sum_{i=1}^{n} A_i l_i \tag{6-16}$$

在长管的串联管道中，测压管水头线与总水头线是重合的。因为串联管道各管段的水力坡度不同，所以整个管道的水头线呈折线形(如图 6-6)。

需要指出，在串联管道中，当局部水头损失和流速水头不能忽略时，则常将它们按沿程水头损失的某一百分数估算后，再按长管串联规律计算；也可以直接按短管串联计算(可由能量方程和连续性方程按短管计算方法和串联管道的规律直接求解)。按短管计算时，测压管水头线和总水头线不重合，它们是相互平行的折线，如图 6-7 所示。

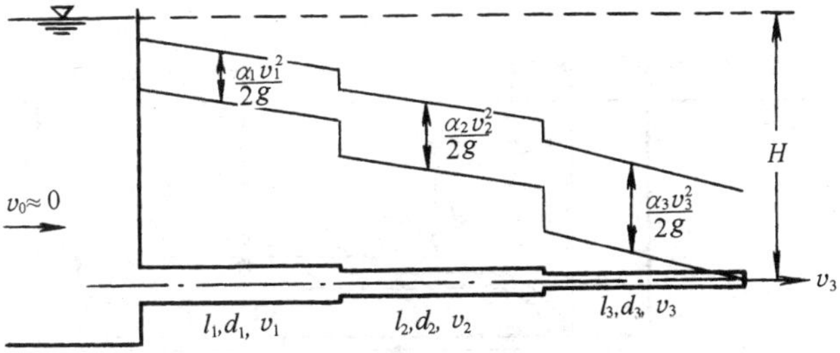

图 6-7

【例 6-6】 在【例 6-5】中，为了充分利用作用水头和节省管材，采用 $d_1 = 450$mm 和 $d_2 = 500$mm 两种管径的铸铁管串联，试确定两段串联管道的长度 l_1 和 l_2。

【解】 本题按长管串联计算。在【例 6-5】中已求得该串联管道的等效比阻为 $A = 0.08220\text{s}^2/\text{m}^6$。下面，确定两管段的实际比阻：

因为

$$v_1 = \frac{4Q}{\pi d_1^2} = \frac{4 \times 0.192}{3.14 \times 0.45^2} = 1.21\text{m/s} > 1.2\text{m/s}$$

$$v_2 = \frac{4Q}{\pi d_2^2} = \frac{4 \times 0.192}{3.14 \times 0.50^2} = 0.98\text{m/s} < 1.2\text{m/s}$$

所以，$d_1 = 450$mm 铸铁管的比阻不用修正，直接查表 6-2 得 $A_1 = 0.1195\text{s}^2/\text{m}^6$；而 $d_2 = 500$mm 铸铁管的比阻则应进行修正，由 $d_2 = 500$mm 查表 6-2 得比阻 $A_2 = 0.6839\text{s}^2/\text{m}^6$，再由 $v_2 = 0.98$m/s 查表 6-1，并经内插计算得修正系数 $k = 1.032$，故 $d_2 = 500$mm 铸铁管的实际比阻为：

$$A'_2 = kA_2 = 1.032 \times 0.06839 = 0.07058\text{s}^2/\text{m}^6$$

根据式(6-16)得：

$$H = ALQ^2 = Q^2(A_1 l_1 + A'_2 l_2)$$

即：

$$Al = A_1 l_1 + A' l_2$$

将各值代入上式：

$$0.08220 \times 2640 = 0.1195 l_1 + 0.07058 l_2$$

由于：$l_1 + l_2 = 2640\text{m}$

联立上两式解得：

$$l_1 = 627.1\text{m}, \quad l_2 = 2012.9\text{m}$$

本题若按水力坡度计算更简单。查表 6-4，$Q = 0.192\text{m}^3/\text{s}$，$d_1 = 450\text{mm}$ 和 $d_2 = 500\text{mm}$ 时，$J_1 = 0.00441$，$J_2 = 0.00260$。

则由：$H = J_1 l_1 + J_2 (l - l_1)$

即：$8 = 0.00441 l_1 + 0.00260(2640 - l_1)$

同样可解得：

$$l_1 = 627.6\text{m}, \quad l_2 = 2012.4\text{m}$$

三、并联管道的水力计算

由两条或两条以上的管段在同一节点处分出，又在另一节点处汇合的管道系统称为并联管道，如图 6-8 中的 B、C 两节点间就是由三条管段组成的并联管道。并联管道的主要优点是能够提高供水的可靠性。并联管道一般按长管计算。

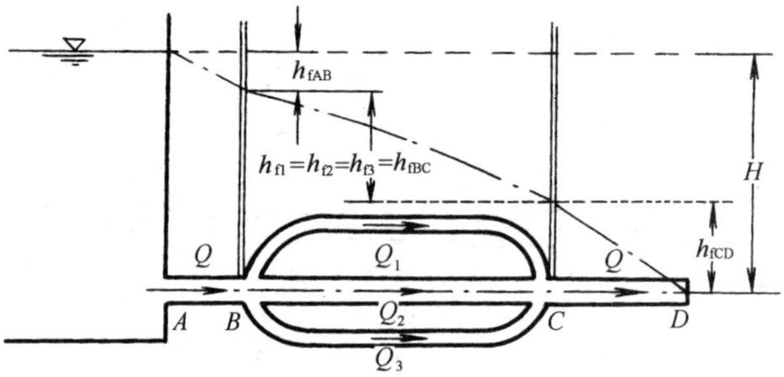

图 6-8

因为并联管道的起点和终点对于各并联支管是共有的，两并联节点间只有一个总水头差，所以两并联节点间各并联支管的水头损失均相等。对于长管，这一水头损失就是两并联节点间的测压管水头差。如图 6-8，B、C 节点间三条支管的水头损失：

$$h_{f1} = h_{f2} = h_{f3} = h_{fBC}$$

由于每个单独的并联支管都是简单管道，根据式(6-7)，上式可表示为：

$$A_1 l_1 Q_1^2 = A_2 l_2 Q_2^2 = A_3 l_3 Q_3^2 = h_{fBC} \tag{a}$$

各并联支管的流量一般不同，但它们应满足节点流量平衡条件。如图 6-8，对于节点 B 和 C 应有：

$$Q_1 + Q_2 + Q_3 = Q \tag{b}$$

如果并联管道是由 n 条支管组成的，则上面的式(a)和(b)可表示成一般的形式：

$$A_1 l_1 Q_1^2 = A_2 l_2 Q_2^2 = A_3 l_3 Q_3^2 = \cdots\cdots = A_n l_n Q_n = h_f \tag{6-17}$$

$$\sum_{i=1}^{n} Q_i = Q \tag{6-18}$$

式中 h_f——两并联节点间的水头损失；

Q——并联节点处无流量分出时，总干管的流量。

式(6-17)和(6-18)是并联管道水力计算的基本公式，据此可求解并联支管的流量 Q_i、

管径 d_i 和水头损失 h_f 等类问题。

注意,在并联管道的各支管中,虽然水头损失相同,但各支管长度一般不等,所以各支管的水力坡度一般也不相等;另一方面,因各并联支管的流量一般不等,所以各并联支管的总能量损失一般也不相等,流量大的,总能量损失就大。

【例 6-7】 输水铸铁管道布置如图 6-9。已知干管流量 $Q=100L/s$,并联管段的长度 $l_1=1000m$、$l_2=l_3=500m$,直径 $d_1=250mm$、$d_2=300mm$、$d_3=200mm$。求各管段中的流量 Q_1、Q_2 和 Q_3 及节点 A、B 间的水头损失 h_{fAB}。

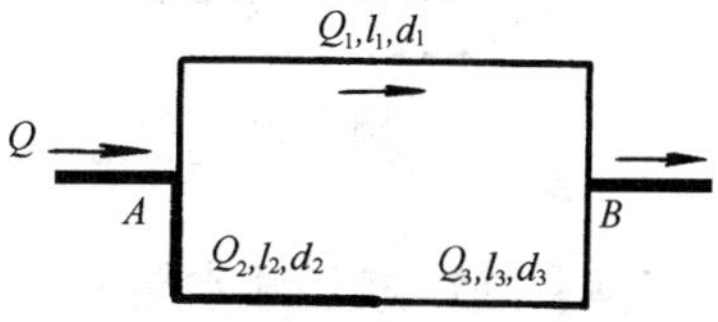

图 6-9

【解】 该系统中既有并联管道又有串联管道。设各管段水流均处于紊流粗糙区,并近似按 10℃ 考虑,查表 6-2 得,$d_1=250mm$、$d_2=300mm$、$d_3=200mm$ 的铸铁管比阻分别为 $A_1=2.752s^2/m^6$、$A_2=1.025s^2/m^6$、$A_3=9.025s^2/m^6$。

根据并联管道和串联管道的规律,并考虑 $Q_2=Q_3$ 得:

$$A_1l_1Q_1^2=A_2l_2Q_2^2+A_3l_3Q_3^2=(A_2l_2+A_3l_3)Q_2^2=h_{fAB} \qquad (a)$$

故
$$Q_1=\sqrt{\frac{A_2l_2+A_3l_3}{A_1l_1}}Q_2=\sqrt{\frac{1.025\times500+9.029\times500}{2.752\times1000}}Q_2=1.35Q_2$$

由式(6-18)得:

$$Q=Q_1+Q_2 \qquad (b)$$

即
$$100=1.35Q_2+Q_2$$

解得
$$Q_2=42.6L/s$$

于是
$$Q_1=100-42.6=57.4L/s, \quad Q_3=Q_2=42.6L/s$$

校验阻力区

$$v_1=\frac{4Q_1}{\pi d_1^2}=\frac{4\times0.0574}{3.14\times0.25^2}=1.17m/s<1.2m/s$$

$$v_2=\frac{4Q_2}{\pi d_2^2}=\frac{4\times0.0426}{3.14\times0.3^2}=0.60m/s<1.2m/s$$

$$v_3=\frac{4Q_3}{\pi d_3^2}=\frac{4\times0.0426}{3.14\times0.2^2}=1.36m/s>1.2m/s$$

可见,比阻 A_3 不用修正,A_1 和 A_2 则需要修正。根据 $v_1=1.17m/s$ 和 $v_2=0.60m/s$,查表 6-1 得,$k_1=1.0045$(需内插计算),$k_2=1.115$。故修正后,Q_1 与 Q_2 的关系为:

$$Q_1=\sqrt{\frac{k_2A_2l_2+A_3l_3}{k_1A_1l_1}}Q_2=\sqrt{\frac{1.115\times1.025\times500+9.029\times500}{1.0045\times2.752\times1000}}Q_2=1.36Q_2$$

将这一关系和已知的干管流量 Q 值代入前式(b)得:

$$100=1.36Q_2+Q_2$$

解得
$$Q_2=42.37L/s$$

于是
$$Q_1=100-42.37=57.63L/s, \quad Q_3=Q_2=42.37L/s$$

由前式(a)得:

$$h_{fAB}=k_1A_1l_1Q_1^2=1.0045\times2.752\times1000\times0.05763^2=9.18mH_2O$$

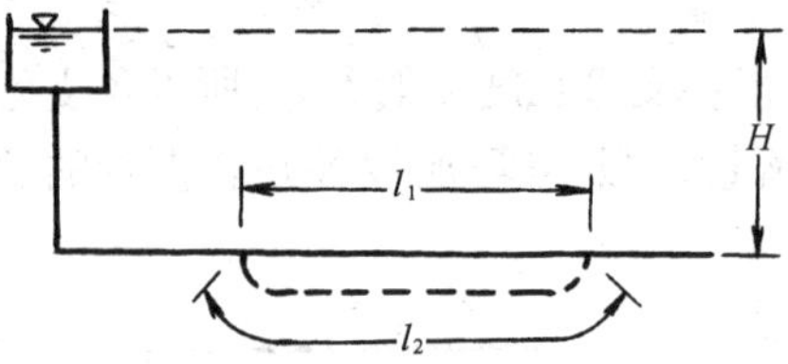

图 6-10

【例 6-8】 如图 6-10 所示，用内壁涂水泥沙浆的铸铁管($n=0.012$)供水。已知作用水头$H=10$m，管长 $l=1000$m，管径 $d=200$mm。(1)校验管道中能否通过 $Q=50$L/s 的流量；(2)如果管道输水能力不足，为通过上述流量，在管道中加接一段同管材的并联支管(如图中虚线部分)。若设管长$l_1=l_2$，管径 $d_1=d_2=d$，试求并联支管的长度 l_2。

【解】 (1) 校验输水能力

按水流处于紊流粗糙区计算，查表 6-3，$n=0.012$，$d=200$mm 时，$A=7.92\text{s}^2/\text{m}^6$。则由式(6-7)得：

$$Q=\sqrt{\frac{H}{Al}}=\sqrt{\frac{10}{7.92\times1000}}=0.0355\text{m}^3/\text{s}=35.5\text{L/s}<50\text{L/s}$$

可见，输水能力不足。

(2) 计算并联支管长度 l_2

将管道中部分改成并联管道后，则成为并联与串联管道的组合问题。仍按水流处于紊流粗糙区计算，按题给条件，并联支管的管材、管径与原管道相同，并取长度 $l_1=l_2$，则并联后两支管的比阻 $A_1=A_2=A=7.92\text{s}^2/\text{m}^6$，流量 $Q_1=Q_2=\dfrac{Q}{2}=25$L/s。

由串联和并联管道的规律可得：

$$H=A(1000-l_1)Q^2+Al_1\left(\frac{Q}{2}\right)^2=AQ^2\left(1000-\frac{3}{4}l_1\right)$$

将 $H=10$m，$Q=50\text{L/s}=0.05\text{m}^3/\text{s}$，$A=7.92\text{s}^2/\text{m}^6$ 代入上式解得：

$$l_1=l_2\approx660\text{m}$$

四、沿程均匀泄流管道的水力计算

工程实际中，有时会遇到除沿管道向下游有流量(称转输流量)通过外，同时沿管长从侧面还连续有流量泄出(称途泄流量)的管道出流情况，如给水工程及灌溉工程中的配水管和滤池的冲洗管等，这种管道称沿程泄流管道。其中最简单的情况是沿程均匀泄流管道，即单位长度管道泄出的流量相等。

沿程均匀泄流管道是把实际上通过每隔一定间距的小孔泄流过程，看作是沿管长连续均匀进行的，以简化分析。

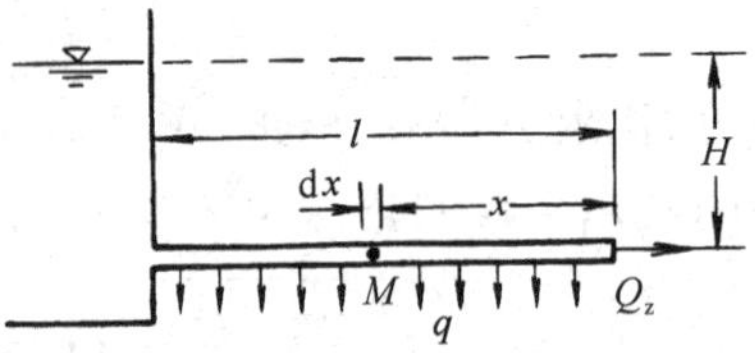

图 6-11

如图 6-11 为一沿程均匀泄流管道，其总长为 l，管径为 d，单位长度上的途泄流量为 q，管道末端的出流量(即转输流量)为 Q_z。则在距离管道末端 x 处的 M 断面，流量为：

$$Q_M=Q_z+qx$$

在断面 M 处取一微小管段 dx，由于 dx 无限小，可以认为通过的流量保持不变，其水头损失可近似按均匀流计算，即

$$dh_f=AQ_M^2dx=A(Q_z+qx)^2dx$$

将上式沿管长积分，即得整个管道的水头损失：

$$h_f = \int_0^l dh_f = \int_0^l A(Q_z + qx)^2 dx$$

若管道的粗糙情况和管径沿流程不变，且水流处于紊流粗糙区，则上式中比阻 A 为常数。这时，上式的积分结果为：

$$\left.\begin{aligned} h_f &= Al\left(Q_z^2 + Q_z ql + \frac{1}{3}q^2 l^2\right) \\ \text{或}\quad h_f &= Al\left(Q_z^2 + Q_z Q_t + \frac{1}{3}Q_t^2\right) \end{aligned}\right\} \tag{6-19}$$

式中 $Q_t = ql$——总途泄流量。

由于 $$Q_z^2 + Q_z ql + \frac{1}{3}q^2 l^2 \approx (Q_z + 0.55ql)^2$$

则式(6-19)可近似表示为：

$$\left.\begin{aligned} h_f &= Al(Q_z + 0.55qL)^2 \\ \text{或}\quad h_f &= Al(Q_z + 0.55Q_t)^2 \end{aligned}\right\} \tag{6-20}$$

在实际计算时，常引用计算流量：

$$Q_c = Q_z + 0.55Q_t \tag{6-21}$$

则式(6-20)可表示为：

$$h_f = AlQ_c^2 \tag{6-22}$$

该式表明，引进了计算流量 Q_c 后，沿程均匀泄流管道就可按流量为 Q_c 的简单管道进行计算。

在转输流量 $Q_z = 0$ 的特殊情况下，式(6-19)则成为：

$$h_f = \frac{1}{3}AlQ_t^2 \tag{6-23}$$

该式表明，若沿程均匀泄流管道无转输流量 Q_z，而只有途泄流量 Q_t 时，其水头损失仅为简单管道在通过流量为 Q_t 时水头损失的三分之一。

【例 6-9】 如图 6-12，由水塔经三段串联的铸铁管进行供水，其中中段为均匀泄流管段。已知 $l_1 = 500\text{m}, d_1 = 200\text{mm}$；$l_2 = 150\text{m}, d_2 = 150\text{mm}$；$l_3 = 200\text{m}, d_3 = 125\text{mm}$；节点 B 分出的流量 $q = 0.01\text{m}^3/\text{s}$，途泄流量 $Q_t = 0.015\text{m}^3/\text{s}$，$Q_3 = 0.015\text{m}^3/\text{s}$。求作用水头 H。

【解】 首先确定各串联管段的流量

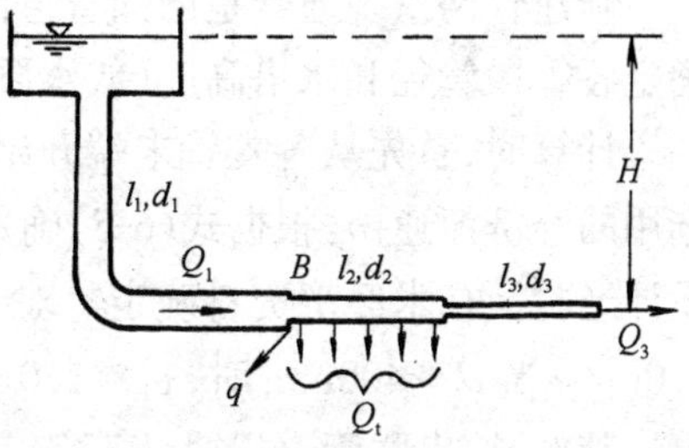

图 6-12

第三段管流量为：

$$Q_3 = 0.015\text{m}^3/\text{s}$$

第二管段采用计算流量，由式(6-21)得：

$$Q_{2c} = Q_3 + 0.55Q_t = 0.015 + 0.55\times 0.015 = 0.023\text{m}^3/\text{s}$$

第一管段流量为：

$$Q_1 = q + Q_t + Q_3 = 0.01 + 0.015 + 0.015 = 0.04\text{m}^3/\text{s}$$

再判断各管段阻力区(水温近似按 10℃考虑)

$$v_1 = \frac{4Q_1}{\pi d_1^2} = \frac{4\times 0.04}{3.14\times 0.2^2} = 1.27\text{m/s} > 1.2\text{m/s}$$

$$v_2=\frac{4Q_{2c}}{\pi d_2^2}=\frac{4\times0.023}{3.14\times0.15^2}=1.30>1.2\text{m/s}$$

$$v_3=\frac{4Q_3}{\pi d_3^2}=\frac{4\times0.015}{3.14\times0.125^2}=1.22>1.2\text{m/s}$$

可见,三管段中的水流均处于紊流粗糙区,比阻不需修正。

对于铸铁管,查表 6-2 得:$d_1=200$mm 时,$A_1=9.029\text{s}^2/\text{m}^6$;$d_2=150$mm 时,$A_2=41.85\text{s}^2/\text{m}^6$;$d_3=125$mm 时,$A_3=110.8\text{s}^2/\text{m}^6$。

整个管道由三管段串联组成,根据式(6-14)得:

$$\begin{aligned}H&=A_1l_1Q_1^2+A_2l_2Q_{2c}^2+A_3l_3Q_3^2\\&=9.029\times500\times0.04^2+41.85\times150\times0.023^2+110.8\times200\times0.015^2\\&=15.53\text{m}\end{aligned}$$

即所求之作用水头 H 为 15.53mH_2O。

第三节 管网水力计算基础

为了向更多的用户供水,在给水工程中,往往将许多简单管道经串联、并联组合成管网。管网按其布置形式可分为枝状管网和环状管网两种。

一、枝状管网

枝状管网(如图 6-13(a))由主干线和分出的支线组成,由单独管道通向用户,不形成闭合回路。其特点是管道总长度较短,建筑费用较低,但供水的可靠性相对不如环状管网高。枝状管网的水力计算,分为新建管网系统和扩建已有的管网系统两种情况。

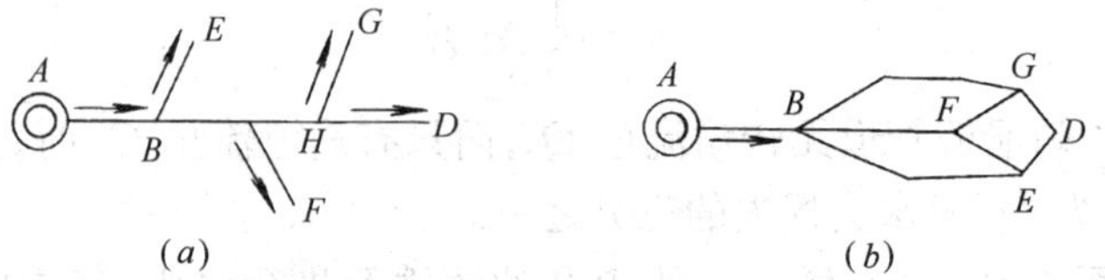

图 6-13

1. 新建管网系统的水力计算

新建管网系统通常是已知管道沿线地形、各管段长度、用户的需水量和自由水头,要求确定各管段管径和水塔高度(或水泵扬程)。

计算时,首先从各支管末端开始,根据用户的需水量,向上游推算各管段的流量,然后由选用的经济流速 v_e 根据式(6-5)确定出各管段管径。前已提及,经济流速一般根据实际的设计经验及技术经济资料确定。对于一般的给水管道,当 $d=100\sim400$mm 时,$v_e=0.6\sim1.0$m/s;当 $d>400$mm 时,$v_e=1.0\sim1.4$m/s。

其次,按串联管道规律计算各串联管段的水头损失 h_{fi},并确定从供水水源(水塔或水泵)到各用水点干线的总水头损失 Σh_{fi}。

最后,以地面标高、所要求的自由水头和从供水水源到用水点的总水头损失三项之和最大的用水点作为管网的控制点(也称最不利供水点)。从供水水源到控制点的干线称为控制干线。显然,如果能满足管网控制点的用水要求,则自然能满足管网中其他各用水点的用水

要求。所以,可根据控制点来确定水塔高度(或水泵扬程),如图 6-14 由能量方程可求得水塔高度 H_0 为:

$$H_0 = z_c + H_{zc} + \Sigma h_{fi} - z_0 \tag{6-24}$$

式中 z_c——控制点地面标高;

H_{zc}——控制点要求的自由水头;

Σh_{fi}——自水塔到控制点的总水头损失;

z_0——水塔处地面标高。

根据控制点求出水塔高度(或水泵扬程)后,对于其他用水点来说,作用水头偏大。为经济合理起见,可对相应管段的管径进行适当调整,调整方法可参考下述扩建管网系统的水力计算。

2. 扩建管网系统的水力计算

扩建管网系统通常是已知水塔高度、管道沿线地形、管道长度、用水点的需水量和自由水头,确定扩建部分各管段的直径。

如图 6-15 在已建成的Ⅰ套管网的基础上,扩建Ⅱ套管网。

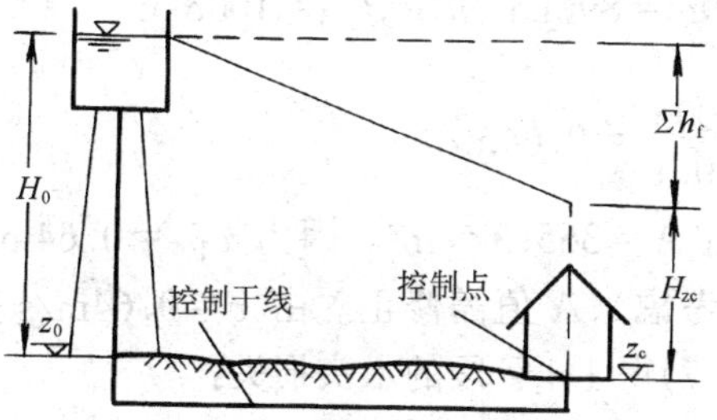

图 6-14

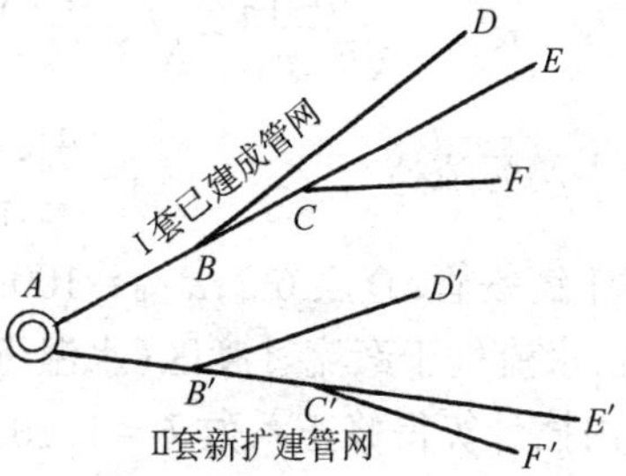

图 6-15

扩建管网时,由于水塔已建成,不能用经济流速确定管径。这时,可先根据枝状管网各干线(如图中的干线 $AB'D'$、$AB'C'E'$ 和 $AB'C'F'$)的已知条件,算出它们各自的平均水力坡度 $\bar{J}$,并选择其中 $\bar{J}$ 为最小($\bar{J} = \bar{J}_{min}$)的那条干线作为控制干线。$\bar{J}$ 的计算式为:

$$\bar{J} = \frac{(H_0 + z_0) - (z_j + H_{zj})}{\Sigma l_i}$$

式中 H_0、z_0——含义同前式(6-24);

z_j、H_{zj}——分别为第 j 条干线末端的地面标高和用户要求的自由水头;

Σl_i——第 j 条干线总长度。

然后按控制干线上水头损失均匀分配的原则,由式(6-7)计算各管段的比阻:

$$A_i = \frac{h_{fi}}{l_i Q_i^2} = \frac{\bar{J}_{min}}{Q_i^2}$$

式中 Q_i——控制干线中计算管段的流量。

最后,由求得的 A_i 值即可确定控制干线中各管段的直径。实际选用时,由于标准管径的比阻值不一定正好等于计算值,可选择部分比阻值大于计算值、部分比阻值小于计算值来确定管段直径,然后再计算确定了管径的控制干线的水头损失 Σh_{fi},并使其满足:

$$\Sigma h_{fi} \leqslant (H_0 + z_0) - (z_c + H_{zc})$$

以保证输送设计要求的流量。上式中各符号含义同式(6-24)。

控制干线确定后，可算出各节点处的水头，并以此为准继续计算出各支线的管径。

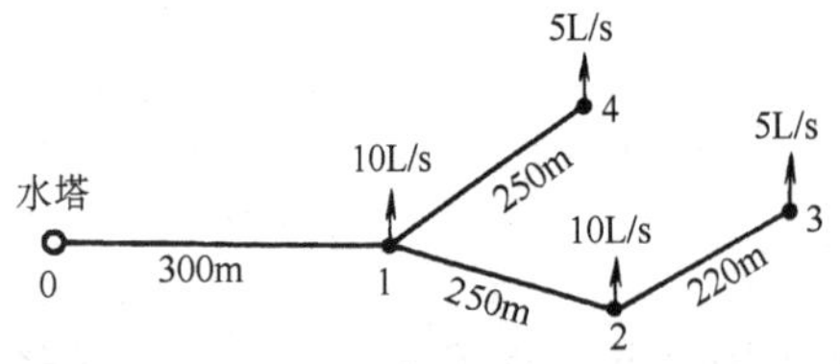

图 6-16

【例 6-10】 某供水系统采用铸铁管布置成枝状管网，各管段长度和各用水点需水量如图 6-16 所示。四个用水点所要求的自由水头均为 $H_z = 5m$，水塔及 3、4 用水点处地面标高 $z_0 = 72m$、$z_3 = 66m$、$z_4 = 69m$。求各管段的直径及水塔高度 H_0。

【解】 本题属新建枝状管网的水力计算问题，可按下述步骤进行计算：①根据各用水点需水量推算各管段流量；②根据各管段的流量及选用的经济流速确定各管段直径；③根据所选用的管材、管径确定各管段的比阻(注意非紊流粗糙区的比阻修正问题)；④计算各管段的水头损失；⑤确定控制点，并由控制点确定水塔高度。

例如，对于 1-4 管段，$Q_{1\text{-}4} = 5L/s$，采用经济流速 $v_e = 0.8m/s$，则由式(6-5)得管径为：

$$d_{1\text{-}4} = \sqrt{\frac{4Q_{1\text{-}4}}{\pi v_e}} = \sqrt{\frac{4 \times 0.005}{3.14 \times 0.8}} = 0.089m = 89mm\text{，采用 } d_{1\text{-}4} = 100mm$$

管中实际流速 $$v_{1\text{-}4} = \frac{4Q_{1\text{-}4}}{\pi d_{1\text{-}4}^2} = \frac{4 \times 0.005}{3.14 \times 0.1^2} = 0.64m/s$$

对于铸铁管，查表 6-2，$d_{1\text{-}4} = 100mm$ 时，比阻 $A = 365.3 s^2/m^6$。因为 $v_{1\text{-}4} = 0.64m/s < 1.2m/s$，水流处于紊流过渡区(水温近似按 10℃ 考虑)，A 值需修正。由 $v = 0.64m/s$ 查表 6-1，经内插计算得修正系数 $k = 1.103$，则由式(6-7)得 1-4 管段的水头损失：

$$h_{f1\text{-}4} = kAl_{1\text{-}4}Q_{1\text{-}4}^2 = 1.103 \times 365.3 \times 250 \times 0.005^2 = 2.52m$$

按此方法可确定各管段的管径和相应的水头损失值，计算结果列于表 6-5 中。

计 算 过 程 表 **表 6-5**

管 段	管长 l(m)	流量 Q(L/s)	管径 d(mm)	流速 v(m/s)	修正系数 k	比阻 A(s^2/m^6)	损失 h_f(m)
1-4	250	5	100	0.64	1.103	365.3	2.52
2-3	220	5	100	0.64	1.103	365.3	2.22
1-2	250	15	150	0.85	1.05	41.85	2.47
0-1	300	30	200	0.96	1.034	9.029	2.52

对上述各管段的水头损失，也常根据所选用的管径 d 和实际流速 v 查水力坡度计算表直接确定(本书表 6-4 中没有给出本例题管径范围的 J 值)。

确定控制点

沿 0-1-4 干线的总水头损失 $h_{f0\text{-}4} = h_{f0\text{-}1} + h_{f1\text{-}4} = 2.52 + 2.52 = 5.04m$

沿 0-1-2-3 干线的总水头损失 $h_{f0\text{-}3} = h_{f0\text{-}1} + h_{f1\text{-}2} + h_{f2\text{-}3} = 2.52 + 2.47 + 2.22 = 7.21m$

对于用水点 4 $z_4 + H_z + h_{f0\text{-}4} = 69 + 5 + 5.04 = 79.04m$

对于用水点 3 $z_3 + H_z + h_{f0\text{-}3} = 66 + 5 + 7.21 = 78.21m$

因为$(z_4+H_z+h_{f0-4})>(z_3+H_z+h_{f0-3})$，故用水点 4 为控制点。由式(6-24)得水塔高度 H_0 为：

$$H_0=z_4+H_z+h_{f0-4}-z_0=79.04-72=7.04\text{m}$$

二、环状管网

环状管网(如图 6-13(*b*))是由彼此邻接的环状管道组成的封闭管道系统。其主要特点是供水的可靠性较枝状管网高，在任何一管段处于检修状态时，该管段下游用水点的供水可由其他管段来保证。当然，环状管网的造价也相对较高。

环状管网水力计算的任务是根据已确定的管网管线布置、各管段长度和各节点的流量分配，来确定各管段的流量和管径，进而确定各管段的水头损失。

环状管网由许多并联管道组合而成，水力计算中存在下列两个基本关系：

(1) 根据连续性原理，对于任一节点，流入和流出节点的流量应相等。若规定流入节点的流量为正，流出节点的流量为负，则流经任一节点流量的代数和等于零，即：

$$\Sigma Q_i=0 \tag{6-25}$$

(2) 由并联管道水力计算规律可知，对于任一闭合环路，从某一节点沿两个方向至另一节点的水头损失应相等。若以顺时针方向水流的水头损失为正值，逆时针方向水流的水头损失为负值，则沿任一闭合环路一周计算的水头损失应等于零，即：

$$\Sigma h_{fi}=0 \tag{6-26}$$

根据上述两个基本关系式，即可进行环状管网的水力计算。环状管网的水力计算比较麻烦，近年来这种工作已能借助于计算机完成。由于环状管网的水力计算问题还将在专业课程中详细介绍，这里就不具体讨论了。

第四节　有压管道中的水击

在有压管道中，因为某种外界因素(如阀门突然关闭或开启、水泵机组突然停车等)，使水流流速突然变化，从而引起管中动水压强急剧升高和降低交替变化的水力现象称为水击。在水击过程中，急剧交替变化的动水压强对管壁或阀门的作用，时常发出如同锤击的声响，因此水击又称为水锤。

由于水击而引起的动水压强变化值 Δp(升高为正，降低为负)称为水击压强。根据动量定律 $\Delta(mv)=F\Delta t$，有压管道中发生水击时，当引起的动量变化值 $\Delta(mv)$很大，而动量变化的时间 Δt 又很小时，可产生很大的水击作用力 F，因此相应会产生很大的正、负水击压强 Δp。水击压强有时能达到管道正常工作压强的几十倍甚至几百倍，并且增压和减压的交替频率很高，这往往会引起管道的强烈振动、噪声和气蚀现象，甚至使管道严重变形或爆裂。因此，水击是有压管道，特别是大型中心泵站和水力发电机组的有压管道设计中不容忽视的重要问题之一。

本节重点介绍水击的物理过程、最大水击压强的计算和水击预防。

一、水击的物理过程

水击是一种非恒定流过程。由于水击压强变化幅度很大和变化频率很高，在研究水击问题时，应考虑水的压缩性和管壁的弹性，即在水击问题中水及管壁均应视为弹性体。引起管道水流速度突然变化的因素是水击发生的条件，水流本身具有的惯性和压缩性则是水击发生的内在原因。下面,以简单管道阀门突然关闭为例,说明水击的发生与发展过程。

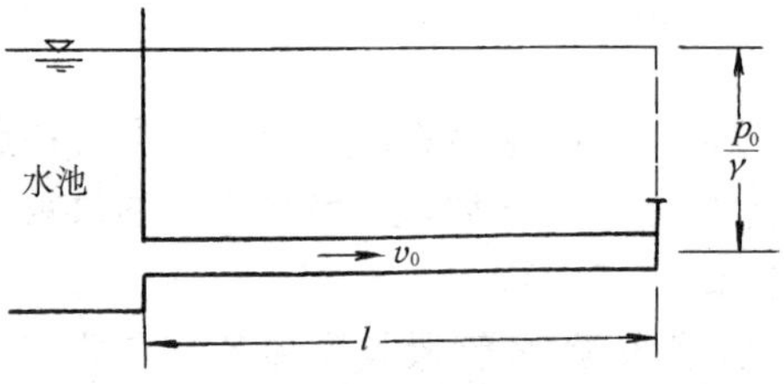

图 6-17

如图 6-17 为一简单管道,管径为 d、管长为 l,其进口端与水位恒定的水池相连,末端设一阀门,阀门关闭前管中恒定流的流速为 v_0。为使问题简化,先假设水流为无粘性的理想液体,且阀门是瞬时完全关闭的。由于有压管中的流速水头较水击时测压管水头的变化值要小得多,这里为简便起见,可将其忽略。这样在水击发生前,测压管水头线即为一与水池水面同高的水平线(如图 6-17)。也就是说,管中各断面的压强与管道进口处水池中的压强 p_0 相同。水击的物理过程可分为以下四个阶段。

当阀门突然完全关闭时,紧靠阀门的一段微小流段将被迫停止流动,流速由 v_0 立即变为零,压强突升至 $p_0+\Delta p$(即产生正的水击压强 Δp),同时伴随产生该流段内水体的压缩和管壁的膨胀现象。并且这种现象将很快向管道上游发展,使管道内形成一个减速增压的过程。这一减速增压过程,可以看作是一种弹性波自阀门处向管道上游迅速传播,这种弹性波称为水击波。

如设水击波的波速为 c,则在 $0<t\leqslant l/c$ 的时段内,水击波是以增压逆波的形式,自阀门向管道上游传播。水击波所到之处,管内流速为零,压强增至 $p_0+\Delta p$,水体压缩,管壁膨胀。当 $t=l/c$,增压逆波传到上游水池,这时全管道中的水体均处于静止和被压缩状态。这就是水击的第一阶段——减速增压阶段(增压逆波的传播阶段)。它发生在 $0<t\leqslant l/c$ 的时段内,如图 6-18(a)所示(实际的水击压强水头 $\Delta p/\gamma$ 可能会比图中所表示的大很多,甚至远远超过 p_0/γ,图中的 $\Delta p/\gamma$ 只是一种示意表示)。

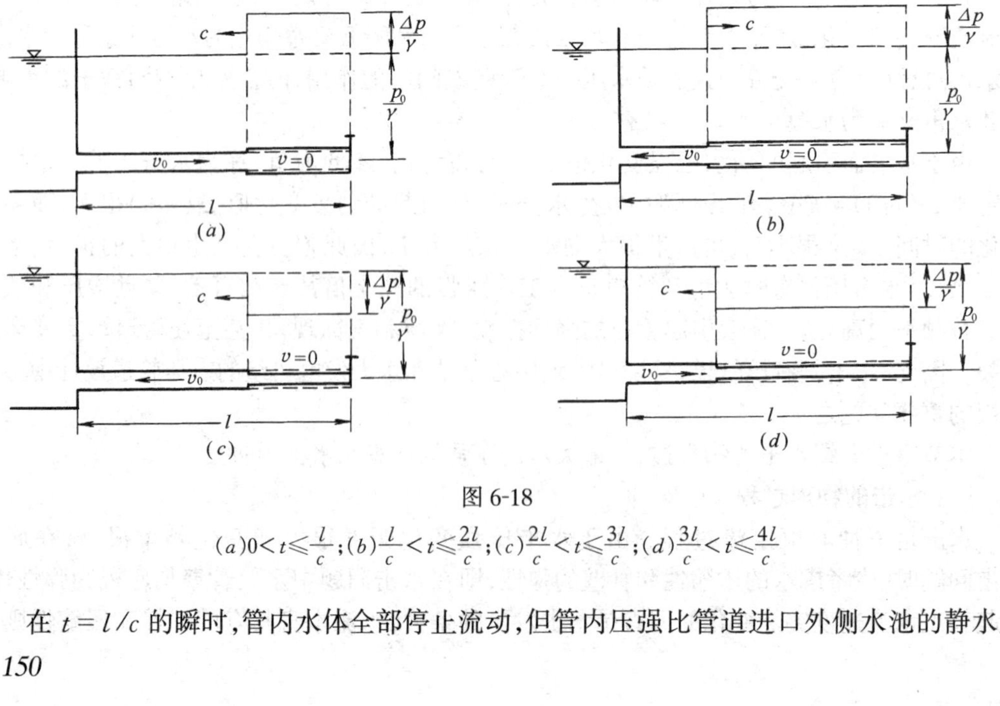

图 6-18

$(a)0<t\leqslant\frac{l}{c}$;$(b)\frac{l}{c}<t\leqslant\frac{2l}{c}$;$(c)\frac{2l}{c}<t\leqslant\frac{3l}{c}$;$(d)\frac{3l}{c}<t\leqslant\frac{4l}{c}$

在 $t=l/c$ 的瞬时,管内水体全部停止流动,但管内压强比管道进口外侧水池的静水压

强高 Δp。在这一压强差 Δp 的作用下，管中水体立刻以 $-v_0$ 的流速向水池倒流。这时，水击波将从水池反射回来，并以减压顺波的形式，使管中的高压状态自进口处开始以波速 c 向阀门方向迅速解除。这一减压顺波所到之处，管内流速为 $-v_0$，压强恢复至 p_0，被压缩的水体和膨胀的管壁均恢复到水击发生前的状态。当 $t=2l/c$，减压顺波传到阀门处，这时全管道中水体的压强和管壁均恢复到水击发生前的正常状态，但管中具有一个反向的流速 $-v_0$。这就是水击的第二阶段——增速减压阶段（减压顺波的传播阶段），它发生在 $l/c<t<2l/c$ 的时段内，如图 6-18(b)所示。

当 $t=2l/c$ 阀门处压强恢复到正常值 p_0 后，由于惯性作用，管中水体仍以 $-v_0$ 的流速向水池倒流。但因阀门紧闭，没有水源补充，致使紧靠阀门处的微小流段立刻被迫停止流动，同时压强降至 $p_0-\Delta p$（即产生负的水击压强 Δp），水体膨胀，管壁收缩。这时，水击波又从阀门处反射回来，并以减压逆波的形式，自阀门开始以波速 c 向管道进口方向迅速发展。这一减压逆波所到之处，管内流速为零，压强降至 $p_0-\Delta p$，水体膨胀，管壁收缩。当 $t=3l/c$，减压逆波传到上游水池，这时全管道中的水体均处于静止和膨胀状态。这就是水击的第三阶段——减速减压阶段（减压逆波的传播阶段），它发生在 $2l/c<t\leqslant 3l/c$ 的时段内，如图 6-18(c)所示。

在 $t=3l/c$ 的瞬时，管内水体全部停止流动，但管内压强比管道进口外侧水池的静水压强低 Δp。在这一压强差 Δp 的作用下，管中水体又立刻以 v_0 的流速向管内流动。这时，水击波又将从水池立刻反射回来，并以增压顺波的形式，使管中的低压状态自管道进口开始以波速 c 向阀门方向迅速解除。这一增压顺波所到之处，管内流速为 v_0，压强恢复至 p_0，膨胀的水体和收缩的管壁均恢复到水击发生前的状态。当 $t=4l/c$，增压顺波传到阀门处，这时全管道的水体和管壁均恢复到水击发生前的正常状态。这就是水击的第四阶段——增速增压阶段（增压顺波的传播阶段），它发生在 $3l/c<t\leqslant 4l/c$ 的时段内，如图 6-18(d)所示。

可见，经过上述四个阶段，全管中水流状态又完全恢复到水击发生前的状态，水击波完成了一个周期的传播。在一个周期中，水击波由阀门至进口，再由进口至阀门共往返两次。

水击波在管中往返一次所需的时间称为水击波的相或相长，以 t_r 表示，即：

$$t_r=\frac{2l}{c} \tag{6-27}$$

显然，水击波的周期 T 为两倍水击的相长，即：

$$T=2t_r=\frac{4l}{c} \tag{6-28}$$

由于水击波的波速很快，上述水击的四个阶段是在极短的时间内完成的。

在 $t=4l/c$ 的瞬时，管中仍有一个流向阀门的速度 v_0，但阀门是完全关闭的，因此，若不计阻力引起的能量损失，水击波将会以上述四个阶段为周期，周而复始地持续下去，如图 6-19 所示。但实际上，由于水流存在能量损失，在水击波的传播过程中，水击压强 Δp 会迅速衰减而消失，如图 6-20 所示。所以，突然关阀时，危害性最大的就是水击初期在阀门处产生的最大水击压强。

上述首先在有压管道中产生升压的水击称为正水击。在图 6-17 中，若阀门由关闭或部分关闭状态突然开启时，在有压管道中也会产生水击。这时，水击的物理过程与上述相似，只是水击的第一阶段是增速降压的过程，即首先产生降压水击，这种水击称为负水击。

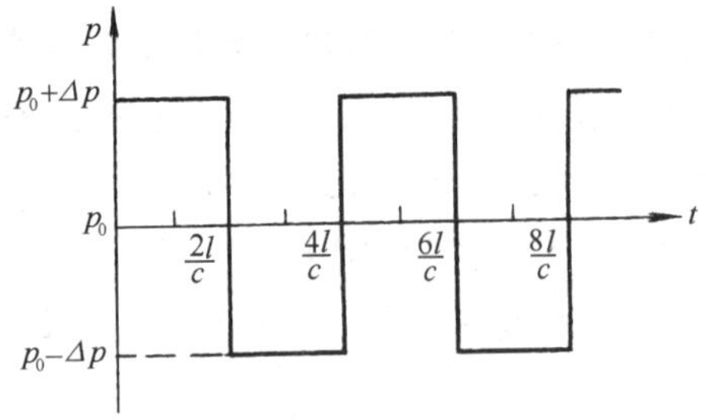

图 6-19

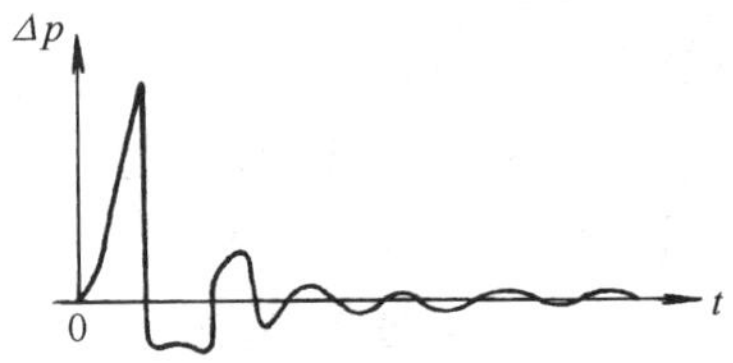

图 6-20

二、水击波的传播速度

水击波的传播速度对水击问题的分析与计算是一个很重要的参数。考虑到水的压缩性和管壁的弹性变形，根据连续性原理可推得，均质薄壁圆管中水击波速 c 的计算公式为：

$$c=\frac{c_0}{\sqrt{1+\frac{K}{E}\cdot\frac{d}{\delta}}} \tag{6-29}$$

式中 c_0——水中声波的传播速度，一般可取 $c_0\approx1435\text{m/s}$；

K——水的弹性模量，一般可取 $K\approx2.03\times10^6\text{kPa}$；

E——管壁材料的弹性模量，参见表 6-6；

d 和 δ——管道直径和管壁厚度。

对于一般钢管 $d/\delta\approx100$，$K/E\approx0.01$，代入式(6-29)得 $c\approx1000\text{m/s}$，可见水击波的波速是相当快的。

常用管壁材料弹性模量 E 　　　**表 6-6**

管　材	钢　管	铸铁管	混凝土管	木　管
E(kPa)	19.6×10^7	9.8×10^7	20.58×10^6	9.8×10^6

三、直接水击与间接水击

在前面的讨论中，认为关阀过程是瞬时完成的，但实际上关阀过程总是需要一定的时间(一般为几秒或更长)。因此，可将整个关阀过程看作一系列微小瞬时关阀的累加。每一个微小关阀都将产生一个水击波，并按上述过程进行传播。

若关阀时间 T_s 小于水击波的一个相长，即 $T_s<2l/c$，则在最早由阀门发出的水击波又从管道进口反射回来的减压顺波传到阀门处之前，关阀过程已完成。于是在阀门处可能产生的最大水击压强值将不会受到反射波的影响，它将与瞬时关阀所产生的水击压强值相同。这种水击称为直接水击。

若关阀时间 $T_s>2l/c$，则开始关阀时发生的水击波的反射波，将在关阀过程完成之前到达阀门处，随即变为负水击压强再向管道进口端传播。负水击压强和阀门继续关闭产生的正水击压强相叠加，将使阀门处的最大水击压强值小于直接水击的最大水击压强值。这种水击称为间接水击。

直接水击产生的水击压强数值很大，在工程中应力求避免。

四、水击压强的计算

1. 直接水击

前已指出，当关阀时间较短（$T_s<2l/c$），产生直接水击时，阀门处将会产生与瞬时关阀相同的最大水击压强。如设水的密度为 ρ，关阀前和关阀过程完成后管中的断面平均流速分别为 v_0 和 v，水击波的波速为 c，则根据物理学中的动量定律可以推得，直接水击在阀门处产生的最大水击压强公式为：

$$\Delta p=\rho c(v_0-v) \tag{6-30}$$

若产生直接水击的阀门完全关闭（即 $v=0$），则由式(6-30)得最大水击压强为：

$$\Delta p=\rho c v_0 \tag{6-31}$$

阀门快速开启时所产生的直接水击压强，也可采用式(6-30)和(6-31)计算，只不过其值是负的。

2. 间接水击

当关阀时间较长（$T_s>2l/c$），产生间接水击时，由于存在增压水击波与反射的减压水击波的相互作用，理论分析比较复杂，在此不作讨论。关阀时，间接水击在阀门处产生的最大水击压强一般可近似用下式估算：

$$\Delta p=\rho c v_0\frac{t_r}{T_s}=2\rho v_0\frac{l}{T_s} \tag{6-32}$$

式中　v_0、ρ——同式(6-30)；

$t_r=2l/c$——水击波的相长。

上式表明，间接水击的最大水击压强，在其他条件一定的情况下，与阀门关闭时间 T_s 成反比。故可通过延长关阀时间 T_s 的办法来减小水击压强值。

按式(6-32)估算的水击压强值略大于实际值，故结果偏于安全。

【例 6-11】　一长度为 $l=300$m 的压力管道自水库引水，阀门全开时，管中流速 $v_0=1.4$m。若取水击波波速 $c\approx1000$m/s，试分别计算阀门完全关闭的时间 $T_{s1}=0.4$s 和 $T_{s2}=4.0$s 时，在阀门处产生的最大水击压强值。

【解】　水击波的相长为：　$t_r=\dfrac{2l}{c}=\dfrac{2\times300}{1000}=0.6$s

(1) $T_{s1}=0.4\text{s}<t_r=0.6$s，发生直接水击。因为阀门完全关闭，由式(6-31)得阀门处产生的最大水击压强值为：

$$\Delta p=\rho c v_0=1000\times1000\times1.4\times10^{-3}=1400\text{kPa}$$

大约相当于 143mH_2O 产生的压强。

(2) $T_{s2}=4.0\text{s}>t_r=0.6$s，发生间接水击。由式(6-32)估算得阀门处产生的最大水击压强值为：

$$\Delta p=2\rho v_0\frac{l}{T_s}=2\times1000\times1.4\times\frac{300}{4}\times10^{-3}=210\text{kPa}$$

大约相当于 21.4mH_2O 产生的压强。

可见，直接水击的最大水击压强远远大于间接水击的最大水击压强。

五、停泵水击

水泵因突然停车而引起的水击称为停泵水击。离心泵正常运行时均匀供水，需要停泵之前，按操作规程应先关闭水泵出口阀门。因此，离心泵正常运行和正常停泵，系统中都不会发生有危害性的水击。但是，如因突然断电而使水泵机组突然停车，往往就会引起停泵水击，这将成为输水系统发生事故的重要原因。

水泵停车的最初瞬间，水泵供水量突然骤减，但在压水管内的水流由于惯性作用，继续以逐渐减慢的速度流动。这时，类似于瞬间关阀水击的第三阶段，首先在压水管进口处产生一负水击（水击压强 $\Delta p<0$）作用，形成压强突降或真空，并向高位水箱方向传播。由于水泵的压水管通过水泵和水泵吸水管与吸水池相连，这一负水击作用并不十分强烈。当压水管中水流速度全部降至零时，由于压差和重力作用，水自高位水箱又立刻向水泵方向倒流，并冲动水泵出口处的逆止阀突然关闭，而导致压强突然升高发生直接水击。这种情况对于几何给水高度大的压水管尤为严重。突然停泵后，在压水管中，首先出现压强降低，然后因逆止阀突然关闭而引起压强升高，是停泵水击的特点。

如果为减弱停泵水击作用，水泵出口处不设逆止阀，倒冲水流将冲击水泵叶轮带动电机反转。此时，虽然管内压强升高较小，有利于防止水击危害，但如果水泵反转过快，可能会引起机组震动，甚至造成机组部件损坏。

六、水击危害的预防

水击压强可以达到很高的数值，巨大的正水击压强和强烈的负水击压强可能使管道发生强烈的变形甚至爆裂或气蚀，造成严重危害。为了防止水击的危害，工程上一般采取下列措施：

(1) 延长阀门的启闭时间 T_s　工程上总是使启闭阀门的时间大于水击波的相长，即 $T_s>2l/c$，以避免直接水击的发生，并尽可能延长 T_s，以减小间接水击压强值。

(2) 限制管中流速 v_0　从直接水击和间接水击的最大水击压强计算公式(6-30)和(6-32)可知，v_0 值愈小，水击压强 Δp 值就愈小。对 v_0 的限制，需在设计压力管道的经济流速选择时，给予考虑。

(3) 缩短压力管道的长度　缩短压力管道的长度 l，可以缩短水击波的相长 t_r（$t_r=2l/c$），从而减少发生直接水击的可能性。因此在拟定设计方案时，应力求缩短压力管道的长度。

(4) 设置安全装置　在管道上设置调压塔（池）、空气室、安全阀、水击消除器等安全装置，可以有效地缓解或消除水击压强，防止水击危害。各类安全装置的结构、工作原理及适用条件，可查阅有关专门书籍。

思　考　题

6-1　什么叫有压管流？它的主要特点是什么？

6-2　什么叫长管和短管？在水力学中为什么要引入长、短管的概念？如果某有压管道为短管，那么采用什么办法可将其按长管公式计算？

6-3　短管的测压管水头线，在什么情况下会沿流程上升？长管的测压管水头线会不会沿流线上升？为什么？

6-4　如图所示，图(a)为自由出流，图(b)为淹没出流。若两种出流的作用水头 H、管长 l、管径 d 及沿程阻力系数 λ 都相同，试问(1)两管中的流量是否相等？为什么？(2)两管中各相应点的压强是否相等？为什么？

6-5　如图所示，等厚的隔墙上设两根相同管径和管材的短管 1、2，试比较作用水头为 H 时，两管中流量的大小；又如果上游水位不变，下游水位分别变化到 ∇_A、∇_B、∇_C 时，比较两管中流量的大小。

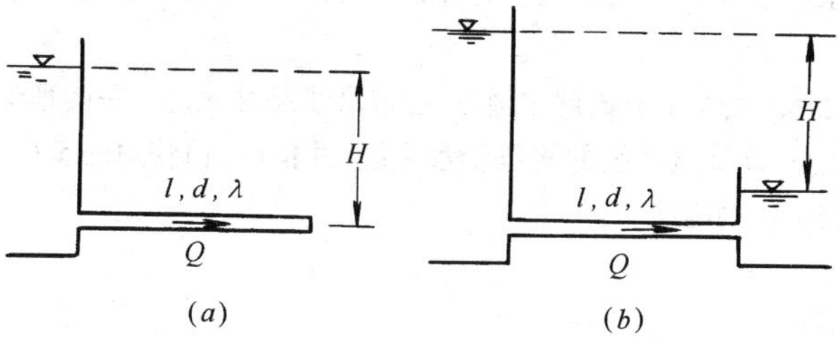

思考题 6-4 图

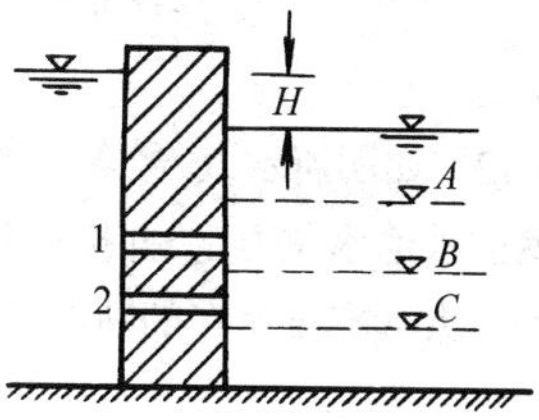

思考题 6-5 图

6-6 如图所示，用两条管道由 A 水池向 B 水池引水。已知两条管道的管长 l 和沿程阻力系数 λ 相等，管径 $d_1=2d_2$，两水池水位恒定。若不计水头损失，试求管 1 和管 2 中的流量比。

6-7 如图所示，A、B 两管自水箱引水，进口高程不同，出口高程相同，管径、管长及粗糙系数也相同，水箱水位恒定。试问(1)两管中流量是否相等？(2)两管的测压管水头线坡度是否相等？(3)距进口相同距离处的断面压强是否相等？

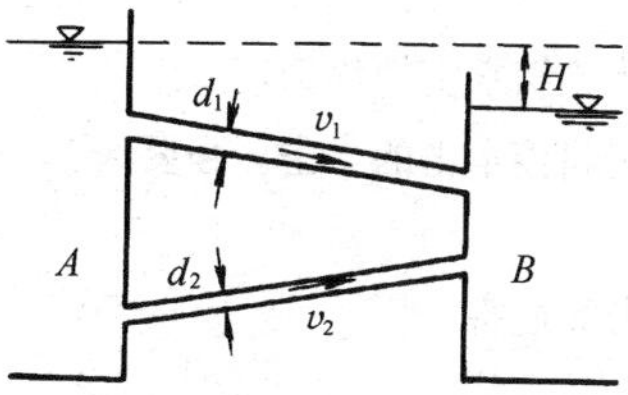

思考题 6-6 图

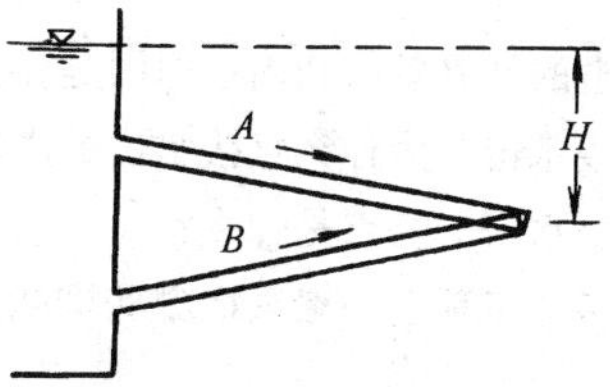

思考题 6-7 图

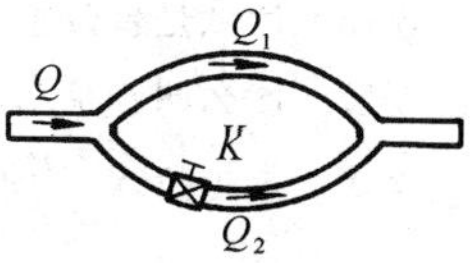

思考题 6-8 图

6-8 如图所示一恒定流并联管路，在支管 2 上装有阀门 K。已知阀门全开时干管流量为 Q，二支管流量分别为 Q_1 和 Q_2。(1)若使阀门 K 关小，试分析干管和两支管中的流量将如何变化？(2)若支管 1 和支管 2 的管径、管长、粗糙系数都分别对应相等，试问当阀门全开时(认为局部阻力系数为零)，两支管中流量各为多少？(3)当阀门 K 完全关闭时，主管中流量是否等于 $\frac{1}{2}Q$？为什么？

6-9 如图所示两组管道，其中管段 1、2……6 和管段 1′、2′……6′的管长、管径、粗糙系数均分别对应相等，而且 A 点和 A' 点的作用水头也相等，即 $H_A=H_{A'}$。试分析(1)若 $Q=Q'$，比较 B 点与 B' 点作用水头的大小；(2)若 B 点和 B' 点的作用水头相同，比较流量 Q 与 Q' 大小。

6-10 如图所示，已知水箱水位 H 恒定，管道 AB 长为 l，管径为 d，通过流量为 Q。若此时在 AB 管道之后再串联一段管材、管径与 AB 相同。管长为 $\frac{l}{2}$ 的管段 BC(如图中虚线所示)。若按长管计算，试求串联管段 BC 之后，管中流量 Q' 与未串联 BC 管段之前的流量 Q 的比值。

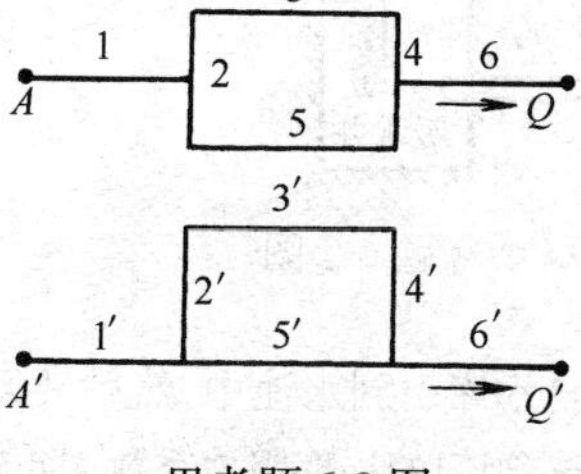

思考题 6-9 图

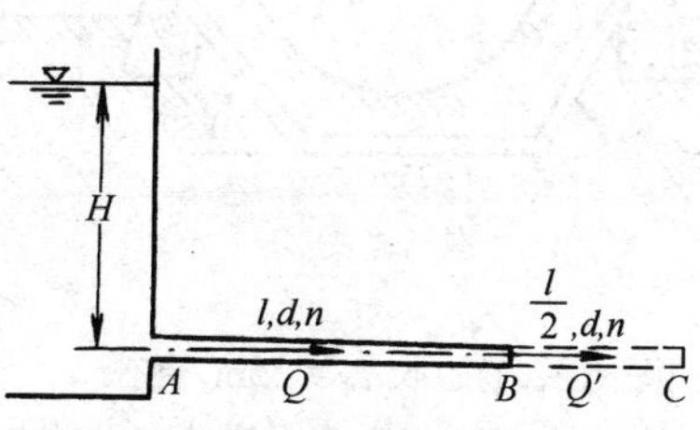

思考题 6-10 图

6-11 如图所示，为增加管中输水量，在长度为 $2l$、直径为 d 的管道上再并联一同样管材和管径、长度

为 l 的支管(如图中虚线所示)。若系统中水位维持不变,并按长管计算,试求并联支管后系统的流量与原流量之比。

6-12　如图所示,水经等直径输水管道由储水池 A 流向储水池 B,管道沿线经过起伏不平的地形区。假设两贮水池水位恒定,并按长管计算,试绘制该管道系统的测压管水头线,并指出(1)管中的负压工作区;(2)最大真空度所在的断面;(3)相对压强为零的断面。

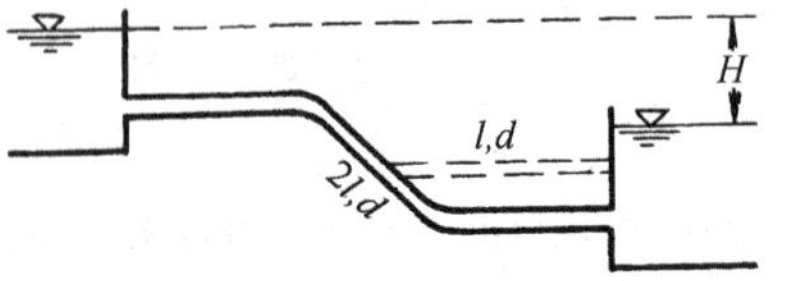

思考题 6-11 图

思考题 6-12 图

6-13　什么叫枝状管网和环状管网?试比较这两种供水管网的优点与缺点。

6-14　什么叫管网中的控制点(最不利供水点)和控制干线?总结一下枝状管网中的新建管网系统和扩建管网系统的水力计算步骤。

6-15　什么叫水击?引起水击的外界条件和内在原因是什么?简述关阀水击的物理过程。

6-16　什么是直接水击和间接水击?为什么直接水击的水击压强比间接水击的水击压强要大?

6-17　什么叫停泵水击?停泵水击的特点是什么?

6-18　水击将会产生哪些危害?工程上一般采取哪些措施预防水击的危害?

习　　题

6-1　如图所示铸铁管材的倒虹吸管,管径 $d=500$mm,管长 $l=125$m,进出口水位高程差 $\Delta z=5$m,两折弯角各为 60°和 50°,试求该倒虹吸管中的流量,并绘制该倒虹吸管系统的测压管水头线及总水头线。

6-2　如图所示,某水泵自吸水井中抽水,吸水井与河流间用自流管相连通。已知自流管长 $l=20$m、管径 $d=150$mm,水泵的安装高度 $h_s=4.5$m,水泵吸水管管径 $d_1=150$mm、管长 $l_1=10$m,自流管与水泵吸水管的管壁粗糙系数均为 $n=0.012$,自流管滤网的局部阻力系数 $\xi_1=2.0$,水泵带底阀滤水网的局部阻力系数 $\xi_2=6.0$,90°弯头的局部阻力系数 $\xi_3=0.3$。若水流为恒定流,水泵进口断面的允许真空度 $[h_v]=6mH_2O$,试求(1)水泵的最大流量 Q_m;(2)在此流量下水池与吸水井间的水位差 Δz。

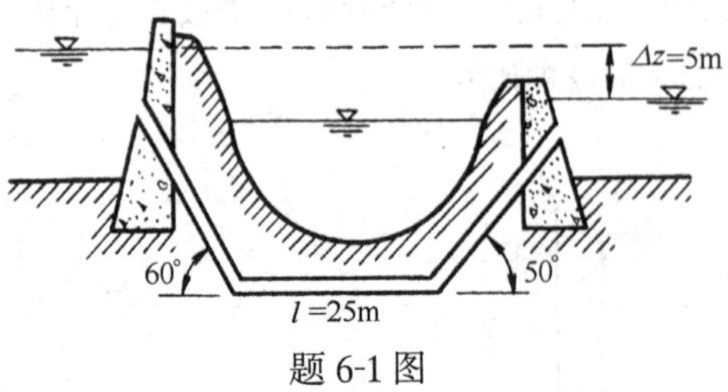

题 6-1 图

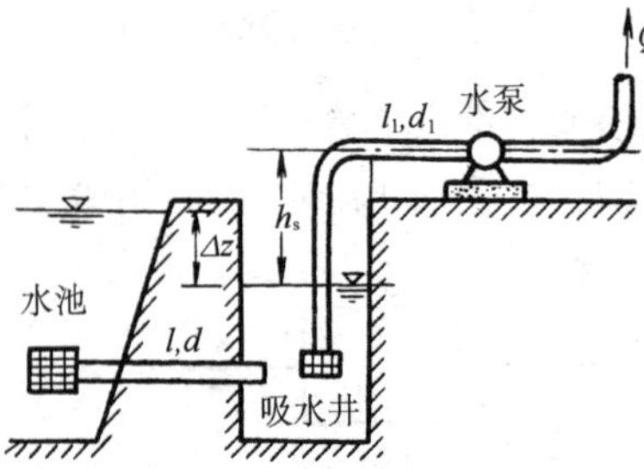

题 6-2 图

6-3　如图所示,通过长 $l_1=25$m,直径 $d_1=75$mm 的管道,将水自水库引到水池中,然后又经长 $l_2=150$m、$d_2=50$mm 的管道以自由出流的方式供水。若已知图中 $H=8$m,阀门的局部阻力系数 $\xi=3.0$,两管道的沿程阻力系数均为 $\lambda=0.03$,试求管中的流量 Q 及水库与水池水位的高程差 Δz,并绘制该管道系统的测压管水头线和总水头线。

6-4　如图所示为一滤池及冲洗水塔，当滤池滤水时间较长后，滤料积垢较多，需将水塔中水放进滤池底部进行反冲洗。已知反冲洗流量 $Q=500\mathrm{L/s}$，冲洗管直径 $d=400\mathrm{mm}$，沿程阻力系数 $\lambda=0.024$，弯头和阀门的局部阻力系数分别为 $\xi_1=0.2$、$\xi_2=0.17$，塔中恒定水深 $h=1.5\mathrm{m}$，弯管到滤池的距离为 1.5m。若设计要求水进入滤池前 B-B 断面处的压强水头不小于 $5\mathrm{mH_2O}$，试求水塔的最小作用水头 H。

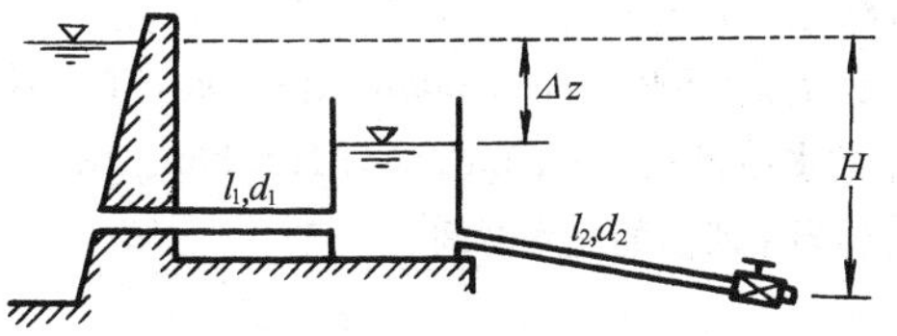

题 6-3 图

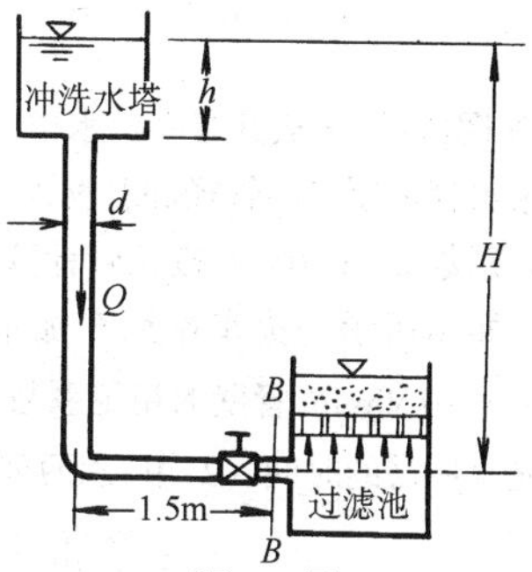

题 6-4 图

6-5　如图所示，两水池用虹吸管相连通，虹吸管直径 $d=200\mathrm{mm}$，管长 $l_1=2\mathrm{m}$、$l_2=5\mathrm{m}$、$l_3=4\mathrm{m}$，管道的沿程阻力系数 $\lambda=0.026$，滤网的局部阻力系数 $\xi_1=5.2$，两 90°弯管的局部阻力系数 $\xi_2=0.44$。若虹吸管的安装高度 $h_s=1\mathrm{m}$，上、下游水池水位高差 $z=2\mathrm{m}$，试求(1)虹吸管中的流量；(2)虹吸管中压强最低点的位置及最大的真空压强值。

6-6　如图所示，用水泵自吸水井向高位水箱供水。已知吸水井水面高程为 155.0m，水泵轴线的高程为 159.6m，高位水箱水面高程为 179.5m，水泵的设计流量为 $0.034\mathrm{m^3/s}$，水泵吸、压水管均采用铸铁管，其长度分别为 8m 和 50m，吸水管进口带底阀滤水网的局部阻力系数 $\xi_1=5.2$，管路中三个弯头的局部阻力系数均为 $\xi_2=0.2$，水泵出口断面逆止阀和闸阀的局部阻力系数分别为 $\xi_3=6.5$ 和 $\xi_4=0.1$，水泵进口断面的允许真空度 $[h_v]=6.0\mathrm{mH_2O}$。试确定(1)水泵吸、压水管直径 $d_{吸}$ 和 $d_{压}$；(2)校核水泵进口断面的真空度是否满足允许值；(3)若该水泵能够正常工作，其扬程 H 为多少？(4)绘制水泵管路系统的测压管水头线与总水头线。

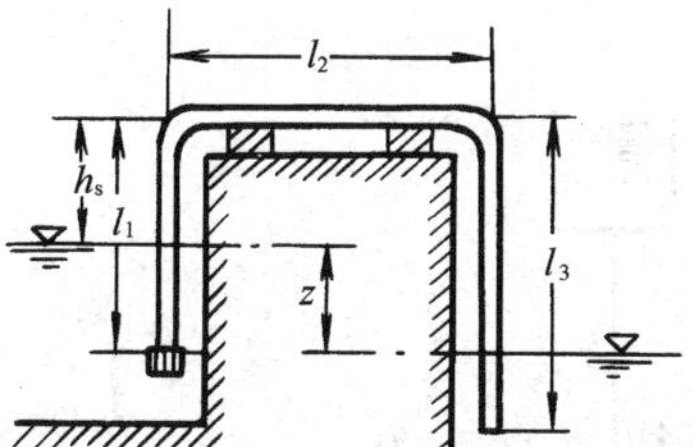

题 6-5 图

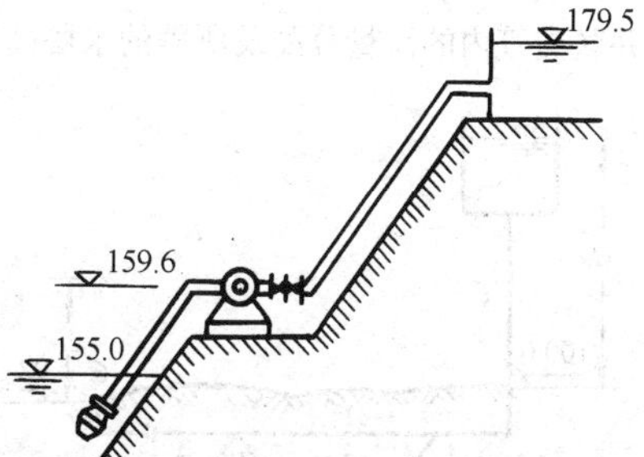

题 6-6 图

6-7　如图所示，一水泵通过串联铸铁管向在同高程上的 B、C、D 点供水。已知 D 点要求的自由水头 $H_{zD}=10\mathrm{mH_2O}$，流量 $q_B=15\mathrm{L/s}$、$q_C=10\mathrm{L/s}$、$q_D=5\mathrm{L/s}$，管径 $d_1=200\mathrm{mm}$、$d_2=150\mathrm{mm}$、$d_3=100\mathrm{mm}$，管长 $l_1=500\mathrm{m}$、$l_2=400\mathrm{m}$、$l_3=300\mathrm{m}$。试求水泵出口 A 断面处的压强水头为多少？

6-8　如图所示由铸铁管组成的并联管路，已知总流量 $Q=150\mathrm{L/s}$，支管直径 $d_1=150\mathrm{mm}$、$d_2=200\mathrm{mm}$、$d_3=250\mathrm{mm}$，支管长度 $l_1=600\mathrm{m}$、$l_2=500\mathrm{m}$、$l_3=700\mathrm{m}$。试求(1)各并联支管中的流量；(2)节点 A、B 间的水头损失。

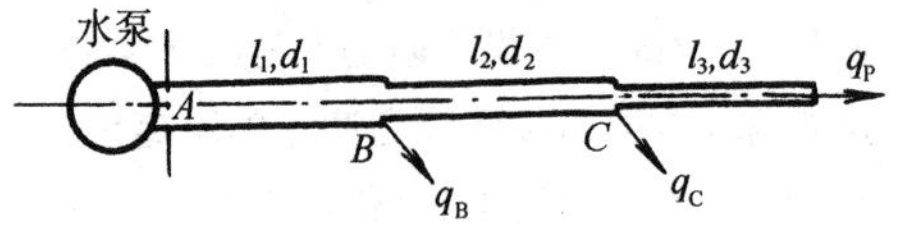

题 6-7 图

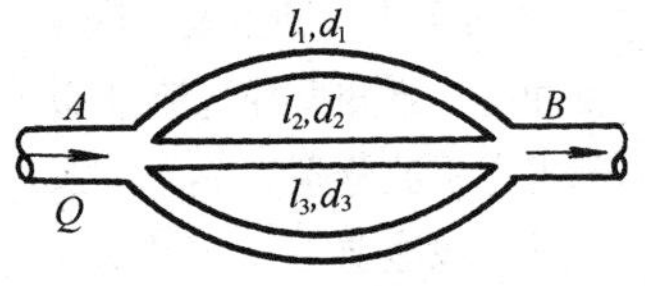

题 6-8 图

6-9 如图所示，水从具有固定水位 $H=6\text{m}$ 的水塔经长度 $l=300\text{m}$、直径 $d=150\text{mm}$ 的输水管流入大气中。当输水管按原来的管径和管材加长至如图虚线所示的位置时，管中流量比原来减少 25%。设管道的沿程阻力系数 $\lambda=0.03$，并按长管计算，试确定新管的长度 x 为多少？

6-10 如图所示为火车站列车加水系统。已知管长 $l_{AB}=500\text{m}$、$l_{BC}=20\text{m}$、$l_{BD}=60\text{m}$，管径 $d_{AB}=d_{BC}=d_{BD}=d=150\text{mm}$，管壁的粗糙系数 $n=0.013$，列车的水箱容积 $V=25\text{m}^3$，水头 $H=20\text{m}$。试求(1)甲列车单独充水所需的时间；(2)甲、乙两列车同时充水时，各列车所需的充水时间。

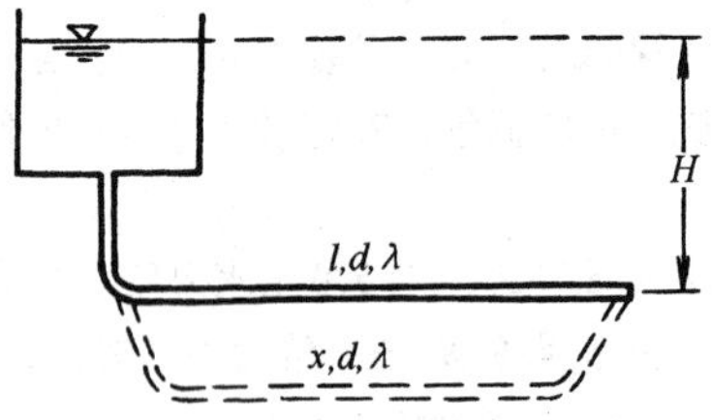

题 6-9 图

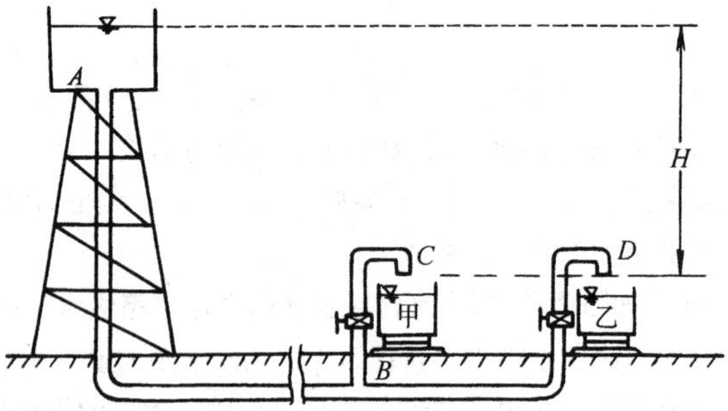

题 6-10 图

6-11 如图所示，由水塔经铸铁管供水，水塔处的地面标高为 100.0m，用水点 C 处的地面标高为 98.0m、流量 $Q=0.018\text{m}^3/\text{s}$ 要求的自由水头 $H_z=5\text{mH}_2\text{O}$，节点 B 处分出的流量 $q_B=7\text{L/s}$，各管段直径 $d_1=150\text{mm}$、$d_2=100\text{mm}$、$d_3=200\text{mm}$、$d_4=150\text{mm}$，各管段长度 $l_1=300\text{m}$、$l_2=400\text{m}$、$l_3=l_4=500\text{m}$。试求两并联支管内的流量分配及所需的水塔高度。

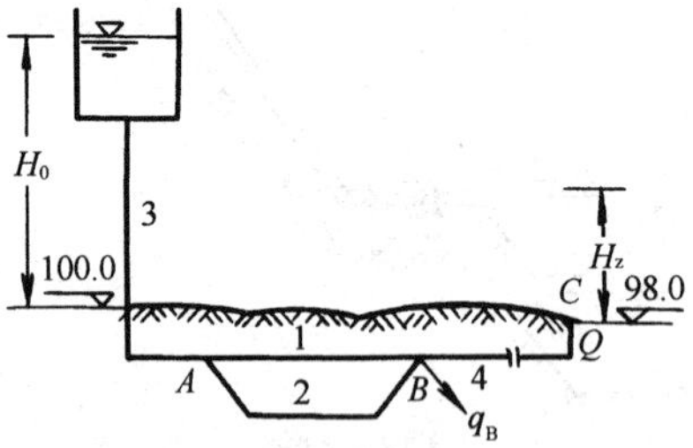

题 6-11 图

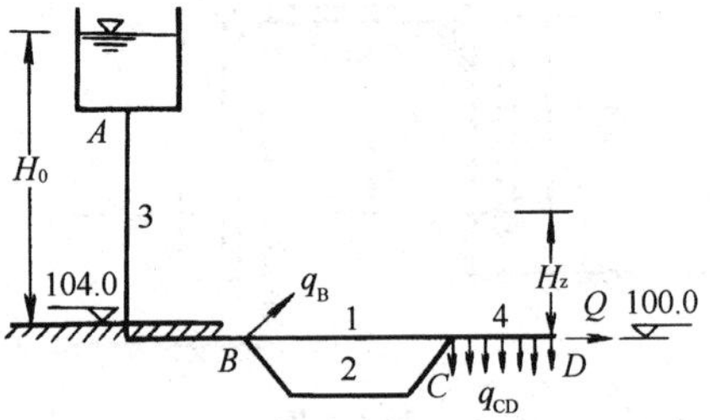

题 6-12 图

6-12 如图所示某铸铁管供水系统，已知水塔处的地面标高为 104m，用水点 D 处的地面标高为 100m、流量 $Q=15\text{L/s}$、要求的自由水头 $H_z=8\text{mH}_2\text{O}$，均匀泄流管段 4 的单位长度途泄流量 $q_{CD}=0.1\text{L/s}\cdot\text{m}$，节点 B 处分出的流量 $q_B=40\text{L/s}$，各管段直径 $d_1=d_2=150\text{mm}$、$d_3=300\text{mm}$、$d_4=200\text{mm}$，管长 $l_1=350\text{m}$、$l_2=700\text{m}$、$l_3=500\text{m}$、$l_4=300\text{m}$。试确定水塔高度 H_0。

6-13 如图自水塔扩建一条铸铁输水管线向 B、C、D 处供水，已知水塔内水面高程为 30m，用水点 B、C、D 在同一水平面上，用户用水量 $Q_B=18\text{L/s}$、$Q_C=13\text{L/s}$、$Q_D=12\text{L/s}$，管长 $l_1=800\text{m}$、$l_2=600\text{m}$、$l_3=$

700m,各用水点所需的自由水头均为 10m。试按各管段上水头损失均匀分配的原则设计各管段的直径。

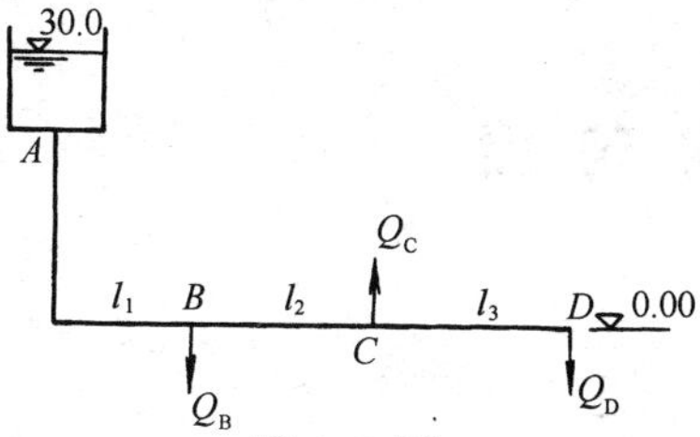

题 6-13 图

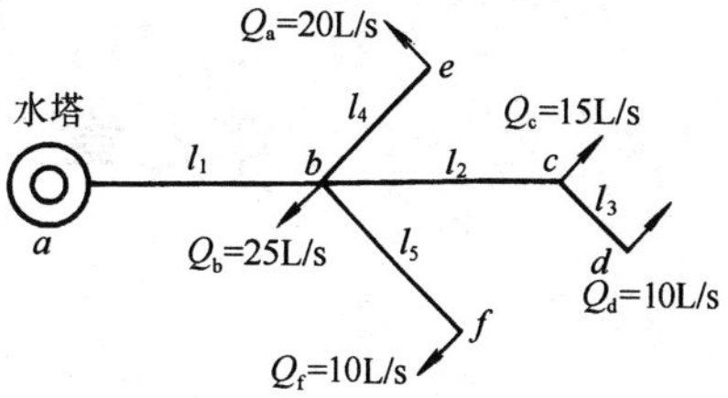

题 6-14 图

6-14　如图所示铸铁管给水系统,已知管段长 $l_1=700\text{m}$、$l_2=600\text{m}$、$l_3=300\text{m}$、$l_4=400\text{m}$、$l_5=500\text{m}$,水塔及各出水点处的地面高程为 $z_a=4.0\text{m}$、$z_b=2.0\text{m}$、$z_c=1.5\text{m}$、$z_d=2.0\text{m}$、$z_e=1.8\text{m}$、$z_f=5.5\text{m}$,各出水点要求的自由水头均为 $H_z=10\text{mH}_2\text{O}$,各用水点流量如图所示。试确定(1)各管段的管径;(2)水塔的高度 H_0。

6-15　某供水钢管直径 $d=500\text{mm}$,管长 $l=200\text{m}$,管壁厚 $\delta=10\text{mm}$,在该管段末端设有阀门。若供水量 $Q=1000\text{m}^3/\text{h}$,试求(1)关阀(完全关闭)时间分别为 $T_{s1}=0.2\text{s}$ 及 $T_{s2}=3\text{s}$ 时,在阀门处分别产生何种水击?相应的最大水击压强各为多少?(2)为使关阀时产生的水击压强值不超过 30kPa,阀门关闭的时间应不少于多少秒?

第七章　明渠均匀流

第一节　概　　述

一、明渠流

明渠是具有自由水面的人工渠道、天然河道及未充满水流的管道的统称。流动在明渠中的水流称为明渠流。

在第三章中已提及，明渠流又称为无压流或重力流，它是具有自由表面、依靠液体自身重力作用流动的液流。

明渠流一般都处于紊流粗糙区，也同样可分为恒定流与非恒定流。由于自由表面的存在，明渠非恒定流的流线不可能是相互平行的直线，所以明渠非恒定流不可能是均匀流，而只能是非均匀流。明渠恒定流则可根据其流线是否为相互平行的直线分为均匀流与非均匀流。因此，明渠均匀流指的就是明渠恒定均匀流。

由于明渠边界条件的多样性，明渠流一般都处于非均匀流动状态。明渠均匀流是明渠流中最简单、最基本的水流形式，其有关基本概念和计算原理也是明渠非均匀流的理论基础。本章讨论明渠均匀流规律。

二、明渠的分类

明渠的断面形状、尺寸与底坡的变化情况对明渠流有着重要影响，在讨论明渠均匀流之前，先将明渠根据其断面形状、尺寸与明渠底坡沿流程变化情况的分类介绍如下：

1. 棱柱形渠道与非棱柱形渠道

断面形状及尺寸沿流程不变的渠道称为棱柱形渠道，否则称为非棱柱形渠道。棱柱形渠道的过水断面面积 A 只是水深 h 的函数，即 $A=f(h)$；而非棱柱形渠道的过水断面面积 A 将同时决定于水深 h 和流程坐标 s，即 $A=f(h,s)$。

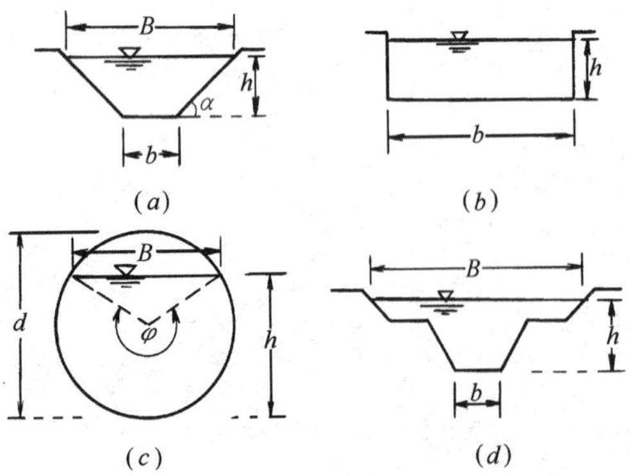

图 7-1

(a)梯形；(b)矩形；(c)圆形；(d)复式断面

人工渠道的断面，一般具有对称的几何形状，常见的有梯形、矩形、圆形和复式断面形等(如图 7-1)，一般都是典型的棱柱形渠道。天然河道，断面形状不规则，而且其大小往往沿流程而变化，所以一般为非棱柱形渠道。但在实际计算时，对于断面形状及尺寸沿流程变化不大的顺直河段，可按棱柱形渠道近似处理。

根据棱柱形渠道的断面形状和尺寸，可以计算其过水断面的水力要素。工程中应用最广的梯形断面渠道过水断面的各项水力要素计算公式如下(如图 7-1a)：

面积 $$A=(b+mh)h \tag{7-1}$$

水面宽度 $$B=b+2mh \tag{7-2}$$

湿周 $$\chi=b+2h\sqrt{1+m^2} \tag{7-3}$$

水力半径 $$R=\frac{(b+mh)h}{b+2h\sqrt{1+m^2}} \tag{7-4}$$

式中 $m=\text{ctg}\alpha$——边坡系数(α 称为边坡角)。m 值愈大,边坡愈缓,反之则愈陡。$m=0$ 时,断面为矩形。

至于其他断面形状的上述各量也可用相应公式求得。

2. 顺坡、平坡和逆坡渠道

沿流程单位长度渠道上渠底高程的降低值称为渠道的底坡,以 i 表示。如图 7-2,若 1-1 和 2-2 两断面间的渠道长度为 Δl,沿流程相应两断面的渠底高程降低值为 Δz,则两断面间渠道的平均底坡为:

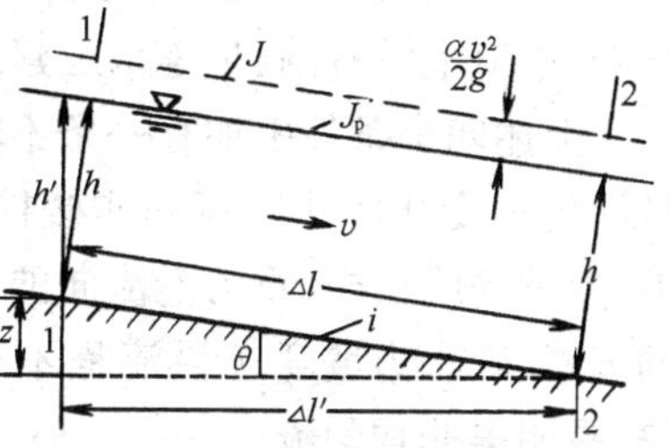

图 7-2

$$i=\frac{\Delta z}{\Delta l}=\sin\theta \tag{7-5a}$$

式中 θ——渠底与水平面的夹角。

一般情况下,明渠的这一 θ 角都很小,这时 Δl 可用其水平投影长度 $\Delta l'$ 近似代替。则:

$$i=\frac{\Delta z}{\Delta l}\approx\frac{\Delta z}{\Delta l'}=\text{tg}\theta \tag{7-5b}$$

在这种情况下,过水断面可以近似看成是铅直面,断面上的水深 h 也可以近似用铅直水深 h' 代替,即 $h\approx h'$。

渠底沿流程降低的渠道($i>0$)称为顺坡渠道(也称正坡渠道);渠底水平的渠道($i=0$)称为平坡渠道;渠底沿流程升高的渠道($i<0$)称为逆坡渠道(也称负坡渠道)。三种底坡的渠道如图 7-3 所示。

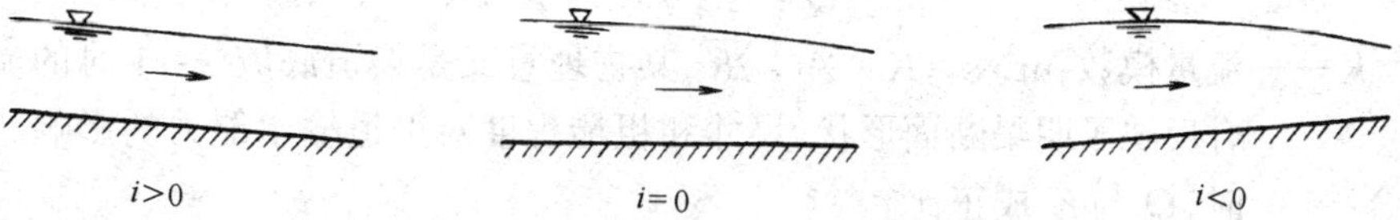

图 7-3

三、明渠均匀流的水力特征与形成条件

明渠均匀流应该同时具有均匀流和重力流的特征。均匀流的流线是相互平行的直线,所有液体质点都沿着相同的方向作匀速直线运动,所受到的合外力为零;而重力流又是以液体自身的重力在流动方向上的分力为动力流动的。因此,明渠均匀流就是重力在流动方向上的分力与液流阻力相平衡的流动。由此可推知明渠均匀流应具有以下特征:

(1) 过水断面的形状、尺寸及水深沿流程不变;

(2) 过水断面上的流速分布、断面平均流速沿流程不变,因而流速水头也沿流程不变;

(3) 总水头线、水面线(即测压管水头线)和渠底线三线为相互平行的直线,所以水力坡度 J、水面坡度 J_p 和底坡 i 三坡沿流程不变且相等(如图 7-2),即:

$$J = J_p = i = 常数 \tag{7-6}$$

根据明渠均匀流的上述水力特征,不难得出形成明渠均匀流必须具备下列条件:

(1) 水流必须是恒定流;

(2) 流量沿流程不变,即无支流的汇入或分出;

(3) 渠道应为底坡沿流程不变的顺坡长直棱柱形渠道;

(4) 渠道中不应有任何改变液流阻力的因素存在。例如,渠道表面的粗糙系数沿流程不变,渠道上没有闸、坝等水工建筑物。

上述四个条件中如有一条不能满足,都将产生明渠非均匀流。例如,明渠非恒定流、流量沿流程变化的明渠流和非棱柱形渠道中的水流,流线都不可能是相互平行的直线;在平坡、逆坡的明渠中,重力沿流向的分量与液流阻力是不平衡的;渠道中若存在改变液流阻力的因素,则水力坡度 J 沿流程不可能为常数。这些现象都与明渠均匀流的水力特征不相符,是明渠非均匀流。

严格地讲,绝对的明渠均匀流是没有的。但在工程实际中,对某段明渠水流而言,只要与上述条件相差不大,即可近似看成是明渠均匀流。例如,长直的顺坡棱柱形人工渠道中的水流,流量、底坡及管径沿流程不变的排水管道中的水流都可视为明渠均匀流。

第二节　明渠均匀流基本公式

在第四章中我们已经知道,恒定均匀流的断面平均流速可由谢才公式计算,即:

$$v = C\sqrt{RJ}$$

对于明渠均匀流,水力坡度 J 与渠道底坡 i 相等,所以其断面平均流速可表示为:

$$v = C\sqrt{Ri} \tag{7-7}$$

相应的流量为:

$$Q = AC\sqrt{Ri} = K\sqrt{i} \tag{7-8}$$

式中　K——流量模数,m^3/s。$K = AC\sqrt{R}$,其物理意义是渠道底坡 $i = 1$ 时的流量。它综合反映了明渠断面形状、尺寸和粗糙程度对渠道输水能力的影响。当 i 一定时,Q 与 K 成正比。

式(7-7)和(7-8)就是明渠均匀流基本公式。因为明渠流一般均处于紊流粗糙区,所以式中的谢才系数 C 通常采用曼宁公式(4-44)或巴甫洛夫斯基公式(4-45)确定。

谢才系数 C 是壁面粗糙系数 n 和水力半径 R 的函数,而明渠均匀流的过水断面面积 A 和水力半径 R 均只是水深 h 的函数,所以由式(7-8)可得,当渠道的粗糙系数 n 和底坡 i 一定时,明渠均匀流的流量 Q 也只是水深 h 的函数,即 $Q = f(h)$。这种对应关系,在明渠非均匀流中是不存在的。水力学中,通常将这一与渠道的流量呈一一对应关系的明渠均匀流水深称为正常水深,并用 h_0 表示,以区别于明渠非均匀流的一般水深 h。

粗糙系数 n 是衡量壁面粗糙状态对液流阻力影响的一个综合性参数。它是明渠流水力计算的重要因素之一,也是最难确定的参数。因为目前还没有一个精确确定 n 值的方法，主要靠经验确定。确定 n 值就意味着对渠道液流阻力作出估计，它的大小对所设计渠道的工程量和输水效果有着重要的影响，因此确定 n 值时应特别慎重。在渠道设计中，如果 n 值选得偏大，则根据设计流量计算得到的断面尺寸就会偏大，这会无疑地增大工程量而造成浪费；同时还可能会造成实际流速过大而引起渠道的冲刷现象。如果 n 值选得偏小，则计算得到的断面尺寸就会偏小，这会使渠道的过水能力达不到设计要求，容易发生水流漫溢渠槽而造成事故；对挟带泥沙的水流还可能会形成淤积。对于人工渠道，人们在长期的实践中已积累了丰富的资料，实际应用时可参考这些资料选择 n 值（如表 4-3）。对于天然河道，由于河床的不规则性和复杂性，有条件时应通过实测来确定 n 值，初步选择时也可参照有关设计手册确定。

第三节　水力最优断面与允许流速

修建渠道时，往往涉及大量的建筑材料、土石方量和工程投资。如何从水力条件着眼，探讨和确定输水性能最优的过水断面形式，具有重要的实际意义。

一、水力最优断面

1．水力最优断面的概念

从以上讨论可知，明渠均匀流的输水量 Q 取决于渠道底坡 i、粗糙系数 n 及断面的形状和尺寸。但在一般情况下，i 随地形条件而定，n 值取决于所选用的建筑材料，这两个参数在渠道设计前已基本确定。在 i 和 n 已定的前提下，明渠均匀流的输水量 Q 就只决定于过水断面的形状和尺寸。这时，我们总是希望所设计的渠道断面形状，在流量 Q 一定时，过水断面面积 A 最小；或在过水断面面积 A 一定时，通过的流量 Q 最大，这从水力计算的角度讲，可使工程量最小。水力学中将满足这种条件的明渠断面称为水力最优断面。

将式(4-44)代入式(7-8)得：

$$Q = AC\sqrt{Ri} = \frac{1}{n}AR^{2/3}i^{1/2} = \frac{1}{n}i^{1/2}\frac{A^{5/3}}{\chi^{2/3}}$$

由上式可知，当 i、n 及 A 一定时，水力半径 R 最大或湿周 χ 最小的断面能通最大的流量。因此，水力最优断面的条件是断面的湿周最小或水力半径最大。

2．梯形断面渠道的水力最优断面

由几何学可知，在面积相同的各种形状过水断面中，圆形断面的湿周最小或水力半径最大，即圆形过水断面是水力最优断面。由此可推知，在明渠流中，半圆形的过水断面是水力最优断面。但半圆形断面不易施工，只有在钢筋混凝土或钢丝水泥渡槽等建筑物中采用外，其他情况很少采用。

在土壤中开挖的明渠，一般都采用梯形断面，其中最接近半圆形的是由半个正六边形所组成的梯形。但这种梯形所要求的边坡系数（$m = \mathrm{ctg}\alpha = \mathrm{ctg}60° = 0.577$）对大多数种类的土壤来说是不稳定的。根据国家计划委员会颁发的“室外排水设计规范(GBJ 14—87)”的规定，常见土壤的梯形断面稳定边坡系数 m 可按表 7-1 采用。因此，实际上常常是先根据渠身土壤或护面性质来确定它的稳定边坡系数 m，然后再确定梯形水力最优断面。现就已定边坡系数 m 的前提下，梯形断面的水力最优条件讨论如下。

梯形断面的稳定边坡系数 m 值 表 7-1

土壤种类	m	土壤种类	m
粉砂	3.0～3.5	半岩性土	0.5～1.0
松散的细砂、中砂或粗砂	2.0～2.5	风化岩石	0.25～0.5
密实的细砂、中砂、粗砂或轻亚粘土	1.5～2.0	岩石	0.1～0.25
亚粘土或粘土、砾石或卵石	1.25～1.5	砖、石、混凝土块铺砌	0.75～1.0

由式(7-1),梯形过水断面的底宽为 $b=\frac{A}{h}-mh$。将其代入式(7-3)得梯形过水断面的湿周为:

$$\chi=b+2h\sqrt{1+m^2}=\frac{A}{h}-mh+2h\sqrt{1+m^2} \qquad (a)$$

因为水力最优断面是面积 A 一定时湿周 χ 最小的断面,故可将(a)式对 h 取导数,求 $\chi=f(h)$的极小值。

令:

$$\frac{d\chi}{dh}=-\frac{A}{h^2}-m+2\sqrt{1+m^2}=0 \qquad (b)$$

因为$\frac{d^2\chi}{dh^2}=2\frac{A}{h^3}>0$,故 χ 的极小值存在。解上式(b),并结合式(7-1),可得梯形断面在给定 m 值时的水力最优条件是:

$$\beta_y=\left(\frac{b}{h}\right)_y=2\left(\sqrt{1+m^2}-m\right) \qquad (7\text{-}9)$$

式中 β_y——在 m 一定时,梯形水力最优断面的宽深比。

为了便于区别,本书规定水力最优断面的各水力要素均加下角标"y"。

式(7-9)表明,梯形水力最优断面的宽深比 β_y 仅是边坡系数 m 的函数。当边坡系数 m 一定时,将式(7-9)代入式(7-1)、(7-2)、(7-3)、(7-4),即可求得与这一边坡系数 m 对应的梯形水力最优断面的各项水力要素值。将式(7-9)代入式(7-2)、(7-4)的结果是:

$$\left.\begin{aligned}B_y&=2l_y\\R_y&=0.5h_y\end{aligned}\right\} \qquad (7\text{-}10)$$

这表明,边坡系数 m 一定时,梯形水力最优过水断面的水面宽度 B_y 是腰长 l_y 的两倍,水力半径 R_y 是水深 h_y 的一半。

矩形断面是梯形断面 $m=0$ 的特例,当 $m=0$ 时,由式(7-9)得:

$$b_y=2h_y \qquad (7\text{-}11)$$

可见,矩形水力最优断面的底宽 b_y 为水深 h_y 的两倍。

必须指出,水力最优断面只是从渠道断面的过流能力来考虑的。由于一般土渠的稳定边坡系数 $m=1.5$～2.0,即这时的 $\beta_y=0.61$～0.47,这表明,梯形水力最优过水断面的底宽大约仅为水深的一半。这时,虽然在一定流量下,过水断面面积最小,土方量最小,但断面窄而深,从施工和养护管理的角度讲,并不一定是最经济的。因此在工程中,水力最优断面只能作为设计中的参考。对于小型渠道,其造价基本由断面的土方量决定,水力最优断面就是经济最优断面。对于大中型渠道,则应综合考虑造价、施工技术、养护管理以及是否有特殊要求(如通航)等各方面的因素来确定实用经济断面,其合理的宽深比可根据有关设计手册选用。

二、渠道的允许流速

渠道的流速，直接关系着渠道的正常运行。当流速过小时，渠水中携带的泥沙将会产生淤积，而流速过大时，又会引起渠道被冲刷，从而影响到渠道的过水能力及渠床的稳定，给管理造成极大的不便。因此，一条设计合理的渠道，除应考虑上述水力最优条件及经济与技术等因素外，还应使渠道的设计流速 v 控制在既不使渠道产生淤积，又不会造成渠道被冲刷的允许范围内，即渠道的设计流速 v 应满足下式：

$$v_{min} < v < v_{max} \tag{7-12}$$

式中 v_{min}——渠道免受淤积的最小允许流速，称为最小设计流速；

v_{max}——渠道免遭冲刷的最大允许流速，称为最大设计流速。

v_{min}与渠道水中的含沙量、泥沙颗粒性质及组成有关。明渠的 v_{min}一般不得小于 0.4m/s。v_{max}与渠道表面的土质或衬砌的材料及渠中水深有关。根据《室外排水设计规范》(GBJ 14—87)的规定，明渠的 v_{max}可按表 7-2 采用。

明渠最大设计流速 v_{max} **表 7-2**

明 渠 类 别	v_{max}(m/s)	明 渠 类 别	v_{max}(m/s)
粗砂或贫亚粘土	0.8	草皮护面	1.6
亚粘土	1.0	干砌块石	2.0
粘土	1.2	浆砌块石或浆砌砖	3.0
石灰岩或中砂岩	4.0	混凝土	4.0

注：1. 本表适用于明渠水深 $h=0.4\sim1.0$m 范围内。

2. 若 h 在 0.4～1.0m 范围以外时，表列流速应乘以下列系数：$h<0.4$m，系数为 0.85；$h>1$m，系数为 1.25；$h\geq 2$m，系数为 1.40。

第四节 梯形断面明渠均匀流的水力计算

梯形是工程中最为常见的渠道断面形状。下面，根据式(7-8)并结合实例说明梯形断面明渠均匀流的水力计算方法。

采用式(4-44)或(4-45)计算谢才系数 C 时，由式(7-8)可知，梯形渠道的输水量具有下述函数关系：

$$Q = AC\sqrt{Ri} = K\sqrt{i} = f(K, i) = f(m, n, b, h_0, i) \tag{7-13}$$

在渠道的流量 Q、边坡系数 m、粗糙系数 n、底宽 b、正常水深 h_0 和底坡 i 六个参数中，m 值取决于渠道壁面性质，若将确定断面尺寸的 b 与 h_0 作为一类问题，则梯形渠道的水力计算可划分为以下四类问题。

一、已知 m、n、b、h_0、i 五个参数，确定流量 Q 或流速 v

这类问题多数是对已建成渠道的输水能力和冲淤条件进行校核计算。计算时，可先由已知参数求出 A、R、C，然后根据式(7-8)或(7-7)直接计算流量 Q 或流速 v。

【例 7-1】 有一段长 $l=1000$m 的顺直小河，已知该段河床的壁面粗糙系数 $n=0.03$，过水断面为梯形，渠底落差 $\Delta z=0.5$m，底宽 $b=3$m，正常水深 $h_0=0.8$m，边坡系数

$m=1.5$。试计算渠道的流量模数 K 和流量 Q。

【解】 由式(7-5b)、(7-1)和(7-3)得:

渠道底坡 $$i=\frac{\Delta z}{l}=\frac{0.5}{1000}=0.0005$$

断面面积 $$A=(b+mh_0)h_0=(3+1.5\times0.8)\times0.8=3.36\text{m}^2$$

湿周 $$\chi=b+2h_0\sqrt{1+m^2}=3+2\times0.8\sqrt{1+1.5^2}=5.88\text{m}$$

水力半径 $$R=\frac{A}{\chi}=\frac{3.36}{5.88}=0.57\text{m}$$

按式(4-45)计算谢才系数 C:

$$y=1.5\sqrt{n}=1.5\sqrt{0.03}=0.260$$

$$C=\frac{1}{n}R^y=\frac{1}{0.03}\times0.57^{0.260}=28.80\text{m}^{1/2}/\text{s}$$

故由式(7-8)得:

流量模数 $$K=AC\sqrt{R}=3.36\times28.80\times\sqrt{0.57}=73.06\text{m}^3/\text{s}$$

流量 $$Q=K\sqrt{i}=73.06\times\sqrt{0.0005}=1.63\text{m}^3/\text{s}$$

二、已知 Q、m、n、b、h_0 五个参数,确定底坡 i

这类问题属于拟定了渠道的断面尺寸及粗糙系数,然后根据设计流量确定渠道底坡。计算时与第一类问题相似,可先由已知参数求出 A、R、C,然后根据式(7-8)直接计算 i。

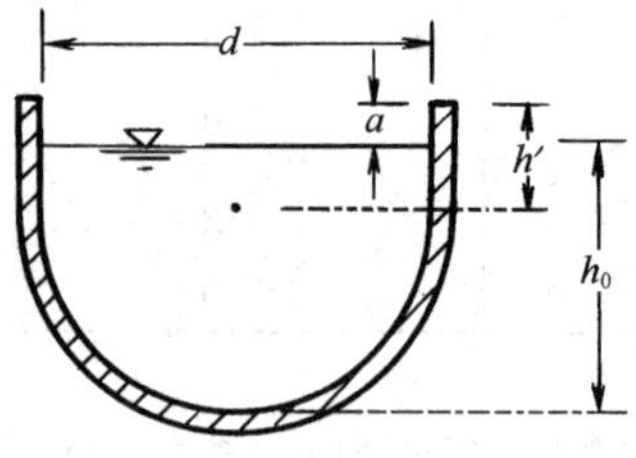

图 7-4

【例 7-2】 在某灌溉渠上拟建一渡槽,渡槽表面用水泥砂浆抹面,断面为"U"形,下部半圆直径 $d=2.5$m,上部接竖直侧墙高 $h'=0.8$m(包括超高 $a=0.3$m),如图 7-4 所示。若设计流量 $Q=5.5\text{m}^3/\text{s}$,试确定渡槽底坡 i。

【解】 按明渠均匀流计算(如图 7-4)。

正常水深 $$h_0=\frac{d}{2}+(h'-a)=\frac{2.5}{2}+(0.8-0.3)=1.75\text{m}$$

过水断面积 $$A=d(h'-a)+\frac{1}{2}\pi\left(\frac{d}{2}\right)^2=2.5(0.8-0.3)+\frac{1}{2}\times3.14\times\left(\frac{2.5}{2}\right)^2=3.70\text{m}^2$$

湿周 $$\chi=2(h'-a)+\frac{1}{2}\pi d=2(0.8-0.3)+\frac{1}{2}\times3.14\times2.5=4.93\text{m}$$

水力半径 $$R=\frac{A}{\chi}=\frac{3.70}{4.93}=0.75\text{m}$$

查表 4-3 取粗糙系数 $n=0.013$,由式(4-44)得:

$$C=\frac{1}{n}R^{1/6}=\frac{1}{0.013}\times0.75^{1/6}=73.32\text{m}^{1/2}/\text{s}$$

故由式(7-8)得所求底坡为:

$$i=\frac{Q^2}{C^2A^2R}=\frac{5.5^2}{73.32^2\times3.70^2\times0.75}=0.00055$$

三、已知 Q、m、b、h_0、i 五个参数,确定粗糙系数 n

这类问题可以是对已建成渠道粗糙系数 n 的校核计算;也可以是在设计渠道时,先初步拟定了渠道的断面尺寸及底坡 i,由设计流量对粗糙系数 n 进行估算。计算时,可先由已知参数求出 A、R,然后再将式(4-44)或(4-45)代入式(7-8),就可求得 n 值。

【例 7-3】 某已建成的梯形断面渠道，底宽 $b=1.4\text{m}$，底坡 $i=0.0006$，边坡系数 $m=1.5$。当流量 $Q=2.0\text{m}^3/\text{s}$ 时，测得均匀流的正常水深 $h_0=0.86\text{m}$，试求渠道的实际粗糙系数 n。

【解】 由式(7-1)和(7-3)得：

渠道断面面积 $A=(b+mh_0)h_0=(1.4+1.5\times0.86)\times0.86=2.31\text{m}^2$

湿周 $\chi=b+2h_0\sqrt{1+m^2}=1.4+2\times0.86\sqrt{1+1.5^2}=4.50\text{m}$

水力半径 $R=\dfrac{A}{\chi}=\dfrac{2.31}{4.50}=0.513\text{m}$

将(4-44)代入式(7-8)，并整理得粗糙系数：

$$n=\frac{A}{Q}R^{2/3}i^{1/2}=\frac{2.31}{2.0}\times0.513^{2/3}\times0.0006^{1/2}=0.0181$$

四、已知 Q、m、n、i 四个参数，确定渠道断面尺寸 b 和 h_0

这类问题属于对渠道进行断面设计。由式(7-13)可以看出，这是在一个方程中含有两个未知变量(b、h_0)的不定解问题，故要得到唯一解，必须结合工程和技术经济的要求，再附加一个条件。

一般的附加条件有以下三种情况：

(1) 按要求给定正常水深 h_0，求相应的底宽 b。

(2) 按要求给定底宽 b，求相应的正常水深 h_0。

当给定了 h_0 或 b 后，则 $K=\dfrac{Q}{\sqrt{i}}=f(b)$ 或 $K=\dfrac{Q}{\sqrt{i}}=f(h_0)$。但因为 $K\sim b$ 和 $K\sim h_0$ 关系复杂(为一高次方程)，往往很难直接求解，一般采用试算法、图解法或查图法求解。

图解法的步骤是(以求解 b 为例)：先由已知的流量 Q 与底坡 i，求得设计流量模数 $\left(K_{设}=\dfrac{Q}{\sqrt{i}}\right)$；再假设一些 b 值，由上述关系式求得相应的 K 值(假设的 b 值不必过多，只需使求得的 K 值在 $K_{设}$ 附近，并包含大于和小于 $K_{设}$ 共三、四个值即可)，并绘制 $K=f(b)$ 曲线(如图 7-5(a))；由求得的 $K_{设}$ 在 $K\sim b$ 关系曲线上查得所求的 $b_{求}$。

若求解 h_0 值，方法与上述相同，只是将上述绘制的曲线换成 $K=f(h_0)$(如图 7-5(b))，然后再由计算得到的 $K_{设}$ 查曲线求得 $h_{0求}$。

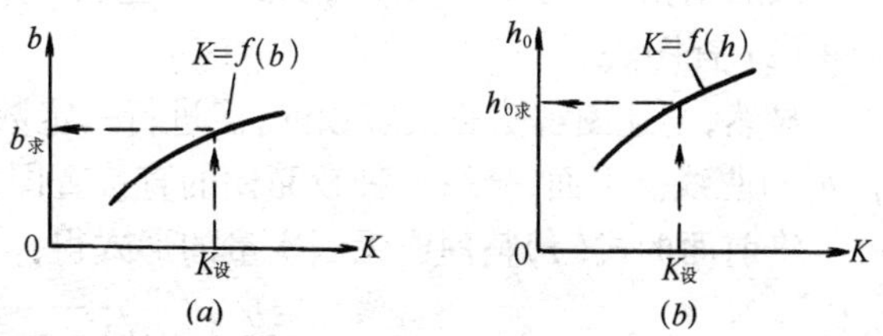

图 7-5

查图法的原理和求解过程见【例 7-4】和【例 7-5】。

(3) 给定合理的宽深比 β，求相应的底宽 b 和水深 h_0。

与上述两种情况相似，给定合理的宽深比 β 值后，问题的解就可以确定了(见【例 7-5】)。

在前面已经提到，对于小型渠道，一般可按水力最优断面设计，即合理的宽深比为 $\beta=\beta_y=2\left(\sqrt{1+m^2}-m\right)$；对于大中型渠道，则应综合考虑造价、施工技术、养护管理以及是否有特殊要求等因素来确定合理的宽深比 β 值，一般可参考有关设计手册选用。

由于属于断面设计问题，当确定了设计值 b 和 h_0 之后，还应对渠道的设计流速 v 进行校核计算。若设计流速 v 不能满足允许流速要求，可适当改变 m 或 β 值，再重新确定 b 和 h_0，或对渠道壁面进行适当地护面处理等。

【例 7-4】 设计一条大型梯形断面输水渠道,已知渠身为粘土,取粗糙系数 $n=0.025$,底坡 $i=0.0003$,设计流量 $Q=40\text{m}^3/\text{s}$,按要求渠中的正常水深 $h_0=2.65\text{m}$。试求渠道的底宽 b,并校核渠道此时是否发生冲刷。

【解】 所设计渠道渠身土质为粘土,根据表 7-1 和 7-2,取渠道的边坡系数 $m=1.5$,最大设计流速 $v_{\max}=1.2\text{m/s}$。

首先计算渠道底宽 b

对于梯形断面渠道,若用式(4-44)确定谢才系数 C,将式(7-1)、(7-4)代入式(7-8)可得:

$$\frac{Q}{\sqrt{i}}=K=AC\sqrt{R}=\frac{1}{n}R^{2/3}A=\frac{1}{n}\left[\frac{(b+mh_0)h_0}{b+2h_0\sqrt{1+m^2}}\right]^{2/3}(b+mh_0)h_0 \qquad (a)$$

将已知的 h_0、m、n 值代入上式并整理得:

$$\frac{Q}{\sqrt{i}}=K=\frac{(2.65b+10.53)^{5/3}}{0.025(b+9.55)^{2/3}} \qquad (b)$$

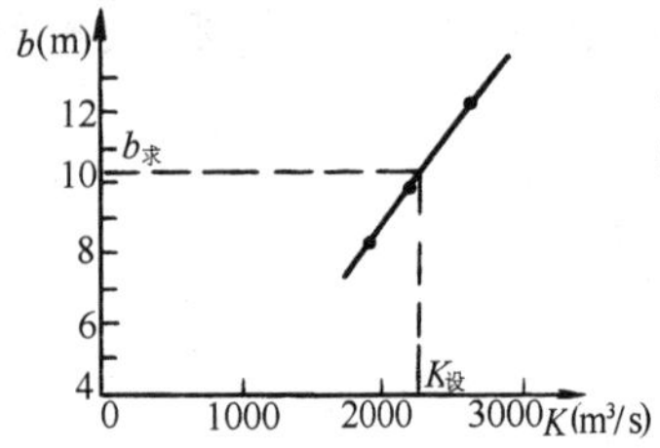

图 7-6

可见,若将已知的 Q 与 i 代入上式,则可解得 b 值。由于上式为一高次方程,直接求解 b 值是很困难的。现采用图解法和查图法求解如下:

(1) 图解法

首先将已知的 Q 与 i 值代入上式(b)左端求得:

$$K_{设}=\frac{Q}{\sqrt{i}}=\frac{40}{\sqrt{0.0003}}=2309.4\text{m}^3/\text{s}$$

再假设三、四个适当的 b 值,代入上式(b)右端求得相应的 K 值(见下计算表),并绘制 $K=f(b)$ 曲线(如图 7-6)。

b(m)	8	10	11	12
K(m³/s)	1883.6	2267.5	2461.2	2655.7

最后由 $K_{设}=2309.4\text{m}^3/\text{s}$,从图 7-6 查得 $b_{求}=10.2\text{m}$,即所求的底宽 $b=10.2\text{m}$。

(2) 查图法

显然,上述图解法是很麻烦的,需进行一定数量的计算,才能绘制出 $K=f(b)$(或 $K=f(h_0)$)曲线。下面,介绍一种较简便的直接查图计算法,其制图原理如下:

将前面的式(a)整理成无因次量的形式得:

$$\frac{h_0^{2.67}}{nK}=\frac{\left(\dfrac{b}{h_0}+2\sqrt{1+m^2}\right)^{2/3}}{\left(\dfrac{b}{h_0}+m\right)^{5/3}}=f_1\left(m,\frac{h_0}{b}\right)$$

或:

$$\frac{b^{2.67}}{nK}=\frac{\left(1+2\dfrac{h_0}{b}\sqrt{1+m^2}\right)^{2/3}}{\left(1+m\dfrac{h_0}{b}\right)^{5/3}\left(\dfrac{h_0}{b}\right)^{5/3}}=f_2\left(m,\frac{h_0}{b}\right)$$

对于上述第一式,以 $\dfrac{h_0^{2.67}}{nK}$ 为横坐标,$\dfrac{h_0}{b}$ 为纵坐标,并以边坡系数 m 为参变量,可绘制出一组 $\dfrac{h_0^{2.67}}{nK}=f_1\left(\dfrac{h_0}{b}\right)$ 曲线,如附录Ⅱ图所示。

对于上述第二式，同样可绘制出一组以 m 为参变量的$\frac{b^{2.67}}{nK}=f_2\left(\frac{h_0}{b}\right)$曲线，如附录Ⅲ图所示。

利用附录Ⅱ图和附录Ⅲ图，能够减少计算过程，很快求得所需要的 b 或h_0 值。同时，也可以利用该图进行梯形明渠均匀流其他量的计算。具体方法如下：

若已知其他参数，求底宽 b，可先算出$\frac{h_0^{2.67}}{nK}$值，然后在附录Ⅱ图中确定与已知参数 m 对应的曲线，并根据算出的$\frac{h_0^{2.67}}{nK}$值在该曲线上查得相应的$\frac{h_0}{b}$值，从而由已知的 h_0 值，算出所求的 b 值。

若已知其他参数，求水深 h_0，同理可在附录Ⅲ图中由算出的$\frac{b^{2.67}}{nK}$查得相应的$\frac{h_0}{b}$，从而算出所求的 h_0 值。

若已知其他参数，求流量模数 K 和流量 Q，则可根据算得的$\frac{h_0}{b}$值和已知参数 m 值，在附录Ⅱ图或Ⅲ图中查得相应的$\frac{h_0^{2.67}}{nK}$或$\frac{b^{2.67}}{nK}$值，从而算出所求的 K 和 Q 值。

本例题属于上述第一种情况，由式(7-8)得：

$$K=\frac{Q}{\sqrt{i}}=\frac{40}{\sqrt{0.0003}}=2309(\mathrm{m^3/s})$$

所以：

$$\frac{h_0^{2.67}}{nK}=\frac{2.65^{2.67}}{0.025\times 2309}=0.234$$

本题的边坡系数 $m=1.5$，在附录Ⅱ图中找出 $m=1.5$ 的曲线，并以$\frac{h_0^{2.67}}{nK}=0.234$ 为横坐标，在该曲线上查得纵坐标$\frac{h_0}{b}=0.26$，故所求的底宽为：

$$b=\frac{h_0}{0.26}=\frac{2.65}{0.26}=10.2\mathrm{m}$$

可见，计算结果与图解法完全相同。

求得渠道底宽 b 后，就可校核渠道的冲刷情况，根据已知数据，由式(7-1)得：

$$A=(b+mh_0)h_0=(10.2+1.5\times 2.65)\times 2.65=37.56\mathrm{m^2}$$

所以渠道的设计流速为：

$$v=\frac{Q}{A}=\frac{40}{37.56}=1.06\mathrm{m/s}$$

因为 $v<v_{max}=1.2\mathrm{m/s}$，故所设计的渠道按设计流量通水时不会发生冲刷。

【例 7-5】 某小型梯形土渠设计流量 $Q=4\mathrm{m^3/s}$，渠身为亚粘土，粗糙系数 $n=0.025$，底坡 $i=0.0008$，试根据合理的断面宽深比 β，确定该梯形渠道的底宽 b 和正常水深h_0，并校核该渠道是否满足不冲不淤条件。

【解】 (1) 确定渠道底宽 b 和正常水深h_0

对于小型渠道，可根据梯形水力最优断面的宽深比条件式(7-9)来确定 b 和h_0。

渠身为亚粘土，查表 7-1 取边坡系数 $m=1.25$，则由式(7-9)得：

$$\beta=\beta_y=\left(\frac{b}{h_0}\right)_y=2\left(\sqrt{1+m^2}-m\right)=2\left(\sqrt{1+1.25^2}-1.25\right)=0.70$$

已知 β 求 b 和 h_0，既可用解析法求解，也可用查图法求解。

① 用解析法求解

因为 $b_y=\beta_y h_{0y}=0.70h_{0y}$，故由式(7-1)和(7-10)得：

渠道断面面积　$A_y=(b_y+mh_{0y})h_{0y}=(0.70h_{0y}+1.25h_{0y})h_{0y}=1.95h_{0y}^2$

水力半径　$R_y=0.5h_{0y}$

将 $A_y=1.95h_{0y}^2$、$R_y=0.5h_{0y}$ 及由式(4-44)计算的谢才系数 C 代入式(7-8)得：

$$Q=AC\sqrt{Ri}=\frac{1}{n}R_y^{2/3}A_y i^{1/2}=\frac{1}{0.025}(0.5h_{0y})^{2/3}(1.95h_{0y}^2)(0.0008)^{1/2}=1.39h_{0y}^{8/3}$$

将 $Q=4\text{m}^3/\text{s}$ 代入上式可解得：

$$h_{0y}=\left(\frac{Q}{1.39}\right)^{3/8}=\left(\frac{4}{1.39}\right)^{3/8}=1.49\text{m}$$

所以：　$b_y=0.7h_{0y}=0.70\times1.49=1.04\text{m}$

即所求渠道的底宽 b 为 1.04m，正常水深 h_0 为 1.49m。

② 用查图法求解

这时可由 $\frac{1}{\beta}=\frac{h_0}{b}$ 和已知的 m 值查附录Ⅱ图或附录Ⅲ图得 $\frac{h_0^{2.67}}{nK}$ 或 $\frac{b^{2.67}}{nK}$ 值，再由已知数求 b 和 h_0。

本题中 $\frac{1}{\beta_y}=\left(\frac{h_0}{b}\right)_y=1.43$，$m=1.25$，查附录Ⅲ图得 $\frac{b^{2.67}}{nK}=0.312$。

由式(7-8)得：　$K=\frac{Q}{\sqrt{i}}=\frac{4}{\sqrt{0.0008}}=141.42\text{m}^3/\text{s}$

故：　$b=(0.312nK)^{1/2.67}=(0.312\times0.025\times141.42)^{1/2.67}=1.04\text{m}$

所以：　$h_0=\frac{b}{\beta_y}=\frac{1.04}{0.70}=1.49\text{m}$

(2) 校核渠道冲淤条件

根据规定，渠道的最小设计流速可取 $v_{min}=0.4\text{m/s}$；

该渠身为亚粘土，且渠道的正常水深 $1.0\text{m}<h_0=1.49\text{m}<2.0\text{m}$，故根据表 7-2 的规定，渠道的最大设计流速为 $v_{max}=1.25\times1=1.25\text{m/s}$。

渠道的实际断面平均流速为：

$$v=\frac{Q}{A_y}=\frac{Q}{1.95hoy^2}=\frac{4}{1.95\times1.49^2}=0.92\text{m/s}$$

因为 $v_{min}<v<v_{max}$，故所设计的渠道满足不冲不淤的条件，能够正常输水。

第五节　无压圆管均匀流的水力计算

圆形管道的水力性能和结构条件合理，又便于预制、施工和运输，因此在给水排水工程和水利工程中被广泛使用。我们已在上一章中讨论了有压管流的水力计算问题，工程中无压圆管流的例子也很多，如污废水和雨水排水管道，为了通风和满足流量变化大的需要，都要求按不满流或无压流设计。本节讨论无压圆管均匀流的水力计算问题。

一、无压圆管均匀流的水力特性

无压圆管均匀流属于人工明渠均匀流的一种，因此可按明渠均匀流原理进行水力计算。在讨论这一水力计算之前，先说明无压圆管均匀流的水力特性。

如用式(4-44)计算谢才系数 C，则由式(7-7)和(7-8)可得：

$$v = C\sqrt{Ri} = \frac{1}{n}R^{2/3}i^{1/2} \tag{a}$$

$$Q = AC\sqrt{Ri} = \frac{1}{n}AR^{2/3}i^{1/2} = \frac{1}{n}i^{1/2}\frac{A^{5/3}}{\chi^{2/3}} \tag{b}$$

如图 7-7 所示，水深 h_0 与管径 d 的比值 $\alpha = \frac{h_0}{d}$ 称为无压圆管流的充满度，φ 称为充满角。根据圆形断面的几何关系，对于无压圆管流可以推得：

$$\left.\begin{aligned} &\text{过水断面} \quad A = \frac{d^2}{8}(\varphi - \sin\varphi) \\ &\text{湿　周} \quad \chi = \frac{d}{2}\varphi \\ &\text{水力半径} \quad R = \frac{d}{4}\left(1 - \frac{\sin\varphi}{\varphi}\right) \\ &\text{充满度} \quad \alpha = \frac{h_0}{d} = \sin^2\frac{\varphi}{4} \end{aligned}\right\} \tag{7-14}$$

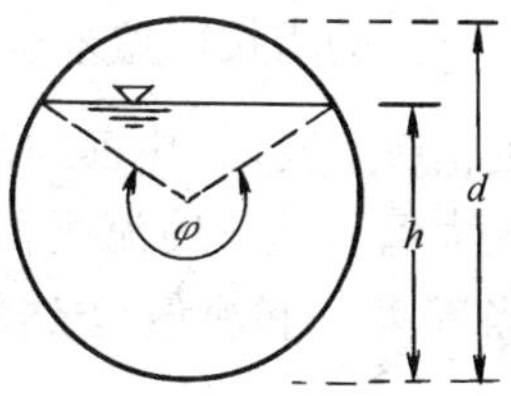

图 7-7

由式(7-14)可以看出，当管径 d 一定时，无压圆管流的过水断面面积 A、湿周 χ 和水力半径 R 都可以表示成充满度 α 的函数。这表明，当管径 d 一定时，这些水力要素对无压圆管均匀流的流速 v 和流量 Q 的影响也可以用充满度 α 来表示。为使这一规律更具有普遍性，即能适用于各种不同直径的圆管，结合上面的式(a)和式(b)，将无压圆管均匀流的流速和流量表示成无量纲数的形式得：

$$\left.\begin{aligned} \overline{v} &= \frac{v}{v_0} = \frac{C\sqrt{Ri}}{C_0\sqrt{R_0 i}} = \left(\frac{R}{R_0}\right)^{2/3} = f_v\left(\frac{h_0}{d}\right) = f_v(\alpha) \\ \overline{Q} &= \frac{Q}{Q_0} = \frac{AC\sqrt{Ri}}{A_0C_0\sqrt{R_0 i}} = \frac{A}{A_0}\left(\frac{R}{R_0}\right)^{2/3} = f_Q\left(\frac{h_0}{d}\right) = f_Q(\alpha) \end{aligned}\right\} \tag{7-15}$$

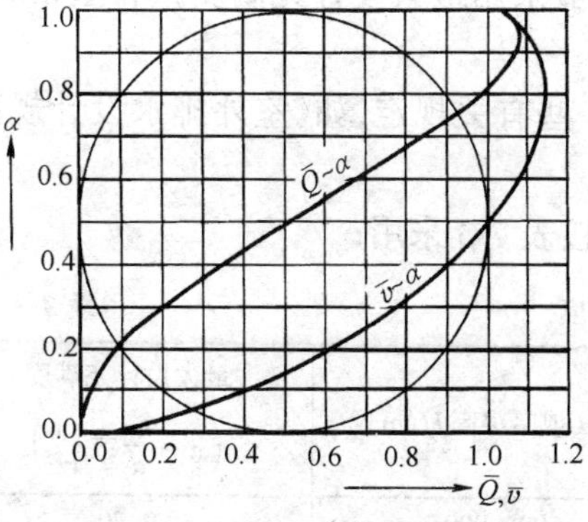

图 7-8

式中不带下脚标和带下脚"0"的各量分别表示同一管道内不满流($\alpha < 1$)和恰好满流($\alpha = 1$)但仍为无压流时所对应的各量。

利用式(7-14)计算出任一充满度 α 时的过水断面面积 A 和水力半径 R，并求出满流时的各对应值，则由式(7-15)就可绘制出 $\overline{v} \sim \alpha$ 和 $\overline{Q} \sim \alpha$ 的关系曲线，如图 7-8 所示。该曲线就是以无因次流速 $\overline{v}$ 和无因次流量 $\overline{Q}$ 表示的无压圆管均匀流的流速、流量与充满度的关系曲线。

由图 7-8 可以看出：

(1) 当 $\alpha=\frac{h_0}{d}=0.81$ 时，$\overline{v}$ 值最大，且 $\overline{v}_{max}=\left(\frac{v}{v_0}\right)_{max}=1.14$。即 $h_0=0.81d$ 时，管中流速达到最大值，且 $v_{max}=1.14v_0$。

(2) 当 $\alpha=\frac{h_0}{d}=0.94$ 时，$\overline{Q}$ 值最大，且 $\overline{Q}_{max}=\left(\frac{Q}{Q_0}\right)_{max}=1.08$。即 $h_0=0.94d$ 时，管中流量达到最大值，且 $Q_{max}=1.08Q_0$。

以上两点说明，无压圆管均匀流的最大流速和最大流量都不是发生在满管流条件下的，这是无压圆管均匀流独有的水力特性。这种水力特性可定性解释如下：

由前面的式(*a*)和(*b*)可知，当 n 和 i 一定时，明渠均匀流的流速 v 正比于 $R^{2/3}$，流量 Q 正比于 $\frac{A^{5/3}}{\chi^{2/3}}$。显然，对于某一固定的管道，当充满度 $\alpha\geqslant0.5$ 以后，随着水深 h_0 的增长，过水断面面积 A 的增长率是愈来愈小的，而湿周 χ 的增长率则愈来愈大，所以，这时水力半径 $R\left(R=\frac{A}{\chi}\right)$ 的增长率愈来愈小。因此，出现了水流在满管之前($\alpha<1$)，使 R 和 $\frac{A^{5/3}}{\chi^{2/3}}$ 达到最大值的情况。这时，由前面的式(*a*)和(*b*)所决定的无压圆管均匀流的流速 v 和流量 Q 也达到最大值。这一使流速和流量达到最大值的充满度就是图 7-8 所示的 $\alpha=0.81$ 和 $\alpha=0.94$。当流速 v 和流量 Q 达到最大值后，随着水深 h_0 继续增长，虽然过水断面面积 A 还在增长，但湿周 χ 相对增长得更快，致使 R 值在 $h_0>0.81d$ 之后和 $\frac{A^{5/3}}{\chi^{2/3}}$ 值在 $h_0>0.94d$ 之后开始减小，从而使无压圆管均匀流的流速 v 和流量 Q 也相应减小。

二、无压圆管均匀流的水力计算

根据以上讨论可知，无压圆管均匀流流量可表示成下述函数关系：

$$Q=AC\sqrt{Ri}=f(d,\alpha,n,i) \tag{7-16}$$

充满度 α 往往按设计规范要求确定，管壁粗糙系数 n 决定于管材，因此无压圆管均匀流的水力计算一般可分为下述三种类型：

1. 校核已建成管道的过水能力。即已知管径 d、充满度 α、管壁粗糙系数 n 及管道坡度 i，求流量 Q。

2. 设计管道坡度。即已知设计流量 Q、管径 d、充满度 α(一般采用最大设计充满度)、管壁粗糙系数 n，求管道坡度 i。

3. 设计管径。即已知设计流量 Q、充满度 α(一般采用最大设计充满度)、管壁粗糙系数 n 及管道坡度 i，确定管径 d。

在进行上述无压管道的水力计算时，还要注意一些有关规定，如《室外排水设计规范》(GBJ 14—87)中规定：

(1) 污水管道按不满流计算，其最大设计充满度按表 7-3 采用；

最大设计充满度 表 7-3

管径 d 或暗渠高 H(mm)	最大设计充满度 $\left(\alpha=\frac{h_0}{d}或\frac{h_0}{H}\right)$	管径 d 或暗渠高 H(mm)	最大设计充满度 $\left(\alpha=\frac{h_0}{d}或\frac{h_0}{H}\right)$
200～300	0.55	500～900	0.70
350～450	0.65	≥1000	0.75

(2) 雨水管道和合流管道应按满流计算；

(3) 排水管的最大设计流速：金属管 $v_{max}=10m/s$；非金属管 $v_{max}=5m/s$；

(4) 排水管的最小设计流速：污水管道(在设计充满度下)一般 $v_{min}=0.6m/s$；雨水管道和合流管道在满流时 $v_{min}=0.75m/s$。

另外，对最小管径和最小设计坡度等也有规定，在实用中可参阅有关手册与规范。

显然，若根据式(7-7)、(7-8)、和 (7-14) 来进行无压圆管均匀流的水力计算将十分复杂与繁琐，在实际的水力计算中，通常是采用查图表的方法进行的。表 7-4 就是根据式(7-14)和(7-15)编制的这种水力计算表。利用该表可以很方便地查得与某一充满度 α 对应的管道过水断面面积 A、水力半径 R 与管径 d 的简单对应关系以及相应的无因次流量 $\overline{Q}$ 值，这时再结合式(7-7)、(7-8)或(7-15)就可以较容易地完成上述三类无压圆管均匀流的水力计算。现举例如下。

不同充满度时圆形管道的水力要素和无因次流量(d 以 m 计) **表 7-4**

充满度 $\alpha=h_0/d$	过水断面 $A(m^2)$	水力半径 $R(m)$	无因次流量 $\overline{Q}$	充满度 $\alpha=h_0/d$	过水断面 $A(m^2)$	水力半径 $R(m)$	无因次流量 $\overline{Q}$
0.05	$0.0147d^2$	$0.0325d$	0.0048	0.55	$0.4425d^2$	$0.2649d$	0.5860
0.10	$0.0408d^2$	$0.0635d$	0.0204	0.60	$0.4919d^2$	$0.2776d$	0.6721
0.15	$0.0739d^2$	$0.0928d$	0.0487	0.65	$0.5403d^2$	$0.2882d$	0.7567
0.20	$0.1118d^2$	$0.1206d$	0.0876	0.70	$0.5871d^2$	$0.2962d$	0.8376
0.25	$0.1535d^2$	$0.1466d$	0.1370	0.75	$0.6318d^2$	$0.3017d$	0.9124
0.30	$0.1981d^2$	$0.1709d$	0.1959	0.80	$0.6735d^2$	$0.3042d$	0.9780
0.35	$0.2449d^2$	$0.1935d$	0.2631	0.85	$0.7114d^2$	$0.3033d$	1.0310
0.40	$0.2933d^2$	$0.2142d$	0.3372	0.90	$0.7444d^2$	$0.2980d$	1.0662
0.45	$0.3427d^2$	$0.2331d$	0.4168	0.95	$0.7706d^2$	$0.2865d$	1.0752
0.5	$0.3926d^2$	$0.2500d$	0.5003	1.00	$0.7853d^2$	$0.2500d$	1.000

【例 7-6】 已知某钢筋混凝土圆形污水管道的管径 $d=900mm$，管壁粗糙系数 $n=0.014$，管底坡度 $i=0.001$。试求其最大设计充满度下的流速 v 和流量 Q。

【解】 查表 7-3 得，管径 $d=900mm$ 污水管的最大设计充满度 $\alpha=0.70$。再查表 7-4，当充满度 $\alpha=0.70$ 时，

断面面积 $$A=0.5871d^2=0.5871\times0.9^2=0.4756m^2$$

水力半径 $$R=0.2962d=0.2962\times0.9=0.2666m$$

若采用曼宁公式(4-44)计算系数 C，则由式(7-7)得：

管中流速 $$v=\frac{1}{n}R^{2/3}i^{1/2}=\frac{1}{0.014}\times0.2666^{2/3}\times0.001^{1/2}=0.936m/s$$

所以流量 $$Q=vA=0.936\times0.4756=0.445m^3/s$$

规范中规定，非金属管道的最大设计流速 $v_{max}=5m/s$；污水管道(在设计充满度下)的最小设计流速 $v_{min}=0.6m/s$。故本题的 $v_{min}<v<v_{max}$ 符合设计流速范围。

思 考 题

7-1 试述明渠均匀流的水力特征，并分析在明渠均匀流中，水力坡度 J、水面坡度 J_p 和渠道底坡 i 为何彼此相等？在有压管均匀流中是否也具有"三坡相等"的水力特征？

7-2 为什么说在明渠非恒定流中不能出现均匀流？在非恒定有压管流中能否出现均匀流？举例说明。

7-3 试述明渠均匀流必须具备的条件，为什么说对于明渠均匀流来说这些条件缺一不可？

7-4 试分析在明渠的设计过程中，如果粗糙系数 n 值选取偏大或偏小，对所设计渠道的断面大小和输水效果有何影响？最后可能造成哪些不良的后果？

7-5 某顺坡棱柱形长直渠道，若不改变其底坡和断面的形状及尺寸，为了提高输水能力，可采取什么措施？输水能力提高后还应注意什么问题？

7-6 什么是水力最优断面？梯形水力最优断面的水面宽度 B_y 与腰长 l_y 及水力半径 R_y 与水深 h_y 的关系是什么？为什么说水力最优断面并不一定是实用经济断面？合理的实用经济断面应如何选取？

7-7 有三条输水矩形渠道，其 A、n、i 均相同，但 b、h_0 各不相同，已知 $b_1=4.0\text{m}$、$h_{01}=1.5\text{m}$；$b_2=2.0\text{m}$、$h_{02}=3.0\text{m}$；$b_3=3.0\text{m}$、$h_{03}=2.0\text{m}$。试比较这三条渠道流量的大小，并说明原因。

7-8 试分析无压圆管均匀流的最大流速和最大流量为什么都不发生在满管流条件下。

习 题

7-1 如图所示一混凝土顺坡长直U形渠槽，底坡 $i=0.0006$，下部半圆直径 $d=1.2\text{m}$，渠槽中心正常水深 $h_0=0.8\text{m}$。试计算该渠槽的流量 Q。

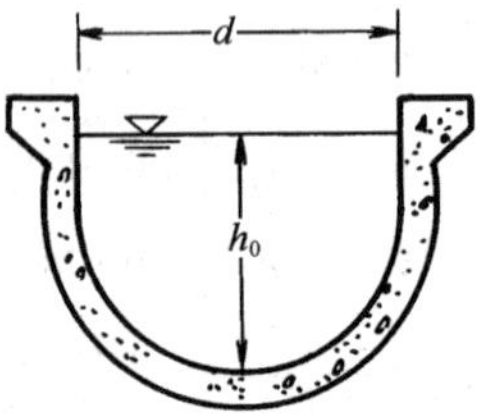

题 7-1 图

7-2 在亚粘土地带，有一条梯形断面的长直渠道，已知渠道的底坡 $i=0.0008$，粗糙系数 $n=0.025$，边坡系数 $m=1.0$，底宽 $b=2.0\text{m}$，正常水深 $h_0=1.2\text{m}$。试求该渠道的流量，并校验该渠道的冲淤条件。

7-3 有一矩形断面的混凝土长直明渠，已知其壁面粗糙系数 $n=0.014$，宽度 $b=4\text{m}$，底坡 $i=0.002$，正常水深 $h_0=1.6\text{m}$。试分别用曼宁公式和巴氏公式计算谢才系数，并计算渠道的断面平均流速。

7-4 有一浆砌块石的矩形断面长直渠道，已知宽度 $b=3.2\text{m}$，正常水深 $h_0=1.6\text{m}$，通过的流量 $Q=6\text{m}^3/\text{s}$。若取粗糙系数 $n=0.025$，试求该渠道的底坡 i。

7-5 已知某梯形渠道的底宽 $b=2.5\text{m}$，边坡系数 $m=1.0$，粗糙系数 $n=0.0225$，均匀流时的流量 $Q=2.28\text{m}^3/\text{s}$，断面平均流速 $v=0.65\text{m/s}$。试求该渠道的正常水深 h_0 和底坡 i。

7-6 已知某梯形渠道的流量 $Q=23\text{m}^3/\text{s}$，正常水深 $h_0=1.5\text{m}$，渠底宽度 $b=10\text{m}$，边坡系数 $m=1.5$，底坡 $i=0.0005$。试求粗糙系数 n 及流速 v。

7-7 某梯形断面引水渠道，已知底宽 $b=8\text{m}$，边坡系数 $m=1.5$，粗糙系数 $n=0.025$，底坡 $i=0.0009$，通过的流量 $Q=15\text{m}^3/\text{s}$。试求渠中的正常水深 h_0。

7-8 设计一梯形断面长直土渠，已知渠道的设计流量 $Q=6\text{m}^3/\text{s}$，渠道沿线的土质为亚粘土，取粗糙系数 $n=0.0225$，底坡 $i=0.0004$。(1)按水力最优断面条件设计渠道断面尺寸；(2)按宽深比 $\beta=b/h_0=2$ 设计渠道断面尺寸；(3)若要求渠中水深 $h_0=1.2\text{m}$，试求该渠道的底宽 b；(4)校验所设计渠道的冲淤条件。

7-9 设计一梯形断面渠道，已知渠道的设计流量 $Q=5\text{m}^3/\text{s}$，根据渠道沿线的地形和土质情况，取底坡 $i=0.0008$，边坡系数 $m=1.5$，粗糙系数 $n=0.02$，最大设计流速 $v_{max}=1.0\text{m/s}$。试根据 v_{max} 设计断面尺寸。

7-10 一钢筋混凝土污水管道，已知粗糙系数 $n=0.014$，管道坡度 $i=0.0015$，管径 $d=800\text{mm}$。试问当管中充满度 α 从0.3增加到0.55时，通过该管的流量增加多少？流速变化多少？

7-11　一钢筋混凝土排水管道，已知粗糙系数 $n=0.014$，管道坡度 $i=0.008$，管径 $d=1000\text{mm}$。试求流量 $Q=1.2\text{m}^3/\text{s}$ 时，管内的充满度 α 及相应的正常水深 h_0。

7-12　一钢筋混凝土污水管道，已知粗糙系数 $n=0.014$，管径 $d=1000\text{mm}$，设计流量 $Q=0.68\text{m}^3/\text{s}$。试根据最大设计充满度确定管道的坡度 i。

7-13　一钢筋混凝土污水管道，已知流量 $Q=0.4\text{m}^3/\text{s}$，粗糙系数 $n=0.014$，管道坡度 $i=0.007$。试根据最大设计充满度确定该管道的直径 d。（提示：先假设最大设计充满度 α，求出 d 后，再由表 7-3 校核）

第八章　明 渠 非 均 匀 流

在上一章的讨论中，我们知道明渠均匀流的形成是有条件的。实际的人工渠道和天然河道常常由于非棱柱形渠道的出现，粗糙系数和底坡的沿流程变化以及在河渠上修建闸、坝、桥梁、涵洞等各种水工建筑物，破坏了明渠均匀流的形成条件，使水流为非均匀流动。明渠非均匀流是明渠流中更普遍的水流现象。

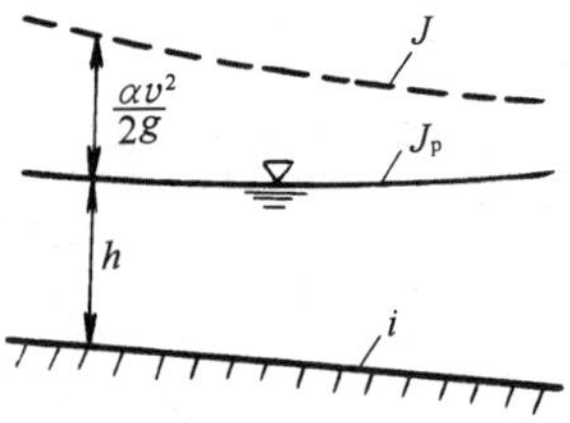

图 8-1

明渠非均匀流，由于水流重力在流动方向上的分力与阻力不平衡，其流动特点是：流速和水深一般都是沿流程变化的，水面线一般为曲线。即水流的水力坡度 J、水面坡度 J_p 和渠道坡度 i 三坡一般互不相等，如图 8-1 所示。

明渠非均匀流重点讨论的问题是分析其水深沿流程的变化规律，即水面曲线的变化规律。这对工程上的防淹、防淤、防冲等问题都具有重要的意义。明渠非均匀流水面曲线的变化规律直接与明渠流的流态有关，本章首先介绍明渠流流态的概念及其判别方法，然后讨论明渠流中与流态有关的两种急变流现象，最后在此基础上重点讨论棱柱形渠道恒定渐变流水面曲线的变化规律，并简介其定量计算方法。

第一节　明渠流的流态及其判别

明渠流有三种流态，即缓流、急流和临界流。缓流，水深、流缓，多见于底坡较缓的渠道和平原区河道中；急流，水浅、流急，多见于底坡较陡的渠道和山区河道中；缓、急流的分界就是临界流，其状态不稳定。缓流和急流在遇到水中建筑物或外界干扰时，引起的非均匀流水面的变化现象是不同的。因此，掌握这两种流态的实质及其判别方法，对分析研究明渠非均匀流水面曲线的变化规律有重要意义。下面，从不同的角度加以讨论。

一、微波的传播与明渠流的流态

明渠流的不同流态，可通过观察一个简单的实验现象加以说明。

在静水中沿铅直方向丢一小石块，水面将产生一个微小干扰波动，这个波动以石子落点为中心，以一定的波速度 v_w 向四周传播，平面上的波形将是一连串的同心圆（见图 8-2(*a*)）。若在流水中同样丢下一小石块，则干扰微波在水中各个方向上的传播速度应是水流的流速 v 与微波在静水中波速 v_w 的矢量和。当 $v<v_w$ 时，微波将以 v_w-v 的绝对速度向上游传播，同时又以 v_w+v 的绝对速度向下游传播（见图 8-2(*b*)），这种水流称为缓流；当 $v>v_w$ 时，微波逆流侧将以 $v-v_w$、顺流侧将以 v_w+v 的绝对速度同时向下游传播，而对上游水流不产生任何影响（见图 8-2(*d*)），这种水流称为急流；当 $v=v_w$，微波向上游传播的绝对速度为零，而向下游传播的绝对速度为 $2v_w$（见图 8-2(*c*)），这种水流处于缓流与急流的分界点，称为临界流，它不是一种稳定的水流。

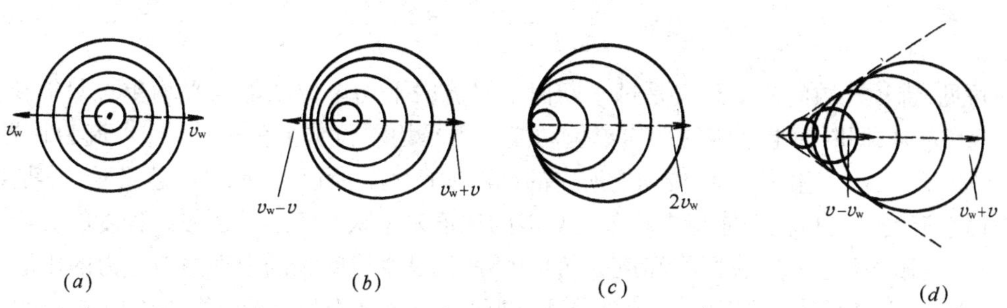

图 8-2

根据恒定流连续性方程和能量方程可以推得，静水中微波波速 v_w 的计算公式为：

$$v_w=\sqrt{\frac{gA}{\alpha B}} \tag{8-1}$$

式中　A、B——分别为渠道的过水断面面积和水面宽度。

由上述讨论可知，明渠流的流态可通过明渠流的实际流速 v 与由式(8-1)所确定的微波波速 v_w 的比较来判定，即：

当 $v<v_w=\sqrt{\frac{gA}{\alpha B}}$ 时，微波可以向上游传播，水流为缓流；

当 $v>v_w=\sqrt{\frac{gA}{\alpha B}}$ 时，微波只能向下游传播，水流为急流；

当 $v=v_w=\sqrt{\frac{gA}{\alpha B}}$ 时，微波只能向下游传播，水流为临界流。

二、明渠流流态的判别标准

明渠流流态还可以通过一个简单的无量纲数——佛汝德数来加以判别。对该无量纲数物理意义的讨论，可以更进一步认识明渠流流态的实质。

对于流速为 v 的明渠流，结合式(8-1)可得，$\left(\frac{v}{v_w}\right)^2=\frac{\alpha v^2}{gA/B}$。$\frac{\alpha v^2}{gA/B}$ 是一无量纲纯数，水力学中称其为佛汝德数，以 Fr 表示，即：

$$\mathrm{Fr}=\left(\frac{v}{v_w}\right)^2=\frac{\alpha v^2}{gA/B}① \tag{8-2}$$

由上式确定的 Fr 就是明渠流流态的判别标准，通过计算明渠流的 Fr 是否大于 1，可以判别明渠流的流态：

当 Fr<1 时，$v<v_w$，水流为缓流；

当 Fr>1 时，$v>v_w$，水流为急流；

当 Fr=1 时，$v=v_w$，水流为临界流。

对于任意断面形状的渠道，若以 $\overline{h}=A/B$ 表示过水断面的平均水深（显然，若渠道断面为矩形，则 $\overline{h}=h$ 是断面的实际水深），则式(8-2)可改写为：

① 在有些书中，也常用式(8-2)的开方形式来表示佛汝德数，即 $\mathrm{Fr}=\sqrt{\frac{\alpha v^2}{gA/B}}$。

$$\mathrm{Fr}=\frac{\alpha v^2}{gA/B}=\frac{\alpha v^2}{g\bar{h}}=2\ \frac{\alpha v^2/2g}{\bar{h}}$$

可见,佛汝德数的能量意义是过水断面上水流的平均单位动能与平均单位势能比的2倍。当 Fr=1,即断面上水流的平均单位动能等于平均单位势能的一半时,水流为临界流。Fr 愈大,意味着水流的平均单位动能所占的比例就愈大。所以,从能量的意义看,Fr 是以过水断面水流的平均单位动能与平均单位势能的比值来反映水流运动的缓急程度的。

在本书的第十一章,我们将知道 Fr 的力学意义是水流受到的惯性力与重力的比值。当 Fr=1 时,说明惯性力和重力对水流的作用恰好相等,水流为临界流;当 Fr<1 时,说明水流中重力作用占优势,水流为缓流;当 Fr>1 时,则说明水流中惯性力作用占优势,水流为急流。

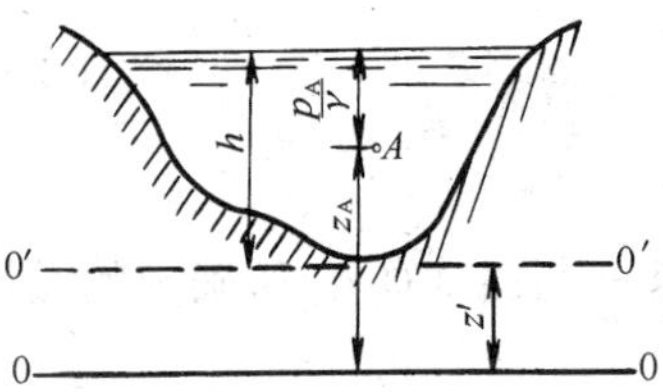

图 8-3

三、断面单位能量与明渠流的流态

明渠流的流态也可以从能量的角度来分析。

1. 断面单位能量与明渠流的三种流态

如图 8-3 所示,在明渠渐变流的任一过水断面中,液体相对某一基准面 0-0 的平均单位机械能 E 为:

$$E=z_A+\frac{p_A}{\gamma}+\frac{\alpha v^2}{2g}=z'+h+\frac{\alpha v^2}{2g}$$

式中　z_A 和 $\frac{p_A}{\gamma}$——分别为过水断面中任一点 A 的位置水头和压强水头;

h——断面内最大的水深;

z'——断面最低点的位置水头,z' 的大小取决于基准面 0-0 的位置。

如将基准面 0-0 提高 z' 使其通过断面的最低点,则断面内液体相对新基准面 0′-0′的平均单位机械能 E_s 为:

$$E_s=E-z'=h+\frac{\alpha v^2}{2g} \tag{8-3}$$

水力学中将该 E_s 值称为断面单位能量或断面比能。它就是基准面取在断面最低点处的断面内液体的平均单位机械能,是水流通过断面时,运动参数(h 和 v)所表现出来的能量。

将式(8-3)对流程 l 求导,并注意水力坡度和渠道底坡的定义可得:

$$\frac{\mathrm{d}E_s}{\mathrm{d}l}=\frac{\mathrm{d}E}{\mathrm{d}l}-\frac{\mathrm{d}z'}{\mathrm{d}l}=-J-(-i)=i-J \tag{8-4}$$

该式就是明渠恒定渐变流微小流段的能量方程,反映了断面单位能量沿流程的变化率与水力坡度 J 及底坡 i 的关系。

断面单位能量 E_s 和断面内液体的平均单位机械能 E 是两个不同的概念。沿流程各断面的液体平均单位机械能 E 都是相对于同一基准面 0-0 计算的值,在实际液流中,其沿流程 l 总是逐渐减小的,即 $\frac{\mathrm{d}E}{\mathrm{d}l}<0$(或水力坡度 $J=-\frac{\mathrm{d}E}{\mathrm{d}l}>0$)。而断面单位能量 E_s 的基准面 0′- 0′将随着渠底高度的变化,沿流程是不固定的,当明渠的水流速度和水深沿流程变化时,E_s 值沿流程就可能增大或减小。根据式(8-4),当 $i>J$ 时,$\frac{\mathrm{d}E_s}{\mathrm{d}l}>0$,即 E_s 值沿流程增加;当

$i<J$ 时，$\frac{dE_s}{dl}<0$，即 E_s 沿流程减小；当 $i=J$ 时，$\frac{dE_s}{dl}=0$，即 E_s 沿流程不变，这属于均匀流的情况。

对于棱柱形渠道，流量 Q 一定时，将 $v=\frac{Q}{A}$ 代入式(8-3)得：

$$E_s=h+\frac{\alpha Q^2}{2gA^2}=f(h) \tag{8-5}$$

可见，当明渠的断面形状、尺寸和流量一定时，断面单位能量 E_s 只是水深 h 的函数。E_s 随 h 的变化情况可用 $E_s=f(h)$ 曲线表示。根据式(8-5)可推得，当 $h\to 0$ 时，$E_s\to\infty$；$h\to\infty$ 时，$E_s\to\infty$。故 $E_s=f(h)$ 曲线在具有同一比例尺的直角坐标系中，一端必以 E_s 轴为渐近线，另一端则以与 E_s 轴成 45°角的直线 $E_s=h$ 为渐近线，而在水深 h 从 0 增加到∞之间，E_s 值必存在一最小值 E_{smin}，如图 8-4所示。

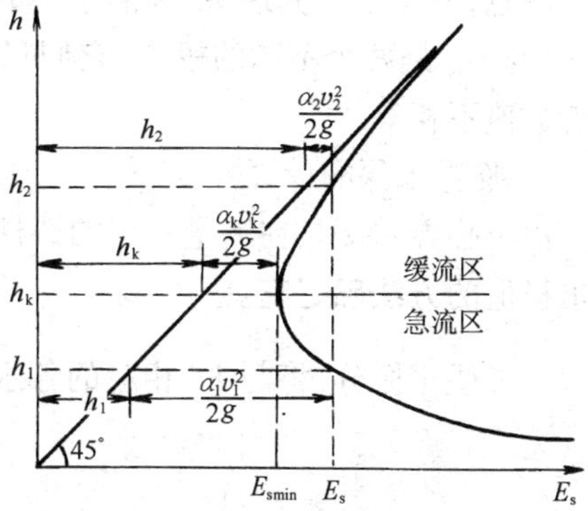

图 8-4

从图 8-4 可见，在流量不变的棱柱形渠道中，除断面单位能量 E_s 取最小值的 k 点与水深及流速单值对应外，大于 E_{smin}的任意 E_s 值都与两个水深和两个流速对应。k 点将 $E_s=f(h)$ 曲线分为上、下两支，上支 E_s 随 h 单值增加，即 $\frac{dE_s}{dh}>0$；下支 E_s 随 h 单值减小，即 $\frac{dE_s}{dh}<0$；而在 k 点处 $\frac{dE_s}{dh}=0$。

为进一步说明断面单位能量 E_s 与明渠流流态的关系，将式(8-5)对 h 取导数得：

$$\frac{dE_s}{dh}=\frac{d}{dh}\left(h+\frac{\alpha Q^2}{2gA^2}\right)=1-\frac{\alpha Q^2}{gA^3}\frac{dA}{dh}$$

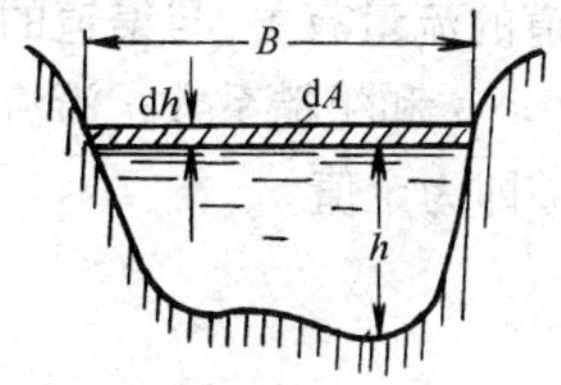

图 8-5

由图 8-5 可见，在明渠中，过水断面面积的微小增加值 dA 与水深的微小增加值 dh 的关系为 $dA=Bdh$（B 为水面宽度），代入上式，并结合式(8-2)可得：

$$\frac{dE_s}{dh}=1-\frac{\alpha Q^2}{gA^3}B=\frac{1-\alpha v^2}{gA/B}=1-\text{Fr} \tag{8-6}$$

根据上式可分析得 E_s 随 h 的变化情况与明渠流流态的关系为：

(1) 当 E_s 取最小值，即 $\frac{dE_s}{dh}=0$ 时（相当于 $E_s=f(h)$ 曲线的 k 点），Fr=1，故水流为临界流。此时，相应的水深称为临界水深，以 h_k 表示，相应的流速称为临界流速，以 v_k 表示。

(2) 当 E_s 随 h 单值增加，即 $\frac{dE_s}{dh}>0$ 时（相当于 $E_s=f(h)$ 曲线的上支），Fr<1，故水流为缓流。此时，$h>h_k$，$v<v_k$。

(3) 当 E_s 随 h 单值减小，即 $\frac{dE_s}{dh}<0$ 时（相当于 $E_s=f(h)$ 曲线的下支），Fr>1，故水流

为急流。此时，$h<h_k$，$v>v_k$。

由此可见，也可以根据实际水深 h 与临界水深 h_k 或实际流速 v 与临界流速 v_k 的比较，来判别明渠流的流态，即：

当 $h>h_k$ 或 $v<v_k$ 时，水流为缓流；

当 $h<h_k$ 或 $v>v_k$ 时，水流为急流；

当 $h=h_k$ 或 $v=v_k$ 时，水流为临界流。

注意，根据临界流速 v_k 和静水中的微波波速 v_w 判别明渠流流态时，虽然方式都相同，但 v_k 与 v_w 是两个不同的概念，它们只有在临界流的特殊情况下数值才相等，一般情况下两者数值不相等。

2. 临界水深的计算

由于临界水深是在流量一定的棱柱形渠道中与断面单位能量最小值对应的水深，故可用求极值的方法确定它。

为了便于区分，将与 h_k 相应的各水力要素也加角标“k”。则令 $\frac{dE_s}{dh}=0$，由式(8-6)可推得：

$$\frac{\alpha Q^2}{g}=\frac{A_k^3}{B_k} \tag{8-7}$$

式(8-7)即为求解临界水深 h_k 的一般公式。在一定的棱柱形渠道中，由于 B_k 与 A_k 均为 h_k 的函数，当流量 Q 已知时，即可由上式求得 h_k 值。由于 A^3/B 一般是水深 h 的隐函数，故通常采用试算法或图解法求临界水深(见【例 8-2】)。

对于矩形渠道，$A_k=B_kh_k=bh_k$，代入式(8-7)得：

$$h_k=\sqrt[3]{\frac{\alpha Q^2}{gb^2}}=\sqrt[3]{\frac{\alpha q^2}{g}} \tag{8-8}$$

式中 $q=\frac{Q}{b}$——单宽流量。

式(8-7)表明，临界水深只与棱柱形渠道的断面形状、尺寸及渠道的流量有关，与渠道的底坡和粗糙系数无关。所以，对于某一指定的棱柱形渠道，无论其底坡 i 和粗糙系数 n 沿流程如何变化，临界水深 h_k 只是流量 Q 的单值函数，当 Q 一定时，h_k 即为定值。

由式(8-7)可推得，相应的临界流速为：

$$v_k=\frac{Q}{A_k}=\sqrt{\frac{gA_k}{\alpha B_k}} \tag{8-9}$$

对矩形渠道：

$$v_k=\frac{Q}{A_k}=\sqrt{\frac{gh_k}{\alpha}} \tag{8-10}$$

【例 8-1】 某矩形断面渠道的宽度 $b=6\text{m}$，通过的流量 $Q=11\text{m}^3/\text{s}$，试求该渠道的临界水深 h_k 与临界流速 v_k。

【解】 取动能修正系数 $\alpha=1.0$，由式(8-8)和(8-10)得：

$$h_k=\sqrt[3]{\frac{Q^2}{gb^2}}=\sqrt[3]{\frac{11^2}{9.8\times6^2}}=0.70\text{m}$$

$$v_k=\sqrt{\frac{gh_k}{\alpha}}=\sqrt{9.8\times0.7}=2.62\text{m/s}$$

v_k 也可由流量 Q 与过水断面 $A_k=bh_k$ 直接计算得，即：

$$v_k=\frac{Q}{bh_k}=\frac{11}{6\times0.7}=2.62\text{m/s}$$

【例 8-2】 已知某梯形断面输水渠道底宽 $b=12$m，边坡系数 $m=1.5$，流量 $Q=18\text{m}^3/\text{s}$，试求该渠道的临界水深 h_k。

【解】 根据式(8-7)采用图解法求 h_k，步骤如下：

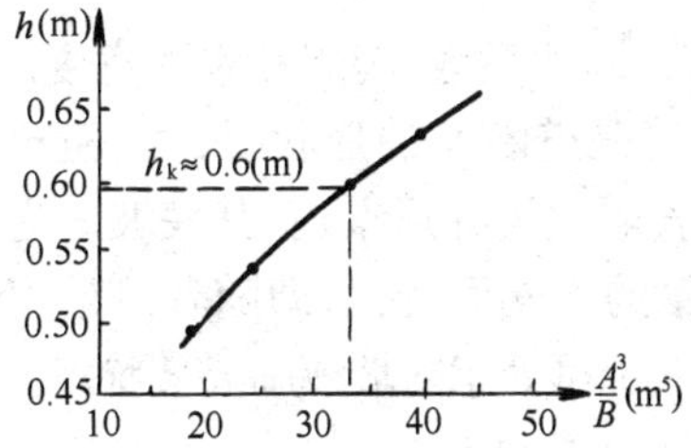

图 8-6

(1) 计算 $\frac{\alpha Q^2}{g}$ 值，取 $\alpha=1.0$ 得：

$$\frac{\alpha Q^2}{g}=\frac{1.0\times18^2}{9.8}=33.06\text{m}^5$$

(2) 根据梯形断面的几何条件，假设一些 h 值，列表计算相应的 A^3/B 值(假设的 h 值不必过多，只需使求得的 A^3/B 值在已知数 $\alpha Q^2/g=33.06\text{m}^5$ 附近，并包含大于和小于该已知数的三四个值即可，见下表)。

h(m)	$A=(b+mh)h$(m^2)	$B=b+2mh$(m)	A^3/B(m^5)
0.5	6.38	13.5	19.24
0.55	7.05	13.65	25.67
0.6	7.74	13.8	33.60
0.65	8.43	13.95	42.94

(3) 根据上表绘制 $h\sim A^3/B$ 关系曲线(见图 8-6)，并根据式(8-7)，由 $\frac{\alpha Q^2}{g}=\frac{A_k^3}{B_k}=33.06$，在该曲线中查得 $h_k\approx0.60$(m)。

对于工程中常见的梯形断面渠道，其临界水深一般可通过专门编制的水力计算图表查算求解，以避免上述复杂的计算，使用时可参阅有关书籍或计算手册。

四、渠道的底坡与明渠均匀流的流态

对于明渠均匀流，由基本公式 $Q=CA\sqrt{Ri}$ 可以推知，在一定的棱柱形渠道中，当流量 Q 一定时，渠道中的正常水深 h_0 将随着底坡 i 的增大而减小。$h_0=f(i)$ 曲线如图 8-7 所示。当渠道的底坡使正常水深 h_0 恰好等于临界水深 h_k 时，渠道中的均匀流为临界流，这种底坡称为临界坡，以 i_k 表示。从图 8-7 可以看出：当 $i<i_k$ 时，$h_0>h_k$，渠道中的均匀流为缓流，这种底坡称为缓坡；当 $i>i_k$ 时，$h_0<h_k$，渠道中的均匀流为急流，这种底坡称为陡坡(或急坡)。可见，明渠均匀流，也可以根据渠道的实际底坡 i 与临界坡 i_k 的比较来判别流态，即：

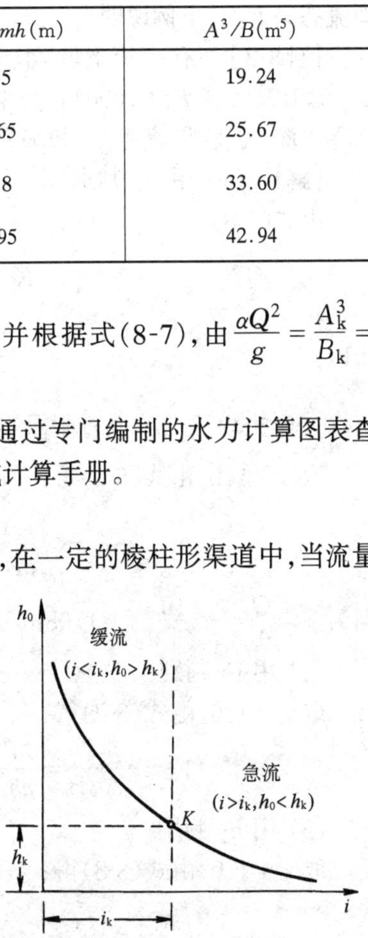

图 8-7

当渠道为缓坡($i<i_k$)时,渠道中的均匀流为缓流;

当渠道为陡坡($i>i_k$)时,渠道中的均匀流为急流;

当渠道为临界坡($i=i_k$)时,渠道中的均匀流为临界流。

必须强调,上述缓坡与陡坡是针对均匀流的缓、急流情况定义的,对于非均匀流,无论渠道是何种底坡,都可能出现缓流或急流的情况。所以,根据底坡类型判别明渠流的流态只适合均匀流情况。

根据临界坡的定义,由式(7-8)和(8-7)联解可得:

$$i_k=\frac{Q^2}{K_k^2}=\frac{g\chi_k}{\alpha C_k^2 B_k} \tag{8-11}$$

式中　K_k、C_k、χ_k、B_k——分别为相应于临界水深的流量模数、谢才系数、湿周和水面宽度。

从式(8-11)可以推知,临界坡 i_k 是一个特定的底坡,它与渠道断面的形状、尺寸、粗糙系数及流量有关,而与渠道的实际底坡无关。对于指定的长直顺坡棱柱形渠道,其底坡 i 为一定值,但其临界坡 i_k 则不是一个定值,它将随着均匀流流量的不同而变化,即随着该渠道均匀流流量的不同,这一不变的渠道底坡 i 既可处于缓坡状态,也可处于陡坡或临界坡状态。

通过以上讨论可知,明渠流的流态可以用微波波速 v_w、佛汝德数 Fr、临界水深 h_k 和临界流速 v_k 四种方法进行判别。对于明渠均匀流,除以上四种方法外,还可以用临界坡 i_k 判别流态。下面,举例说明。

【例 8-3】 有一矩形断面输水渠道,已知流量 $Q=10\text{m}^3/\text{s}$,宽度 $b=5\text{m}$,粗糙系数 $n=0.017$,底坡 $i=0.0003$。当渠中水流为均匀流时,试分别用微波波速 v_w、佛汝德数 Fr、临界水深 h_k、临界流速 v_k 和临界坡 i_k 判别水流的流态。

【解】 (1) 用 v_w 判别

由式(7-8)得:

$$K=\frac{Q}{\sqrt{i}}=\frac{10}{\sqrt{0.0003}}=577.4\text{m}^3/\text{s}$$

所以:

$$\frac{b^{2.67}}{nK}=\frac{5^{2.67}}{0.017\times577.4}=7.49$$

由 $\frac{b^{2.67}}{nK}=7.49$ 及 $m=0$ 查附录Ⅲ图得 $\frac{h_0}{b}=0.372$,故 $h_0=0.372b=0.372\times5=1.86\text{m}$。

取 $\alpha=1.0$,由式(8-1)得:

$$v_w=\sqrt{\frac{gA}{\alpha B}}=\sqrt{gh_0}=\sqrt{9.8\times1.86}=4.27\text{m/s}。$$

因为 $v=\frac{Q}{A}=\frac{10}{5\times1.86}=1.08\text{m/s}<v_w$,故水流为缓流

(2) 用 Fr 判别

取 $\alpha=1.0$,由式(8-2)得:

$$\text{Fr}=\frac{\alpha v^2}{gA/B}=\frac{v^2}{gh_0}=\frac{1.08^2}{9.8\times1.86}=0.064<1,\text{故水流为缓流。}$$

(3) 用 h_k 判别

取 $\alpha=1.0$,由式(8-8)得:

$$h_k=\sqrt[3]{\frac{\alpha Q^2}{gB_k}}=\sqrt[3]{\frac{Q^2}{gb^2}}=\sqrt[3]{\frac{10^2}{9.8\times5^2}}=0.74\text{m}<h_0=1.86\text{m},\text{故水流为缓流。}$$

(4) 用 v_k 判别

$$v_k = \frac{Q}{A_k} = \frac{Q}{bh_k} = \frac{10}{5\times0.74} = 2.70\text{m/s} > v = 1.08\text{m/s}，故水流为缓流。$$

(5) 用 i_k 判别

取 $\alpha=1.0$，由式(8-11)得：

$$i_k = \frac{g\chi_k}{\alpha C_k^2 B_k} = \frac{g\chi_k}{C_k^2 B_k}$$

式中：$B_k = b = 5\text{m}$；　$A_k = bh_k = 5\times0.74 = 3.7\text{m}^2$；　$\chi_k = b + 2h_k = 5 + 2\times0.74 = 6.48\text{m}$；

$$R_k = \frac{A_k}{\chi_k} = \frac{3.7}{6.48} = 0.57\text{m}；\ C_k = \frac{1}{n}R_k^{1/6} = \frac{1}{0.017}\times0.57^{1/6} = 53.56\text{m}^{1/2}/\text{s}。$$

所以：$i_k = \dfrac{9.8\times6.48}{53.56^2\times5} = 0.0044 > i = 0.0003$，故水流为缓流。

可见，对于明渠均匀流，上述五种判别流态的方法是等价的，但一般用 Fr 判别更简单一些。

【例 8-4】 某河道顺直段过水断面可视为等腰梯形，水流近似为均匀流。测得该河段的底宽 $b=18\text{m}$，边坡系数 $m=1.7$，正常水深 $h_0=2.2\text{m}$，流量 $Q=64\text{m}^3/\text{s}$。今欲在该河段中部设置一取水构筑物，试问设置取水构筑物后，上游水面是否发生变化？

【解】 首先判别在设置取水构筑物之前河中水流的流态。

取 $\alpha=1.0$，由式(8-2)得：

$$\text{Fr} = \frac{\alpha v^2}{gA/B} = \frac{v^2}{gA/B}$$

式中：$A = (b + mh_0)h_0 = (18 + 1.7\times2.2)\times2.2 = 47.83\text{m}^2$；

$B = b + 2mh_0 = 18 + 2\times1.7\times2.2 = 25.48$；

$v = \dfrac{Q}{A} = \dfrac{64}{47.83} = 1.34\text{m/s}$。

所以：$\text{Fr} = \dfrac{1.34^2}{9.8\times47.83}\times25.48 = 0.098 < 1$，水流为缓流。

该河段中水流为缓流，故因设置取水构筑物而产生的干扰波将能够向上游传播，使上游水面产生壅水现象。

第二节　明渠流中的两种急变流现象——水跌与水跃

水跌和水跃都是明渠在缓流与急流相互衔接过程中发生的局部非均匀急变流水力现象。下面，分别讨论这两种局部水力现象的特点及有关问题。

一、水跌

水跌是明渠流从缓流状态过渡到急流状态时出现的水面连续急剧降落的局部水力现象。水跌现象常发生在渠道由缓坡向陡坡过渡、缓坡渠道的跌坎及水流由水库流入陡坡渠道的进口等处。

如图 8-8 所示，图中的 N_1-N_1 线表示上游缓坡渠道中的正常水深线，N_2-N_2 线表示下游陡坡渠道中的正常水深线，K-K 线表示与渠道中流量对应的临界水深线。当上游缓坡渠道的均匀流与下游陡坡渠道的均匀流相接时，将引起一定范围内水面的下降，水流从缓流过渡到急流而形成水跌。在水跌过程中必经过临界水深 h_k，按渐变流规律可推得，发生临界水深的断面应是底坡突变的 A-A 断面。因为水跌过程是一种局部的急变流水力现象，所以实际上 A-A 断面处的水深是小于临界水深的。但这一水深与临界水深 h_k 相差不大，在实际应用中一般近似认为经过临界水深的断面就是底坡突变的 A-A 断面。

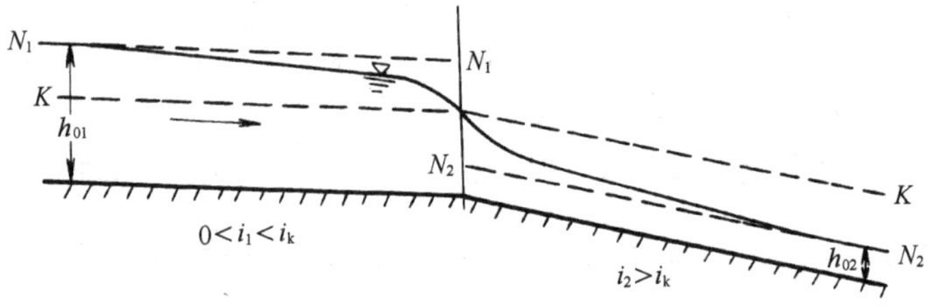

图 8-8

图 8-9 是水流自缓坡渠道流经跌坎时形成水跌的情况。跌坎处可认为是底坡 $i\to\infty$ 的陡坡，水流跌落时，急变流现象较图 8-8 的情况进一步加强。据实验结果，临界水深 h_k 将出现在距跌坎上游侧 $(3\sim4)h_k$ 的断面处，而跌坎断面的实际水深约为 $0.7h_k$。但在实用中也通常将跌坎断面处的水深近似为临界水深（见图 8-9）。

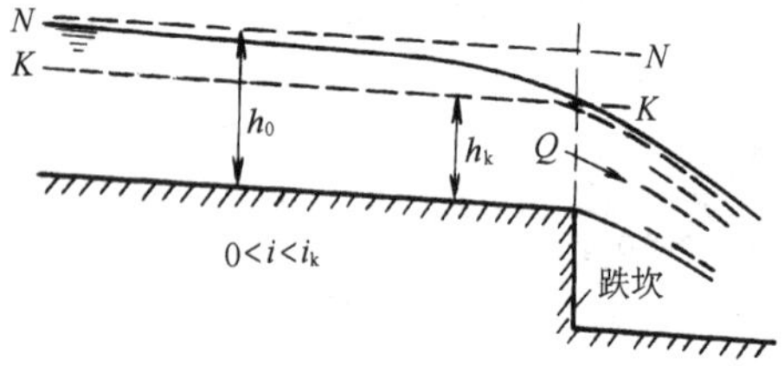

图 8-9

二、水跃

水跃是明渠水流从急流状态过渡到缓流状态时出现的水面突然急剧跃起的局部水力现象。水跃现象常发生在闸、坝的下游和由陡坡向缓坡过渡的渠道中。

水跌的水面是连续光滑降落的，而水跃的水面则是突然跃起的，水面不光滑。图 8-10 是平坡渠道中闸下出流后形成的典型水跃形式，其水跃段可划分为上部的旋滚区和下部的主流区两部分。在上部旋滚区内，水流质点无规则地旋回滚动并挟带有大量的气泡；下部的主流区则流速很大，水流急剧扩散，流线的扩散角和曲率都很大，属急变流。在水跃段内，由于水流运动要素急剧变化，紊动、混掺强烈，旋滚区与主流区之间质量不断交换，能量损失很大，有时可达跃前断面能量的 70%。因此，工程上常以水跃方式作为有效的消能手段。

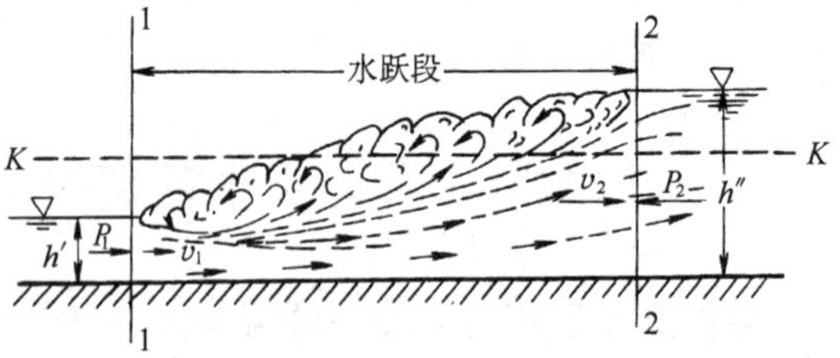

图 8-10

实际上，在急流向缓流过渡的过程中，并非所有的水跃都能形成上部强烈的旋滚区。水跃的形式与跃前断面的佛汝德数 Fr_1 有关，当 $1<Fr_1<2.9$ 时，水跃表面只形成一些起伏不大的单波，波峰沿流程降低，最后消失，如图 8-11 所示。这种形式的水跃称为波状水跃。波状水跃无明显的旋滚区存在，故其消能效果不好。

为了与波状水跃区别，将表面有旋滚的典型水跃称为完整水跃。

水跃计算的主要任务是求解水跃的跃前或跃后水深；水跃中的能量损失和水跃长度。

下面，以平坡棱柱形渠道中的完整水跃为例进行讨论。

（一）水跃方程

由于水跃段内水流极为紊乱复杂，其阻力分布规律尚不清楚，无法确定水跃中的水头损失 h_w，因此无法应用能量方程确定跃前水深 h' 与跃后水深 h'' 的相互关系。这时，可应用恒定流动量方程讨论。如图 8-10，取 1-1、2-2 过水断面、渠道底面及水面为控制面，并且为简化计算，根据水跃发生的实际情况，作下列假设：

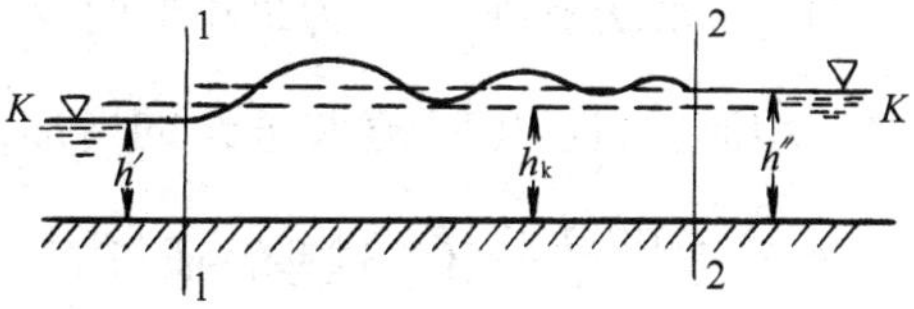

图 8-11

(1) 因水跃段长度不大，水流与渠床的摩擦阻力较小，可以忽略不计；

(2) 跃前、跃后的两过水断面 1-1 和 2-2 符合渐变流条件，于是这两断面上的动水压强符合静水压强分布规律；

(3) 取跃前、跃后两过水断面的动量修正系数相等，即 $\beta_1 = \beta_2 = \beta$。

在上述假设条件下，沿流向建立恒定流动量方程得：

$$\beta\rho Q(v_2 - v_1) = P_1 - P_2 = \gamma(h_{C1}A_1 - h_{C2}A_2)$$

式中　P_1、P_2——分别为作用在 1-1、2-2 断面上的动水总压力；

h_{C1}、h_{C2}——分别为 1-1、2-2 断面形心处的水深。

以 $v_1 = \dfrac{Q}{A_1}$、$v_2 = \dfrac{Q}{A_2}$ 代入上式，并整理得：

$$\frac{\beta Q^2}{gA_1} + h_{C1}A_1 = \frac{\beta Q^2}{gA_2} + h_{C2}A_2 \tag{8-12}$$

对于一定的棱柱形渠道，当通过的流量一定时，式(8-12)中的 $\dfrac{\beta Q^2}{gA} + h_C A$ 只是水深 h 的函数。称此函数为水跃函数，并令之为 $\theta(h)$，即：

$$\theta(h) = \frac{\beta Q^2}{gA} + h_C A \tag{8-13}$$

则式(8-12)又可表示为：

$$\theta(h') = \theta(h'') \tag{8-14}$$

式(8-12)或式(8-14)就是棱柱形平坡渠道中水跃的跃前水深 h' 与跃后水深 h'' 的关系式，称为棱柱形平坡渠道的水跃方程。方程表明，在棱柱形平坡渠道中，跃前水深 h' 与跃后水深 h'' 具有相等的水跃函数值，所以又称这两个水深为共轭水深。

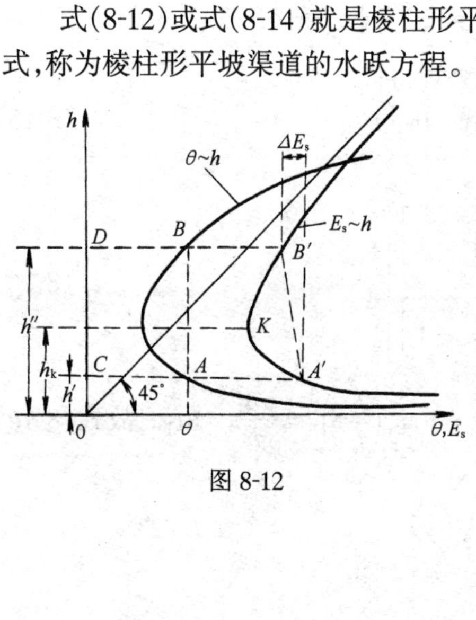

图 8-12

上述导出的水跃方程式(8-12)或(8-14)，对于在底坡不大的棱柱形渠道中的水跃，也可近似应用。

水跃函数 $\theta(h)$ 是水深 h 的连续函数。若将水跃函数 $\theta(h)$ 曲线和断面单位能量 $E_s(h)$ 曲线同绘在一个坐标纸上（如图 8-12），可以看出，水跃函数曲线具有以下特征：

(1) 当水跃函数 $\theta(h)$ 为最小值时，相应的水深为临界水深 h_k；在曲线上支，$h>h_k$，水流处于缓流区，且 $\theta(h)$ 随水深 h 的增加而增加，即 $\frac{d\theta(h)}{dh}>0$；在曲线下支，$h<h_k$，水流处于急流区，且 $\frac{d\theta(h)}{dh}<0$。这些特征与 $E_s(h)$ 曲线的特征相似。

(2) 平行于 h 轴的直线与 $\theta(h)$ 曲线的交点 A、B 的纵坐标对应一对共轭水深，且跃前水深 h' 愈小，则跃后水深 h'' 就愈大；反之，h' 愈大，h'' 就愈小。显然，线段 AB 的长度就是水跃的高度 $h''-h'$。

如果通过 A、B 两点分别作平行于横轴的直线，则图 8-12 中的 $A'C-B'D=\Delta E_s$ 就是平坡棱柱形渠道中水跃的能量损失。

(二) 共轭水深的计算

当棱柱形渠道的断面形状、尺寸和流量给定时，由已知的一个共轭水深 h'（或 h''）求解另一未知共轭水深 h''（或 h'）的过程称为共轭水深的计算。共轭水深计算问题可应用水跃方程解决。

1. 共轭水深计算的一般方法

应用水跃方程求解共轭水深时，虽然方程中仅有一个未知数 h''（或 h'），但除了明渠断面形状为简单的矩形外，一般情况下，共轭水深不易由水跃方程直接解出，通常采用试算法和图解法求解。

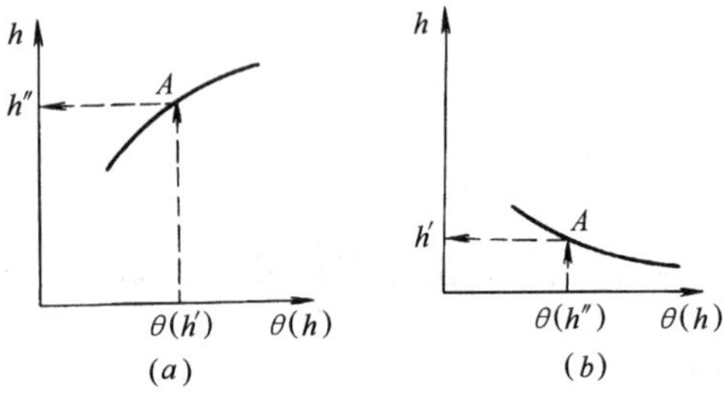

图 8-13

图解法是直接利用水跃函数曲线求解共轭水深的方法。由已知的一个共轭水深，应用式(8-13)可求得相应的水跃函数值。当 $\theta(h')$ 或 $\theta(h'')$ 求出后，根据水跃方程 $\theta(h')=\theta(h'')$ 即可在水跃函数曲线上图解出所求的共轭水深 h'' 或 h'。图解时，并不需要将水跃函数曲线的上、下两支全部绘出。当已知跃前水深 h' 求跃后水深 h'' 时，只需绘出曲线上支的有关部分；反之，则只需绘出曲线下支的有关部分即可，其图解示意如图 8-13 所示。

2. 矩形断面明渠共轭水深的计算

对于矩形断面的棱柱形渠道 $q=\frac{Q}{b}$，$A=bh$，$h_C=\frac{h}{2}$，$h_k^3=\frac{\alpha q^2}{g}$

将上述各关系式代入水跃方程(8-12)，并取 $\beta=\alpha$，经整理得：

$$h'^2h''+h'h''^2-2h_k^3=0 \tag{8-15}$$

解此二次方程得：

$$\left.\begin{aligned} h'&=\frac{h''}{2}\left[\sqrt{1+8\left(\frac{h_k}{h''}\right)^3}-1\right]\\ h''&=\frac{h'}{2}\left[\sqrt{1+8\left(\frac{h_k}{h'}\right)^3}-1\right]\end{aligned}\right\} \tag{8-16}$$

根据式(8-8)和(8-2)可得，上式中的 $\left(\frac{h_k}{h''}\right)^3=\frac{\alpha v_2^2}{gh''}=Fr_2$、$\left(\frac{h_k}{h'}\right)^3=\frac{\alpha v_1^2}{gh'}=Fr_1$。故式(8-16)又可表示为：

$$\left.\begin{aligned} h' &= \frac{h''}{2}\left(\sqrt{1+8\mathrm{Fr}_2}-1\right) \\ h'' &= \frac{h'}{2}\left(\sqrt{1+8\mathrm{Fr}_1}-1\right) \end{aligned}\right\} \tag{8-17}$$

（三）水跃中能量损失与水跃长度的计算

1．水跃中能量损失的计算

前已提及，典型的完整水跃可消耗大量的能量，在工程中常以其作消能的有效手段。水跃的消能包括水跃段消能和跃后段消能两部分。图 8-14 绘出了这两段中断面流速分布的变化情况，图中的 L_y 表示水跃段长度，L_0 表示跃后段长度。可以看出，在跃前断面 1-1 至跃后断面 2-2 的水跃段中，流速分布沿流程是急剧变化的，特别是上部的旋滚区与下部主流区的交界面附近，流速梯度很大，致使上、下两部分的水质点相互交换混掺、紊动强烈，从而产生很大的液流阻力，这是引起水跃能量损失的主要原因。水跃的能量损失主要集中发生在此段中。

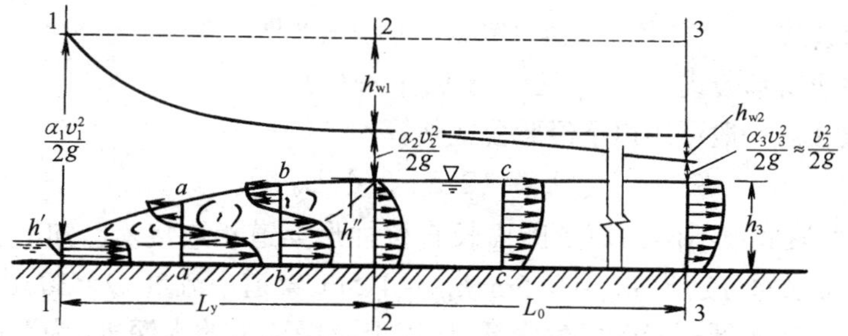

图 8-14

在 2-2 断面至 3-3 断面之间是水跃的跃后调整恢复段。在 2-2 断面处，虽然水深和断面平均流速与已恢复正常的渐变流断面 3-3 处基本相同，即 $h''\approx h^3$，$v_2\approx v_3$。但 2-2 断面处的流速分布仍处在很不均匀的变化过程中，水流质点的紊动强度仍较大，所以其动能修正系数 α_2 是远大于 α_3（$\alpha_3\approx1.0$）的，即水流在 2-2 断面处的动能仍较在 3-3 断面处大。这部分超出的动能就是跃后段中的能量损失。

如图 8-14，对于平坡棱柱形渠道，建立 1-1 和 2-2 断面的能量方程，可求得水跃段平均单位机械能损失为：

$$h_{w1} = \left(h' + \frac{\alpha_1 v_1^2}{2g}\right) - \left(h'' + \frac{\alpha_2 v_2^2}{2g}\right) \tag{a}$$

式中可取 $\alpha_1=1.0$；但如上所述，$\alpha_2>1.0$。

再建立 2-2 和 3-3 断面能量方程，并根据 $h''\approx h_3$、$v_2\approx v_3$、$\alpha_3\approx1.0$，可得跃后段的平均单位机械能损失为：

$$h_{w2} = \left(h'' + \frac{\alpha_2 v_2^2}{2g}\right) - \left(h_3 + \frac{\alpha_3 v_3^2}{2g}\right) = (\alpha_2 - 1)\frac{v_2^2}{2g} \tag{b}$$

将（a）、（b）两式相加（取 $\alpha_1=1.0$），得水跃过程中的平均单位机械能损失为：

$$h_w = h_{w1} + h_{w2} = \left(h' + \frac{v_1^2}{2g}\right) - \left(h'' + \frac{v_2^2}{2g}\right) \tag{8-18}$$

对于矩形断面平坡棱柱形渠道，引用式(8-8)和(8-15)代入上式可推得，其平均单位机械能损失为：

$$h_w = \frac{(h'' - h')^3}{4h'h''} \tag{8-19}$$

可见，流量一定时，水跃愈高，即跃后水深 h'' 与跃前水深 h' 的差值愈大，则水跃中的平均单位机械能损失也愈大。

2. 水跃长度的计算

水跃长度 L 应该是水跃段长度 L_y 与跃后段长度 L_0 之和，即：

$$L = L_y + L_0 \tag{8-20}$$

水跃长度决定着有关渠段应加固的长度，所以水跃长度的确定具有重要的实际意义。由于水跃运动的复杂性，目前水跃长度还只能根据经验公式计算。

水跃段长度 L_y 的经验公式很多，而且因实验者的观察标准不完全一致，致使各经验公式的计算结果有一定差异。下面，介绍两个矩形断面平坡棱柱形渠道水跃段长度的经验公式。

(1) 吴持恭公式 $$L_y = 10(h'' - h')Fr_1^{-0.16} \tag{8-21}$$

(2) 欧勒佛托斯基公式 $$L_y = 6.9(h'' - h') \tag{8-22}$$

跃后段长度 L_0，一般可用以下经验公式估算：

$$L_0 = (2.5 \sim 3.0)L_y \tag{8-23}$$

【例 8-5】 两段底坡不同的矩形断面长直棱柱形渠道相连接。已知上、下游渠道宽度均为 $b = 5m$，正常水深分别为 $h_{01} = 0.5m$、$h_{02} = 4.5m$，渠道中流量 $Q = 30m^3/s$。(1)试分析该渠道中是否会发生水跃；(2)若发生水跃，试以上游渠道中的水深 h_{01} 为跃前水深，计算其共轭水深；(3)计算水跃长度及水跃中所消耗的能量。

【解】 (1) 分析是否发生水跃

由式(8-8)计算临界水深 h_k(取 $\alpha = 1.0$)得：

$$h_k = \sqrt[3]{\frac{\alpha Q^2}{gb^2}} = \sqrt[3]{\frac{30^2}{9.8 \times 5^2}} = 1.54m$$

由于上、下游均为长直棱柱形渠道，可以出现均匀流，且上游渠道中 $h_{01} = 0.5m < h_k$ 为急流，下游渠道中 $h_{02} = 4.5m > h_k$ 为缓流，故水流在上、下游渠道间由急流转变为缓流，将发生水跃。

(2) 以 $h_{01} = h' = 0.5m$ 为跃前水深，计算其共轭水深 h''

由式(8-16)得：

$$h'' = \frac{h_{01}}{2}\left[\sqrt{1 + 8\left(\frac{h_k}{h_{01}}\right)^3} - 1\right] = \frac{0.5}{2}\left[\sqrt{1 + 8 \times \left(\frac{1.54}{0.5}\right)^3} - 1\right] = 3.58m$$

(3) 计算水跃长度 L 和水跃中所消耗的能量

由式(8-22)得水跃段长度为：

$$L_y = 6.9(h'' - h_{01}) = 6.9(3.58 - 0.5) = 21.25m$$

由式(8-23)得跃后段长度为(取系数为 2.7)：

$$L_0 = 2.7L_y = 2.7 \times 21.25 = 57.38m$$

故由式(8-20)得水跃长度为：

$$L = L_y + L_0 = 21.25 + 57.38 = 78.63\text{m}$$

由式(8-19)得，水跃过程中的平均单位能损失为：

$$h_w = \frac{(h'' - h_{01})^3}{4h_{01}h''} = \frac{(3.58 - 0.5)^3}{4 \times 0.5 \times 3.58} = 4.08\text{m}$$

消能率为：

$$\frac{h_w}{h_{01} + \dfrac{Q^2}{2g(h_{01}b)^2}} = \frac{4.08}{0.5 + \dfrac{30^2}{2 \times 9.8 \times (0.5 \times 5)^2}} = 52\%$$

水跃过程中单位时间内所消耗水的总机械能为：

$$\gamma Q h_w = 9.8 \times 30 \times 4.08 = 1199.5\text{kW}$$

需要说明，因为本例题中的水跃发生在非平坡渠道中，其水跃方程应考虑重力的影响，所以上述有关共轭水深、水跃长度及水跃过程中能量损失的计算只能是一种近似计算。

另外，注意到本例题中上、下游渠道的水深 h_{01} 和 h_{02} 并非一对共轭水深，因此这里还存在水跃将如何发生，以及上、下游水面将如何衔接的问题。这将在下一节中讨论。

第三节　棱柱形渠道恒定渐变流水面曲线定性分析

棱柱形渠道恒定渐变流水面曲线在不同流态和不同底坡的条件下，有着不同的形状和变化规律，本节主要通过棱柱形渠道恒定渐变流微分方程，对其进行定性分析，并讨论几种典型的水面曲线衔接实例。水面曲线的定性分析是定量计算的基础。

一、棱柱形渠道恒定渐变流微分方程

在本章第一节中已经知道，棱柱形渠道恒定渐变流的断面单位能量随流程和水深变化的表达式，可分别由式(8-4)和式(8-6)表示，即：

$$\frac{\mathrm{d}E_s}{\mathrm{d}l} = i - J, \quad \frac{\mathrm{d}E_s}{\mathrm{d}h} = 1 - \mathrm{Fr}$$

由上述两式可求得水深随流程变化的表达式为：

$$\frac{\mathrm{d}h}{\mathrm{d}l} = \frac{\mathrm{d}E_s/\mathrm{d}l}{\mathrm{d}E_s/\mathrm{d}h} = \frac{i - J}{1 - \mathrm{Fr}} \tag{8-24}$$

该式就是棱柱形渠道恒定渐变流微分方程。它反映了水深随流程的变化率与底坡、水力坡度和佛汝德数的关系，是水面曲线的定性分析与定量计算的理论依据。

二、棱柱形渠道水面曲线的分类

明渠均匀流的水面线为水深沿流程不变($\mathrm{d}h/\mathrm{d}l = 0$)的直线。明渠恒定渐变流的水面线则可分为水深沿流程增加($\mathrm{d}h/\mathrm{d}l > 0$)的壅水曲线和水深沿流程减小($\mathrm{d}h/\mathrm{d}l < 0$)的降水曲线两大类型。这两大类型水面曲线，根据渠道的底坡和水深的变化区间不同，又可进一步分类，现讨论如下：

渠道的底坡有顺坡、平坡及逆坡三种，顺坡又可进一步分为缓坡、陡坡和临界坡。在顺坡棱柱形渠道中，可以出现均匀流，在平坡和逆坡的棱柱形渠道中则不能出现均匀流。为了便于分区研究，可在水面曲线的分析图中画出与渠道的实际流量对应并平行于底坡的正常水深线 N-N 和临界水深线 K-K(在平坡和逆坡渠道上只能有 K-K 线而无 N-N 线；对于顺坡渠道，根据其底坡的缓陡情况，N-N 线可位于 K-K 线之上、之下或两线重合)。这样，如

图 8-15 所示，根据 N-N 和 K-K 这两条辅助线，可将渐变流的流动空间划分为三个区域：水面线在 N-N 与 K-K 两线之上的流区称为 a 区；水面线在 N-N 与 K-K 两线之间的流区称为 b 区；水面线在 N-N 与 K-K 两线之下的流区称为 c 区。相应流区内的水面曲线分别称为 a 型、b 型和 c 型曲线。

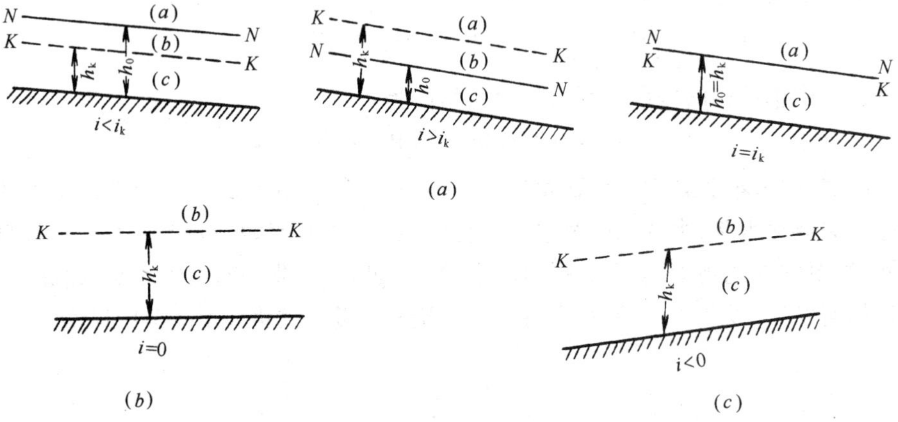

图 8-15

(a)顺坡；(b)平坡；(c)逆坡

注意，在临界坡渠道上，因为 N-N 线与 K-K 线重合，所以没有 b 区；在平坡和逆坡渠道中，因为只有 K-K 线，或者说 N-N 线位于底坡以上的高度是无穷远，所以在这两种底坡的渠道中只可能出现 b 区和 c 区，而没有 a 区。

为了区别，将发生在缓坡、陡坡、临界坡渠道中的各类型水面曲线分别统一加下角标"Ⅰ"、"Ⅱ"、"Ⅲ"；将发生在平坡渠道中的各类型水面曲线统一加下角标"0"；将发生在逆坡渠道中的各类型水面曲线统一加上角标"′"。这样，顺坡棱柱形渠道中可能出现的渐变流水面曲线共有八种，即缓坡中的"a_{I}、b_{I}、c_{I}"，陡坡中的"a_{II}、b_{II}、c_{II}"和临界坡中的"a_{III}、c_{III}"；平坡和逆坡棱柱形渠道中可能出现的渐变流水面曲线各有两种，即"b_0、c_0"和"b'、c'"。共计 12 种类型水面曲线。

三、棱柱形渠道恒定渐变流水面曲线的定性分析

根据图 8-15 可分析得各流区水流的总特点是：

a 区的水流只能出现在顺坡的棱柱形渠道中，水流均为水深 h 大于正常水深 h_0 和临界水深 h_k 的缓流。所以，a 区是缓流区。

c 区的水流可以出现在各种底坡的棱柱形渠道中，水流均为水深 h 小于临界水深 h_k（在顺坡渠道中还同时小于正常水深 h_0）的急流。所以，c 区为急流区。

b 区的水流可以出现在各种底坡的棱柱形渠道中，但水流的流态在顺坡和非顺坡渠道中不完全相同。在顺坡渠道中，其水深 h 介于正常水深 h_0 和临界水深 h_k 之间，水流或者为 $h_k<h<h_0$ 的缓流（缓坡情况），或者为 $h_0<h<h_k$ 的急流（陡坡情况）；在平坡和逆坡渠道中，水流均为 $h>h_k$ 的缓流。

下面，应用微分方程式(8-24)，对缓坡渠道中的 a_{I}、b_{I}、c_{I} 三种类型水面曲线进行典型分析。

1. 三种类型水面曲线变化的总趋势

a_{I}型曲线位于 a 区。在该流区内，由于 $h>h_0$，实际流速 $v<v_0$（v_0 为与 h_0 对应的均匀流流速），这将使得水流的实际水力坡度 J 也小于相应均匀流时的水力坡度 $J_0(=i)$，即 $i-J>0$；另一方面，a 区水流又为 $h>h_{\mathrm{k}}$ 的缓流，所以 Fr<1，即 1 − Fr>0。则由式(8-24)可得$\frac{\mathrm{d}h}{\mathrm{d}l}>0$。这表明，$a_{\mathrm{I}}$型曲线是水深沿流程增加的壅水曲线。

b_{I}型曲线位于 b 区。由于是处于缓坡渠道的 b 区，$h_{\mathrm{k}}<h<h_0$，即水流处于 $v>v_0$ 的缓流状态，由此可推得 $J>i$ 和 Fr<1。将其代入式(8-24)可得$\frac{\mathrm{d}h}{\mathrm{d}l}<0$。这表明，$b_{\mathrm{I}}$型曲线是水深沿流程减小的降水曲线。

c_{I}型曲线位于 c 区，情况正好与 a 区相反，即 $h<h_{\mathrm{k}}<h_0$。故可推得与 a 区相反的结果，即 $J>i$ 和 Fr>1。将其代入式(8-24)可得$\frac{\mathrm{d}h}{\mathrm{d}l}>0$。所以，$c_{\mathrm{I}}$型曲线也是壅水曲线。

2. 三种类型水面曲线两端的变化趋势

只有将水面曲线变化的总趋势与其两端的变化趋势相结合，才能完全确定水面曲线的形状和推测该水面曲线与其上、下游水面曲线的衔接方式。

根据在缓坡渠道上，a_{I}、c_{I}型曲线为壅水曲线，b_{I}型曲线为降水曲线的结论可得：a_{I}型曲线上游端水深不断减小，极限为 $h\to h_0$，下游端水深不断加大，极限为 $h\to\infty$；b_{I}型曲线上游端水深不断加大，极限为$h\to h_0$，下游端水深不断减小，极限为 $h\to h_{\mathrm{k}}$；c_{I}型曲线上游端水深不断减小，极限为 $h\to 0$，下游端水深不断增加，极限为 $h\to h_{\mathrm{k}}$。

在 a_{I}和 b_{I}型曲线的上游端，当 $h\to h_0$ 时，$J\to i$，即 $i-J\to 0$；另一方面，不论是 a_{I}型曲线还是 b_{I}型曲线，当 $h\to h_0$ 时，水流始终处于缓流区，故 Fr<1，这将使得 1-Fr 始终为一大于零的有限值。所以，由式(8-24)可得$\frac{\mathrm{d}h}{\mathrm{d}l}\to 0$。这表明，此时水深沿流程趋于不变，即 a_{I}、b_{I}型曲线的上游端均以 N-N 线为渐近线（见图 8-16）。

在 a_{I}型曲线的下游端，当 $h\to\infty$时，水流的流速 $v\to 0$，故 $J\to 0$，即 $i-J\to i$；另一方面，当 $h\to\infty$时，$A=f(h)\to\infty$，$\mathrm{Fr}=\frac{\alpha v^2}{gA/B}=\frac{\alpha Q^2}{gA^3}B\to 0$，故 1 − Fr→1。所以，由式(8-24)可得$\frac{\mathrm{d}h}{\mathrm{d}l}\to i$。这表明，此时水深沿流程的变化率趋于底坡 i。利用几何关系可以证明，这时的水面曲线趋于水平。所以 a_{I}型曲线的下游端以水平线为渐近线（见图 8-16）。

在 b_{I}和 c_{I}型曲线的下游端，当 $h\to h_{\mathrm{k}}$ 时，Fr →1，即 1 − Fr →0；另一方面，不论是 b_{I}型曲线还是 c_{I}型曲线，当 $h\to h_{\mathrm{k}}$ 时，水流始终为 $h<h_0$ 的非均匀流状态，所以 $i-J$ 必为一小于零的有限值。故由式(8-24)可得$\frac{\mathrm{d}h}{\mathrm{d}l}\to\pm\infty$。这表明，此时水面曲线将与 K-K 线趋于正交，即水流在一定范围内将出现急变流现象。因为式(8-24)是渐变流的微分方程，故此分析结果只能代表一种大致趋势（见图 8-16）。若 h 从缓流的 b 区趋于h_{k}，则 b_{I}型水面曲线将以水跌的形式向下游过渡到急流；若 h 从急流的 c 区趋于h_{k}，则 c_{I}型水面曲线将以水跃的形式向下游过渡到缓流。

c 区中上游的最小水深一般是受来流的边界条件控制的，因此没有必要讨论 c_{I}型曲线上游端的趋势。

陡坡、临界坡、平坡及逆坡棱柱形渠道中各种类型水面曲线的变化规律，可采用类似的方法分析，这里不再一一讨论。各种类型水面曲线的变化规律及工程实例如图 8-16 所示。

通过观察图 8-16 中十二种类型水面曲线，可总结得到以下几点结论：

(1) 不论在何种底坡的棱柱形渠道中，a 型和 c 型水面曲线均为壅水曲线；b 型水面曲线则均为降水曲线。

底坡类型		水面曲线类型	工程实例
顺坡	缓坡 $\begin{pmatrix} i<i_k \\ h_0>h_k \end{pmatrix}$	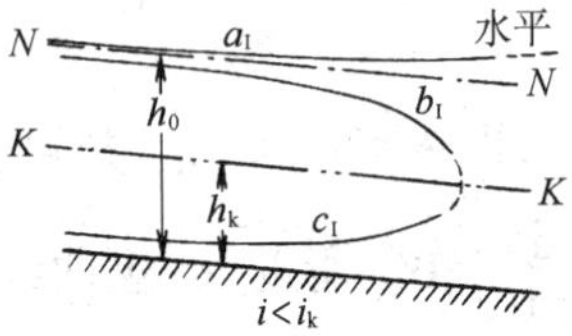	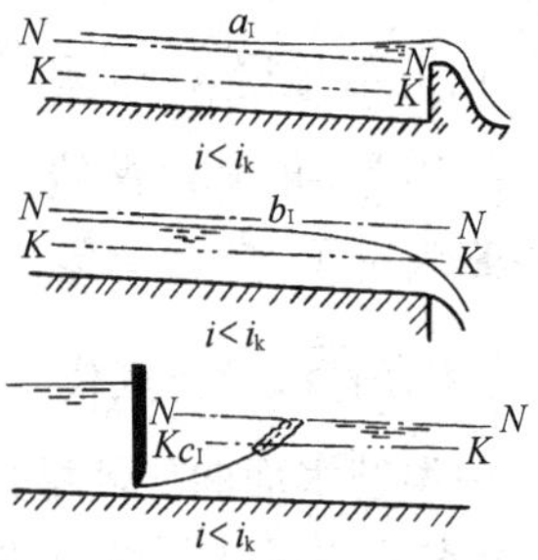
顺坡	陡坡 $\begin{pmatrix} i>i_k \\ h_0<h_k \end{pmatrix}$	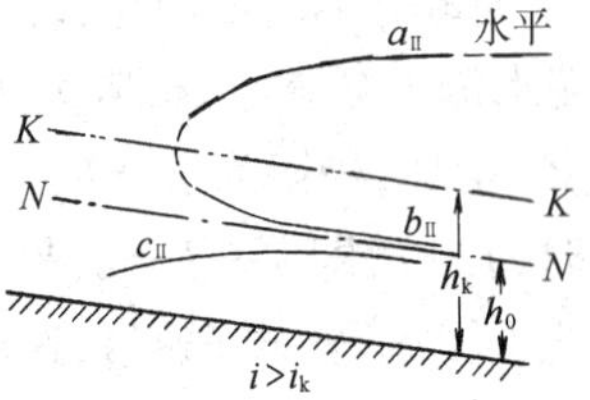	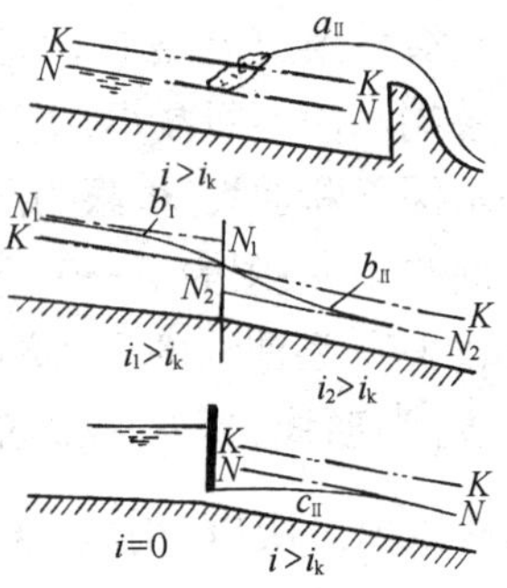
顺坡	临界坡 $\begin{pmatrix} i=i_k \\ h_0=h_k \end{pmatrix}$	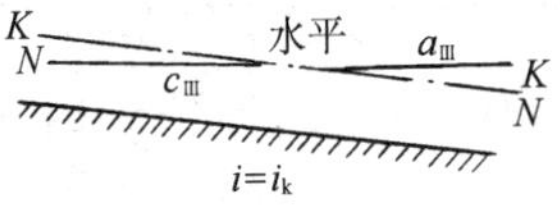	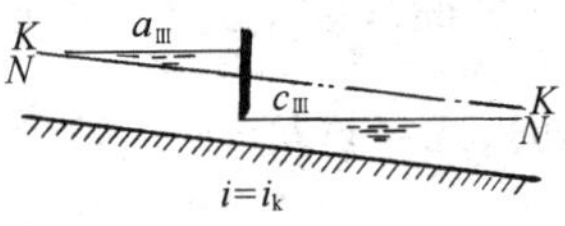
平坡 $(i=0)$		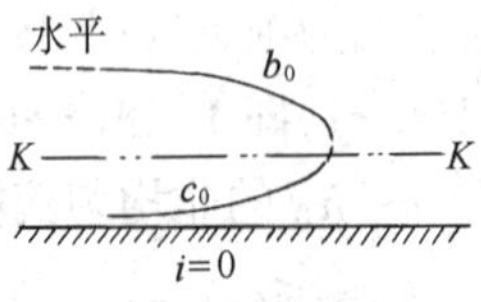	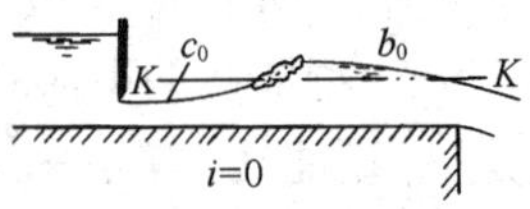
逆坡 $(i<0)$		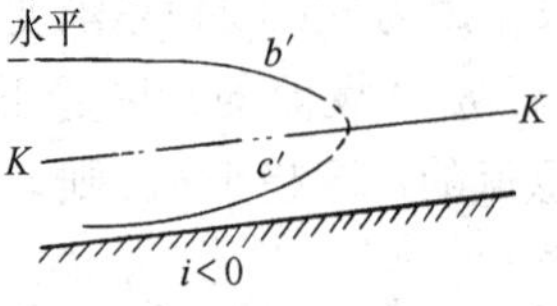	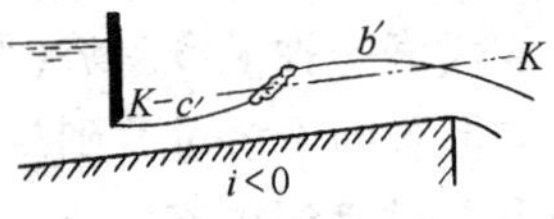

图 8-16

(2) 在足够长的缓坡和陡坡的棱柱形渠道中，按照 a、b、c 各类型水面曲线的变化规律，当 $h \to h_k$ 时，水面曲线都以 N-N 线为渐近线。

(3) 在临界坡棱柱形渠道中，情况特殊。按 $a_{Ⅲ}$、$c_{Ⅲ}$ 型水面曲线的变化规律，当 $h \to h_0$（也是 h_k）时，水面曲线既不渐近于、也不垂直于 N-N 线或 K-K 线（两线重合），而是趋于水平的。

(4) 在各种底坡（临界坡情况除外）的棱柱形渠道中，按照 a、b、c 各类型水面曲线的变化规律，当 $h \to h_0(h_k)$ 时，水面曲线与 K-K 线趋于正交。当 h 由缓流趋近 h_k 时，水面曲线将以水跌方式向下游过渡到急流；当 h 由急流趋近 h_k 时，水面曲线将以水跃方式向下游过渡到缓流。

(5) 顺坡棱柱型渠道中的 a 型水面曲线向下游随着水深的逐渐加大而渐近水平线；平坡和逆坡棱柱形渠道中的 b 型水面曲线向上游随着水深的不断加大而渐近水平线。

根据上述结论，棱柱形渠道水面曲线可按下述步骤具体分析与绘制：

(1) 根据已知条件计算渠道的正常水深 h_0 和临界水深 h_k，并在渠道的纵向剖面分析图中绘出相应的 N-N 线和 K-K 线（平坡和逆坡渠段中只有 K-K 线）。

(2) 通过 h_0 与 h_k 的比较或计算 i_k 并与 i 比较，确定渠道底坡类型。

(3) 确定水面曲线的控制断面及相应的控制水深。

控制断面就是断面的位置和水深已知或通过计算可以确定的断面，该断面的水深称为控制水深。控制断面是分析水面曲线时第一个已知水深的断面，一般位于水流条件突变处，即位于产生干扰微波的地方。例如，闸坝等挡水建筑物上、下游的特定断面（其断面水深可由下一章中的堰闸水力计算确定）；引起水跌现象的变底坡断面或跌坎断面（其断面水深可近似为临界水深 h_k）；水库或湖泊的进出口断面（其水位保持不变）等都可作为控制断面。因为急流中的干扰微波只能向下游传播，故急流水面曲线的控制断面应在非均匀流段的上游，而缓流中水面曲线的控制断面则一般在非均匀流段的下游。这一结论，在具体的水面曲线分析绘制过程中可以得到认识。

(4) 根据渠道底坡类型和控制水深 h 与 h_0 及 h_k 的比较，确定水流所处的流区及水面曲线类型。

(5) 按照水面曲线的变化规律，以控制断面处的控制水深为起点，定性或通过定量计算（见下一节），画出水面曲线并注意与渠道上、下游不同类型水面曲线的衔接。

四、棱柱形渠道恒定渐变流水面曲线的衔接

工程实际中，由于渠道中各种水工建筑物的存在或渠道底坡的变化，在同一渠道的不同渠段中，常会出现不同类型的水面曲线。棱柱形渠道恒定渐变流水面曲线的衔接方式可概括为：缓流与缓流、急流与急流、缓流与急流、急流与缓流四大类。每一大类又可根据底坡情况的不同分为几种。下面，以变底坡渠道为例，讨论几种典型的定性衔接实例。

1. 缓流与缓流的水面衔接

如图 8-17，$i_1 < i_2 < i_k$ 的两段长直缓坡棱柱形渠道相连接。由于渠道均为缓坡，且 $i_1 < i_2$，故上、下游渠道中的均匀流均为缓流，且 $h_{01} > h_{02} > h_k$。

按照上述分析步骤，先在分析图中分别画出上、下游渠道的正常水深线 N_1-N_1 和 N_2-N_2 及临界水深线 K-K。当渠道足够长时，起水面衔接作用的非均匀流段水深应从上游的 h_{01} 逐渐降落到下游的 h_{02}。根据相应流区水面曲线的变化规律分析可知：下游渠道中的

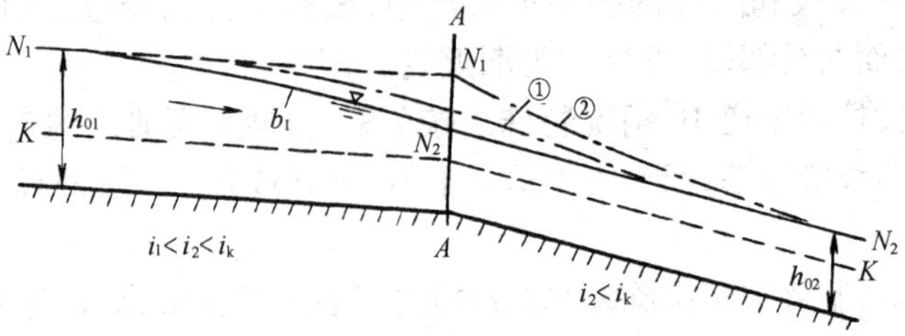

图 8-17

均匀流状态不可能发生变化(因为 a 区不能出现降水曲线),产生降水的非均匀流段只能出现在上游渠道的 b 区,并以 b_{I} 型降水曲线,自上游远端的均匀流水面开始向下游变化,并在变底坡断面 A-A 处与下游渠道的均匀流衔接(如图 8-17)。变底坡断面 A-A 处的水深 h_{02}为 b_{I} 型曲线的控制水深。读者自行分析一下,水面曲线是否可以图中的虚线①或虚线②的方式进行衔接。

2. 急流与急流的衔接

如图 8-18,$i_1>i_2>i_k$ 的两段长直陡坡棱柱形渠道相连接。由于两渠道均为陡坡,且 $i_1>i_2$,故上、下游渠道中的均匀流均为急流,且 $h_{01}<h_{02}<h_k$。急流与急流的衔接,情况与上述正好相反。采用与上述同样的方法,可分析得:变底坡断面 A-A 上游渠道中的均匀流状态维持不变,发生与上、下游均匀流水面衔接的非均匀流段,以 c_{II} 型壅水曲线出现在下游渠道中,变底坡断面处的水深 h_{01}为 c_{II} 型曲线的控制水深(如图 8-18)。读者自行分析一下,水面曲线是否可沿着图中的虚线①或虚线②进行衔接。

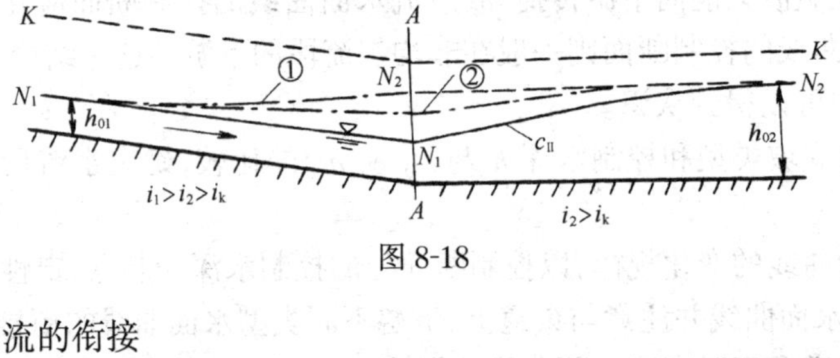

图 8-18

3. 缓流与急流的衔接

如图 8-19,当上游缓坡长直棱柱形渠道中的缓流与下游陡坡长直棱柱形渠道中的急流相连接时,将出现水跌现象,并在变底坡断面 A-A 处出现临界水深。这时,水面曲线是以 A-A 断面的临界水深为控制水深,由上游缓坡渠道中的 b_{I} 型降水曲线和下游陡坡渠道中的 b_{II} 型降水曲线进行衔接。读者自行分析一下,水面曲线是否可以图中的虚线①或虚线

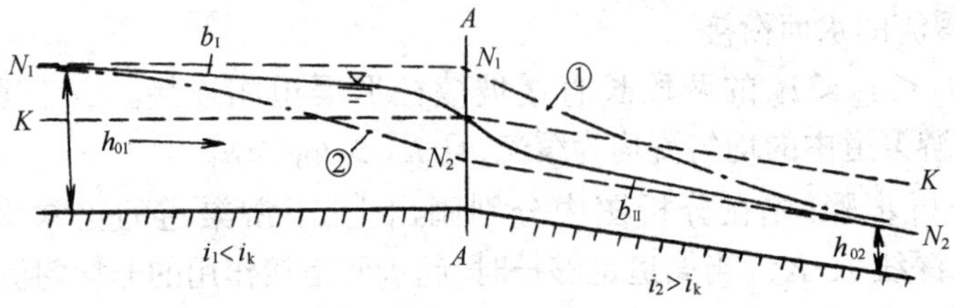

图 8-19

②的方式进行衔接。

4．急流与缓流的衔接

如图 8-20，两段底坡不同的长直棱柱形渠道相连。上游陡坡渠道中为急流，正常水深 $h_{01}<h_k$；下游缓坡渠道中为缓流，正常水深 $h_{02}>h_k$。因此，这两种水流之间必发生水跃。水跃前后的一对水深是满足水跃方程的共轭水深，但实际上、下游渠道中急流与缓流的水深往往并非恰好满足共轭水深条件（如【例 8-5】），所以水跃时，水面曲线究竟如何衔接，水跃在何处发生，应进一步具体分析。

以图 8-20 情况为例，求出与上游急流水深 h_{01}共轭的跃后水深 h''，并将其与下游渠道中的水深 h_{02}比较，则可能出现以下三种情况：

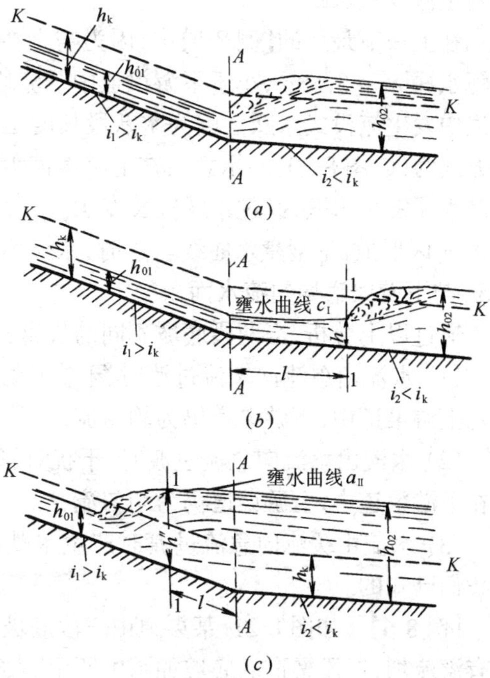

图 8-20

（1）当 $h''=h_{02}$时，说明上、下游渠道中的急、缓流水深 h_{01}与 h_{02}恰好为一对共轭水深，水跃将在变底坡断面 A-A 处产生，A-A 断面上游仍为均匀流（如图 8-20（a）），这种水跃称为临界式水跃。

（2）当 $h''>h_{02}$时，说明如果以上游的急流水深 h_{01}为跃前水深，则水跃后缓流的断面单位能量将大于下游缓流的断面单位能量（因为流量一定时，缓流的断面单位能量随水深增加而增加），所以水流必被推向下游。急流进入下游缓坡渠道后位于 c 区，水面将按 c_{I} 型壅水曲线变化，水深沿流程增加。当水深增加到恰好为下游水深 h_{02}的跃前共轭水深 h'时，才发生水跃（如图 8-20（b）），这种水跃称为远驱式水跃。可见，这时起水面衔接作用的非均匀流段，出现在变底坡断面 A-A 到跃后水深 h_{02}的断面之间，并由 c_{I} 型壅水曲线和水跃组成。c_{I} 型曲线的控制水深为变底坡 A-A 处的水深h_{01}，A-A 断面的上游仍为均匀流。跃前水深 h'所在断面的位置，可通过对 c 型曲线的定量计算确定，该断面就是水跃的控制断面。

（3）当 $h''<h_{02}$时，说明水跃后缓流的断面单位能量将小于下游缓流的断面单位能量，水流将产生向上游回流，使缓流进入上游陡坡渠道的 a 区。这时，水面将按 a_{II} 型曲线向上游变化，水深逐渐减小，当水深减小到恰好为上游水深 h_{01}的跃后共轭水深 h''时，与上游产生的水跃衔接（如图 8-20（c）），这种水跃称为淹没式水跃。可见，这时起水面衔接作用的非均匀流段，出现在跃前水深 h_{01}的断面到变底坡断面 A-A 之间，并由水跃和 a_{II} 型壅水曲线组成。a_{II} 型曲线的控制水深为变底坡断面 A-A 处的水深h_{02}，A-A 断面下游可近似为均匀流。跃后水深 h''所在的断面，可通过对 a_{II} 型水面曲线的定量计算确定，该断面就是水跃的控制断面。

临界式水跃不稳定，渠道中水深稍有变化，就会使水跃的形式发生变化。淹没式水跃状态相对较稳定，渠道的防冲刷段长度比远驱式水跃小得多，因此采用水跃方式消能时，多令其发生淹没式水跃。

在上一节最后的【例 8-5】中，因为与上游渠道急流均匀流水深 $h_{01}=0.5\text{m}$ 对应的跃后共轭水深 $h''=3.58\text{m}$，小于下游渠道中缓流均匀流的正常水深 $h_{02}=4.5\text{m}$，故水流将在上游渠道中发生淹没式水跃。因为水跃段长度 $L_y=21.25\text{m}$，故上、下游两渠道中水面曲线的衔接方式为(以图 8-20(c)示意)：在上游渠道距离变底坡断面足够远处，水流以 $h_{01}=0.5\text{m}$ 为跃前水深发生水跃，经过水跃段长度 $L_y=21.25\text{m}$ 后，达到跃后水深 $h''=3.58\text{m}$，并在陡坡渠道 a 区形成 $a_{Ⅱ}$ 型壅水曲线。这时，水深沿流程逐渐加大，并在变底坡断面处达到 $h_{02}=4.5\text{m}$ 与下游渠道均匀流水面衔接。

通过以上分析，当两段底坡不同的长直棱柱形输水渠道连接时，可总结得到如下结论：

(1) 水流由缓流向缓流过渡时，干扰只影响上游，即起水面衔接作用的非均匀流段只发生在上游渠道中，下游渠道仍为均匀流；

(2) 水流由急流向急流过渡时，干扰只影响下游，即起水面衔接作用的非均匀流段只发生在下游渠道中，上游渠道仍为均匀流；

(3) 水流由缓流向急流过渡时产生水跌现象，由急流向缓流过渡时产生水跃现象。这是我们已知的。

【例 8-6】 如图 8-21，某渠道由三段底坡不同的长直棱柱形渠道组成，在渠道Ⅲ的末端设有溢流坝，三段渠道的底坡如图中所示。试定性绘出溢流坝前全渠道的水面曲线。

【解】 (1) 根据渠道的已知条件，求出各段渠道的正常水深 h_0 及临界水深 h_k，并在图中画出 N-N 线和 K-K 线，如图 8-21 所示。

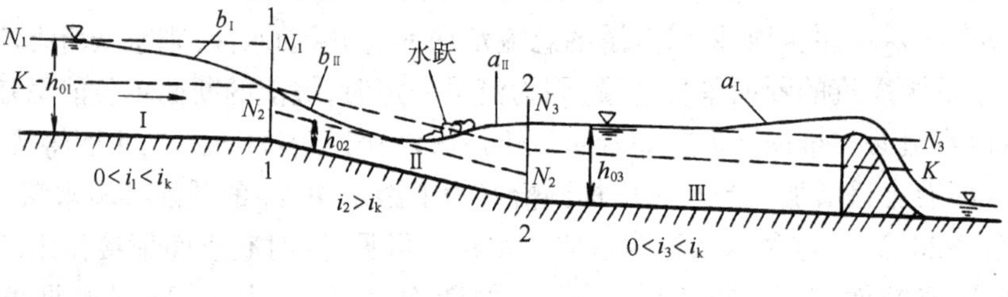

图 8-21

(2) 找出控制断面，确定相应的控制水深。显然，图中的 1-1 断面为一控制断面，其控制水深为 h_k，2-2 断面也是一控制断面，其控制水深决定于该断面上、下游之间所发生的水跃形式。假设通过计算知，渠道Ⅱ中的急流与渠道Ⅲ中的缓流之间发生淹没式水跃，则2-2断面上的控制水深为 h_{03}。

(3) 由于三段渠道都是长直的棱柱形渠道，根据控制水深及各段渠道中水流的缓、急流情况，不难画出三段渠道中各类型水面曲线的衔接情况，如图 8-21 所示。

注意，以上讨论的缓坡渠道能出现缓流均匀流，陡坡渠道能出现急流均匀流，都是针对足够长的棱柱形渠道而言的。若渠道较短时，水面曲线的变化就可能得不到充分发展，这时缓坡渠道的水流也可能全部以急流方式或陡坡渠道的水流全部以缓流方式通过。如图 8-22 的情况就是一例。

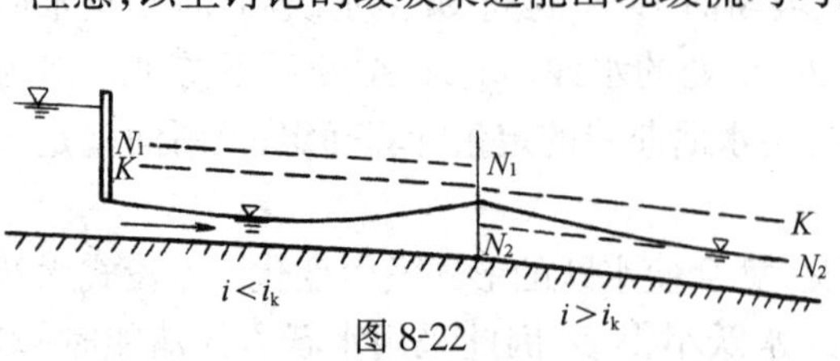

图 8-22

第四节　分段求和法计算水面曲线

上一节对棱柱形渠道恒定渐变流水面曲线进行了定性分析。如果对定性分析得到的每一条水面曲线，进行定量计算(包括水跃段长度)就可得到全渠道水面曲线的定量关系。

明渠恒定渐变流水面曲线的计算方法很多，下面介绍一种较简单的分段求和计算法。

将式(8-4)改写为：

$$dl = \frac{dE_s}{i - J}$$

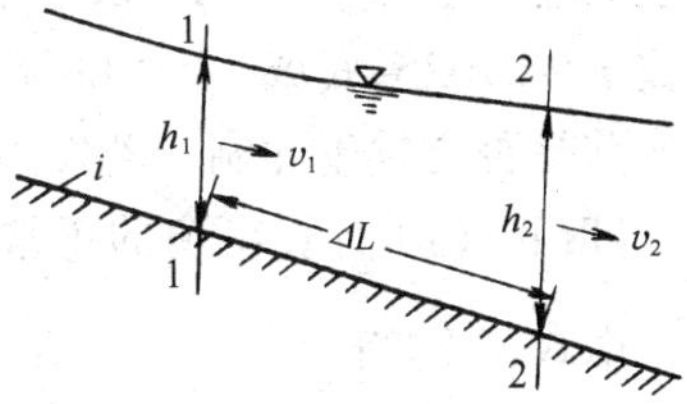

图 8-23

如图 8-23，在明渠恒定渐变流中任取一小流段 Δl，如用 Δl 流段上的平均水力坡度 $\overline{J}$ 近似代替上式中的 J，则流段的长度 Δl 可表示为：

$$\Delta l = \frac{\Delta E_s}{i - \overline{J}} = \frac{\left(h_2 + \frac{\alpha_2 v_2^2}{2g}\right) - \left(h_1 + \frac{\alpha_1 v_1^2}{2g}\right)}{i - \overline{J}} \quad (8\text{-}25)$$

式(8-25)即为分段求和法计算水面曲线的基本公式，它对于棱柱形及非棱柱形渠道中的恒定渐变流都适用。式中的平均水力坡度 $\overline{J}$ 可近似按谢才公式计算，由式(4-42)得：

$$\overline{J} = \frac{\overline{v}^2}{\overline{C}^2 \overline{R}}$$

式中　$\overline{v}$、$\overline{C}$、$\overline{R}$——分别表示 Δl 流段上相应量的平均值，即：

$$\overline{v} = \frac{v_1 + v_2}{2},\quad \overline{C} = \frac{C_1 + C_2}{2},\quad \overline{R} = \frac{R_1 + R_2}{2}$$

以控制断面的水深为水面曲线的第一个已知水深，应用式(8-25)便可逐步计算出明渠恒定渐变流各个计算断面的水深及它们的间隔距离，从而整个流程 $l = \sum_{i=1}^{n} \Delta l_i$ 上的水面曲线便可定量确定。

棱柱形渠道恒定渐变流的水面曲线，应用式(8-25)的具体计算步骤如下：

(1) 根据渠道的已知条件，定性分析并确定水面曲线的类型、变化规律及水深的变化范围。

(2) 以控制断面的水深，作为第一计算流段起端断面的已知水深 h_1，并按水面曲线的变化规律，向上游或下游方向(缓流向上游、急流向下游)假设该流段另一端的断面水深 h_2。h_2 的取值可视精度要求而定，它与已知的水深 h_1 相差愈小，分段就愈多，精度相应也愈高，但计算工作量要相应增加，一般取两端水深差 $\Delta h = 0.1 \sim 0.3$m。

(3) 根据上述两个已知水深 h_1 和 h_2，并结合渠道的其他已知条件，求出式(8-25)右端所包含的各量值，进而由该式求得流段长度 Δl_1。

(4) 再以 h_2 作为第二计算流段起端断面的已知水深，按上述同样方法假设该流段另一端的断面水深 h_3，并求得该流段长度 Δl_2。如此类推，逐段向上游或下游推算，即可求得各流段的长度 Δl_3、Δl_4……Δl_n 和相应断面的水深，最后求得水面曲线全流程的总长度为

$l=\sum_{i=1}^{n}\Delta l_i$。

(5) 根据各断面的水深及流段长度，按比例即可定量绘出水面曲线。

分段求和法计算水面曲线方法简单，但计算工作量较大，目前已可利用计算机进行，十分迅速准确。

【例 8-7】 某土渠在设计过程中，因局部地形较陡，需设立跌坎通过（如图 8-24）。已知渠道的输水量 $Q=3.0\text{m}^3/\text{s}$，过水断面为梯形，边坡系数 $m=1.5$，底宽 $b=1.2\text{m}$，壁面粗糙系数 $n=0.025$，底坡 $i=0.0008$。若取渠道的最大设计流速 $v_{\max}=1.2\text{m/s}$，试问该土渠在跌坎前是否会发生冲刷？若发生冲刷，渠道的防冲护面长度 Δl 为多少？

【解】 (1) 计算渠道的正常水深 h_0 和临界水深 h_k

由式(7-8)得：
$$K=\frac{Q}{\sqrt{i}}=\frac{3.0}{\sqrt{0.0008}}=106.07\text{m}^3/\text{s}$$

所以：
$$\frac{b^{2.67}}{nK}=\frac{1.2^{2.67}}{0.025\times106.07}=0.61$$

根据该值及 $m=1.5$ 查附录Ⅲ图得 $\frac{h_0}{b}=0.99$，故：

$$h_0=0.99b=0.99\times1.2=1.19\text{m}$$

根据式(8-7)：
$$\frac{\alpha Q^2}{g}=\frac{A_k^3}{B_k}$$

式中(取 $\alpha=1.0$)：
$$\frac{\alpha Q^2}{g}=\frac{1\times3.0^2}{9.8}=0.92\text{m}^3$$

故：
$$\frac{A_k^3}{B_k}=\frac{[(b+mh_k)h_k]^3}{b+2mh_k}=\frac{[(1.2+1.5h_k)h_k]^3}{1.2+2\times1.5h_k}=0.92$$

经试算得：
$$h_k=0.65\text{m}$$

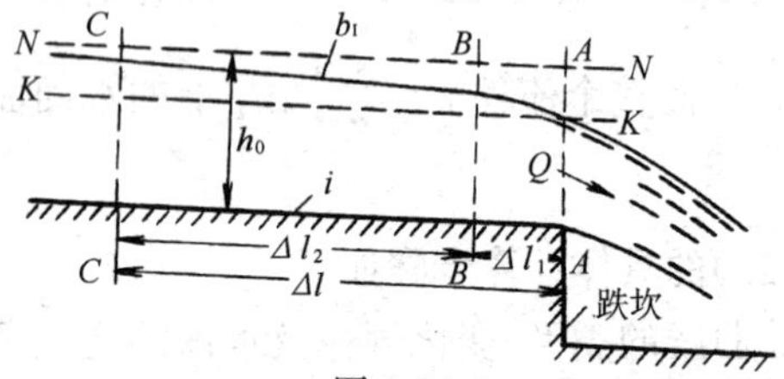

图 8-24

(2) 定性分析非均匀流段水面曲线

根据上述计算结果，在分析图中标出 N-N 线与 K-K 线。因为 $h_0=1.19>h_k=0.65\text{m}$，所以渠道为缓坡($i<i_k$)，渠道中的均匀流为缓流。缓流在跌坎处必产生水跌现象，故在跌坎上游的水面曲线为 b_{I} 型降水曲线，其控制水深为跌坎断面 A-A 处的临界水深 h_k，如图 8-24 所示。

(3) 校核渠道流速

渠道中的最大流速应出现在跌坎断面 A-A 处，且：

$$v_A=v_K=\frac{Q}{(b+mh_k)h_k}=\frac{3.0}{(1.2+1.5\times0.65)\times0.65}=2.12\text{m/s}>v_{\max}$$

渠道中均匀流的流速为：

$$v_0=\frac{Q}{(b+mh_0)h_0}=\frac{3.0}{(1.2+1.5\times1.19)\times1.19}=0.84\text{m/s}<v_{\max}$$

可见，渠道将在 A-A 断面上游非均匀流段的一定范围内引起冲刷。

(4) 计算防冲护面长度 Δl

设渠道被冲刷的起始断面在 C-C 处，即 $v_C = v_{max} = 1.2\text{m/s}$，则：

$$A_C = \frac{Q}{v_{max}} = \frac{3.0}{1.2} = 2.5\text{m}^2$$

即：
$$(b + mh_C)h_C = (1.2 + 1.5h_C)h_C = 2.5\text{m}^2$$

解得：
$$h_C = 0.95\text{m}$$

Δl 就是从水深 $h_A = h_k = 0.65\text{m}$ 的 A-A 断面向上游到水深为 $h_C = 0.95\text{m}$ 的 C-C 断面间的流程长度。现采用分段求和法，从控制断面 A-A 的已知水深 $h_A = 0.65\text{m}$ 开始向上游推算。

设中间断面 B-B 处的水深 $h_B = 0.81\text{m}$，将 Δl 分为两段，断面 A-A 至 B-B 对应的流段长度为 Δl_1；断面 B-B 至 C-C 对应的流段长度为 Δl_2，如图 8-24 所示。

首先计算 Δl_1

由 $h_A = 0.65\text{m}$ 得：

$$A_A = (b + mh_A)h_A = (1.2 + 1.5 \times 0.65) \times 0.65 = 1.41\text{m}^2$$

$$v_A = \frac{Q}{A_A} = 2.12\text{m/s}, \quad \frac{\alpha_A v_A^2}{2g} = \frac{1 \times 2.12^2}{2 \times 9.8} = 0.23\text{m}$$

$$\chi_A = b + 2h_A\sqrt{1 + m^2} = 1.2 + 2 \times 0.65\sqrt{1 + 1.5^2} = 3.54\text{m}$$

$$R_A = \frac{A_A}{\chi_A} = \frac{1.41}{3.54} = 0.40\text{m}$$

$$C_A = \frac{1}{n}R_A^{1/6} = \frac{1}{0.025} \times 0.40^{1/6} = 34.33\text{m}^{1/2}/\text{s}$$

同理，由 $h_B = 0.81\text{m}$ 可求得：

$$A_B = 1.96\text{m}^2,\ v_B = 1.53\text{m},\ \frac{\alpha_B v_B^2}{2g} = 0.12\text{m},\ \chi_B = 4.12\text{m},\ R_B = 0.48\text{m},\ C_B = 35.39\text{m}^{1/2}/\text{s}$$

所以，流段 1 两断面各水力要素的平均值为：

$$\overline{v}_1 = \frac{1}{2}(v_A + v_B) = 1.83\text{m/s}, \quad \overline{R}_1 = \frac{1}{2}(R_A + R_B) = 0.44\text{m}$$

$$\overline{C}_1 = \frac{1}{2}(C_A + C_B) = 34.86\text{m}^{1/2}/\text{s}, \quad \overline{J}_1 = \frac{\overline{v}_1^2}{\overline{C}_1^2\overline{R}_1} = \frac{1.83^2}{34.86^2 \times 0.44} = 0.0063$$

由式(8-25)得：

$$\Delta l_1 = \frac{\left(h_A + \frac{\alpha_A v_A^2}{2g}\right) - \left(h_B + \frac{\alpha_B v_B^2}{2g}\right)}{i - \overline{J}_1} = \frac{(0.65 + 0.23) - (0.81 + 0.12)}{0.0008 - 0.0063} = 9.10\text{m}$$

再计算 Δl_2

流段 2 下游端 B-B 断面的各水力要素在上述 Δl_1 的计算中已求得。对于下游端的 C-C 断面，采用与上述相同的方法，由 $h_C = 0.95\text{m}$ 可求得：

$$A_C = 2.5\text{m}^2,\ v_C = 1.2\text{m/s},\ \frac{\alpha_C v_C^2}{2g} = 0.073,\ \chi_C = 4.63\text{m},\ R_C = 0.54\text{m},\ C_C = 36.10\text{m}^{1/2}/\text{s}$$

所以，流段 2 两断面间各水力要素的平均值为：

$$\overline{v}_2=1.37\text{m/s},\quad \overline{R}_2=0.51\text{m},\quad \overline{C}_2=35.75\text{m}^{1/2}/\text{s},\quad \overline{J}_2=\frac{\overline{v}_2^2}{\overline{C}_2^2\overline{R}_2}=0.0029$$

由式(8-25)得：

$$\Delta l_2=\frac{\left(h_B+\frac{\alpha_B v_B^2}{2g}\right)-\left(h_C+\frac{\alpha_C v_C^2}{2g}\right)}{i-\overline{J}_2}=\frac{(0.81+0.12)-(0.95+0.073)}{0.0008-0.0029}=44.29\text{m}$$

故防冲刷护面长度为：

$$\Delta l=\Delta l_1+\Delta l_2=9.1+44.29=53.4\text{m}$$

思 考 题

8-1 试分析下列有关明渠流的论断是否正确：

(1)测压管水头线与自由水面重合；(2)总水头线总是与自由水面平行；(3)测压管水头线不会沿流程上升；(4)底坡线不可能和总水头线平行；(5)均匀流必然是恒定流；(6)恒定流必然是均匀流；(7)非均匀流必然是非恒定流；(8)非恒定流必然是非均匀流；(9)缓坡渠道上只能形成缓流，陡坡渠道上只能形成急流，临界坡渠道上只能形成临界流；(10)水跃只可能发生在缓坡渠道上；(11)缓流和急流为均匀流时，只能分别发生在缓坡和陡坡长直棱柱形渠道上。

8-2 缓流与急流受到扰动时，其特点有何不同？总结一下明渠流流态的判别方法。

8-3 明渠水流分别在什么条件下，其断面单位能量沿流程不变、沿流程增加和沿流程减小？在平坡和逆坡棱柱形渠道中，水流的断面单位能量能否沿流程增加？为什么？

8-4 试分析明渠水流在不同的流态下，其断面单位能量随水深的变化关系。

8-5 临界坡、缓坡与陡坡是如何定义的？对于底坡一定的渠道，其底坡的类型就一定确定了吗？为什么？

8-6 说明在下列几种明渠水流的情况中，哪些情况可能发生，哪些情况不可能发生。

- 缓坡上
  - 均匀流：缓流、临界流、急流
  - 非均匀流：缓流、临界流、急流
- 陡坡上
  - 均匀流：缓流、临界流、急流
  - 非均匀流：缓流、临界流、急流
- 平坡上
  - 均匀流：缓流、临界流、急流
  - 非均匀流：缓流、临界流、急流

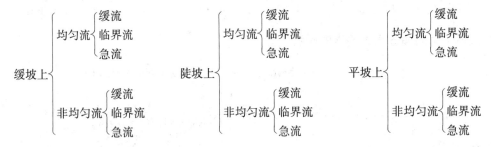

8-7 在同一条矩形渠道中，有两个渠段，当出现下述三种情况时，试问两渠段的临界水深 h_k 及正常水深 h_0 是否相同？如果不同，哪段相对较大？

(1) $n_1>n_2$(Q、b、i 都相等)；(2) $b_2>b_1$(Q、n、i 都相等)；(3) $i_2>i_1$(Q、n、b 都相等)。

8-8 在实验用的长水槽中，形成闸孔泄流后发生水跃。如果流量保持不变，试问应如何调整水槽的底坡才可能使临界式水跃转化为淹没式水跃或远驱式水跃？

8-9 除临界坡情况外，为什么水面曲线不可能以渐变流的形式从一个流区穿越 K-K 线进入另一个流区？

8-10 认真观察图 8-16 中的 12 种类型水面曲线，总结各类型水面曲线的变化规律。

8-11 如图所示，两段长直棱柱形渠道相连接，其底坡分别为 i 和 i_2，且 $i_1<i_2<i_k$，两渠段的断面形状、尺寸及粗糙系数均相同，通过流量为 Q，试判别图中所画的水面曲线的对与错，并说明原因。

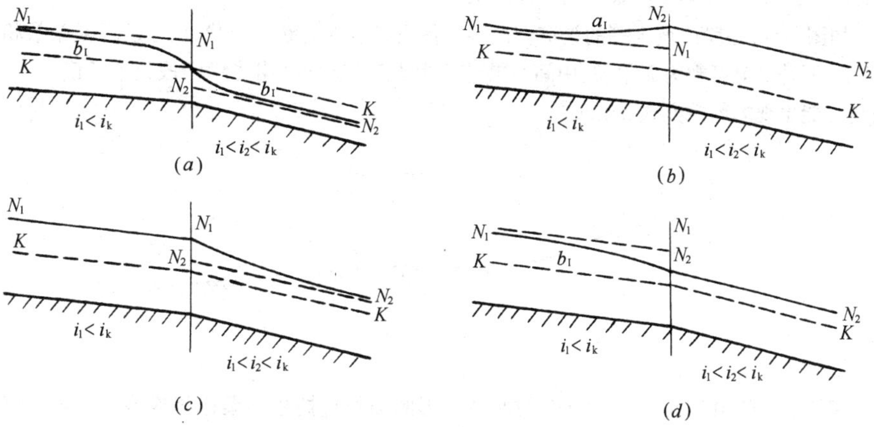

思考题 8-11 图

习　题

8-1　已知某矩形断面渠道的宽度 $b=5\text{m}$，流量 $Q=17.25\text{m}^3/\text{s}$。试求该渠道的临界水深。

8-2　已知某矩形断面渠道的宽度 $b=2\text{m}$，流量 $Q=3.47\text{m}^3/\text{s}$，若测得某断面的断面单位能量 $E_s=2\text{m}$，试求该断面可能出现哪两个水深。

8-3　已知某矩形长直渠道的宽度 $b=5\text{m}$，粗糙系数 $n=0.025$，底坡 $i=0.0005$，流量 $Q=25\text{m}^3/\text{s}$。试分别用微波波速、佛汝德数、临界水深、临界流速和临界坡五种方法判别渠道中均匀流时的流态。

8-4　已知某梯形断面长直棱柱形渠道的底宽 $b=8\text{m}$，边坡系数 $m=1.5$，粗糙系数 $n=0.0225$，底坡 $i=0.0004$，流量 $Q=18\text{m}^3/\text{s}$。试分别用微波波速、佛汝德数、临界水深、临界流速和临界坡五种方法判别渠道中均匀流时的流态。

8-5　一水跃发生于某平坡梯形断面棱柱形渠段中。已知渠道的底宽 $b=5\text{m}$，边坡系数 $m=1.25$，流量 $Q=25\text{m}^3/\text{s}$，跃后水深 $h''=3.14\text{m}$。试求跃前水深 h'。

8-6　在闸门下游平坡矩形断面渠道中发生水跃。已知渠道宽 $b=6\text{m}$，流量 $Q=12.5\text{m}^3/\text{s}$，跃前断面流速 $v_1=7\text{m/s}$。试求跃后水深、水跃长度及水跃中所消耗的能量。

8-7　如图所示，由闸门放水进入平坡矩形断面渠道。若收缩断面 c-c 处的水深 $h_c=0.75\text{m}$，渠道宽 $b=2\text{m}$（与闸门等宽），流量 $Q=7\text{m}^3/\text{s}$，下游水深 $h_t=1.5\text{m}$，试分析闸门下游水面将如何衔接，并画出水面衔接过程。

8-8　如图所示，上、下游断面形状、尺寸与粗糙系数均相同的长直棱柱形渠道，上游段为平坡，下游段为陡坡。在平坡渠道尾部设有平板闸门，已知闸孔开度 a 小于临界水深，闸门至底坡转折处的距离为 l。试定性画出当 l 的大小不同时，闸门下游渠道中水面曲线可能出现的衔接方式。

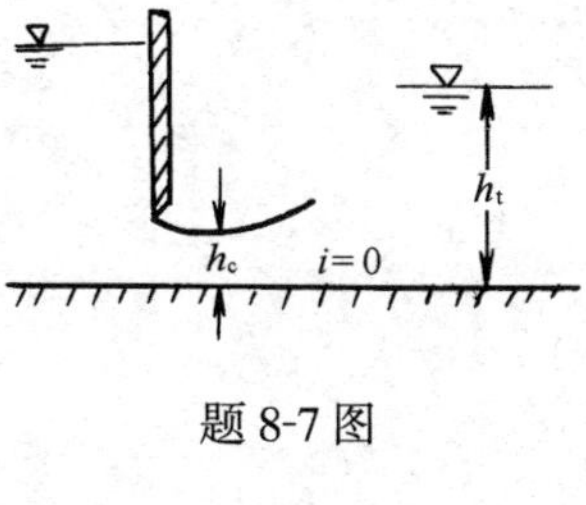

题 8-7 图

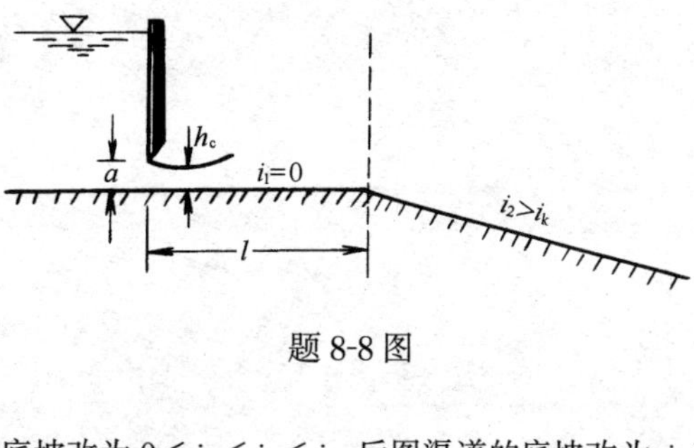

题 8-8 图

8-9　在图 8-17 和图 8-18 中，若将前图渠道的底坡改为 $0<i_2<i_1<i_k$，后图渠道的底坡改为 $i_2>i_1>$

i_k,其他条件不变。试定性画出两渠道间水面曲线的衔接。

8-10 如图所示,三段底坡不等的渠道相连接。各段渠道均为断面形状、尺寸及粗糙系数相同的棱柱形渠道,且上、下游渠道可视为无限长,中间段渠道长为 l。试定性画出当中间段渠道长度 l 不同时,渠道中水面曲线可能出现的衔接方式。

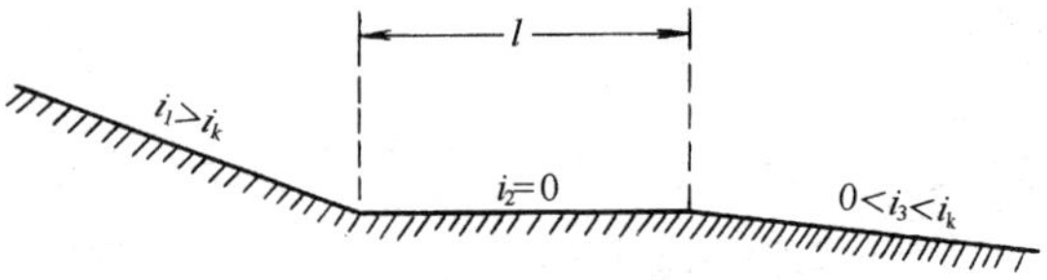

题 8-10 图

8-11 底坡 $i_1=0.015$ 和 $i_2=0.0025$ 的两条矩形断面长直棱柱形渠道相连接。已知渠道中的流量 $Q=27\text{m}^3/\text{s}$,两渠道的宽度和粗糙系数相同,并分别为 $b=3\text{m}$, $n=0.013$。试定性分析非均匀流段水面曲线的衔接方式,并定量绘制该非均匀流段的水面曲线(若渠道中发生水跃,可近似按平坡渠道水跃规律考虑)。

8-12 已知某矩形断面渠道宽度 $b=6\text{m}$,粗糙系数 $n=0.025$,底坡 $i=0.0015$,流量 $Q=14.5\text{m}^3/\text{s}$。因下游建坝使水面抬高,若测得坝前水深 $h_1=3.0\text{m}$,试求上游距坝前 300m 处的断面水深为多少?

8-13 如题 8-8 图,已知渠道断面为矩形,宽度 $b=3.2\text{m}$,粗糙系数 $n=0.012$,闸下的过流量 $Q=12\text{m}^3/\text{s}$,闸门下游收缩断面处的水深 $h_c=0.5\text{m}$。若要求在平坡渠段上不发生水跃,并使底坡转折处的水深恰好为临界水深 h_k,试求收缩断面至底坡转折处的距离 l 为多少?

第九章 堰流与闸孔出流

在明渠中设置障碍物，水流在障碍物上游产生壅水，并经障碍物形成缓流溢流的局部水力现象称为堰流。此障碍物称为堰。堰可以从底面或侧面约束水流，也可同时从底、侧两方面约束水流。如果堰上的水流受到闸门控制，水流经闸门下缘和堰顶之间的闸孔泄流，则称为闸孔出流。

堰流与闸孔出流都是水流在局部区段由势能转化为动能的急变流过程，水头损失以局部水头损失为主，沿程水头损失可以忽略不计。它们的主要区别在于：堰流不受闸门控制，水面是光滑连续降落的；而闸孔出流则受闸门控制，闸孔上、下游的水面不连续。

堰流及闸孔出流是水利工程和给水排水工程中常见的水流现象。本章应用水力学的基本原理，在恒定流条件下，讨论堰流及闸孔出流的水力特性及有关的水力计算方法。

第一节 堰流的分类及堰流基本公式

一、堰流的分类

如图 9-1，表征堰流的特征量有：堰宽 b，即水流浸过堰顶的宽度；堰顶水头 H，即堰上游水位在堰顶的最大超高，一般在堰上游 $(3\sim4)H$ 处测量；堰壁厚度 δ 和它的剖面形状；下游水深 h_t 及下游水位高出堰顶的高度 Δ；堰上、下游坎高 p 及 p'；行近流速 v_0 等。

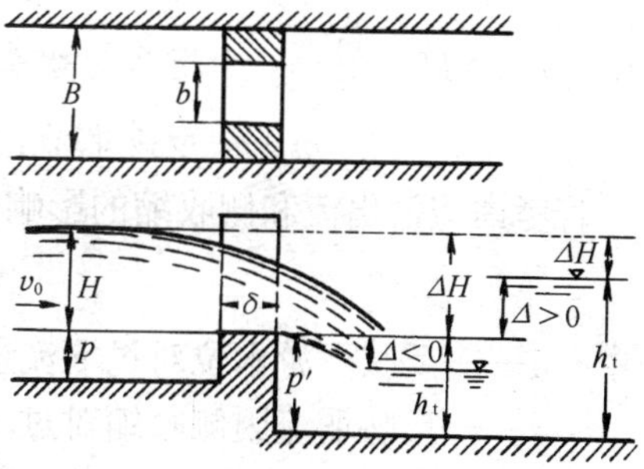

图 9-1

根据堰顶溢流的情况，按堰壁厚度 δ 与堰顶水头 H 的相对大小，可将堰流分为以下三类。

(1) 当 $\delta/H<0.67$ 时，称为薄壁堰。水流流经堰壁时，因惯性作用使堰顶水舌底部上弯。实验表明，水舌上弯后又回落到堰顶高程时，距上游堰壁面约 $0.67H$。因此，薄壁堰（$\delta<0.67H$）的特点是堰顶水舌的下缘与堰顶只为线接触，水舌形状不受堰壁厚度 δ 影响（如图 9-2 (a)）。实际应用中，薄壁堰的堰顶常做成锐缘形，故也称其为锐缘堰。

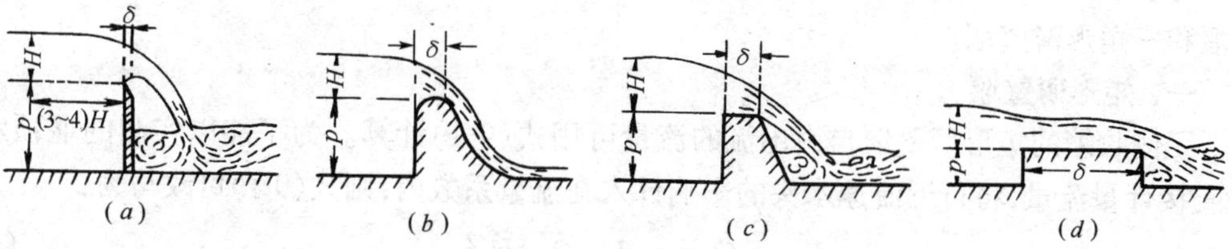

图 9-2

(2) 当 $0.67 \leqslant \delta/H < 2.5$ 时,称为实用堰。随着堰顶厚度的加大,堰流开始受到堰顶的约束和顶托作用。但在实用堰中,这种影响还不大,过堰水流主要还是在重力作用下的自由跌落。实用堰根据其剖面形状,有曲线型实用堰和折线型实用堰两种(如图 9-2(b)、(c))。

(3) 当 $2.5 \leqslant \delta/H < 10$ 时,称为宽顶堰。此时,堰顶对水流的顶托作用变得明显。进入堰顶水流受到堰的垂向约束,水流动能加大,势能减小,加之堰进口处的局部水头损失,使水面在堰的进口附近形成一次跌落。此后,水流在堰面的顶托作用下,水面先略有回升,然后几乎与堰顶平行。当下游水位较低时,水面在堰出口处会产生二次跌落(如图 9-2(d))。

前已指出,堰流可以忽略沿程水头损失。当 $\delta/H > 10$ 后,水流的沿程水头损失已不能忽略,水流不再属于堰流,而是明渠流了。

根据堰下游水位对过堰流量是否有影响,将堰的出流方式分为自由出流(下游水位较低,不影响过堰流量)和淹没出流(下游水位较高,影响过堰流量)。

根据堰宽度 b 与堰上游渠道宽度 B 是否相等,堰流可分为无侧收缩堰流($b = B$)和侧收缩堰流($b < B$)。

二、堰流基本公式

薄壁堰、实用堰和宽顶堰,虽然因边界条件不同引起堰流性质的差异,但它们都是可不计沿程水头损失的明渠缓流溢流。这种共性决定了这三种形式的堰流应具有结构相同的基本公式,其差别则应表现在某些系数值的不同上。

根据能量方程可推得,无侧向收缩的自由堰流流量公式为:

$$Q = mb\sqrt{2g}H_0^{3/2} \tag{9-1}$$

式中 $H_0 = H + \frac{\alpha_0 v_0^2}{2g}$——堰顶总水头;

m——反映堰流边界条件影响的系数,称为堰流流量系数。

若考虑淹没出流和侧收缩的影响,可将式(9-1)改写为:

$$Q = \sigma\varepsilon mb\sqrt{2g}H_0^{3/2} \tag{9-2}$$

式中 σ——反映下游水位对过堰流量影响的系数,称为淹没系数($\sigma < 1$);

ε——反映堰流因侧收缩对过堰流量影响的系数,称为收缩系数($\varepsilon < 1$)。

式(9-1)和(9-2)就是无侧向收缩的自由堰流和考虑淹没出流和侧收缩影响的堰流基本公式。下面,分别讨论各种类型堰流的各项系数的计算方法。

第二节 薄 壁 堰

薄壁堰是一种常用的量水设备。堰口形状主要有矩形和三角形两种,分别称为矩形薄壁堰和三角形薄壁堰。

一、矩形薄壁堰

无侧收缩的矩形薄壁堰自由出流的流量可用式(9-1)计算。为了能以实测的堰顶水头 H 直接计量流量,将行近流速水头的影响计入在流量系数内,则式(9-1)可改写为:

$$Q = m_0 b\sqrt{2g}H^{3/2} \tag{9-3}$$

式中 m_0——计入行近流速水头影响的流量系数,其取值大致为 0.42~0.50,具体可由实验确定。

1889 年,法国工程师巴赞提出的流量系数经验公式为:

$$m_0=\left(0.405+\frac{0.0027}{H}\right)\left[1+0.55\left(\frac{H}{H+p}\right)^2\right] \tag{9-4}$$

式中　堰顶水头 H、堰上游坎高 p 均以 m 计。

式(9-4)的适用范围是:$0.2\text{m}<b<2\text{m}$,$0.24\text{m}<p<1.13\text{m}$,$0.05\text{m}<H<1.24\text{m}$。

1912 年,德国工程师雷布克提出的流量系数经验公式为:

$$m_0=0.403+0.053\frac{H}{p}+\frac{0.0007}{H} \tag{9-5}$$

式中　H 堰顶水头、堰上游坎高 p 均以 m 计。

实验表明,式(9-5)在 $0.10\text{m}<p<1.0\text{m}$,$0.024\text{m}<H<0.6\text{m}$,且 $H/p<1$ 的条件下,误差在 0.5%以内。

当堰宽度 b 小于上游渠道宽度 B 时,过堰水流产生侧收缩,使堰的过流能力降低。若将侧收缩的影响也归到流量系数中,并设流量系数为 m'_0,则修正后的巴赞经验公式为:

$$m'_0=\left(0.405+\frac{0.0027}{H}-0.03\frac{B-b}{B}\right)\left[1+0.55\left(\frac{H}{H+p}\right)^2\left(\frac{b}{B}\right)^2\right] \tag{9-6}$$

式中　H、p、B、b 均以 m 计。

堰淹没出流时,过流能力降低,下游水面波动较大,溢流不稳定,故用于量测流量用的薄壁堰,不宜在淹没出流条件下工作。

堰淹没出流的条件是:堰下游水位高于堰顶,即 $\Delta>0$,并且在堰的下游形成淹没式水跃。实验表明,矩形薄壁堰的此条件可具体表示为:$\Delta>0$,且堰的上、下游水位差 ΔH 与堰下游坎高 p' 之比 $\Delta H/p'<0.7$。因此,用于量测流量的矩形薄壁堰,应避免发生这种情况。

【例 9-1】　一无侧收缩的矩形薄壁堰,堰宽 $b=0.6\text{m}$,上游坎高 $p=0.4\text{m}$。若测得堰顶水头 $H=0.3\text{m}$,试求堰自由出流时的流量 Q。

【解】　按式(9-3)计算:

$$Q=m_0b\sqrt{2g}H^{3/2}$$

题中条件满足式(9-4)和(9-5)的适用条件,现选用式(9-5)计算流量系数:

$$m_0=0.403+0.053\frac{H}{p}+\frac{0.0007}{H}=0.403+0.053\frac{0.3}{0.4}+\frac{0.0007}{0.3}=0.445$$

则:

$$Q=0.445\times0.6\sqrt{2\times9.8}\times0.3^{3/2}=0.194\text{m}^3/\text{s}$$

二、三角形薄壁堰

当所量测的流量很小($Q<0.1\text{m}^3/\text{s}$)时,因堰顶水头过小,使误差增大,一般改用三角形薄壁堰测量。三角堰可在小流量下得到较大的堰顶水头,从而可提高量测精度。

如图 9-3,三角堰与矩形堰不同,其堰顶横向各点的水头是变化的。

三角堰的三角形堰流面积,可以看成是许多高度不同的微小矩形断面面积的叠加,三角堰的流量就是这许多微小矩形堰流量的叠加。设三角堰顶的夹角为 θ,自三角堰顶点算起的堰顶水头为 H,则结合式(9-1)可推得,三角形

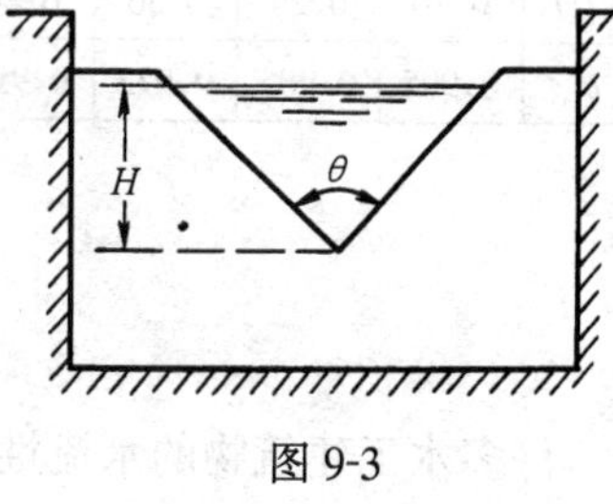

图 9-3

薄壁堰自由出流的流量公式为：

$$Q = MH^{5/2} \tag{9-7}$$

式中　M——与 θ 和 H 有关的系数，可由实验确定。

对于常用的 $\theta=90^\circ$ 的等腰直角三角形薄壁堰，当 $H=0.05\sim0.25$m 时，由实验得 $M=1.4$，则流量公式为：

$$Q = 1.4H^{5/2} \tag{9-8}$$

式中　H 以 m 计；Q 以 m^3/s 计。

第三节　实　用　堰

实用堰是水利工程中用来挡水同时又能泄水的水工建筑物，给水与污废水处理厂的溢流设备也是实用堰的例子。实用堰按其剖面形状分为曲线型实用堰（如图 9-2(*b*)）和折线型实用堰（如图 9-2(*c*)）。

曲线型实用堰的剖面是按矩形薄壁堰自由出流时水舌下缘面的形状设计的。由于不同的堰顶水头，其水舌形状不同，当堰顶的实际水头超过堰顶的设计水头时，水舌下缘面将部分与坝面脱离，脱离处的空气被水流带走后形成真空，这种堰称为真空堰。真空堰可增大堰的过水能力，但真空区的存在，将引起水流不稳定和建筑物振动，真空度过大，还会使堰面发生气蚀损害。所以，真空堰一般较少使用。

折线型实用堰多用于低溢流坝，用石料砌筑而成，其剖面形状多为梯形。

实用堰的基本公式为式(9-1)和(9-2)。其流量系数 m 与堰的剖面形状、尺寸和堰顶水头大小有关，可由实验具体确定。初步估算时，曲线型实用堰可取 $m=0.45$，折线型实用堰可取 $m=0.35\sim0.42$。

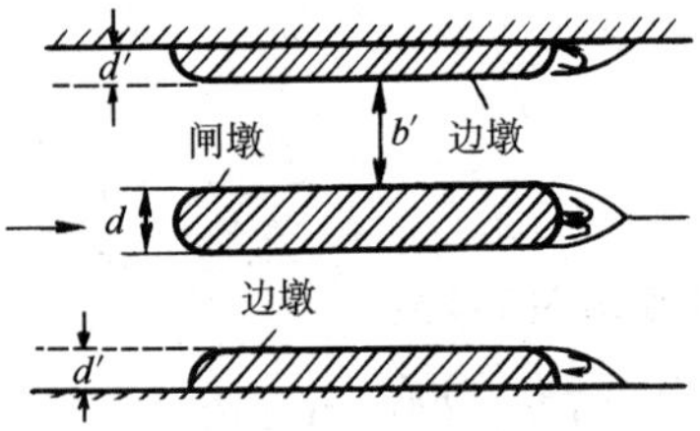

图 9-4

在水利工程中，为了调节水位和流量，常在堰顶设置闸门，支撑闸门需用闸墩和边墩（如图 9-4）。边墩及闸墩将使水流产生侧收缩而减小堰的过水能力。表征边墩及闸墩对过水能力影响的侧收缩系数 ε 与边墩及闸墩头部的形式、堰孔数目、堰孔的尺寸及堰顶总水头有关。对于曲线型实用堰，初步估算时，常采用 $\varepsilon=0.85\sim0.95$。准确的 ε 值，可根据堰的具体情况，查有关计算手册确定。

当实用堰形成淹没出流时，其淹没系数 σ 与堰的相对淹没深度 Δ/H（其中 Δ 为堰的下游水位高出堰顶的高度）有关，可由表 9-1 查用。

实用堰淹没系数 σ　　　　**表 9-1**

Δ/H	0.10	0.20	0.30	0.40	0.50	0.60	0.70	0.80	0.90	0.95	0.975	0.995	1.00
σ	0.995	0.985	0.972	0.957	0.935	0.906	0.856	0.776	0.621	0.470	0.319	0.100	0

第四节　宽　顶　堰

许多水工建筑物的水流性质，从水力学的观点看，一般都属于宽顶堰流。例如，小桥桥孔的过流，无压短涵管的过流和水利工程、灌溉工程中的各种水闸闸门全开时，都具有宽顶堰的水力性质。坎高为零的宽顶堰称为无坎宽顶堰。

宽顶堰流的基本公式仍为式(9-1)和(9-2)。

一、宽顶堰的流量系数

宽顶堰的流量系数 m 取决于堰顶的进口形式和堰的相对高度 p/H，可采用下列经验公式计算：

当堰顶进口为直角(如图 9-5(a))时：

$$m = 0.32 + 0.01\frac{3 - p/H}{0.46 + 0.75p/H} \tag{9-9}$$

当堰顶进口为圆角(如图 9-5(b))时：

$$m = 0.36 + 0.01\frac{3 - p/H}{1.2 + 1.5p/H} \tag{9-10}$$

上两式的适用范围是：$0 \leqslant p/H \leqslant 3$。当 $p/H > 3$ 时，m 可取上两式 $p/H = 3$ 时的 m 值，即对于式(9-9) $m = 0.32$，对于式(9-10) $m = 0.36$。

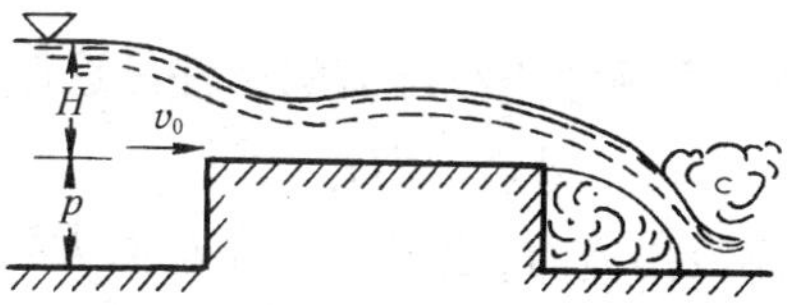

(a)

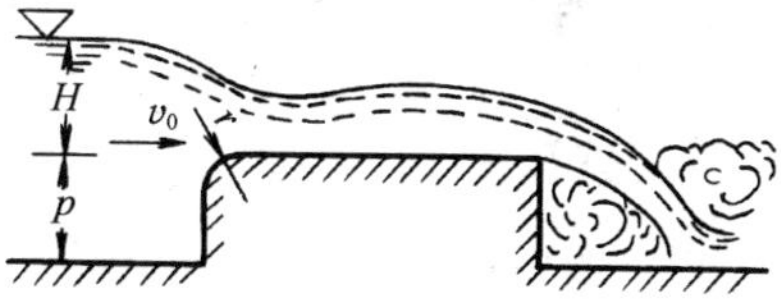

(b)

图 9-5

二、宽顶堰的侧收缩系数

与实用堰相同，水利工程中为调节水位和流量，常在宽顶堰顶设置闸门。当宽顶堰的溢流宽度较大时，需要分孔设置闸墩和边墩(类似于图 9-4)。

对于单孔宽顶堰(只有边墩)，其侧收缩系数 ε 可由下经验公式计算：

$$\varepsilon = 1 - \frac{a_0}{\sqrt[3]{0.2 + p/H}}\sqrt[4]{\frac{b}{B}}\left(1 - \frac{b}{B}\right) \tag{9-11}$$

式中 b、B——分别为堰孔的溢流宽度和堰上游渠道宽度；

a_0——考虑墩头形状影响的系数。头部为矩形的边墩(或闸墩) $a_0 = 0.19$，头部为圆弧形的边墩(或闸墩) $a_0 = 0.10$。

式(9-11)的适用条件是：$b/B > 0.2$ 和 $p/H < 3$。当 $b/B < 0.2$ 和 $p/H > 3$ 时，应采用 $b/B = 0.2$ 和 $p/H = 3$。

对于多孔宽顶堰(既有边墩也有闸墩)，其侧收缩系数可由式(9-11)分别计算边孔和中孔的侧收缩系数，再由下式取加权平均值得到。即：

$$\bar{\varepsilon} = \frac{(n-1)\varepsilon' + \varepsilon''}{n} \tag{9-12}$$

式中 n——孔数；

ε'——中孔的侧收缩系数，按式(9-11)计算时，$b = b'$(为单孔净宽)，$B = b' + d$(d 为闸墩厚度，见图 9-4)；

ε''——边孔的侧收缩系数，按式(9-11)计算时，$b=b'$（为单孔净宽），$B=b'+2d'$，(d' 为边墩计算厚度，是边墩边缘与堰上游同侧水流边线间的距离，见图 9-4)。

多孔宽顶堰采用式(9-2)进行水力计算时，式中的 b 应为所有堰孔的净宽度之和。

三、宽顶堰的淹没条件及淹没系数

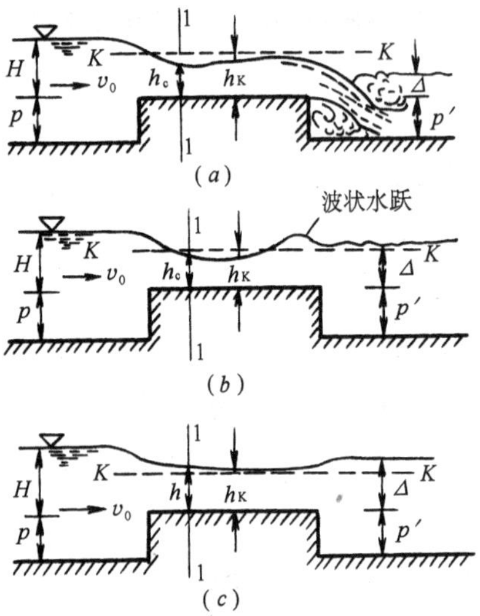

图 9-6

在堰顶总水头 H_0 及堰的进口形式一定的情况下，随着下游水位逐渐升高，宽顶堰由自由出流到淹没出流的变化过程如图 9-6 所示。当堰下游水位低于临界水深线 K-K 时（如图(a)），因堰顶水流为急流状态，收缩断面水深 h_c 不变，故无论下游水位是否高于堰顶，宽顶堰都是自由出流。当下游水位上升至略高于 K-K 线，堰顶产生波状水跃时（如图(b)），由于水流收缩断面后仍保持急流状态，h_c 值不变，宽顶堰仍为自由出流。当下游水位继续上升，使收缩断面的水深 $h>h_k$ 时（如图(c)），堰顶水流都变为缓流，形成淹没出流。

实验表明，宽顶堰淹没出流的条件可近似为：

$$\Delta>0.8H_0 \tag{9-13}$$

宽顶堰淹没出流时，堰顶中间段水面大致平行于堰顶，在堰的出口处，因水流的部分动能转换为势能，所以堰下游的水位是略高于堰顶水位的（如图 9-6(c)）。

宽顶堰的淹没系数 σ 随 Δ/H_0 的增大而减小，其对应关系可查表 9-2 确定。

淹 没 系 数 **表 9-2**

Δ/H_0	0.80	0.81	0.82	0.83	0.84	0.85	0.86	0.87	0.88	0.89
σ	1.00	0.995	0.99	0.98	0.97	0.96	0.95	0.93	0.90	0.87
Δ/H_0	0.90	0.91	0.92	0.93	0.94	0.95	0.96	0.97	0.98	
σ	0.84	0.82	0.78	0.74	0.70	0.65	0.59	0.50	0.40	

对于无坎宽顶堰流，在计算中一般不单独考虑侧收缩的影响，而是将其包含在流量系数中一并考虑，即令包括侧收缩影响的流量系数为 $m'=\varepsilon m$。

无坎宽顶堰的流量系数 m' 与进口翼墙的形式有关。常见的翼墙形式有如图 9-7 所示的三种，它们的流量系数 m' 可参阅有关计算手册。

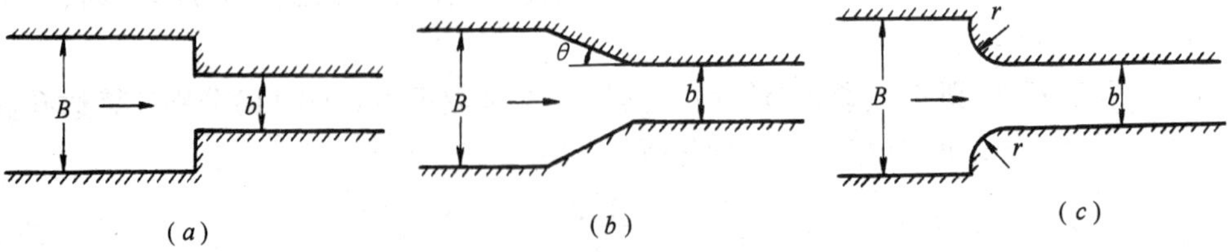

图 9-7

(a)直角式翼墙；(b)八字形翼墙；(c)圆弧形翼墙

【例 9-2】 已知直角进口无侧收缩宽顶堰的堰顶水头 $H=0.85$m，坎高 $p=p'=0.5$m，

下游水深 $h_t=1.3\text{m}$,堰宽 $b=1.28\text{m}$。试求该宽顶堰的流量。

【解】 (1) 判断此堰是否为淹没出流

因为 $\Delta=h_t-p'=1.3-0.5=0.8\text{m}$,设堰顶总水头 $H_0\approx H=0.85\text{m}$,则:

$$0.8H_0=0.8\times0.85=0.68\text{m}<0.8\text{m}$$

故此堰为淹没出流。由 $\Delta/H_{01}=0.8/0.85=0.94$,查表 9-2 得 $\sigma_1=0.70$。

(2) 计算流量系数 m

因为堰为直角进口,且 $p/H=0.5/0.85=0.588<3$,故由式(9-9)得:

$$m=0.32+0.01\frac{3-p/H}{0.46+0.75p/H}=0.347$$

(3) 计算流量 Q

由式(9-2) (取其中 $\varepsilon=1$)得:

$$Q=\sigma mb\sqrt{2g}H_0^{3/2}$$

式中 $H_0=H+\dfrac{\alpha_0 v_0^2}{2g}$, $v_0=\dfrac{Q}{b(p+H)}$

用迭代法求解 Q:

第一次近似计算,取 $H_{02}\approx H=0.85\text{m}$ 得:

$$Q_1=\sigma_1 mb\sqrt{2g}H_{01}^{3/2}=0.7\times0.347\times1.28\sqrt{2\times9.8}\times0.85^{3/2}=1.08\text{m}^3/\text{s}$$

$$v_{01}=\frac{Q_1}{b(p+H)}=\frac{1.08}{1.28(0.5+0.85)}=0.625\text{m/s}$$

第二次近似计算,取 $H_{02}=H+\dfrac{\alpha_0 v_{01}^2}{2g}=0.85+\dfrac{1\times0.625^2}{2\times9.8}=0.87\text{m}$

由 $\Delta/H_{02}=0.8/0.87=0.92$ 查表 9-2 得 $\sigma_2=0.78$,则:

$$Q_2=\sigma_2 mb\sqrt{2g}H_{02}^{3/2}=0.78\times0.347\times1.28\sqrt{2\times9.8}\times0.87^{3/2}=1.24\text{m}^3/\text{s}$$

$$v_{02}=\frac{Q_2}{b(p+H)}=\frac{1.24}{1.28(0.5+0.85)}=0.72\text{m/s}$$

第三次近似计算,取 $H_{03}=H+\dfrac{\alpha_0 v_{02}^2}{2g}=0.85+\dfrac{1\times0.72^2}{2\times9.8}=0.88\text{m}$

由 $\Delta/H_{03}=0.8/0.88=0.91$ 查表 9-2 得 $\sigma_3=0.82$,则:

$$Q_3=\sigma_3 mb\sqrt{2g}H_{03}^{3/2}=0.82\times0.347\times1.28\sqrt{2\times9.8}\times0.88^{3/2}=1.33\text{m}^3/\text{s}$$

$$v_{03}=\frac{Q_3}{b(p+H)}=\frac{1.33}{1.28(0.5+0.85)}=0.77\text{m/s}$$

第四次近似计算,取 $H_{04}=H+\dfrac{\alpha_0 v_{03}^2}{2g}=0.85+\dfrac{1\times0.77^2}{2\times9.8}=0.88\text{m}=H_{03}$

则 $Q_4=Q_3=1.33\text{m}^3/\text{s}$

可见,所求的流量为: $Q=Q_4=1.33\text{m}^3/\text{s}$

第五节 闸 孔 出 流

闸门主要用于调节和控制河渠及水库的水位和泄水量。在工程实际中,闸门的底坎一般为宽顶堰(包括无坎宽顶堰)或曲线型实用堰。闸门型式则主要有平板闸门及弧形闸门两种。当闸门部分开启,出闸水流受到闸门控制时即为闸孔出流(如图 9-8)。

在堰顶设了闸门后,根据闸门相对开启度 e/H 的不同,闸下的出流可以是堰流,也可以是闸孔出流。其大致的判别依据是:

闸底坎为宽顶堰时

$$\frac{e}{H} \leqslant 0.65 \text{ 为闸孔出流;} \qquad \frac{e}{H} > 0.65 \text{ 为堰流}$$

闸底坎为曲线型实用堰时

$$\frac{e}{H} \leqslant 0.75 \text{ 为闸孔出流;} \qquad \frac{e}{H} > 0.75 \text{ 为堰流}$$

下面,以常见的闸底坎为宽顶堰的闸孔为例,讨论闸孔出流量与闸前水头及闸门开启度的关系。

一、闸孔出流的水流特性

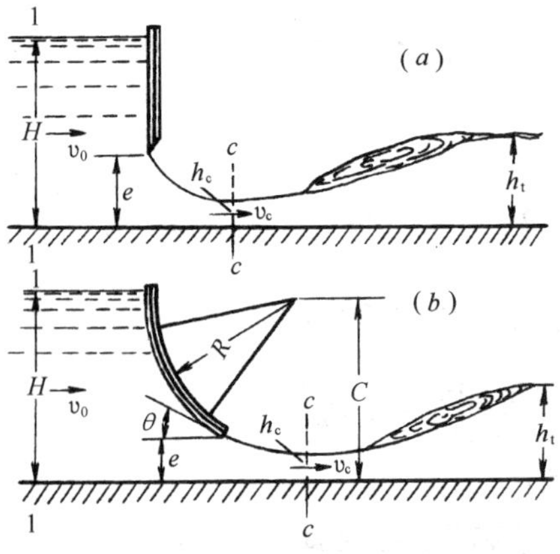

图 9-8

(a)平面闸门;(b)弧形闸门

图 9-8(a)、(b)是无坎宽顶堰上平板闸门和弧形闸门的闸孔出流情况。在闸门的控制下,上游水位壅高,闸前水头为 H,闸门开启度为 e,下游水位为 h_t。闸孔出流时,水流在闸门的约束下,流线急剧弯曲,出闸后,由于惯性作用,流线继续收缩,并在闸门下游一定距离处出现水深最小的收缩断面 c-c。

收缩断面的水深 h_c 一般用下式表示:

$$h_c = \varepsilon' e \tag{9-14}$$

式中 ε'——闸孔出流的垂向收缩系数,与闸门类型、相对开启度 e/H 及底坎形式有关。

无坎宽顶堰上平板闸门闸孔的垂向收缩系数 ε' 可查表 9-3 确定。

平板闸门的垂直收缩系数 ε' 　　**表 9-3**

e/H	0.10	0.15	0.20	0.25	0.30	0.35	0.40	0.45	0.50	0.55	0.60	0.65	0.70	0.75
ε'	0.615	0.618	0.620	0.622	0.625	0.628	0.630	0.638	0.645	0.650	0.660	0.675	0.690	0.705

无坎宽顶堰上弧形闸门闸孔的垂向收缩系数 ε' 主要和闸门底缘的切线与水平线的夹角 θ 有关,可查表 9-4 确定。θ 角可由 $\cos\theta = \dfrac{C-e}{R}$ 确定,式中 C、R 和 e 如图 9-8(b)所示。

弧形闸门的垂直收缩系数 ε' 　　**表 9-4**

θ	35°	40°	45°	50°	55°	60°	65°	70°	75°	80°	85°	90°
ε'	0.789	0.766	0.742	0.720	0.698	0.678	0.662	0.646	0.635	0.627	0.622	0.620

收缩断面的水深 h_c 一般小于临界水深 h_k,水流为急流;下游的水深 h_t 一般大于 h_k,水流为缓流。水流由急流到缓流必发生水跃,水跃位置随下游水深 h_t 而变化。若设 h_c 的跃后共轭水深为 h''_c,则当 $h_t \leqslant h''_c$ 时,水跃发生在收缩断面下游或收缩断面处,如图 9-9(a)、

(b)的情况。此时，下游水深 h_t 的大小不影响闸孔的泄流能力，闸孔为自由出流。当 $h_t > h''_c$ 时，水跃发生在收缩断面上游，如图 9-9(c)的情况。此时，水跃的旋滚区覆盖了收缩断面，闸孔的泄流能力受到影响，为闸孔的淹没出流。

二、闸孔的自由出流

闸孔一般为矩形，设其宽度为 b。如图 9-9(a)、(b)，建立 1-1 及 c-c 断面能量方程可推得，闸孔的流量公式为：

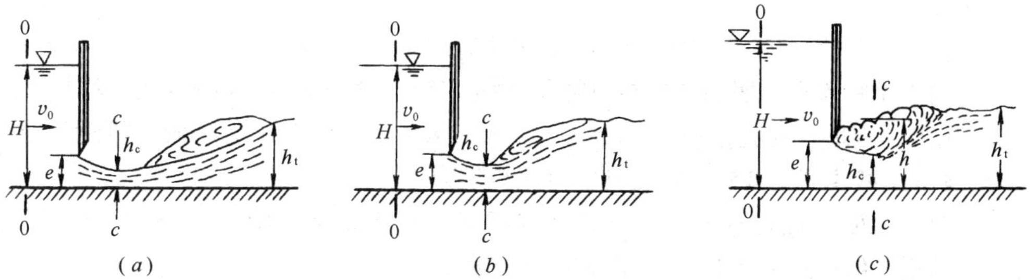

图 9-9

$$Q = \varphi b h_c \sqrt{2g(H_0 - h_c)} = \varphi b \varepsilon' e \sqrt{2g(H_0 - \varepsilon' e)} = \mu_0 b e \sqrt{2g(H_0 - \varepsilon' e)} \tag{9-15}$$

式中　H_0——闸前总水头；

φ——闸孔的流速系数，主要决定于闸门的类型和闸门底坎的形式；

$\mu_0 = \varepsilon' \varphi$——闸孔的流量系数。

式(9-15)即为闸孔出流的基本公式，对平板闸门和弧形闸门的闸孔都适用。在实用中常将其进行下列改写：

$$Q = \mu_0 b e \sqrt{2g(H_0 - \varepsilon' e)} = \mu_0 b e \sqrt{1 - \varepsilon' \frac{e}{H_0}} \cdot \sqrt{2gH_0} = \mu e b \sqrt{2gH_0} \tag{9-16}$$

式中　$\mu = \mu_0 \sqrt{1 - \varepsilon' \frac{e}{H_0}}$ 也称为闸孔的流量系数。

1. 平板闸门的闸孔流量系数

平板闸门闸孔流量系数 μ_0 可用公式 $\mu_0 = \varphi \varepsilon'$ 求得。其中 ε' 可参考表 9-2 确定。平板闸门闸孔的 φ 值主要决定于闸门底坎的形式，底坎为无坎宽顶堰时，$\varphi = 0.95 \sim 1.00$；底坎为有坎宽顶堰时，$\varphi = 0.85 \sim 0.95$；闸后有坎时，$\varphi = 0.97 \sim 1.00$。

针对式(9-16)的流量系数 μ，可按下列南京水利科学研究所的经验公式计算：

$$\mu = 0.60 - 0.176 \frac{e}{H} \tag{9-17}$$

2. 弧形闸门的闸孔流量系数

弧形闸门闸孔自由出流的流量一般按式(9-16)计算。其流量系数 μ 与闸孔的相对开度 e/H 和闸门底缘的切线与水平线的夹角 θ 有关，可由下列经验公式计算：

$$\mu = \left(0.97 - 0.81 \frac{\theta}{180°}\right) - \left(0.56 - 0.81 \frac{\theta}{180°}\right) \frac{e}{H} \tag{9-18}$$

上式的适用范围是：$25° < \theta < 90°$；$0 < e/H < 0.65$。

上述对平板闸门和弧形闸门所得出的垂向收缩系数 ε'(表 9-3 和表 9-4)及流量系数 μ 的计算公式(9-17)和(9-18)适用于无坎宽顶堰的闸孔。但一些试验表明，对于有坎宽顶堰闸孔，只要收缩断面 c-c 仍位于闸坎上，而且闸门是装设在宽顶堰进口下游一定距离处的，则堰坎对水流垂向收缩的影响不明显，仍可按无坎闸孔的公式计算。另外，有边墩或闸墩的闸孔出流，一般不需在计算公式中再单独考虑侧收缩的影响。试验证明，闸孔出流时，边墩及闸墩对闸孔的流量影响很小。

【例 9-3】 某水闸装设平板闸门，无底坎。已知闸前水头 $H=4.0\text{m}$，闸孔宽 $b=3.0\text{m}$，闸门开启度 $e=0.8\text{m}$，下游水深较小为自由出流。若不计闸前行近流速 v_0，试求闸孔的泄流量 Q。

【解】 因为 $e/H=0.8/4.0=0.2<0.65$，故为闸孔出流。

对于无底坎宽顶堰的平板闸门闸孔，由 $e/H=0.2$ 查表 9-3 得 $\varepsilon'=0.62$，并取流速系数 $\varphi=0.97$。则堰孔的流量系数 $\mu_0=\varphi\varepsilon'=0.97\times0.62=0.60$。忽略闸前行近流速时，$H_0=H=4.0\text{m}$，故由式(9-15)得闸孔自由出流流量为：

$$Q=\mu_0 be\sqrt{2g(H_0-\varepsilon' e)}=0.6\times3\times0.8\sqrt{2\times9.8(4-0.62\times0.8)}=11.93\text{m}^3/\text{s}$$

若用式(9-16)计算 Q，可先由式(9-17)求 μ：

$$\mu=0.60-0.176\frac{e}{H}=0.60-0.176\times0.2=0.565$$

则：

$$Q=\mu be\sqrt{2gH_0}=0.565\times3\times0.8\sqrt{2\times9.8\times4}=12.0\text{m}^3/\text{s}$$

三、闸孔的淹没出流

闸孔淹没出流时，因收缩断面 c-c 的实际水深 h 增大，使其流量小于自由出流的流量。实际计算时，一般是在式(9-16)中引入一小于 1 的淹没系数 σ 作为淹没出流的流量计算公式，即：

$$Q=\sigma\mu be\sqrt{2gH_0} \tag{9-19}$$

式中 μ——闸孔自由出流的流量系数；

σ_s——淹没系数，可由实验确定，也可参考有关计算手册介绍的经验公式或实验曲线确定。

思考题

9-1 如果水流以急流方式溢过障壁，是否是堰流？为什么？

9-2 总结一下堰流与闸孔出流的共同点和不同点，并回答两种出流的判别依据。

9-3 薄壁堰、实用堰和宽顶堰的水流特征是什么？为什么宽顶堰在水流进入堰坎后会产生一次水面跌落？

9-4 写出堰流与闸孔出流的基本公式，并指出式中各项系数与哪些因素有关。

9-5 堰下游水位高于堰顶时，堰是否一定产生淹没出流？堰淹没出流的条件是什么？

9-6 闸孔出流的主要特征是什么？如何判别闸孔是否产生淹没出流。

习　题

9-1 在矩形断面的水槽末端设置一矩形薄壁堰，已知水槽宽 $B=1.5\text{m}$，堰宽 $b=0.8\text{m}$，堰坎高 $p=p'=0.35\text{m}$，堰顶水头 $H=0.4\text{m}$。试求堰下游水深 h_t 分别为 0.3m 和 0.4m 时的过堰流量。

9-2 某矩形断面渠道的待测最大流量 $Q=0.30\text{m}^3/\text{s}$，已知该渠道的宽度 $B=2\text{m}$。现用一坎高 $p=0.50\text{m}$ 的矩形薄壁堰来测量这一流量，若堰顶水头 H 限制在 0.20m 以内，试设计该矩形薄壁堰的堰宽 b。(提示：先设 $m_0=0.42$)

9-3 已知无侧收缩自由出流矩形薄壁堰的堰宽 $b=1.5\text{m}$,堰高 $p=0.7\text{m}$,流量 $Q=0.5\text{m}^3/\text{s}$,试设计该堰的堰顶水头 H。(提示:先设 $m_0=0.42$)

9-4 试求顶角 $\theta=90°$的三角堰要求的堰顶水头为多少时,才能通过 40L/s 的流量。

9-5 一堰顶为直角进口无侧收缩的宽顶堰,堰宽 $b=4.0\text{m}$,堰坎高 $p=p'=0.60\text{m}$,堰顶水头 $H=1.2\text{m}$,试求堰下游水深 h_t 分别为 0.80m 和 1.70m 时的过堰流量。

9-6 一堰顶为圆角进口的无侧向收缩宽顶堰,流量 $Q=12\text{m}^3/\text{s}$,堰宽 $b=4.8\text{m}$,堰坎高 $p=p'=0.80\text{m}$,堰下游水深 $h_t=1.73\text{m}$。试求堰顶水头 H。(提示:先设堰为自由出流,且$\frac{p}{H}>3$)

9-7 某灌溉进水闸有 3 个孔,每孔宽 $b'=10\text{m}$;闸墩头部为半圆形,闸墩厚 $d=3\text{m}$;边墩头部为圆弧形,边墩计算厚度 $d'=2\text{m}$;闸底坎均为圆角进口的有坎宽顶堰,堰上游坎高 $p=6\text{m}$。当闸门全开时,堰顶水头 $H=6\text{m}$,闸前行近流速 $v_0=0.5\text{m/s}$,试求闸孔下游水位分别高出堰顶 4.7m 和 5.75m 时的过堰流量。

9-8 一平板进水闸底坎为无坎宽顶堰,闸孔为矩形。已知闸前水头 $H=2.5\text{m}$,闸孔宽 $b=2.8\text{m}$,当闸门开启度 $e=0.5\text{m}$ 时,闸前行近流速 $v_0=0.6\text{m/s}$。试求闸下游水深 h_t 分别为 1.0m 和 2.0m 时的过闸流量。(设淹没出流时的淹没系数 $\sigma=0.58$)

9-9 某平板进水闸底坎为有坎宽顶堰,堰坎高 $p=p'=2\text{m}$,堰宽 $b=5\text{m}$,并与渠道同宽。当闸门开启度 $e=1\text{m}$ 时,闸上游水深为 5m,试求下游水深 $h_t=1.5\text{m}$ 时的过闸流量。

9-10 某平底弧形闸门的闸孔宽度 $b=8\text{m}$,闸门半径 $R=10\text{m}$,门轴高 $C=6.5\text{m}$。当闸门开启高度 $e=1.5\text{m}$时,闸前水头 $H=5\text{m}$,行近流速 $v_0=1.0\text{m/s}$。试求闸孔自由出流和闸门下游水深 $h_t=4\text{m}$ 时的闸孔泄流量。(设淹没出流时的淹没系数 $\sigma=0.72$)

第十章　渗　　流

第一节　概　　述

流体在多孔介质中的流动称为渗流。水在松散岩石颗粒间的孔隙或坚硬岩石内纵横交错的裂隙及溶隙中的流动即地下水的渗流,是自然界最常见的渗流现象。渗流理论广泛应用于水利、给水排水、土建、石油及矿藏开采等领域。例如,地下水资源的勘察与开采、为局部降低地下水位而进行的基坑排水及输水渠道渗漏量的确定等,都将涉及渗流问题。

本章以地下水渗流为代表,讨论渗流的基本规律及其一些实际应用。下面,先介绍一些与地下水渗流有关的基本概念。

一、水在岩石中的存在形式

这里所说的岩石是具有空隙(孔隙、裂隙或溶隙)的松散岩石和坚硬岩石的统称。水在岩石中的存在形式有:气态水、吸着水、薄膜水、重力水和毛细水。气态水以水蒸气形式存在于岩石的空隙中,数量极微,在渗流中可以不考虑。吸着水和薄膜水又统称为结合水,它们都是由于岩石颗粒表面与水分子间的静电引力作用而被束缚在岩石颗粒表面的。其中吸着水以极薄的若干水分子层厚度被吸附在岩石颗粒表面,吸附力极强,具有固态水的性质;薄膜水以不超过分子作用半径的膜层包围着岩石颗粒,性质与液态水相近。在含水层中结合水含量相对很少,而且不参与地下水渗流,在渗流中一般也不考虑。重力水就是重力作用下能够在岩石空隙中自由运动的水。重力水可以传递静水压力,并且在无压渗流中可以形成自由重力水面。通常所说的地下水就是指重力水,它可供开采利用,是地下水的主要部分,也是地下水渗流研究的主要对象。毛细水是在地下自由水面以上,由于毛细作用而保持在岩石毛细管中的水。这种水可以随地下水面的变化而上下运动,除特殊情况外,渗流中一般也不考虑。

二、岩石按透水性的分类

岩石的透水性是指其允许重力水通过的能力。所有岩石都具有一定的透水性,但不同的岩石透水性不同。岩石的透水性主要取决于岩石中空隙的大小、多少及其连通性。例如,在颗粒较粗的松散岩石和裂隙或溶隙发育的坚硬岩石中,空隙大而多,连通性也好,所以透水性强;细颗粒的松散岩石,虽然单位体积岩石内的空隙量(称为空隙度)可以很大,但颗粒间的空隙较小,结合水还要占据一部分,使重力水的有效通道更窄小,所以阻力较大,透水性较差。颗粒愈细小,其透水性愈差,甚至几乎不透水。在实用中,根据岩石透水性的强弱,常将岩石分为透水岩石、半透水岩石和不透水岩石。透水岩石是指颗粒较粗的松散砂砾石堆积物及裂隙或溶隙发育的坚硬岩石等透水性良好的岩石;不透水岩石是颗粒极细小的粘土及质地致密、裂隙和溶隙很少的坚硬岩石等透水性极差的岩石;半透水岩石的透水性介于上述两种岩石之间,如亚砂土、裂隙不太发育的黄土及泥灰岩等。

根据岩石透水的均匀性和方向性，又可将岩石分为均质岩石和非均质岩石及各向同性岩石和各向异性岩石。均质岩石是透水性均匀，即透水性与位置无关的岩石；反之，若透水性与位置有关，就是非均质岩石。各向同性岩石是岩石中任一点处的透水性都与方向无关的岩石；反之，若透水性与方向有关，则称为各向异性岩石。

显然，均质各向同性的岩石只是一种理想化的岩石模型。实际中，对于某一类松散岩石而言，往往都可近似按均质各向同性岩石考虑，而坚硬的裂隙或溶隙岩石则往往是非均质的，甚至是各向异性的。本章只讨论最简单的在均质各向同性岩石中的渗流规律，它是渗流的基础。

三、含水层与隔水层的概念

含水层是指岩石空隙中充满水并能给出水，具有统一水力联系的岩层，即是能够富集重力水的饱水岩层；隔水层则是不透水或透水性相对很弱的岩层。可见，并非所有的岩层都能构成含水层，只有岩层具有良好的透水性、有利的贮存和聚集重力水的地质条件和充足的重力水补给来源时，才能形成含水层。否则，只可能是不透水的隔水层，或者是透水但不含水的岩层。

四、潜水与承压水的概念

广义地说，地下水就是贮存于地面以下岩石空隙中的水。前面已经指出，渗流中所关心的主要是饱水岩石空隙中的重力水（即通常所说的地下水）。根据埋藏条件，可将其分为潜水和承压水。潜水是位于地面以下第一个稳定的隔水层之上，具有自由水面的含水层中的重力水（如图 10-1）。潜水上部没有连续完整的隔水层，通过透水层可与大气相通，潜水面为自由水面。潜水面到下部隔水层（隔水底板）的距离（h）称为潜水含水层厚度。潜水含水层是自然界中埋深相对最浅、与地表水联系相对最密切的含水层。

承压水是充满于两个稳定的隔水层之间的含水层中的重力水（如图 10-2）。其上、下隔水层分别称为承压含水层的隔水顶、底板。承受压力是承压水的重要特征。如图 10-2，当钻孔打穿隔水顶板后，承压水就会沿钻孔上升到隔水顶板底面之上，并停留在一定的高度上。承压水位到隔水顶板底面之间的铅直距离（h）称为承压水头；隔水顶、底板间的距离（M）称为承压含水层厚度。承压含水层埋深一般相对较大，根据水文地质条件的不同，其上部可以有也可以没有潜水含水层。承压含水层埋深较大，并存在稳定的隔水顶板，所以与地表水的联系相对较弱。

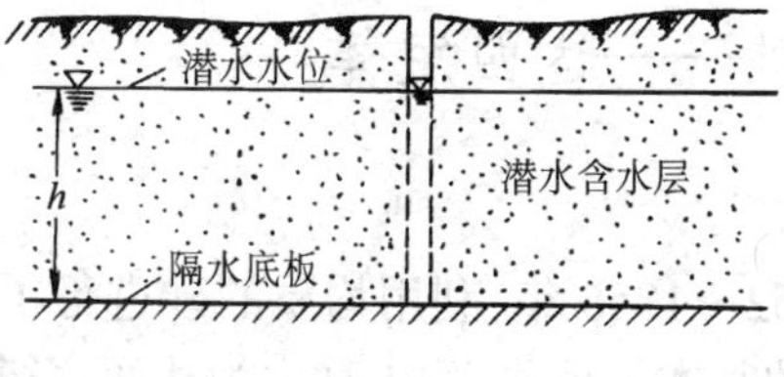

图 10-1

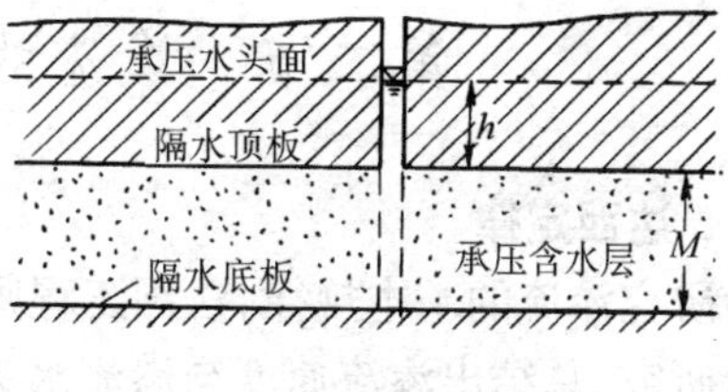

图 10-2

五、渗流模型

地下水贮存并运动于岩石空隙中。由于岩石空隙的形状、大小和连通性极其复杂，要详细确定每个岩石空隙通道中的渗流情况十分困难，况且从应用角度讲，也不必要。工程中所关心的往往是渗流的宏观平均效果，为此引入一种简化的渗流模型来代替实际渗流。

渗流模型是一种假想的流场。它认为流场中的渗流性质(如密度、粘滞性等)与实际渗流相同,但它连续地充满着包括岩石的骨架和空隙所占据的全部空间。同时,还要求在该假想流场中各过水断面的流量及压力与实际渗流对应相等;渗流的阻力也与实际渗流对应相等。

根据上述渗流模型的定义,若设渗流模型中通过某过水断面面积 ΔA 的流量为 ΔQ,则渗流模型在 ΔA 上的断面平均流速(常简称为渗流速度)为:

$$v=\frac{\Delta Q}{\Delta A}$$

实际渗流仅在岩石的空隙中流动,它在上述断面的平均流速为:

$$v'=\frac{\Delta Q}{\Delta A'}=\frac{v\Delta A}{\Delta A'}=\frac{1}{n}v>v \tag{10-1}$$

式中　$\Delta A'$——ΔA 中的空隙面积;

$n=\frac{\Delta A'}{\Delta A}$——岩石在该断面上的平均空隙度,显然 $n<1$。

式(10-1)表明,渗流模型中的渗流速度 v 小于岩石空隙中的实际渗流速度 v'。

渗流模型将渗流视为连续的介质运动,其运动要素是空间位置和时间的连续函数,这使前面第三章中所建立的描述液体运动的基本概念,可直接应用于渗流,为理论上研究渗流问题成为可能。本章中提到的地下水渗流都是指符合渗流模型的渗流。

六、地下水渗流的特点

实际渗流具有曲折复杂的渗流通道,在渗流模型中,地下水渗流还具有以下两个特点:

(1) 迟缓的渗流速度。地下水与管流和明渠流不同,因为其渗流阻力很大,所以渗流速度 v 一般很缓慢,通常以每日(昼夜)米(m/d)为单位。天然条件下,地下水在孔隙或裂隙中的渗流速度一般只有几 m/d,甚至小于 1m/d。地下水由于渗流速度很小,在计算渗流总水头时,可以忽略流速水头,即在地下水渗流中,测压管水头就是总水头,它总是沿流程下降的。这是地下水渗流的主要特点之一。

(2) 非恒定的渐变流运动。由于受气候及自然水文地质条件的影响,地下水渗流多是呈非恒定渐变流运动的。但地下水非恒定渗流的特点是,在渗流场空间点上的渗流运动要素不仅随时间变化幅度小,而且变化速度也很缓慢。因此,在一般情况下,地下水渗流都可近似按恒定渐变流来处理。这一特点给研究地下水的渗流规律带来很大的方便。

第二节　渗流的基本定律——达西定律

一、达西定律

为研究渗流的基本规律,法国工程师达西在 1852～1856 年,利用均质的砂进行了大量的试验研究,总结出渗流速度与渗流水头损失之间的基本关系式,后人称之为达西定律。

达西的渗流试验装置如图 10-3 所示。该装置为上端开口的直立圆筒,筒中装有均质的砂。筒的上部有进水管 A 和保持恒定水位的溢流管 B,筒的侧壁在相距 l 的两过水断面1-1与 2-2 处分别装有测压管,距筒底不远处设有滤板 D,筒的出口处设有计量筒 C。当水自上而下形成恒定渗流后,两侧压管的水头差 ΔH 即为渗流在 l 流程上的水头损失,并可通过计量筒 C 测得相应的渗流流量 Q。

在不同尺寸的圆筒和不同类型的均质砂中反复进行这一试验，结果表明：通过圆筒的渗流量 Q 与圆筒的横截面积 A 及水力坡度 $J = h_w/l$ 成正比，并与砂的透水性能有关，

即：

$$Q = kJA \tag{10-2}$$

或：

$$v = \frac{Q}{A} = kJ \tag{10-3}$$

式中　k——反映岩石透水性能的比例系数，称为渗透系数。它具有流速的量纲，物理意义是，水力坡度 $J = 1$ 时的渗流速度。k 的数值愈大，岩石的透水性愈好。

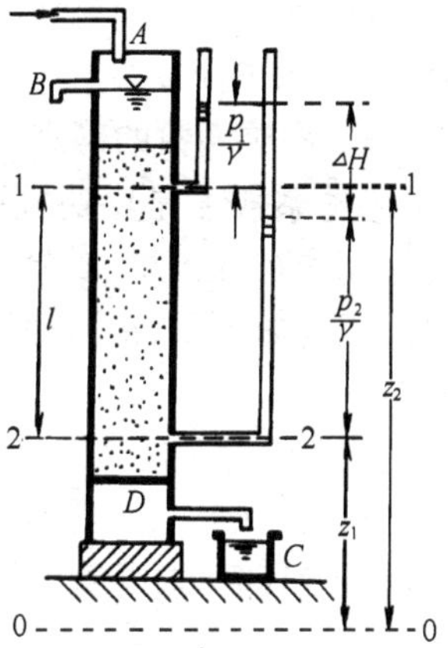

图 10-3

式(10-3)所表示的关系就是著名的达西定律。它指出，渗流速度 v 与水力坡度 J 的一次方成正比，故又称为线性渗流定律。它是渗流的基本定律。

达西定律是在均质的砂中进行均匀渗流试验得到的，式(10-3)中的水力坡度 $J = h_w/l = \Delta H/l$。一般的地下水渗流并非都是均匀渗流，所以达西定律常用更一般的形式表示为：

$$u = k\frac{\mathrm{d}h_w}{\mathrm{d}l} = -k\frac{\mathrm{d}H}{\mathrm{d}l} \tag{10-4}$$

式中　u——渗流场中某点的渗流速度。

二、达西定律的适用范围

和管流类似，渗流的流动型态仍可用雷诺数 $\mathrm{Re} = \frac{vd}{\nu}$ 来判别。这时，式中的 v 为渗流在计算断面上的平均流速；d 为岩石介质颗粒的平均粒径；ν 为渗流液体的运动粘滞系数。

可用试验方法求得地下水渗流由层流转变为紊流时的临界雷诺数。很多学者进行过这方面的试验，虽然所得的结果不尽相同，但大多数试验表明该值在 150～300 的范围内。

达西定律中，渗流速度与水力坡度的一次方成正比的关系表明，达西定律应该适用于描述作层流运动的渗流规律。但由于地下水渗流的特殊性，20 世纪 40 年代以来，很多试验证明，并不是所有的层流渗流都服从达西定律，达西定律的适用范围仅为 $\mathrm{Re} \leqslant 1 \sim 10$。可见，实际上达西定律的适用范围要较层流渗流的范围小得多。

当渗流的雷诺数超出上述范围时，渗流速度与水力坡度为非线性关系。比较常用的非线性关系是 1901 年由福希海梅提出的公式，即：

$$J = av + bv^2 \tag{10-5}$$

式中　a 和 b——待定常数。

当 $a = 0$ 时，上式可表示为：

$$v = kJ^{1/2} \tag{10-6}$$

式中　k——渗透系数。

式(10-6)称为谢才公式，它与明渠流的谢才公式类似，表明渗流速度 v 与水力坡度 J 的 1/2 次方成正比。

虽然达西定律的适用范围很小，但前面已经指出，自然界中地下水的渗流速度一般都很小。实际上，绝大多数的地下水渗流都是呈雷诺数很小(一般 $\mathrm{Re} < 1$)的层流运动，只有在溶隙十分发育的可溶性岩石区和在取水构筑物附近才可能出现 $\mathrm{Re} > 10$ 的渗流。因此，达西

定律对绝大多数的自然渗流都是适用的，是渗流的基本定律。本章仅限于讨论符合达西定律的地下水渗流。

三、渗透系数的确定

渗透系数 k 是反映岩石透水性的指标，是分析计算渗流问题的重要参数。k 与岩石的性质（如颗粒的大小、成分、排列方式、充填状况，裂隙的性质及其发育程度等）和渗流液体的物理性质（如容重、粘滞性等）有关。准确的 k 值一般不易确定，目前常采用以下三种方法确定：

1．室内测定法

这种方法是采用类似图 10-3 所示的渗流试验装置，通过实测水头损失 h_w 和流量 Q，按式(10-2)即可求得筒内土样的渗透系数，即：

$$k=\frac{Q}{AJ}=\frac{Ql}{Ah_w}$$

该方法简单方便，但天然砂土并非完全是均质土，而且在取样及试验的操作过程中，砂土的自然结构状态往往要受到扰动，因此测得的 k 值不能完全反映真实情况。为提高所测 k 值的可靠性，一方面在取样及试验操作过程中要尽量避免砂土的结构被扰动；另一方面，应选取较多的有代表性的砂土样进行测试。当以砂土作为建筑物材料（如土坝、反滤层等）时，常用此法测定 k 值。

2．现场测定法

这种方法是利用钻井的现场抽水或注水试验资料，再根据相应的理论公式反算渗透系数。该方法一般能获得较符合实际的大范围的平均渗透系数值，但其设施规模一般较大，费用较高。

3．经验估算法

这种方法是根据手册或规范中给出的各种岩石渗透系数 k 的经验值或经验公式确定 k 值。该方法只能用于初步估算。各类岩石渗透系数的参考值见表 10-1。

岩石渗透系数参考值 **表 10-1**

土　名	渗透系数 k		土　名	渗透系数 k	
	(m/d)	(cm/s)		(m/d)	(cm/s)
粘　土	<0.005	$<6\times10^{-6}$	粗　砂	20~50	$2\times10^{-2}\sim6\times10^{-2}$
亚粘土	0.005~0.1	$6\times10^{-6}\sim1\times10^{-4}$	均质粗砂	60~75	$7\times10^{-2}\sim8\times10^{-2}$
轻亚粘土	0.1~0.5	$1\times10^{-4}\sim6\times10^{-4}$	圆　砾	50~100	$6\times10^{-2}\sim1\times10^{-1}$
黄　土	0.25~0.5	$3\times10^{-4}\sim6\times10^{-4}$	卵　石	100~500	$1\times10^{-1}\sim6\times10^{-1}$
粉　砂	0.5~1.0	$6\times10^{-4}\sim1\times10^{-3}$	无填充物卵石	500~1000	$6\times10^{-1}\sim1\times1.0$
细　砂	1.0~5.0	$1\times10^{-3}\sim6\times10^{-3}$	稍有裂隙岩石	20~60	$2\times10^{-2}\sim7\times10^{-2}$
中　砂	5.0~20.0	$6\times10^{-3}\sim2\times10^{-2}$	裂隙多的岩石	>60	$>7\times10^{-2}$
均质中砂	35~50	$4\times10^{-2}\sim6\times10^{-2}$			

第三节　潜水的恒定渐变渗流

潜水渗流是工程中常见的地下水渗流。前已提及，地下水渗流一般都可按恒定渐变流处理，本节讨论天然条件下均质各向同性含水层中潜水的恒定渐变渗流规律。

一、裘布依公式

达西定律给出的式(10-3)和(10-4)是对于均匀渗流的断面平均流速和渗流区域内任意点渗流速度的计算公式。为了研究渐变渗流规律，必须建立渐变渗流的断面平均流速计算公式。

设均质各向同性潜水含水层中的恒定渐变渗流如图 10-4 所示。在图中任取相距为 dl 的两过水断面 1-1 和 2-2。因为渐变流在同一过水断面上各点的测压管水头近似相等，而且渗流中可忽略流速水头，所以 1-1 与 2-2 断面间任一流线上的水头损失均为 $dh_w = H_1 - H_2 = -dH$；又因为渐变流在 1-1 与 2-2 断面间各流线的长度可近似为 dl，则地下水渐变渗流中任一过水断面 1-1 上各点的水力坡度均为 $J = -dH/dl$。由达西定律式(10-4)可得，渐变渗流中任一过水断面上各点的渗流速度 u 都相等。因此，该断面的平均流速 v 也等于断面上各点的渗流速度 u，即：

$$v = u = kJ = -k\frac{dH}{dl} \tag{10-7}$$

上式由法国学者裘布依于 1857 年首先提出，故称为裘布依公式。它是研究地下水渗流规律的基本公式。裘布依公式表明，在渐变渗流中同一过水断面上各点流速相等，并等于断面平均流速，即断面流速分布图为矩形。因为渐变渗流的水力坡度沿流程一般不为常数，所以不同渐变渗流断面的平均流速大小一般不相等的，如图 10-5 所示。

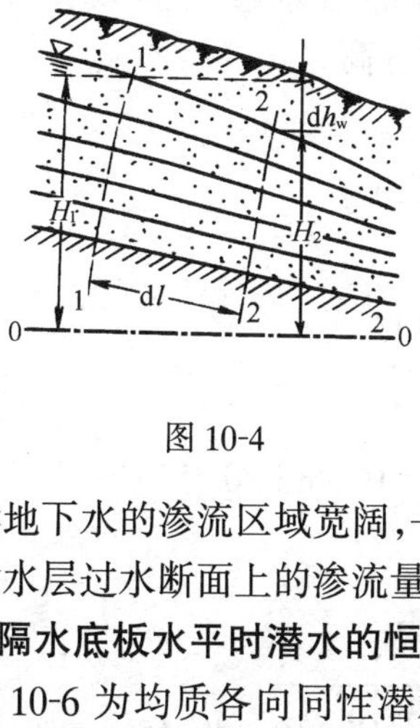

图 10-4

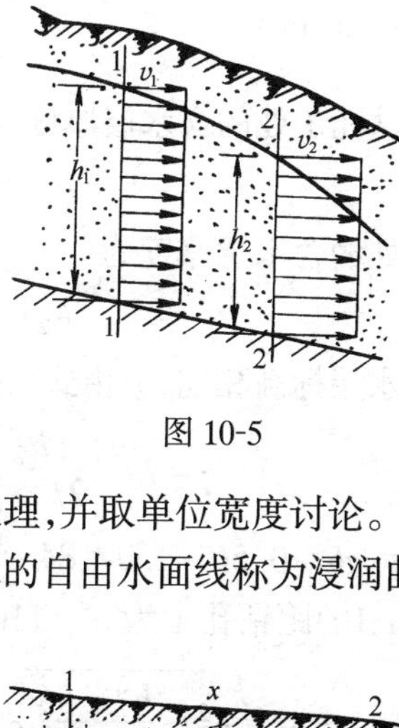

图 10-5

天然地下水的渗流区域宽阔，一般可按一元流动处理，并取单位宽度讨论。地下水在单位宽度含水层过水断面上的渗流量称为单宽流量，潜水的自由水面线称为浸润曲线。

二、隔水底板水平时潜水的恒定渐变渗流

如图 10-6 为均质各向同性潜水含水层中的恒定渐变渗流。图中隔水底板水平，相距为 l 的过水断面 1 和 2 处的含水层厚度分别为 h_1 和 h_2，并设任一过水断面 x 处的含水层厚度为 h。则结合式(10-7)可得，该断面的单宽流量为：

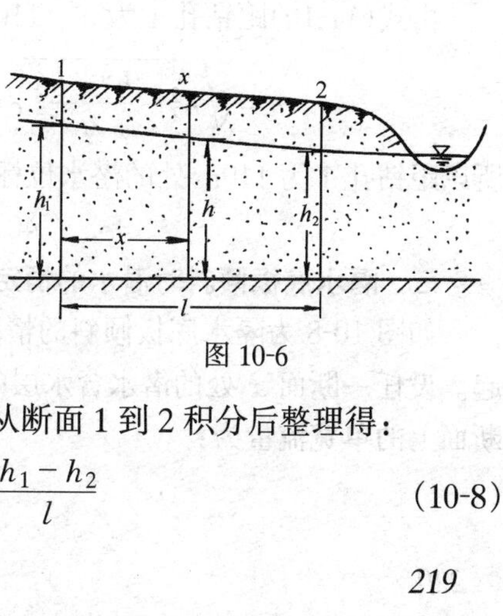

图 10-6

$$q = hv = -kh\frac{dh}{dl}$$

因为 q 和 k 值沿流程不变，故对上式分离变量，并从断面 1 到 2 积分后整理得：

$$q = k\frac{h_1^2 - h_2^2}{2l} = k\frac{h_1 + h_2}{2}\cdot\frac{h_1 - h_2}{l} \tag{10-8}$$

可见，若已知两断面处的潜水含水层厚度 h_1 和 h_2、两断面间的距离 l 及岩层的渗透系数 k，即可由上式求得单宽流量。上式很容易记忆，式中的 $\frac{h_1+h_2}{2}$ 和 $\frac{h_1-h_2}{l}$ 分别为两断面间潜水含水层的平均厚度和平均水力坡度。

为求潜水的浸润曲线方程，对于断面 1 和任意断面 x，可同样写出方程：

$$q=k\frac{h_1^2-h^2}{2x} \tag{10-9}$$

式中 x——断面 x 距断面 1-1 的距离。

将上式与式(10-8)联立求解可得：

$$h=\sqrt{h_1^2-\frac{h_1^2-h_2^2}{l}x} \tag{10-10}$$

在上式中，取不同的 x 值，算出相应的 h 值，即可绘出浸润曲线，它是一条抛物线。当然，若已知单宽流量 q，也可直接由式(10-9)绘出浸润曲线。

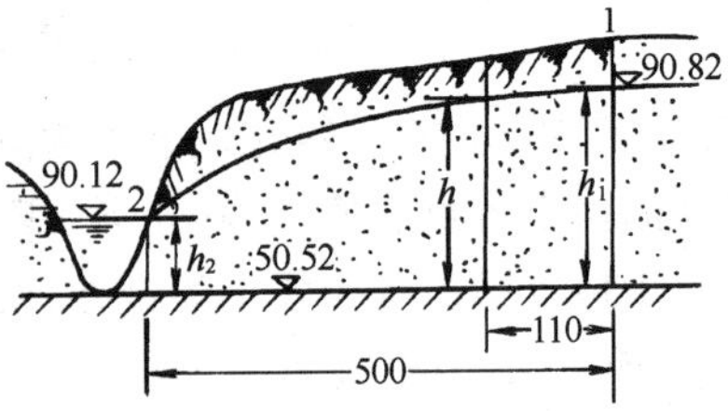

图 10-7

【例 10-1】 如图 10-7 河岸钻孔 2 钻探到隔水层的标高为 50.52m，河水位的标高为 90.12m，距钻孔 2 为 $l=500$m处的钻孔 1 中钻探到隔水层的标高也为 50.52m，潜水位的标高为 90.82m。若含水层为均质各向同性，渗透系数 $k=10$m/d，试求在宽度 $b=150$m 的河流右岸流向河流的潜水渗流量及距钻孔 1 为 $x=110$m处的潜水位标高。

【解】 钻孔 1 处的含水层厚度为：

$$h_1=90.82-50.52=40.3\text{m}$$

钻孔 2 处的含水层厚度为：

$$h_2=90.12-50.52=39.6\text{m}$$

因为隔水层标高相同，故由式(10-8)得单宽流量为：

$$q=k\frac{h_1^2-h_2^2}{2l}=10\times\frac{40.3^2-39.6^2}{2\times500}=0.56\text{m}^2/\text{d}$$

总流量 $Q=qb=0.56\times150=84\text{m}^3/\text{d}$

由式(11-10)距钻孔 1 为 $x=110$m 处的含水层厚度为：

$$h=\sqrt{h_1^2-\frac{h_1^2-h_2^2}{l}x}=\sqrt{40.3^2-\frac{40.3^2-39.6^2}{500}110}=40.15\text{m}$$

所以距钻孔 1 为 110m 处的潜水位标高为：

$$40.15+50.52=90.67\text{m}$$

三、隔水底板倾斜时潜水的恒定渐变渗流

如图 10-8 为隔水底板倾斜的情况。这时，计算水力坡度应从同一水平的基准面 0-0 算起。设任一断面 x 处的潜水含水层的厚度为 h，测压管水头为 H。则结合式(10-7)可得该断面上的单宽流量为：

$$q=hv=-kh\frac{\mathrm{d}H}{\mathrm{d}l}$$

对上式分离变量，并从图中的断面 1 到 2 积分：

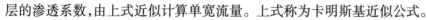

$$\int_0^l \frac{q}{kh}\mathrm{d}l = -\int_{H_1}^{H_2}\mathrm{d}H$$

将上式左端的变量 h 用 $\frac{h_1+h_2}{2}$ 近似代替，并经积分后整理得：

$$q = k\frac{h_1+h_2}{2}\cdot\frac{H_1-H_2}{l} \tag{10-11}$$

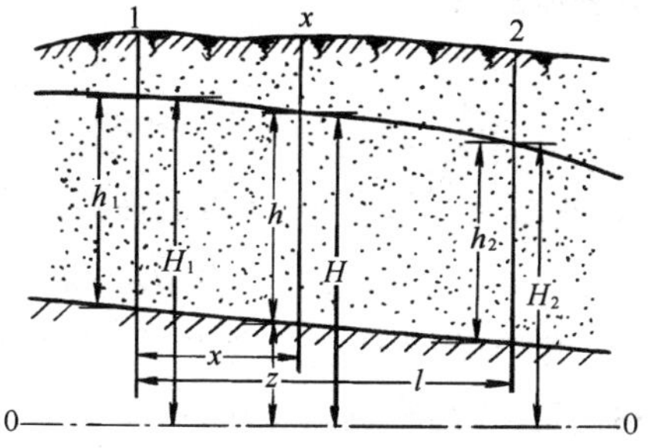

图 10-8

可见，当隔水底板倾斜时，也可通过计算两断面间含水层的平均厚度和平均水力坡度，并结合含水层的渗透系数，由上式近似计算单宽流量。上式称为卡明斯基近似公式。

为求潜水的浸润曲线方程，可采用与隔水底板水平时同样的处理方法求得：

$$\frac{(h_1+h_2)(H_1-H_2)}{l} = \frac{(h_1+h)(H_1-H)}{x} \tag{10-12a}$$

由于 $h = H - z$，其中 z 为距断面 1 的距离为 x 的任意过水断面 x 处隔水底板的标高（如图 10-8），则上式也可表示为：

$$\frac{(h_1+h_2)(H_1-H_2)}{l} = \frac{(h_1+H-z)(H_1-H)}{x} \tag{10-12b}$$

利用式(10-12)即可绘制出浸润曲线。

第四节　地下水向水平集水构筑物的恒定渗流

水平集水构筑物是指沿水平方向建造在含水层中的集水管（渠）和集水廊道等集水构筑物。水平集水构筑物主要用于在埋深较浅、厚度不大的潜水含水层中汲取河流渗透水和潜水，也常用于以降低地下水位为目的的排水。

根据水平集水构筑物在含水层中的设置位置，可将其分为完整式和非完整式两种。直接设置在含水层底部隔水底板上的称为完整式水平集水构筑物；当含水层厚度较大，而将水平集水构筑物设置在隔水底板之上某一高度处的，则称为非完整式水平集水构筑物。不同类型水平集水构筑物的渗流计算原理基本相同。下面，仅以位于水平隔水底板之上的完整式集水廊道为例，讨论完整式水平集水构筑物渗流的计算方法。

如图 10-9 为均质各向同性潜水含水层中的完整式集水廊道的横剖面示意图，图中隔水底板水平。若以固定流量 Q 从廊道中抽水，则廊道及其两侧含水层中的地下水位将逐渐下降。当含水层体积很大，廊道又足够长时，抽水一段时间后，含水层中可形成以廊道轴线为对称轴的恒定渐变渗流。此时，廊道中水深 h_0 恒定，并在廊道两侧含水层中形成轴对称的稳定浸润曲线。若设含水层的天然厚度为 H_0，在廊道两侧的影响宽度（即地下水位下降的范围）为 R，并在 R 范围内无其他垂向的补给和排泄水量，则由式(10-8)可得从单侧流向集水廊道的单

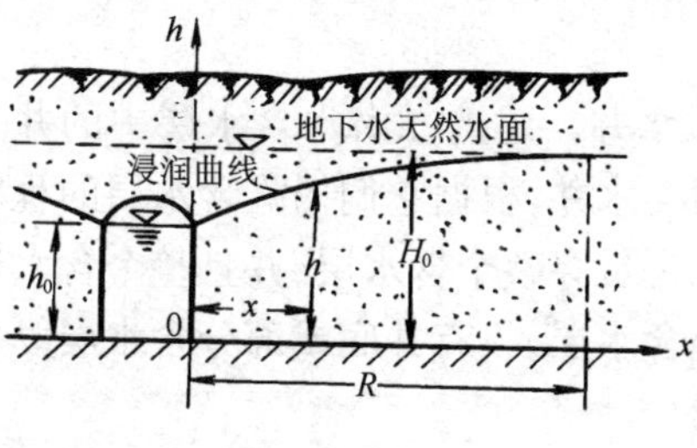

图 10-9

宽渗流量为：

$$q = k\frac{H_0^2 - h_0^2}{2R} = k\frac{(H_0 + h_0)}{2}\overline{J} \tag{10-13}$$

式中 $\overline{J} = \frac{H_0 - h_0}{R}$——浸润曲线的平均水力坡度。$\overline{J}$ 值与含水层土壤性质有关，可酌情按表 10-2 选用。

影响范围 R 也与含水层土壤性质有关，可由实测资料确定，也可根据所选用的平均水力坡度估算，即：

$$R = \frac{H_0 - h_0}{\overline{J}} \tag{10-14}$$

集水廊道浸润曲线的平均水力坡度 $\overline{J}$ 值　表 10-2

土壤种类	$\overline{J}$
粗砂及卵石	0.003～0.005
砂　　土	0.005～0.015
亚砂土	0.03
亚粘土	0.05～0.01
粘　　土	0.15

图 10-9 中的集水廊两侧是对称进水，所以其总单宽渗流量应为单侧单宽流量的 2 倍，即为 $2q$。若设集水廊道的总长度为 l，则廊道两侧的总渗流量，即自廊道的抽水量应为：

$$Q = 2ql = kl\frac{H_0^2 - h_0^2}{R} = kl(H_0 + h_0)\overline{J} \tag{10-15}$$

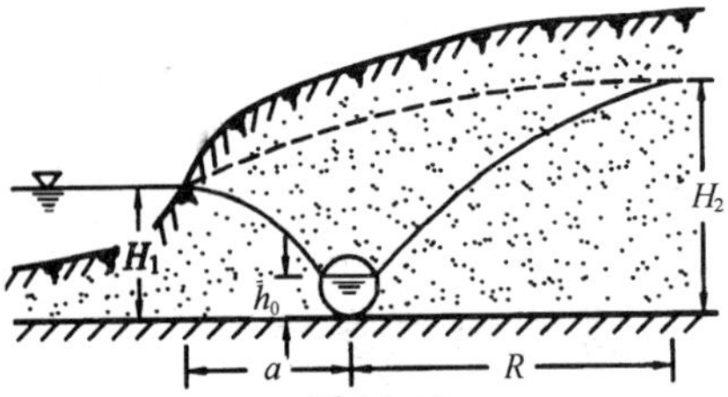

图 10-10

求得廊道的单侧单宽渗流量 q 后，在式(10-13)中以图 10-9 中的 h 代替 H_0，x 代替 R，即可得到集水廊道两侧的浸润曲线方程。

为充分截取地表水的补给，常将水平集水构筑物在河流附近平行河流设置。如图 10-10 为完整式集水管平行河流设置的情况。由于廊道两侧的渗流是不对称的，其两侧的单宽渗流量应由式(10-8)分别计算，然后求和。结合图 10-10，在集水管两侧总渗流量的计算公式为：

$$Q = (q_1 + q_2)l = kl\left(\frac{H_1^2 - h_0^2}{2a} + \frac{H_2^2 - h_0^2}{2R}\right) \tag{10-16}$$

第五节　地下水向井的恒定渗流

井是汲取地下水源和降低地下水位的重要集水构筑物。它属于沿竖直方向建造在含水层中的垂向集水构筑物，应用十分广泛。

常见的井可分为管井和大口井两类。管井的井径较小(一般小于 0.5m)，井深较大，用于开采埋藏较深和厚度较大的含水层中的地下水；大口井的井径较大(一般为 5～8m)，井深较小，用于含水层埋深较浅和厚度较薄的情况。

井根据其揭露的含水层类型，还可分潜水井和承压水井。建造在潜水含水层中的井为潜水井；建造在承压含水层中的井则为承压水井。这两类水井，根据它们揭露含水层的程度和进水条件，又都进一步可分为完整井和非完整井。凡是贯穿整个含水层，并且整个含水层厚度的井壁上都进水的称为完整井；若井没有贯穿整个含水层，只有井底或部分含水层厚度上的井壁进水的则称为非完整井。

本节仅讨论均质各向同性含水层中管井类完整井的恒定渗流规律。

一、潜水完整井

建造在潜水含水层中的潜水完整井如图 10-11 所示。假设：含水层均质各向同性，隔水底板水平，且含水层分布面积很大，可视为无限延伸；抽水前地下水面水平；抽水后，在抽水的影响范围内除抽水外，含水层不存在其他垂向的补给和排泄水量。则当含水层体积很大，而抽水量相对不太大且保持恒定时，抽水一段时间后，含水层中可形成以井轴为对称轴的近似径向的恒定渗流，井中水位保持不变，并在含水层中形成一稳定的以井轴为中心的圆漏斗形浸润曲面。这时，若忽略潜水渗流的垂向分速度，渗流的过水断面可视为一系列与井轴同心的圆柱面。因假设抽水后，在抽水的影响范围内含水层无其他垂向补给和排泄水量，则渗流在任一过水断面上的流量都相等，并等于井的抽水量。

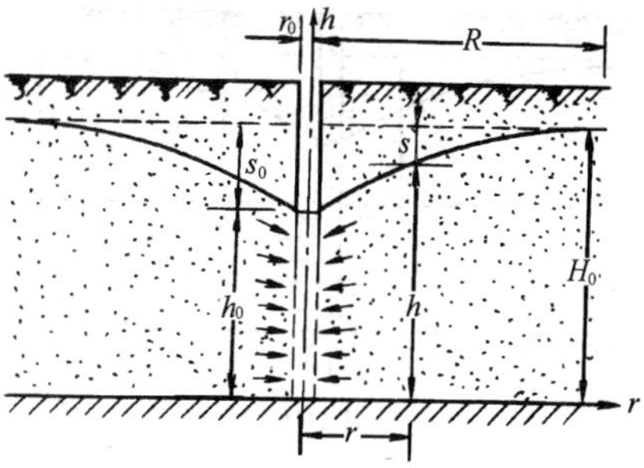

图 10-11

若以井底中心为原点，沿水平隔水底板面取径向的 r 轴，沿井轴取向上的 h 轴，则结合式(10-7)可求得，在抽水的影响范围内，通过任一圆柱形过水断面的流量应为：

$$Q = 2\pi rhv = 2\pi hk\,\frac{\mathrm{d}h}{\mathrm{d}r}$$

设抽水井的半径为 r_0，井中稳定的水位为 h_0。将上式分离变量，并从井壁到任一 r 处的断面积分可得井附近的浸润曲线方程为：

$$h^2 - h_0^2 = \frac{Q}{\pi k}\ln\frac{r}{r_0} = \frac{0.732Q}{k}\lg\frac{r}{r_0} \tag{10-17}$$

浸润曲线沿径向向外逐渐渐近天然的地下水面。理论上讲，只有当 $r\to\infty$ 时，才有 $h = H_0$（H_0 为天然地下水位）。但在实用中，可以认为渗流区域内存在一个有限的影响半径 R（如图 10-11），R 以外的地下水位与抽水无关，即 $r = R$ 时，$h = H_0$。将其代入式(10-17)可解得井的抽水量为：

$$Q = \pi k\,\frac{H_0^2 - h_0^2}{\ln R/r_0} = 1.366k\,\frac{H_0^2 - h_0^2}{\lg R/r_0} \tag{10-18a}$$

在抽水中，人们往往实测水位降深，所以上式中的 h_0 常用相应的水位降深 s_0 来表示。利用 $h_0 = H_0 - s_0$ 的关系，代入上式并整理可得：

$$Q = \pi k\,\frac{(2H_0 - s_0)s_0}{\ln R/r_0} = 1.366k\,\frac{(2H_0 - s_0)s_0}{\lg R/r_0} \tag{10-18b}$$

式(10-18)为常用的潜水完整井抽水量的理论计算公式，称为潜水井的裘布依公式。

利用式(10-18a)与(10-17)联立求解，可得另一种形式的浸润曲线方程，即：

$$h^2 - h_0^2 = (H_0^2 - h_0^2)\frac{\lg r/r_0}{\lg R/r_0} \tag{10-19}$$

二、承压水完整井

建造在承压含水层中的承压完整井如图 10-12 所示。承压含水层中无自由水面，只在承压含水层隔水顶板中存在假想的承压水头面。与潜水含水层类似，假设：承压含水层均质各向同性，且等厚水平无限延伸；抽水前天然的承压水头面水平；抽水后，在抽水影响范围内

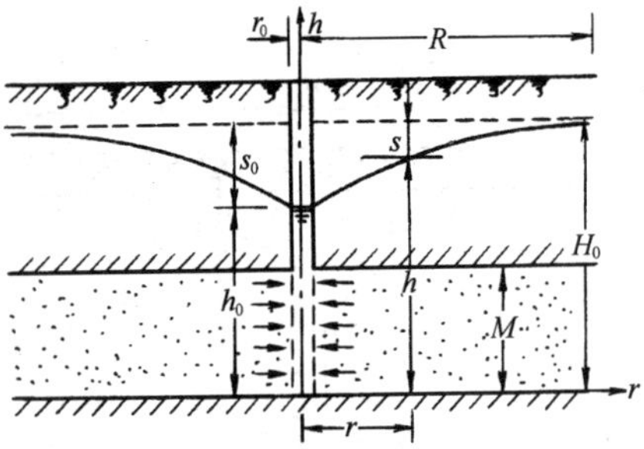

图 10-12

除抽水外，含水层不存在其它垂向的补给和排泄水量。则类似于潜水含水层的情况，恒定抽水一段时间后，承压含水层中可形成以井轴为对称轴的恒定径向渗流，并在隔水顶板中形成一稳定的圆漏斗形承压水头面。与潜水渗流的区别是，由于假设承压含水层等厚且水平，只要井中的稳定水面不低于含水层隔水顶板的底面，含水层中的渗流就是流线水平的严格径向渗流，而不存在垂向分速度。这时，渗流的过水断面是一系列的与抽水井同轴且高度等于含水层厚度 M 的圆柱面。

同样，按潜水井方式选取坐标轴，结合式(10-7)可求得，流过抽水井附近任一圆柱形过水断面的流量为：

$$Q = 2\pi rMv = 2\pi rMk\frac{\mathrm{d}h}{\mathrm{d}r}$$

与潜水井相同，将上式分离变量并积分可得隔水顶板中的承压水头曲线方程为：

$$h - h_0 = \frac{Q}{2\pi kM}\ln\frac{r}{r_0} = \frac{0.366Q}{kM}\lg\frac{r}{r_0} \tag{10-20}$$

同样引入影响半径 R 的概念，将 $r = R, h = H_0$ 代入上式解得井的抽水量为：

$$Q = 2\pi k\frac{M(H_0 - h_0)}{\ln R/r_0} = 2.73k\frac{Ms_0}{\lg R/r_0} \tag{10-21}$$

上式为常用的承压完整井抽水量的理论计算公式，称为承压水井的裘布依公式。

与潜水井类似，利用式(10-21)与(10-20)联立求解，可得另一种形式的承压水头线方程，即：

$$h - h_0 = (H_0 - h_0)\frac{\ln r/r_0}{\ln R/r_0} \tag{10-22}$$

三、井流裘布依公式的应用

应用上面导出的裘布依公式(10-18)和(10-21)可以解决下列两类问题。

1. 求含水层的渗透系数 k 和影响半径 R

在水源勘察时，可根据现场的抽水试验资料，由式(10-18)或(10-21)反算 k 值和 R 值。

由于井内和井附近局部水力条件对井中水位影响较大，且井附近的渗流流动型态也可能发生变化，利用抽水试验资料确定上述参数时，若在抽水井附近有观测孔资料，最好避开使用抽水井资料。如图 10-13，抽水井附近有两个观测孔，它们距抽水井的距离分别为 r_1 和 r_2，孔中的水位分别为 h_1 和 h_2，则分别以 r_1、r_2 和 h_1、h_2 代替式(10-18a)中的 r_0、R 和 h_0、H_0，并结合 $h = H_0 - s$ 的关系，可求得渗透系数的计算公式为：

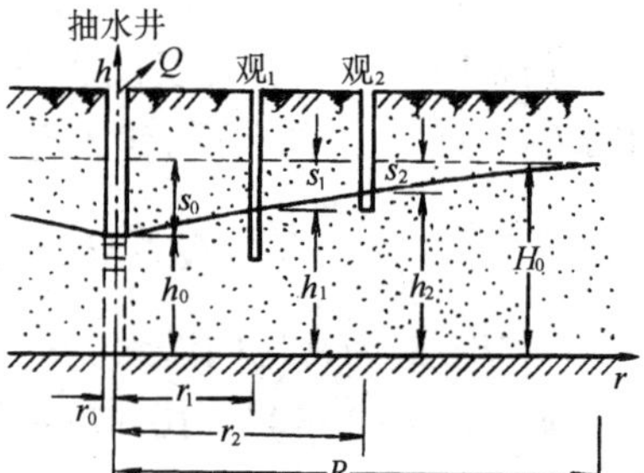

图 10-13

$$k = \frac{0.732Q}{(2H_0 - s_1 - s_2)(s_1 - s_2)}\lg\frac{r_2}{r_1} \tag{10-23}$$

对于承压水井，当具有两个观测孔时，同样可得：

$$k=\frac{0.366Q}{M(s_1-s_2)}\lg\frac{r_2}{r_1} \tag{10-24}$$

式中 s_1 和 s_2——分别为与 h_1 和 h_2 对应的稳定水位降深。

求影响半径 R 时，对于潜水井，利用图 10-13 中观测孔 1 的资料，和同时利用两个观测孔的资料，根据式(10-18a)并仿照上述的替代方式可分别得到：

$$Q=1.366k\frac{H_0^2-h_1^2}{\lg R/r_1} \quad 和 \quad Q=1.366k\frac{h_1^2-h_2^2}{\lg r_2/r_1}$$

联立求解上述二式，并结合 $h=H_0-s$ 的关系可得：

$$\lg R=\frac{s_1(2H_0-s_1)\lg r_2-s_2(2H_0-s_2)\lg r_1}{(2H_0-s_1-s_2)(s_1-s_2)} \tag{10-25}$$

对于承压水井，用同样的方法可求得：

$$\lg R=\frac{s_1\lg r_2-s_2\lg r_1}{s_1-s_2} \tag{10-26}$$

在生产中，也常采用一些经验数据或经验公式估算影响半径 R。常用的经验公式有：

库萨金公式(适用于潜水) $R=2s_0\sqrt{kH_0}$ (10-27)

吉哈尔特公式(适用于承压水) $R=10s_0\sqrt{k}$ (10-28)

式中 k——渗透系数，m/d；

H_0——含水层天然厚度，m；

s_0——井的稳定降深，m。

R 的各种经验数据和经验公式都是在一定条件下得出的，来源不同时往往出入较大。但 R 在公式中以对数形式出现，所以不太准确的 R 值对计算结果影响并不大。

2. 预测抽水量 Q 或抽水降深 s_0

根据式(10-18)和(10-21)，已知含水层厚度、渗透系数和影响半径时，可根据抽水的设计降深 s_0，预测抽水量 Q；或按设计抽水量 Q，预测开采后的可能降深 s_0。

【例 10-2】 在均质各向同性潜水含水层中有一完整井及两个观测孔(如图 10-13)。已知含水层的天然厚度 $H_0=12$m，井半径 $r_0=10$cm，两观测孔到井的距离分别为 $r_1=20$m，$r_2=35$m，当井以流量 $Q=450$m/d 抽水稳定后，两观测孔中的稳定水位降深分别为 $s_1=0.4$m，$s_2=0.2$m。试求含水层的渗透系数 k 和影响半径 R。

【解】 根据已知条件，由式(10-25)得：

$$\lg R=\frac{s_1(2H_0-s_1)\lg r_2-s_2(2H_0-s_2)\lg r_1}{(2H_0-s_1-s_2)(s_1-s_2)}$$

$$=\frac{0.4(2\times12-0.4)\lg35-0.2(2\times12-0.2)\lg20}{(2\times12-0.4-0.2)(0.4-0.2)}=1.79$$

所以：

$$R=61.7\text{m}$$

由式(11-23)得：

$$k=\frac{0.732Q}{(2H_0-s_1-s_2)(s_1-s_2)}\lg\frac{r_2}{r_1}=\frac{0.732\times450}{(2\times12-0.4-0.2)(0.4-0.2)}\lg\frac{35}{20}=17.1\text{m/d}$$

四、干扰井群

为了大量汲取地下水源，或更有效地降低地下水位，常需在一定范围内开凿多口井同时工作。当同时工作的各井间距小于影响半径时,彼此间就会产生干扰,而形成干扰井群。干扰现象表现在两个方面:(1)抽水井降深一定时,受干扰井的出水量小于它不受干扰单独工作时的出水量;(2)若保证井的出水量一定,则受干扰时井中的水位降深大于它不受干扰单独工作时的水位降深。这实质上是由于井的相互干扰影响,使各井出水能力降低的结果。

干扰作用使井的出水量相应减小,对供水不利;另一方面,干扰作用使井的水位降深相应增大,对人工降低地下水位又是有利的。研究干扰井群的目的就是设法控制它的不利方面,充分利用它的有利方面。

井的干扰程度除受含水层性质、补给和排泄条件等自然因素影响外,主要受井的数量、间距、布井方式和井的结构等因素影响。在这里,我们只对均质各向同性水平无限延伸含水层中的完整井的干扰井群采用裘布依理论公式进行简单讨论。

设在均质各向同性水平无限延伸的含水层中任意布置有存在相互干扰的 n 口完整井,其平面布置如图 10-14 所示。对于承压水井群,当各井同时抽水,并在含水层中形成恒定渗流后,按照叠加的原则,井群抽水影响范围内任一点 A 处的水位总降深 s_A,应为各井单独抽水在 A 点产生的水位降深之和。根据裘布依井的公式可得:

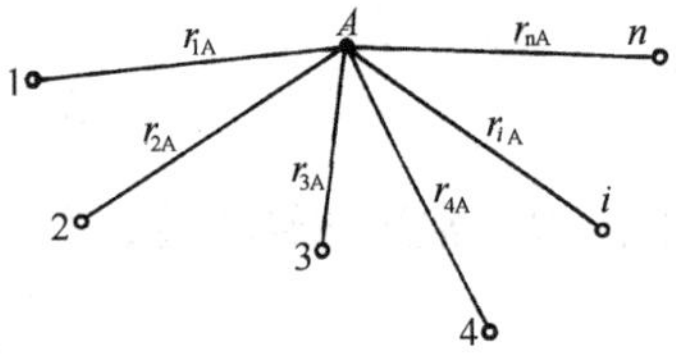

图 10-14

$$s_A = \sum_{i=1}^{n} s_{iA} = \sum_{i=1}^{n} \frac{Q_i}{2\pi kM} \ln \frac{R_i}{r_{iA}} \tag{10-29}$$

式中 s_{iA}——第 i 口井单独抽水时在 A 点产生的水位降深;

Q_i,R_i——分别为第 i 口井的抽水量和影响半径;

r_{iA}——第 i 口井到 A 点的距离;

M、k——分别为承压含水层厚度和渗透系数。

对于潜水井群,当各井同时抽水,并在含水层中形成恒定渗流后,对相应的 $H_0^2 - h_i^2A$ 项进行叠加同样可得:

$$H_0^2 - h_A^2 = \sum_{i=1}^{n} (H_0^2 - h_{iA}^2) = \sum_{i=1}^{n} \frac{Q_i}{\pi k} \ln \frac{R_i}{r_{iA}} \tag{10-30}$$

式中 H_0——潜水含水层的天然厚度;

h_A——井群抽水影响范围内任一点 A 处的水位(以含水层水平隔水底板为基准面);

h_{iA}——第 i 口井单独抽水时在 A 点的水位(以含水层水平隔水底板为基准面)。

当已知含水层的 k 和 M(或 H_0)及各单井的 Q_i 和 R_i 时,由式(10-29)或(10-30)即可求得 A 点的水位降深 s_A(或水位 h_A)。如将任一点 A 分别移到各井井壁处,可列出由 n 个方程构成的方程组。联立求解该方程组,可求出各单井的抽水量 Q_i 或各单井的水位降深 s_{0i}。

在很多情况下,井群往往布置得比较集中,抽水的区域影响范围近似圆形,并远大于井群的布置范围。当各井的结构和抽水量都相同时,可以认为各井的影响半径也相等,并等于井群抽水时的区域影响半径。在这种特殊情况下,式(10-29)可改写为:

$$s_A = \frac{nQ}{2\pi kM}\left[\ln R - \frac{1}{n}\ln(r_{1A} \cdot r_{2A} \cdots r_{nA})\right] \tag{10-31}$$

式(10-30)可改写为:

$$H_0^2 - h_A^2 = \frac{nQ}{\pi k}\left[\ln R - \frac{1}{n}\ln(r_{1A}\cdot r_{2A}\cdots r_{nA})\right] \tag{10-32}$$

式中　Q——井群工作时，各单井的抽水量；

nQ——井群的总抽水量；

R——井群影响半径。

若将 A 点移至某一口井的井壁处，则式(10-31)和(10-32)即为干扰井群中单井的水位降深(或水位)与单井抽水量的关系式。

【例 10-3】 为降低基坑中的地下水位，在半径 $r=30\text{m}$ 的基坑圆周上等间距布置了 5 口潜水完整井(如图 10-15)。已知含水层天然厚度 $H_0=9\text{m}$，渗透系数 $k=25\text{m/d}$，井群的影响半径 $R=400\text{m}$，各单井的半径相同，且抽水量均为 $Q=280\text{m}^3/\text{d}$。试求基坑中心 A 点的地下水位降深 s_A。

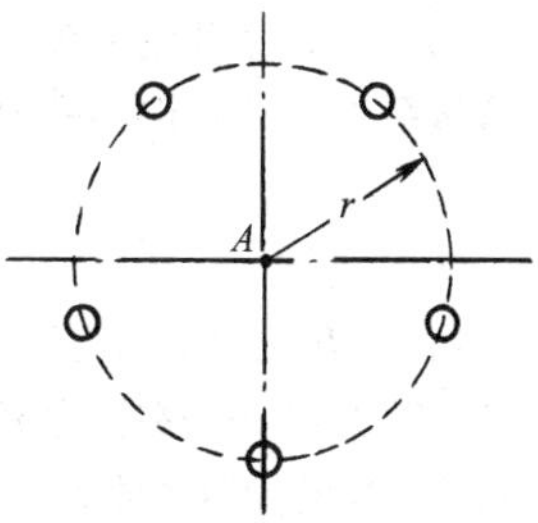

图 10-15

【解】 本题各井半径和抽水量都相同，故可采用式(10-32)求解。在式(10-32)中，$H_0=9\text{m}$，$n=5$，$Q=280\text{m}^3/\text{d}$，$k=25\text{m/d}$，$R=400\text{m}$，$r_{1A}=r_{2A}=\cdots=r_{5A}=30\text{m}$，故基坑中心 A 点处的水位为：

$$h_A = \sqrt{H_0^2 - \frac{nQ}{\pi k}\left[\ln R - \frac{1}{n}\ln(r_{1A}\cdot r_{2A}\cdots r_{nA})\right]}$$

$$= \sqrt{9^2 - \frac{5\times 280}{3.14\times 25}\left[\ln 400 - \frac{1}{5}\ln 30^5\right]} = 5.90\text{m}$$

所以：

$$s_A = H_0 - h_A = 9 - 5.90 = 3.1\text{m}$$

最后需要指出：

(1) 本节讨论的是完整井的恒定渗流规律。当含水层相对很厚或埋藏较深时，由于受经济和技术条件的限制或因揭露含水层部分厚度就能满足水量要求，常采用非完整井开采地下水。非完整井的恒定渗流规律，在此不作讨论，应用时可参阅有关书籍或手册。

(2) 本节建立的所有理论公式，都要求含水层满足一定的假设条件(如含水层均质各向同性、水平且无限延伸、天然地下水水面水平等)。自然界中，含水层的实际条件有时往往比较复杂，不能满足上述假设条件，而使理论公式偏离实际情况。在生产实践中，当含水层条件较复杂时，常通过抽水试验得出流量 Q 与降深 s_0 的关系曲线，并由此建立相应的 $Q\sim s_0$ 经验公式。这种经验公式法能综合反映各种复杂因素的影响，计算结果比较符合实际。经验公式的常见类型和确定方法在此不作讨论，应用时可参阅有关书籍或手册。

(3) 本节的恒定渗流理论公式，只适用于地下水开采量相对不太大的情况。当大规模开采地下水时，地下水位将持续下降，而在含水层中出现非恒定渗流。井的非恒定渗流规律可采用以泰斯为代表的非恒定渗流理论解决。非恒定渗流理论在此不作讨论，应用时可参阅有关书籍。

思　考　题

10-1　水在岩石中有哪几种存在形式？它们各自的主要特点如何？哪种形式的水是地下水渗流的主要研究对象？

10-2　根据岩石透水性划分的均质岩石是否一定是各向同性岩石，非均质岩石是否一定是各向异性岩石？为什么？

10-3　什么叫含水层和隔水层？构成含水层的条件是什么？

10-4　什么是潜水和承压水？它们各自有哪些主要特点？

10-5　什么是渗流模型？在渗流研究中，为什么要引入渗流模型的概念？

10-6　地下水渗流的主要特点是什么？根据这些特点可对地下水渗流进行哪些简化？

10-7　试比较达西定律式(10-3)和裘布依公式(10-7)的异同点及应用条件。

10-8　管井根据其揭露含水层的类型和揭露含水层的程度及进水条件，可进一步分为哪几种类型？

10-9　建立潜水井和承压水井的裘布依公式时，对含水层的条件进行了哪些假设？

10-10　试述井流裘布依公式的主要应用。为什么避开抽井资料，而应用抽水井附近的观测孔资料求解渗透系数和影响半径更理想？

习　　题

10-1　在实验室利用达西实验装置(图 10-3)测定某土样的渗透系数。已知圆筒直径 $d=20\text{cm}$，两测压管间距 $l=40\text{cm}$，在恒定流条件下，测得通过圆筒的断面流量 $Q=20\text{L/d}$，两测压管的水头差 $\Delta h=25\text{cm}$。试求该土样的渗透系数 k。

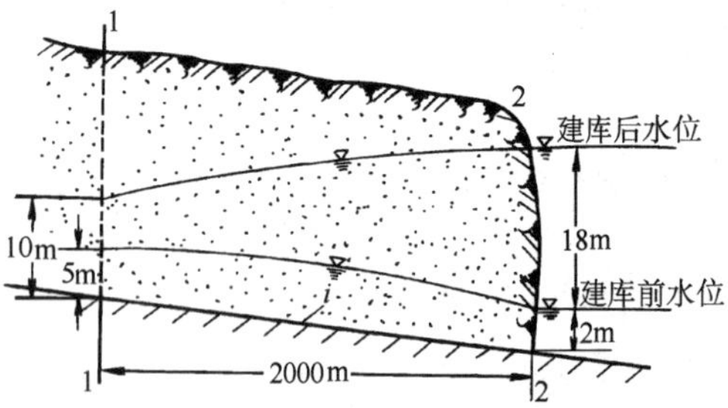

题 10-2 图

10-2　如图所示，某河道左岸为一透水层，其渗透系数 $k=1.73\text{m/d}$，不透水层的底坡 $i=0.001$。修建水库之前，距离河道 2000m 处 1-1 断面的含水厚度为 5m，河中水深为 2m，这时地下水补给河水；修建水库后，河中水位抬高了 18m，测得 1-1 断面的含水层厚度为 10m，这时水库补给地下水。试求建水库前地下水补给河水的单宽流量和建水库后水库补给地下水的单宽流量。

10-3　如图 10-9 所示，完整式集水廊道位于隔水底板水平的亚砂土潜水含水层中。已知廊道长 80m，含水层的天然厚度 $H_0=4\text{m}$，廊道中的稳定水深 $h_0=1\text{m}$，取亚砂的渗透系数 $k=4.32\text{m/d}$。试求廊道的总集水量和距廊道边壁 20m 处的含水层厚度。

10-4　某工地以潜水为供水水源，据钻探资料知，含水层可视为均质各向同性且水平延伸，含水层天然厚度 $H_0=8\text{m}$，渗透系数 $k=18\text{m/d}$。现在含水层中打一完整井，井半径 $r_0=0.1\text{m}$，取影响半径 $R=100\text{m}$，试求井中水位降深 $s_0=3\text{m}$ 时的产水量及距抽水井 $r=20\text{m}$ 处的含水层厚度。

10-5　在均质各向同性水平延伸的承压含水层中，打一完整井和一观测孔。已知井半径 $r_0=0.12\text{m}$，含水层厚度 $M=10\text{m}$，观测孔到井的距离 $r_1=15\text{m}$，抽水前观测孔中地下水位到隔水底板的距离 $H_0=15\text{m}$，以流量 $Q=500\text{m/d}$ 自井中抽水时，抽水井和观测孔中的稳定水位降深分别为 $s_0=2\text{m}$，$s_1=0.6\text{m}$。试求含水层的渗透系数 k，并预测该承压水井的稳定降深 $s'_0=3\text{m}$ 时，能得到的抽水量。

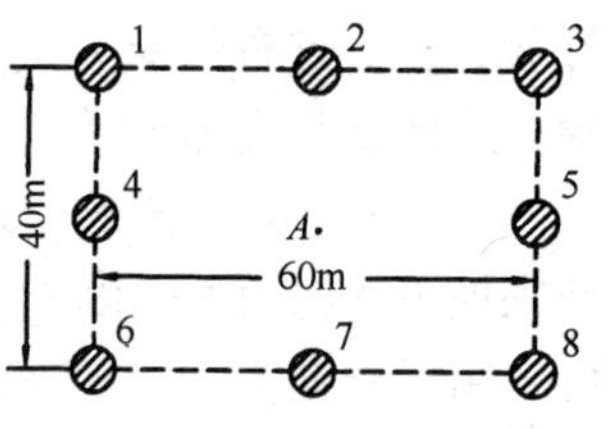

题 10-6 图

10-6　为降低矩形基坑的地下水位，在基坑周围布置了 8 口井径相同的潜水完整井，如图所示。已知矩形基坑的边长为 60m 和 40m，潜水含水层的天然厚度 $H_0=10\text{m}$，渗透系数 $k=26\text{m/d}$，井群影响半径 $R=200\text{m}$。若各井抽水量相同，为使井群中心点 A 处的地下水位降低 3m，试求各井的抽水量。

第十一章　量纲分析与相似原理

通过前面几章的学习可以看出，由于液流运动的复杂性，水力学中的许多问题都是采用理论分析与试验相结合的方法进行研究的。许多与液流运动有关的工程实际问题（如各种水工建筑物及流体机械的设计等），由于边界条件复杂、影响因素众多，多数情况也不可能用单纯的数学解析法求得解答。它们的设计方案往往都是在初步设计的基础上，先通过模型试验研究，对其进行不断地修正后才得以完善的。

量纲分析和相似原理可以帮助我们寻求液流过程中各物理量间函数关系的结构形式，为科学地组织试验研究、简化试验过程及整理试验成果提供理论指导。量纲分析和相似原理是发展水力学理论、解决工程实际液流问题的有力工具。

第一节　量纲及量纲和谐原理

一、量纲和单位

各种不同的物理量，如长度、时间、质量、力、速度、粘滞系数等，都是由自身的物理属性（或称类别）和量度其大小的标准两个因素构成的。

表征物理量属性（或类别）的称为物理量的量纲或因次。例如，长度和时间具有不同的属性，表明它们是量纲不同的物理量；而管径和管长则都具有长度的属性，表明它们都是具有长度量纲的同一类物理量。物理量的量纲通常用物理量的代表符号外加方括号表示，如 $[q]$ 表示物理量 q 的量纲。

量度物理量大小的标准称为物理量的单位。例如，长度的单位有米、厘米、市尺、英尺等；时间的单位有秒、分、时、日等。

显然，量纲是物理量的实质，不含有人为的影响；而单位则是人为规定的量度标准，同一大小的物理量，会因所选用的单位不同而具有不同的数值。

二、基本量纲和导出量纲

物理量的量纲可分为两大类：一类是相互之间独立、没有任何关系的量纲，称为基本量纲；另一类是可以由基本量纲组合或导出的量纲，称为导出量纲。原则上，基本量纲的选取具有任意性。在国际单位制中，与力学问题（指与温度无关的一般力学问题，下同）有关的基本量纲为长度 $[L]$、质量 $[M]$ 和时间 $[T]$，其他力学物理量的量纲都可用这三个基本量纲导出。例如，速度 $[v]=[LT^{-1}]$；加速度 $[a]=[LT^{-2}]$；力 $[F]=[MLT^{-2}]$ 等。由此不难得出，力学中任一物理量 q 的量纲都可用上述三个基本量纲的指数乘积形式表示，即：

$$[q]=[L^{\alpha}M^{\beta}T^{\gamma}] \tag{11-1}$$

上式称为力学中物理量的量纲公式。物理量 q 的性质可由量纲指数 α、β、γ 决定：若 $\alpha\neq0$、$\beta=0$、$\gamma=0$，q 为几何量；若 $\alpha\neq0$、$\beta=0$、$\gamma\neq0$，q 为运动学量；若 $\alpha\neq0$、$\beta\neq0$、$\gamma\neq0$，q 为动力学量。

三、无量纲量

若量纲公式(11-1)中各指数均为零,即 $\alpha=\beta=\gamma=0$,则:

$$[q]=[L^0M^0T^0]=[1] \tag{11-2}$$

满足上量纲关系式的物理量 q 称为无量纲量(数),也称为纯数。

无量纲量可以由两个具有相同量纲的物理量相比得到,也可以由几个有量纲量经乘除组合,使其结果满足式(11-2)而得到。例如,有压管流的雷诺数 Re,就是由有量纲量经乘除组合成的无量纲量,即:

$$[\mathrm{Re}]=\left[\frac{vd}{\nu}\right]=\frac{[LT^{-1}][L]}{[L^2T^{-1}]}=[L^0M^0T^0]=[1]$$

由于无量纲量没有单位,一个正确的物理方程若用无量纲项组成,既可抛开因物理量所选用的单位不同引起的计算数值不同的因素,又可使方程的参变量减少。因此,用这种方程描述物理过程更加简单和具有客观性。

四、量纲和谐原理

凡正确反映客观规律的物理方程,其各项的量纲一定是一致的,这称为量纲和谐原理。量纲和谐原理是量纲分析的基础,是被无数事实证实了的原理。例如,第三章的恒定流连续性方程式(3-10a):

$$v_1A_1=v_2A_2$$

式中每一项的量纲均为$[L^3T^{-1}]$,即方程是量纲和谐的。又如第三章的恒定总流能量方程式(3-16):

$$z_1+\frac{p_1}{\gamma}+\frac{\alpha_1v_1^2}{2g}=z_2+\frac{p_2}{\gamma}+\frac{\alpha_2v_2^2}{2g}+h_w$$

式中每一项的量纲均为$[L]$,方程也是量纲和谐的。

必须指出,尽管正确反映客观规律的物理方程应该是量纲和谐的,但在水力学和其他工程领域中还有不少单纯依靠试验观测资料建立的经验公式,它们不满足量纲和谐原理。这类公式在应用上往往有局限性,而且对公式中各变量所采用的单位是有限制的。例如,目前仍广泛应用的计算谢才系数 C 的曼宁公式:$C=\frac{1}{n}R^{1/6}$就是量纲不和谐的经验公式。在计算中,C 和水力半径 R 的规定单位分别是 $m^{1/2}/s$ 和 m。若用量纲和谐原理分析该式,则粗糙系数 n 的量纲应为$[TL^{-1/3}]$,n 与时间有关,这显然是不合理的。在计算中,这类公式的变量若不采用所规定的单位,则公式中出现的常数必须作相应的改变。随着人们认识水平的不断提高,这类量纲不和谐的经验公式将会逐渐被淘汰。

量纲和谐原理也告诉我们,凡正确反映客观规律的物理方程都可以用方程中的任一项遍除方程中的各项后,将其转化为由无量纲项组成的方程,而原方程性质不变。

量纲和谐原理规定了正确的物理方程各物理量量纲间的确定规律性。因此,可以利用量纲和谐原理,帮助我们建立物理方程和检验一个新建物理方程的合理性。

第二节　量纲分析法

量纲分析法就是在已知一个物理过程影响因素的条件下,以量纲和谐原理为基础探求建立该过程物理方程的方法。根据量纲和谐原理发展起来的量纲分析法有两种：一种称为瑞利法，适用于比较简单的问题；另一种称为 π 定理或称布金汉定理，是一种具有普遍性的量纲分析方法。

一、瑞利法

如果某一物理过程与 n 个物理量 $q_1, q_2, \cdots, q_n$ 有关，则其中任一物理量 q_i 应该可以用其他物理量 $q_1, q_2, \cdots, q_{n-1}$ 的指数乘积形式表示，即：

$$q_i = kq_1^a q_2^b \cdots q_{n-1}^p \tag{11-3}$$

式中　　k——无量纲数；

$a, b, \cdots, p$——代定指数。

因为由式(11-1)可知，任一物理量的量纲只能以基本量纲的指数积的形式导出，所以式(11-3)的表示形式是合理的。

瑞利法就是直接根据量纲和谐原理确定式(11-3)中待定指数 $a, b, \cdots, p$ 的量纲分析方法。下面，举例说明瑞利法的应用步骤。

【例 11-1】 试求水泵有效功率 N_u 的表达式。

【解】 水泵的有效功率是指水泵在单位时间输送给液体的能量。

瑞利法的应用步骤是：

(1) 确定与所研究的物理量有关的变量：经过分析，与水泵有效功率 N_u 有关的变量是水泵的流量 Q，扬程 H 及液体的容重 γ。

(2) 写出指数乘积的关系式：　　$N_u = k\gamma^a Q^b H^c$

(3) 将上式各物理量的量纲用基本量纲表示，并写出量纲关系式：

$$[ML^2T^{-3}] = [ML^{-2}T^{-2}]^a[L^3T^{-1}]^b[L]^c$$

(4) 根据量纲和谐原理求待定指数：

$[M]$　　$1 = a$

$[L]$　　$2 = -2a + 3b + c$

$[T]$　　$-3 = -2a - b$

解得：　　$a = 1, \quad b = 1, \quad c = 1$

(5) 写出关系式：　　$N_u = k\gamma QH$

式中 k 为无量纲常数，可由实验确定。

在力学中，因为基本量纲数只有 3 个，根据一个具体的量纲关系式最多只能列出 3 个指数方程。因此，在力学问题中，当自变量数目多于 3 个时，由瑞利法建立的方程中将保留有待定指数，而使其圆满程度受到限制。

二、π 定理

π 定理是更为普遍的量纲分析方法。它首先由美国物理学家布金汉于 1915 年提出，所以也称布金汉定理。π 定理可表述如下：

若某一物理过程包含有 n 个物理量 $q_1, q_2, \cdots q_n$，即：

$$F(q_1, q_2, \cdots q_n) = 0$$

其中涉及到 m 个基本量纲，则该物理过程可由这 n 个物理量构成的 $(n-m)$ 个无量纲量所表达的关系式来表述，即：

$$f(\pi_1, \pi_2, \cdots \pi_{n-m}) = 0 \tag{11-4}$$

由于无量纲量用 π 表示，π 定理由此得名。π 定理可以用数学方法证明，这里从略。

π 定理的应用步骤：

(1) 确定与所研究的物理过程有关的物理量，即：

$$F(q_1, q_2, \cdots, q_n) = 0$$

(2) 从 n 个物理量中选取 m 个基本量，作为 m 个基本量纲的代表。即这 m 个物理量应包含 m 个基本量纲，它们的量纲是独立的，不能相互导出(在力学问题中 $m \leqslant 3$)。若设 q_1, q_2, q_3 为基本量，则由式(11-1)得：

$$[q_1] = [L^{\alpha_1} M^{\beta_1} T^{\gamma_1}];\quad [q_2] = [L^{\alpha_2} M^{\beta_2} T^{\gamma_2}];\quad [q_3] = [L^{\alpha_3} M^{\beta_3} T^{\gamma_3}]$$

满足 q_1, q_2, q_3 量纲独立的条件是上述量纲式的指数行列式不等于零，即：

$$\begin{vmatrix} \alpha_1 & \beta_1 & \gamma_1 \\ \alpha_2 & \beta_2 & \gamma_2 \\ \alpha_3 & \beta_3 & \gamma_3 \end{vmatrix} \neq 0 \tag{11-5}$$

在水力学中，一般可选择量纲简单的几何学量(如管径 d、管长 l 等)、运动学量(如流速 v、重力加速度 g 等)和动力学量(如密度 ρ、切应力 τ 等)为基本量。

(3) 用基本量依次与其余的物理量组成 π 数，若设 $m = 3$，则可组成 $(n-3)$ 个 π 数。表示式的一般形式为：

$$\pi_i = \frac{q_i}{q_1^{a_i} q_2^{b_i} q_3^{c_i}} \tag{11-6}$$

式中的 q_i 为除基本变量 q_1, q_2, q_3 以外的 $(n-3)$ 个变量中的任何一个；a_i, b_i, c_i 为与 π_i 对应的待定指数。

(4) 满足 π 为无量纲量，由量纲和谐原理求出各 π 数项中的待定指数 a_i, b_i, c_i。

(5) 按式(11-4)写出物理过程的关系式。

下面举例说明：

【例 11-2】 试求水平等直径恒定有压管流压强损失 Δp 的表达式。

【解】 (1) 确定过程的影响因素：由经验和已有资料的分析可知，等直径恒定有压管流的压强损失 Δp 与液体的性质(密度 ρ、运动粘滞系数 ν)、管道条件(管长 l、管径 d、管壁粗糙度 Δ)及流速 v 有关，影响因素 $n = 7$，即：

$$F(\Delta p, \rho, \nu, l, d, \Delta, v) = 0$$

(2) 选基本量：在 7 个有关的变量中，d、v、ρ 的量纲分别为：$[d] = [L^1 M^0 T^0]$，$[v] = [L^1 M^0 T^{-1}]$，$[\rho] = [L^{-3} M^1 T^0]$。它们包含了三个基本量纲，而且它们量纲式的指数行列式：

$$\begin{vmatrix} 1 & 0 & 0 \\ 1 & 0 & -1 \\ -3 & 1 & 0 \end{vmatrix} = 1 \neq 0$$

符合量纲独立的条件。所以，可以选取 d、v、ρ 为基本量。

(3) 组成 π 数项：根据式(10-6)可以组成 $n - m = 7 - 3 = 4$ 个 π 数项，即：

$$\pi_1=\frac{\Delta p}{d^{a1}v^{b1}\rho^{c1}},\quad \pi_2=\frac{\nu}{d^{a2}v^{b2}\rho^{c2}},\quad \pi_3=\frac{l}{d^{a3}v^{b3}\rho^{c3}},\quad \pi_4=\frac{\Delta}{d^{a4}v^{b4}\rho^{c4}}$$

(4) 计算各 π 数项中的指数,确定 π 数:

π_1 项: $[\Delta p]=[d]^{a1}[v]^{b2}[\rho]^{c1}$,即$[ML^{-1}T^{-2}]=[L]^{a1}[LT^{-1}]^{b1}[ML^{-3}]^{c1}$

$[M]$ $$1=c_1$$

$[L]$ $$-1=a_1+b_1-3c_1$$

$[T]$ $$-2=-b_1$$

解得 $a_1=0,b_1=2,c_1=1$。所以 $\pi_1=\dfrac{\Delta p}{v^2\rho}$

同理可求得 $$\pi_2=\frac{\nu}{vd}=\frac{1}{\mathrm{Re}},\quad \pi_3=\frac{l}{d},\quad \pi_4=\frac{\Delta}{d}$$

(5) 根据式(11-4)得无量纲量方程为:

$$f\left(\frac{\Delta p}{v^2\rho},\mathrm{Re},\frac{l}{d},\frac{\Delta}{d}\right)=0$$

对$\dfrac{\Delta p}{v^2\rho}$求解得 $$\frac{\Delta p}{v^2\rho}=f_1\left(\mathrm{Re},\frac{l}{d},\frac{\Delta}{d}\right)$$

由实验知,在等直径恒定有压管流中,压强损失 Δp 与管长 l 成正比,所以:

$$\frac{\Delta p}{v^2\rho}=f_2\left(\mathrm{Re},\frac{\Delta}{d}\right)\frac{l}{d}$$

或 $$\frac{\Delta p}{\gamma}=f_2\left(\mathrm{Re},\frac{\Delta}{d}\right)\frac{l}{d}\frac{v^2}{2g}=\lambda\ \frac{l}{d}\frac{v^2}{2g}$$

这就是压强损失 Δp 的计算公式。由能量方程可知,水平等直径恒定有压管流的沿程水头损失 $h_f=\dfrac{\Delta p}{\gamma}$,故上式可写成:

$$h_f=\lambda\ \frac{l}{d}\frac{v^2}{2g}$$

这就是我们熟知的达西—魏斯巴赫公式。式中的 $\lambda=f_2\left(\mathrm{Re},\dfrac{\Delta}{d}\right)$称为沿程阻力系数,可由试验确定,我们在第四章中已对它进行了详细的讨论。

通过上述分析,一个包含有 7 个变量的复杂问题,就归结为 3 个无量纲量,即沿程阻力系数 λ、雷诺数 Re 和相对粗糙度 Δ/d 关系的确定问题,这可使进一步的试验研究大为简化。

可见,在已知一个物理过程影响因素的条件下,利用量纲分析法可以给出该过程物理方程的基本形式,这为进一步组织试验研究、整理试验数据提供了科学的指导。

需要指出,量纲分析只是一种数学分析法,只能确定所建立的方程是量纲和谐的。该方程是否符合客观规律,还决定于方程中所选入的物理量是否正确。选取物理量时,如果遗漏了一个重要变量,将使量纲分析得出错误的结果;相反,如果引入了多余的、无关紧要的物理量,则会增加量纲分析的烦琐性。选取物理量的正确性与合理性,只能通过理论分析和试验加以证明。因此,为了能够正确、合理地选取物理量,就要求我们对物理过程的本质要有足够的认识。

第三节　相似理论基础

前面已谈到，很多水力学问题单纯依靠理论分析是不能求得解答的，还有赖于试验研究。为了经济的目的和观测的方便，大多数工程试验研究都是在模型上进行的。经缩小(或放大)尺度后，模拟原型(工程实物)的流动称为模型流动。为了能用模型试验的结果去预测原型流动将要发生的现象，必须保证模型流动与原型流动具有相似性。相似理论就是研究相似流动之间联系的理论，是模型试验的理论基础。

一、流动相似的概念

如果两个流动在相应点处的所有表征流动状态的相应物理量之间大小都各自成固定的比例关系，物理量是矢量时，它们相应的方向还相同，则称这两种流动是相似的。在水力学中，表征流动状态的物理可分为三类，即描述流场几何形状、液流运动状态和液流动力特征的物理量。因此，两液流流动相似应该满足它们的几何相似、运动相似及动力相似。我们约定，原型中的物理量标以下角标 p，模型中的物理量标以下角标 m。下面，分别讨论上述三种相似。

1. 几何相似

几何相似是指两个流场的几何形状相似，即两个流场中所有相应的长度量都成固定的比例关系。若用 l 表示流场的特征长度量，则原型与模型两个流场的长度比尺 λ_l 为：

$$\lambda_l = \frac{l_{\mathrm{p}}}{l_{\mathrm{m}}} \tag{11-7}$$

由此可推得，相应的面积 A 和体积 V 的比尺分别为：

$$\lambda_{\mathrm{A}} = \frac{A_{\mathrm{p}}}{A_{\mathrm{m}}} = \lambda_l^2, \qquad \lambda_{\mathrm{V}} = \frac{V_{\mathrm{p}}}{V_{\mathrm{m}}} = \lambda_l^3$$

可见，几何相似是以基本量长度的比尺 λ_l 表征的，只要保持两个流场各相应的长度比尺都相等，便保证了两个流动的几何相似。

2. 运动相似

运动相似是指两个流场中各相应点处的相应运动学量之间大小都各自成固定的比例关系，如果是矢量，它们相应的方向还相同。若选速度为基本量，则运动相似也可等价地表述为两液流的流速场相似，即两个流场中各相应点处的流速方向相同，大小成固定的比例。若用 $\lambda_{\mathrm{t}} = t_{\mathrm{p}}/t_{\mathrm{m}}$ 表示原型与模型流动的时间比尺，则其流速比尺为：

$$\lambda_{\mathrm{u}} = \frac{u_{\mathrm{p}}}{u_{\mathrm{m}}} = \frac{l_{\mathrm{p}}/t_{\mathrm{p}}}{l_{\mathrm{m}}/t_{\mathrm{m}}} = \frac{\lambda_l}{\lambda_{\mathrm{t}}} \tag{11-8}$$

因为相应点处的流速大小成比例，则相应断面的平均流速也应有同样的比尺，即：

$$\lambda_{\mathrm{v}} = \frac{v_{\mathrm{p}}}{v_{\mathrm{m}}} = \frac{u_{\mathrm{p}}}{u_{\mathrm{m}}} = \lambda_{\mathrm{u}} = \frac{\lambda_l}{\lambda_{\mathrm{t}}} \tag{11-9}$$

在相似流动中，几何相似和运动相似分别规定了基本量长度的比尺 λ_l 和流速的比尺 λ_{v}，所以运动相似中的其他运动学量(如时间、加速度、角速度、运动粘度等)的比尺也可由 λ_l 和 λ_{v} 表示。例如，时间比尺 λ_{t} 可由式(11-9)确定，加速度比尺可表示为：

$$\lambda_a=\frac{a_p}{a_m}=\frac{v_p/t_p}{v_m/t_m}=\frac{\lambda_v}{\lambda_t}=\frac{\lambda_v}{\lambda_l/\lambda_v}=\frac{\lambda_v^2}{\lambda_l} \tag{11-10}$$

3. 动力相似

动力相似是指两个流场中各相应点处的相应动力学量之间大小都各自成固定的比例关系,如果是矢量它们相应的方向还相同。若选力为基本量,则动力相似也可等价地表述为:两流场中各相应点处相同物理性质的力(简称同名力)方向相同,大小成固定的比例。

一般影响液体运动的作用力主要有粘滞力 $\boldsymbol{T}$、重力 $\boldsymbol{G}$、压力 $\boldsymbol{P}$、有时还要考虑弹性力 $\boldsymbol{E}$ 和表面张力 $\boldsymbol{S}$ 等。若设这些力的合力为 $\boldsymbol{F}$,则根据动力相似的要求,在原型与模型相应点处应有:

$$\frac{F_p}{F_m}=\frac{T_p}{T_m}=\frac{G_p}{G_m}=\frac{P_p}{P_m}=\cdots=\frac{S_p}{S_m}$$

即

$$\lambda_F=\lambda_T=\lambda_G=\lambda_p=\cdots=\lambda_S \tag{11-11}$$

在水力学中,规定了包含三个基本量纲[L]、[T]、[M]在内的三个基本量比尺,即长度比尺 λ_l、流速比尺 λ_v 和力的比尺 λ_F 后,其他动力学量(如质量、密度、动量等)的比尺以及几何学量、运动学量的比尺也都可以由这三个基本量的比尺来表示,所以两个流动就必然是相似的。

上述这三种相似是两液流保持流动相似的特征和属性。显然,这三种相似是相互联系的。流场的几何形状相似(即几何相似)是运动相似和动力相似的前提与依据;动力相似是决定运动相似的主导因素,是实现运动相似的保证;运动相似则是几何相似和动力相似的表现,是实现两个流动相似的目的。

以上是恒定流相似的概念。在非恒定流中,流动相似还应包括两个液流的初始条件相似。

二、相似准则

两个流动相似的液流,它们各项比尺之间所遵从的约束关系称为相似准则。相似准则是模型设计与试验的基本依据。

设作用在质量为 m 的液体质点上的合力为 $\boldsymbol{F}$,则由牛顿第二定律可得:

$$\boldsymbol{F}=m\boldsymbol{a}$$

根据达朗贝尔原理,设想在该质点上加惯性力 $\boldsymbol{I}=-m\boldsymbol{a}$,则惯性力与质点受到的合外力相平衡,即:

$$\boldsymbol{F}+\boldsymbol{I}=0$$

如果原型与模型流动相似,则:

$$\frac{F_p}{F_m}=\frac{I_p}{I_m}=\frac{m_p a_p}{m_m a_m}=\frac{\rho_p l_p^3 v_p/t_p}{\rho_m l_m^3 v_m/t_m}=\frac{\rho_p l_p^2 v_p^2}{\rho_m l_m^2 v_m^2}$$

或

$$\frac{F_p}{\rho_p l_p^2 v_p^2}=\frac{F_m}{\rho_m l_m^2 v_m^2} \tag{11-12}$$

若令

$$\mathrm{Ne}=\frac{F}{\rho l^2 v^2} \tag{11-13}$$

Ne 是表征液体质点受到的合力外与惯性力之比的无量纲量,称为牛顿数。则式(11-12)可表示为:

$$(\mathrm{Ne})_{\mathrm{p}}=(\mathrm{Ne})_{\mathrm{m}} \tag{11-14}$$

若用比尺表示，则式(11-12)可表示为：

$$\frac{\lambda_{\mathrm{F}}}{\lambda_{\rho}\lambda_{l}^{2}\lambda_{\mathrm{v}}^{2}}=\frac{\lambda_{\mathrm{F}}\lambda_{l}/\lambda_{\mathrm{v}}}{\lambda_{\rho}\lambda_{l}^{3}\lambda_{\mathrm{v}}}=\frac{\lambda_{\mathrm{F}}\lambda_{\mathrm{t}}}{\lambda_{\mathrm{m}}\lambda_{\mathrm{v}}}=1 \tag{11-15}$$

式中 $\frac{\lambda_{\mathrm{F}}\lambda_{\mathrm{t}}}{\lambda_{\mathrm{m}}\lambda_{\mathrm{v}}}$——相似判据。

式(11-14)和(11-15)表明，两个流动相似的液流，它们相应的点处的牛顿数应相等或相似判据为1，这是流动相似的重要标志，是判别两液流相似的一般准则，称为牛顿相似准则。

在牛顿数中，F 是作用于液体质点上各种同名力的合力，所以要使两个液流满足牛顿相似准则，同样要求两流场中作用在相应质点上的各种同名力与惯性力之间有相同的比值。一般情况下，液流的弹性力和表面张力可以忽略，所以作用在液流上的力主要就是粘滞力、重力和动水压力。下面，分别讨论这三项力作用的相似准则。

1. 粘滞力相似准则

根据粘滞力的表达式 $T=\mu A\frac{\mathrm{d}u}{\mathrm{d}y}$ 可知，其大小可用 $\mu l^{2}\frac{v}{l}=\mu lv$ 来衡量，用它取代(11-13)中的 F 项得，粘滞力与惯性力之比的关系为：

$$\frac{T}{\rho l^{2}v^{2}}=\frac{ulv}{\rho l^{2}v^{2}}=\frac{u}{\rho lv}=\frac{\nu}{lv}$$

ν/lv 为一无量纲量，其倒数就是液流的雷诺数 Re，即 $\mathrm{Re}=lv/\nu$。则原型与模型液流粘滞力相似的条件是：

$$\frac{l_{\mathrm{p}}v_{\mathrm{p}}}{\nu_{\mathrm{p}}}=\frac{l_{\mathrm{m}}v_{\mathrm{m}}}{\nu_{\mathrm{m}}} \tag{11-16}$$

或

$$(\mathrm{Re})_{\mathrm{p}}=(\mathrm{Re})_{\mathrm{m}} \tag{11-17}$$

式(11-17)表明，如果两液流粘滞力相似，则它们相应点处的雷诺数相等；反之，如果雷诺数相等，则两液流粘滞力相似。这就是粘滞力相似准则，又称雷诺准则。

式(11-16)也可用比尺关系表示为：

$$\frac{\lambda_{l}\lambda_{\mathrm{v}}}{\lambda_{\nu}}=1 \tag{11-18}$$

显然，雷诺数的物理意义是液流受到的惯性力与粘滞力之比。

2. 重力相似准则

重力 G 的大小可用 ρgl^{3} 来衡量，用它取代式(11-13)中的 F 项得，重力与惯性力之比的关系为：

$$\frac{G}{\rho l^{2}v^{2}}=\frac{\rho gl^{3}}{\rho l^{3}v^{3}}=\frac{gl}{v^{2}}$$

gl/v^{2} 为一无量纲量，其倒数就是液流的佛汝德数，即 $\mathrm{Fr}=v^{2}/gl$。则原型与模型液流重力相似的条件是：

$$\frac{v_{\mathrm{p}}^{2}}{g_{\mathrm{P}}l_{\mathrm{p}}}=\frac{v_{\mathrm{m}}^{2}}{g_{\mathrm{m}}l_{\mathrm{m}}} \tag{11-19}$$

或：

$$(\mathrm{Fr})_{\mathrm{p}}=(\mathrm{Fr})_{\mathrm{m}} \tag{11-20}$$

式(11-20)表明，如果两液流重力相似，则它们相应点处的佛汝德数相等；反之，如果佛汝德数相等，则两液流重力相似。这就是重力相似准则，又称佛汝德准则。

式(11-19)也可用比尺关系表示为：

$$\frac{\lambda_v^2}{\lambda_g \lambda_l}=1 \tag{11-21}$$

显然，佛汝德数的物理意义是液流受到的惯性力与重力之比。

3. 压力相似准则

压力 P 的大小可用 pl^2 来表示，用它取代式(11-13)中 F 项得，压力与惯性力之比的关系为：

$$\frac{P}{\rho l^2 v^2}=\frac{pl^2}{\rho l^2 v^2}=\frac{p}{\rho v^2}$$

$p/\rho v^2$ 为一无量纲量，称为欧拉数，以 Eu 表示，即 $Eu=p/\rho v^2$。则原型与模型液流压力相似的条件是：

$$\frac{p_p}{\rho_p v_p^2}=\frac{p_m}{\rho_m v_m^2} \tag{11-22}$$

或

$$(Eu)_p=(Eu)_m \tag{11-23}$$

式(11-23)表明，如果两液流压力相似，则它们相应点处的欧拉数相等；反之，如果欧拉数相等，则两液流压力相似。这就是压力相似准则，又称欧拉准则。

欧拉数中的动水压强 p 也常用动水压强差 Δp 代替，则欧拉数也可表示为：

$$Eu=\frac{\Delta p}{\rho v^2} \tag{11-24}$$

式(11-22)也可用比尺关系表示为：

$$\frac{\lambda_p}{\lambda_\rho \lambda_v^2}=1 \tag{11-25}$$

显然，欧拉数的物理意义是液流受到的压力与惯性力之比。

可见，当作用在液流上的力是粘滞力、重力和动水压力时，则两液流动力相似的条件是，它们的雷诺数、佛汝德数和欧拉数应同时相等。液体质点受到的合外力与惯性力相平衡，等价于上述三个作用力与惯性力在形式上可以构成一个封闭的力多边形。从这个意义讲，两液流动力相似，就是两流场中相应点处的两个这种封闭的力多边形相似。这时，只要惯性力和三个作用力中的两个力的对应边各自成比例(即相似)，另一个作用力的对应边必然会自动相似。所以，上述三个相似准则，只有两个是独立的，另一个则可由其他两个导出。通常动水压力是待求量，因此一般将雷诺准则和佛汝德准则称为独立准则，欧拉准则称为导出准则。

第四节　模　型　试　验

模型试验是依据相似原理，制成与原型相似的模型进行试验研究，并以试验结果预测出原型将会发生的液流现象。

一、相似准则的选择

根据以上讨论可知，为了使模型和原型流动完全相似，在满足几何相似的基础上，它们各独立的相似准则应同时满足。但由于影响各种同名力的物理因素不同，实际上要同时满足各项准则是很困难的，甚至是不可能的。在具体流动中，起主导作用的力往往只有一种，因此在模型试验中，只要让这种力满足相似条件即可。这种相似虽然是近似的，但实践证明，结果是令人满意的。

例如有压管流，当其流速不大时，粘滞力对液流影响起主要作用，可采用雷诺准则设模型。随着雷诺数的增大，管流进入紊流过渡区时，沿程阻力系数 $\lambda = f(\mathrm{Re}, \Delta/d)$，此时因模型与原型壁面相对粗糙度 Δ/d 的相似是几何相似的必然要求，所以按阻力相似条件，仍可采用雷诺准则设计模型。当雷诺数足够大，管流进入紊流粗糙区时，$\lambda = f(\Delta/d)$，此时只要保证模型液流也处于紊流粗糙区，则模型与原型管流可不要求雷诺数相等，它们可在几何相似的条件下自动实现阻力相似。所以，紊流粗糙区又称为自模区。

堰坝溢流、闸孔出流、桥墩绕流等短流程的明渠流动，重力是主导作用力，可按佛汝德准则设计模型。长流程的明渠流，虽然重力和阻力都是主要作用力，但工程中的明渠流，绝大多数都处于自模区，在两液流几何相似的条件下，阻力是自动相似的，故也可直接采用佛汝德准则设计模型。但在水面平稳、流动极慢的层流明渠流中，仍需采用雷诺准则设计模型。

二、模型的设计

模型设计首先应满足几何相似的前提。几何相似的比尺 λ_l 一般可根据试验场地、模型制做和量测条件确定。在不影响试验结果正确性的前提下，为了经济的目的，模型宜做得小一些，即长度比尺 λ_l 可选得大一些。几何相似包括液流边界条件的相似。实际上，有时完全的几何相似是不容易达到的。例如，在几何比尺较大的小模型中，模型的壁面当量粗糙度 Δ_p（或粗糙系数 n_p）往往作不到按比尺 λ_L 缩小。又如，河流的模型，由于试验场地的限制，其水平方向和竖直方向的长度比尺若采用同一值，会使模型河流的水深很浅和底坡很小，从而会突出水流的表面张力影响和使水流流速过小而变为层流。在这种情况下，一般采用变态模型（即在空间三个方向的长度比尺不同的模型）来设计，从而保证模型内的有关参数及边界条件的满足。

长度比尺确定后，就要根据起主导作用的力选用相应的相似准则进一步确定模型的其他各种比尺。采用雷诺准则时，原型与模型液流的雷诺数相等，可根据式(11-18)确定长度比尺 λ_l 与其他比尺的关系；采用佛汝德准则时，原型与模型液流的佛汝德数相等，可根据式(11-21)确定长度比尺 λ_l 与其他比尺的关系。

例如，按雷诺准则设计模型时，如果模型与原型中的液流为同种且温度相同的液体，即运动粘滞系数的比尺 $\lambda_\nu = 1$，则由式(11-18)得：

流速比尺为 $\lambda_v = \dfrac{1}{\lambda_l}$；　　流量比尺为 $\lambda_Q = \lambda_v \lambda_l^2 = \lambda_l$

又如，按佛汝德准则准则设计模型时，如果模型与原型液流均在地球上，即 $\lambda_g = 1$，则由式(11-21)得：

流速比尺为 $\lambda_v = \lambda_l^{1/2}$；　　流量比尺为 $\lambda_Q = \lambda_v \lambda_l^2 = \lambda_l^{2.5}$

按雷诺准则和佛汝德准则导出的各物理量比尺的关系见表 11-1。

雷诺准则和佛汝德准则的常用比尺关系 **表 11-1**

名称	比尺			名称	比尺		
	雷诺准则		佛汝德准则		雷诺准则		佛汝德准则
	$\lambda_\nu=1$	$\lambda_\nu\neq1$	$\lambda_g=1$		$\lambda_\nu=1$	$\lambda_\nu\neq1$	$\lambda_g=1$
长度比尺 λ_l	λ_l	λ_l	λ_l	力的比尺 λ_F	λ_ρ	$\lambda_\nu^2\lambda_\rho$	$\lambda_l^3\lambda_\rho$
流速比尺 λ_v	λ_l^{-1}	$\lambda_\nu\lambda_l^{-1}$	$\lambda_l^{1/2}$	压强比尺 λ_p	$\lambda_l^{-2}\lambda_\rho$	$\lambda_\nu^2\lambda_l^{-2}\lambda_\rho$	$\lambda_l\lambda_\rho$
加速度比尺 λ_a	λ_l^{-3}	$\lambda_\nu\lambda_l^{-3}$	1	功、能比尺 λ_W	$\lambda_l\lambda_\rho$	$\lambda_\nu^2\lambda_l\lambda_\rho$	$\lambda_l^4\lambda_\rho$
流量比尺 λ_Q	λ_l	$\lambda_\nu\lambda_l$	$\lambda_l^{5/2}$	功率比尺 λ_N	$\lambda_l^{-1}\lambda_\rho$	$\lambda_\nu^3\lambda_l^{-1}\lambda_\rho$	$\lambda_l^{7/2}\lambda_\rho$
时间比尺 λ_t	λ_l^2	$\lambda_\nu^{-1}\lambda_l^2$	$\lambda_l^{1/2}$				

【例 11-3】 已知某废水处理稳定池的设计宽度 $b_p=25\text{m}$，长度 $l_p=50\text{m}$，水深 $h_p=2\text{m}$，池中水温为 20℃，初步拟定水在池中的水力停留时间 $t_p=7.5$ 天(定义为池的容积与流量之比)。为研究废水处理效果，需在模型中进行试验研究。若选用的长度比尺 $\lambda_l=10$，(1)试设计模型池的尺寸；(2)求水在模型池中的流速 v_m 和水力停留时间 t_m。

【解】 (1) 模型池的尺寸可直接根据长度比尺 $\lambda_l=10$ 确定

模型池长度 $l_m=l_p/\lambda_l=50/10=5\text{m}$；模型池宽度 $b_m=b_p/\lambda_l=25/10=2.5\text{m}$；模型池水深 $h_m=h_p/\lambda_l=2/10=0.2\text{m}$。

(2) 计算模型池中的流速 v_m 和水力停留时间 t_m

由表 1-3 查得 20℃ 水的运动粘滞系数 $\nu_p=1.007\times10^{-6}\text{m/s}$；原型池的水力半径为：

$$R_p=\frac{A_p}{\chi_p}=\frac{b_ph_p}{2h_p+b_p}=\frac{25\times2}{2\times2+25}=1.724\text{m}$$

原型池中的流速为：

$$v_p=\frac{Q_p}{A_p}=\frac{l_pb_ph_p/t_p}{b_ph_p}=\frac{l_p}{t_p}=\frac{50}{7.5\times24\times3600}=7.716\times10^{-5}\text{m/s}$$

根据以上参数，原型池中液流的雷诺数为：

$$(\text{Re})_p=\frac{v_p\times4R_p}{\nu_p}=\frac{7.716\times10^{-5}\times4\times1.724}{1.007\times10^{-6}}=528.40<2300$$

可见，原型池中的水流为流速极为缓慢的层流，粘滞力起主导作用，可按雷诺准则设计模型。

设 $\lambda_\nu=1$，由表 11-1 查得流速比尺 $\lambda_v=\lambda_l^{-1}$，则模型池中的流速为：

$$v_m=v_p\lambda_l=7.716\times10^{-5}\times10=7.716\times10^{-4}\text{m/s}$$

模型池中的水力停留时间为：

$$t_m=\frac{l_mb_mh_m}{v_mb_mh_m}=\frac{l_m}{v_m}=\frac{5}{7.716\times10^{-4}}=6480\text{s}=1.8\text{h}$$

【例 11-4】 一桥墩长度 $l_p=24\text{m}$，宽度 $b_p=4.3\text{m}$，河中水深 $h_p=8.2\text{m}$，水流的平均流速 $v_p=2.3\text{m/s}$，两桥墩间距离 $B_p=90\text{m}$。现取长度比尺 $\lambda_l=50$ 的模型进行试验研究，(1)试设计模型尺寸；(2)求模型河中的流速 v_m 和流量 Q_m。

【解】 (1) 模型的尺寸可根据长度比尺 $\lambda_l=50$ 确定

模型桥墩长 $l_m=l_p/\lambda_l=24/50=0.48\text{m}$；模型桥墩宽 $b_m=b_p/\lambda_l=4.3/50=0.086\text{m}$；模型桥墩间距 $B_m=B_p/\lambda_l=90/50=1.8\text{m}$；模型河水深 $h_m=h_p/\lambda_l=8.2/50=0.164\text{m}$。

(2) 河流绕流桥墩时，重力是主导作用力，可采用佛汝德准则推算流速 v_m 和流量 Q_m

原型中的流量为：$Q_p = v_P(B_p - b_p)h_p = 2.3(90-4.3)8.2 = 1616.302\text{m}^3/\text{s}$

查表 11-1 得流速比尺 $\lambda_v = \lambda_l^{1/2}$，流量比尺 $\lambda_Q = \lambda_l^{2.5}$，故：

模型中的流速为 $v_m = v_p/\lambda_v = v_p/\lambda_l^{1/2} = 2.3/\sqrt{50} = 0.325\text{m/s}$

模型中的流量为 $Q_m = Q_p/\lambda_Q = Q_p/\lambda_l^{2.5} = 1616.302/50^{2.5} = 0.0914\text{m}^3/\text{s}$

注意，按佛汝德准则设计明渠流模型时，长度比尺 λ_l 不能太大，它的取值应保证模型中的水流也处于自模区。

思 考 题

11-1 什么叫物理量的量纲和单位？基本量纲与导出量纲有什么区别？在国际单位制中与力学问题有关的基本量纲有哪些？

11-2 试述两种量纲分析法(瑞利法和 π 定理法)的主要特点和分析方法。

11-3 用量纲分析法建立的物理方程是否一定就是正确的？应用量纲分析法建立正确物理方程的前提是什么？

11-4 如何理解对物理方程进行量纲分析，可使进一步的试验研究大为简化？

11-5 什么叫流动相似？如何理解规定了两个流动的长度比尺 λ_l、流速比尺 λ_v 和力的比尺 λ_F，就可以实现这两个流动的几何相似、运动相似和动力相似？为什么两个流动若几何相似、运动相似和动力相似，它们就一定流动相似的？

11-6 分别叙述液流的牛顿数 Ne、雷诺数 Re、佛汝德数 Fr 和欧拉数 Eu 的物理意义。有人说，因为合外力 F 与惯性力 I 的大小相等，所以牛顿数应等于 1，对否？为什么？

11-7 为什么同时满足两个或多个作用力相似是很难达到的？(可从几个力同时相似时，其比尺的相互约束关系讨论这种相似的困难性)在什么特殊情况下，模型与原型可同时满足重力与阻力的相似？

11-8 对于明渠流和有压管流，一般可采用何种力的相似准则设计模型？

习 题

11-1 试用 [L、M、T] 基本量纲系统表示出动力粘滞系数 μ、切应力 τ、能量 E、功率 N 的量纲，并用该基本量纲系统证明雷诺数 Re 为无量纲量。

11-2 将下列各组物理量组合成无量纲量。(1)切应力 τ、流速 v、密度 ρ；(2)压强差 Δp、流速 v、容重 γ、重力加速度 g；(3)力 F、长度 l、流速 v、密度 ρ。

11-3 已知自由落体的下落距离 s 与落体的质量 m，重力加速度 g 及时间 t 有关。试用瑞利法导出自由落体下落距离的表达式。

11-4 由实验观测得知，矩形薄壁堰的流量 Q 与堰顶水头 H_0，堰宽 b 和重力加速度 g 有关；并且已知 Q 与 b 的一次方成正比。试用瑞利法导出堰流流量的公式形式。

11-5 实验表明，管流边壁的切应力 τ_0 与断面平均流速 v、管径 d、壁面的当量粗糙度 Δ、液体密度 ρ 和动力粘滞系数 μ 有关。试分别用瑞利法和 π 定理法导出切应力 τ_0 的表达式形式。

11-6 小球在静水中下沉时，受到的阻力 F_D 与小球的直径 d、下沉速度 v、水的密度 ρ、动水粘滞系数 μ 有关。试用 π 定理导出阻力 F_D 的表达式形式。

11-7 某水平安装的文丘理流量计，已知其喉道的断面平均流速 v_2 与流量计进口断面直径 d_1、喉道断面直径 d_2、水的密度 ρ、动力粘滞系数 μ 及两断面间的压强差 Δp 有关。试用 π 定理证明其流量表达式的形式为 $Q = f\left(\frac{d_2}{d_1}, \text{Re}\right)\frac{\pi}{4}d_2^2\sqrt{2g\frac{\Delta p}{\gamma}}$。

11-8 一直径 $d_p = 50\text{cm}$ 的输油管道，管长 $l_p = 100\text{m}$，管中流量 $Q_p = 0.10\text{m}^3/\text{s}$，20℃时油的运动粘滞系数 $\nu_p = 1.5\times10^{-4}\text{m}^2/\text{s}$。现拟用 20℃的水和管径 $d_m = 2.5\text{cm}$ 的管道进行模型试验，试求(1)模型管长 l_m

和模型中通过的流量 Q_m；(2)如果在模型上测得的压强水头差$(\Delta p/\gamma)_m=2.35$cm 油柱高，原型输油管道的压强水头差$(\Delta p/\gamma)_p$。

11-9　一溢流坝模型建于宽度 0.61m 的渠槽上，长度比尺 $\lambda_l=25$。如果原型坝的设计高度为 11.4m，最大水头为 1.52m，(1)求模型坝的高度和最大水头；(2)若测得模型坝最大水头时的流量为 $0.02m^3/s$，坝下游出现的水跃高度为 2.6cm，求原型坝的单宽流量和坝下游的水跃高度；(3)若测得此时模型坝水跃中的能量损失功率为 112W，求原型坝水跃中的能量损失功率。

附录Ⅰ

国际单位制和工程单位制换算表

物理量		国际单位制		工程单位制		换算关系
名称	符号	单位	符号	单位	符号	
质量	M	千克	kg	公斤力·秒²/米	$kgf \cdot s^2/m$	$1kgf \cdot s^2/m = 9.80kg$
密度	ρ	千克/米³	kg/m^3	公斤力·秒²/米⁴	$kgf \cdot s^2/m^4$	$1kgf \cdot s^2/m^4 = 9.80kg/m^3$
力	F	牛顿	N	公斤力	kgf	$1kgf = 9.80N$
容重	γ	牛顿/米³	N/m^3	公斤力/米³	kgf/m^3	$1kgf/m^3 = 9.80N/m^3$
压强	p	帕斯卡(牛顿/米²)	$Pa(N/m^2)$	公斤力/米² 公斤力/厘米²	kgf/m^2 kgf/cm^2	$1kgf/m^2 = 9.80Pa$ $1kgf/cm^2 = 9.80 \times 10^{-4}Pa$ $= 9.80N/cm^2$
切应力	τ					
力矩	M	牛顿·米	$N \cdot m$	公斤力·米	$kgf \cdot m$	$1kgf \cdot m = 9.80N \cdot m$
动量	K	千克·米/秒	$kg \cdot m/s$	公斤力·秒	$kgf \cdot s$	$1kgf \cdot s = 9.80kg \cdot m/s$
功、能量	W	焦耳(牛顿·米)	$J(N \cdot m)$	公斤力·米卡	$kgf \cdot m$ cal	$1kgf \cdot m = 9.8J$ $1caL = 4.187J$
功率	N	瓦(焦耳/秒) 千瓦	$W(J/s)$ kW	公斤力·米/秒 马力	$kgf \cdot m/s$ HP	$1kgf \cdot m/s = 9.80W = 9.80 \times 10^{-3}kW$ $1HP = 75kgf \cdot m/s = 735W = 0.735kW$
动力粘滞系数	μ	帕斯卡·秒(牛顿·秒/米²)	$Pa \cdot s(N \cdot s/m^2)$	泊 公斤力·秒/米²	P $kgf \cdot s/m^2$	$1P = 10^{-1}Pa \cdot s$ $1kgf \cdot s/m^2 = 9.80Pa \cdot S$
运动粘滞系数	ν	米²/秒	m^2/s	斯托克斯(厘米²/秒)	$St(cm^2/s)$	$1St = 10^{-4}m^2/s$

注：凡是不涉及质量或重量的单位，两种单位制均相同，表中不列。

附录II 梯形渠道水力计算图解

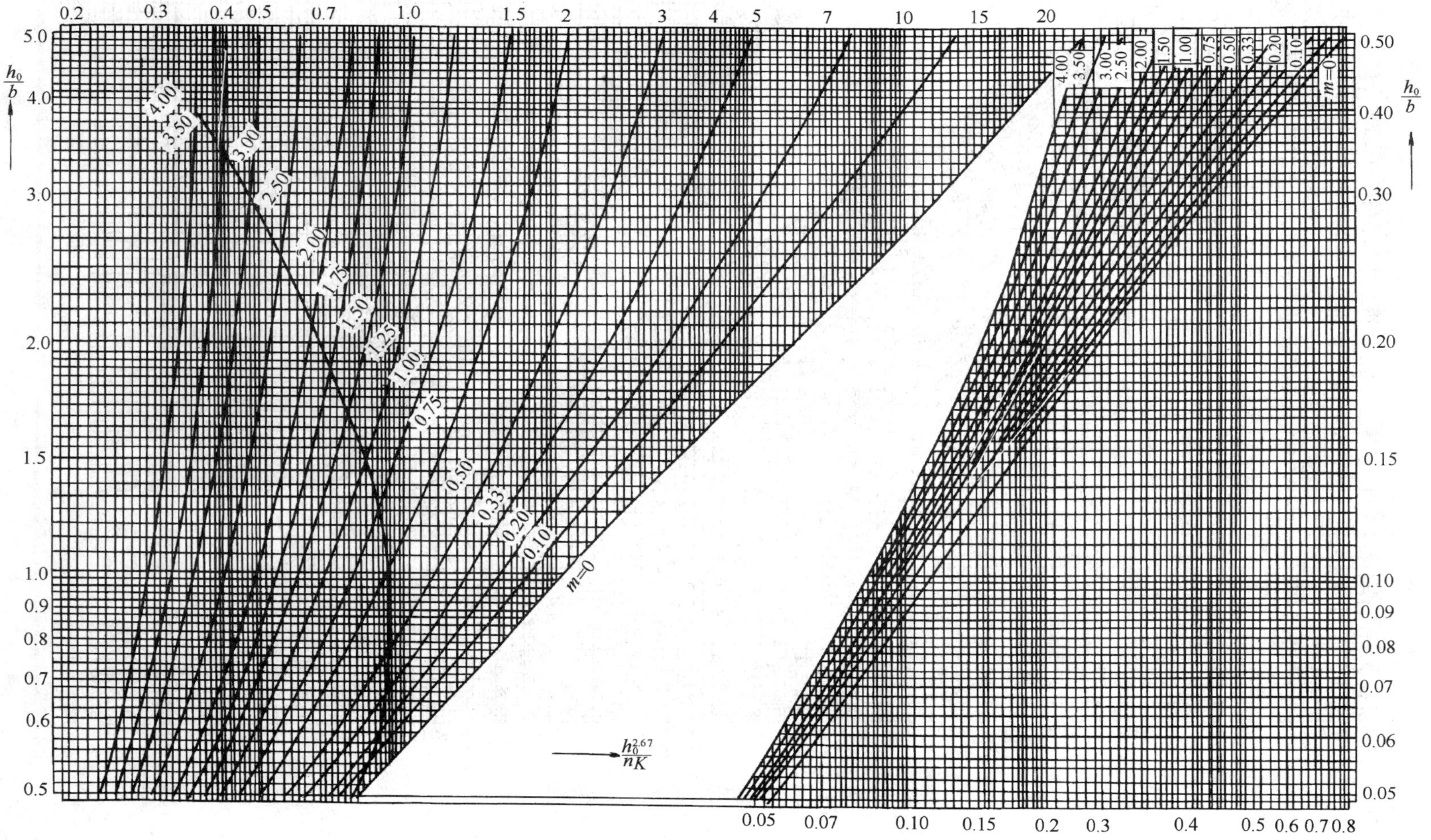

附录III 梯形渠道水力计算图解

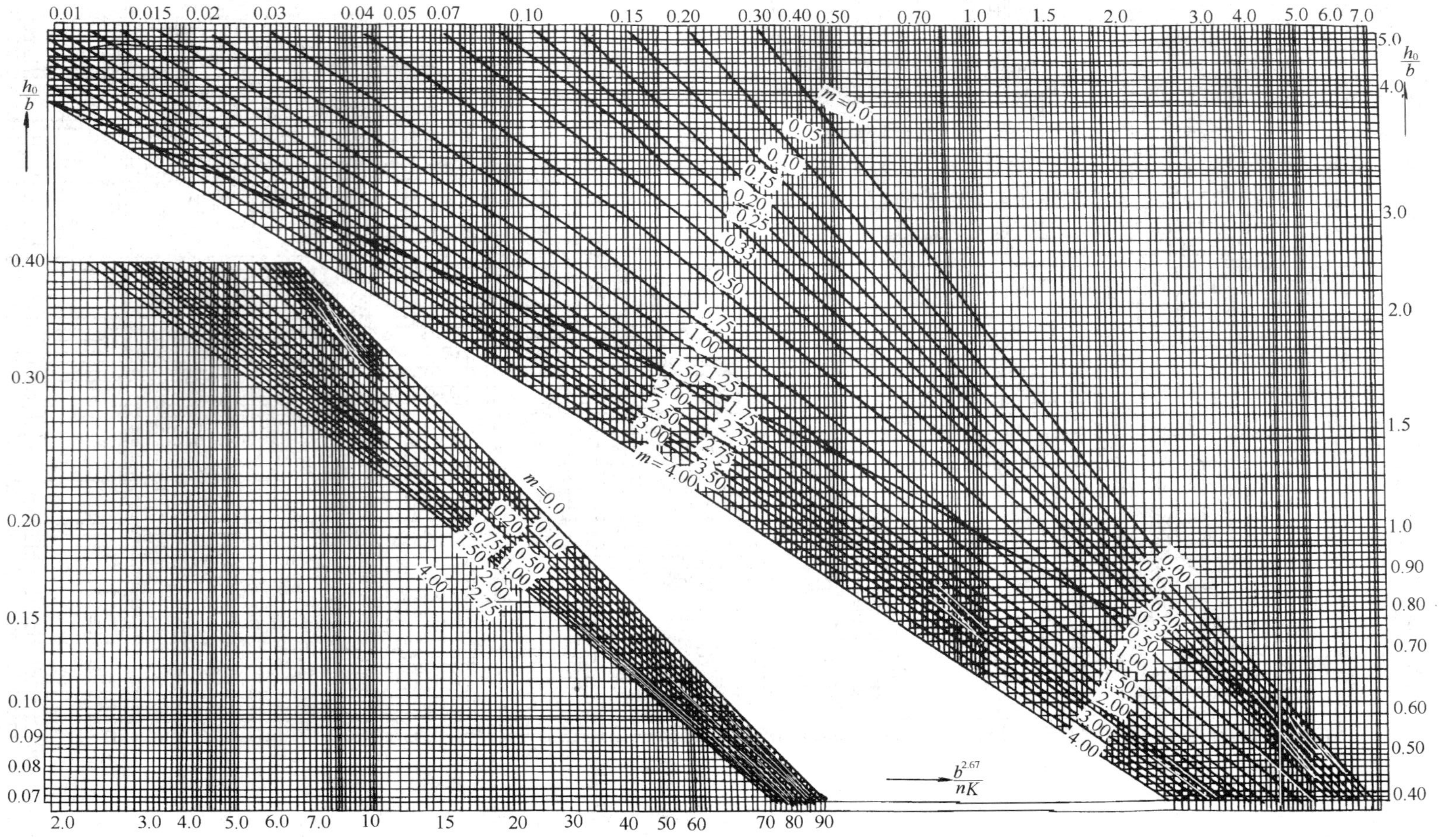

习题参考答案

1-1　$\rho=860\text{kg/m}^3$，$\gamma=8428\text{N/m}^3$。1-2　$\Delta V/V=2.72\%$。1-3　$\Delta p=1.962\times10^7\text{Pa}$。1-4　$\overline{Q}=1.71\times10^{-6}\text{m}^3/\text{s}$。1-5　$\beta=5.10\times10^{-10}\text{Pa}^{-1}$，$K=1.96\times10^9\text{Pa}$。1-6　$F=45.22\text{N}$。

2-1　$p_A=-9.8\text{kPa}$，$h_A=-1\text{mH}_2\text{O}=-73.5\text{mmHg}$；$p'_A=88.2\text{kPa}$，$h'_A=9\text{mH}_2\text{O}=661.5\text{mmHg}$；$p_{Av}=9.8\text{kPa}$，$h_{Av}=1\text{mH}_2\text{O}=73.5\text{mmHg}$。2-2　$h=8\text{mH}_2\text{O}$，$h_p=603\text{mm}$。2-3　$p_0=-4.9\text{kPa}$，$p'_0=93.1\text{kPa}$，$p_{0v}=4.9\text{kPa}$。2-4　$h=1.33\text{m}$。2-5　(1) $p'_1/\gamma=15.5\text{mH}_2\text{O}$，$p_1/\gamma=5.5\text{mH}_2\text{O}$，$z_1+p_1/\gamma=6\text{mH}_2\text{O}$，$p'_2/\gamma=15.9\text{mH}_2\text{O}$，$p_2/\gamma=5.9\text{mH}_2\text{O}$，$z_2+p_2/\gamma=6\text{mH}_2\text{O}$；(2) $p'_1/\gamma=6.5\text{mH}_2\text{O}$，$p_1/\gamma=-3.5\text{mH}_2\text{O}$，$p_{1v}/\gamma=3.5\text{mH}_2\text{O}$，$z_1+p_1/\gamma=-3\text{mH}_2\text{O}$，$p'_2/\gamma=6.9\text{mH}_2\text{O}$，$p_2/\gamma=-3.1\text{mH}_2\text{O}$，$p_{2v}/\gamma=3.1\text{mH}_2\text{O}$，$z_2+p_2/\gamma=-3\text{mH}_2\text{O}$。2-6　$p_A=-9.8\text{kPa}$，$p_{Av}/\gamma=1\text{mH}_2\text{O}$，$h_{空v}=2\text{mH}_2\text{O}$。2-7　$p_0=8.83\text{kPa}$。2-8　$\Delta p_{AB}=34.65\text{kPa}$，$\Delta(z+p/\gamma)_{AB}=4.54\text{mH}_2\text{O}$。2-9　$p_A=274.60\text{kPa}$，$p_0=264.80\text{kPa}$。2-10　(1) $P_1=112.32\text{kN}$；(2) $P_2=61.16\text{kN}$；(3) $N=51.16\text{kN}$。2-12　$p_{轴}=0.98\text{kPa}$，$p_{壁}=8.82\text{kPa}$。2-13　(1) $p_B=11.27\text{kPa}$；(2) $\alpha=5.71°$。2-14　$h>1.33\text{m}$。2-15　$T_{无水}=131.37\text{kN}$，$T_{有水}=110.20\text{kN}$。2-16　$y_1=1.15\text{m}$，$y_2=2.11\text{m}$，$y_3=2.73\text{m}$。2-17　$P=5.87\text{kN}$，$h_D=1.06\text{m}$。2-18　$P=45.73\text{kN}$，$h_D=2.03\text{m}$。2-20　$P=45.56\text{kN}$，$\theta=14.54°$，$h_D=1.94\text{m}$。2-21　$P=2554.38\text{kN}$，$\theta=21.21°$，$h_D=6.23\text{m}$。2-22　$T=34.87\text{kN}$。2-23　$P=47.87\text{kN}$，$\theta=38.18°$，$h_D=1.46\text{m}$。2-24　$h_v>3.69\text{mH}_2\text{O}$。2-25　$\delta=7.0\text{mm}$。

3-1　$Q=2.12\times10^{-4}\text{m}^3/\text{s}$，$v=0.075\text{m/s}$。3-2　$v=1.27\text{m/s}$，$d_0=40\text{mm}$。3-3　$v_3=4\text{m/s}$，$Q_1=94.2\text{L/s}$，$Q_2=62.8\text{L/s}$，$Q_3=31.4\text{L/s}$。3-4　$Q=101.5\text{L/s}$。3-5　$u_m=1.08\text{m/s}$。3-6　$A\rightarrow B$，$h_w=2.77\text{mH}_2\text{O}$。3-7　$v=4.72\text{m/s}$。3-8　$Q=51.1\text{L/s}$。3-9　$v_2=2.74\text{m/s}$，$Q=0.86\text{L/s}$。3-10　$Q=12.7\text{L/s}$。3-11　(1) $Q=76.6\text{L/s}$；(2) $v_A=9.76\text{m/s}$；(3) B 点所在的断面，$p_B=-23.53\text{kPa}$。3-12　$Q=23.0\text{L/s}$，$p_A=25.11\text{kPa}$。3-13　$Q=819.4\text{L/s}$。3-14　$Q=474\text{L/s}$。3-15　(1) $Q=49.1\text{L/s}$；(2) $h_{3v}=5.33\text{mH}_2\text{O}$。3-16　(1) $v_1=4.43\text{m/s}$，$v_2=8.85\text{m/s}$，$p_B=29.39\text{kPa}$。(2) $v_1=1.85\text{m/s}$，$v_2=3.69\text{m/s}$，$p_1=34.92\text{kPa}$，$p_2=13.67\text{kPa}$。3-17　(1) $R=384.01\text{kN}$，方向与流向相同；(2) $R=376.83\text{kN}$，方向指向下游，并与管轴线的夹角为 $\theta=2.77°$。3-18　$R'_x=10.075\text{kN}$(与 v_1 反向)，$R'_y=6.660\text{kN}$(与 v_2 同向)。3-19　$T/4=8.96\text{kN}$。3-20　$R_x=0.922\text{kN}$(与 v_1 同向)，$R_y=0.069\text{kN}$(与 v_1 垂直向上)。3-21　$F=456\text{N}$(与平板垂直向右)，$\theta=30°$。3-22　$R=9.2\text{kN}$(水平向右)。3-23　(1) $M=7.77\text{kN}\cdot\text{m}$(↷)；(2) $p_1=-10.14\text{kPa}$。

4-1　$\tau_0=3.92\text{Pa}$，$\tau=1.96\text{Pa}$，$h_w=0.8\text{mH}_2\text{O}$。4-2　$\text{Re}_1/\text{Re}_2=2$。4-3　$\text{Re}=58435$，为紊流；$Q\leqslant0.236\text{L/s}$。4-4　$\text{Re}_{水}=81295$，为紊流；$\text{Re}_{油}=1315$，为层流。4-5　$\text{Re}=186197$，为紊流；$v\leqslant1.54\text{mm/s}$。4-6　(1) $\text{Re}=1084$，为层流；(2) $\lambda=0.059$；(3) $h_w=25.7\text{mmH}_2\text{O}$；(4) $\Delta h_{pm}=54.5\text{mmH}_2\text{O}$。4-7　(1) $\text{Re}=316$，为层流；(2) $\mu=7.28\times10^{-2}\text{Pa}\cdot\text{s}$，$\nu=7.91\times10^{-5}\text{m}^2/\text{s}$；(3) 读数不变，但汞液面右侧高于左侧。4-8　$Q=18.68\text{m}^3/\text{h}$。4-9　$\mu=4.62\times10^{-2}\text{Pa}\cdot\text{s}$，$\nu=5.13\times10^{-5}\text{m}^2/\text{s}$。4-10　$\delta_0=0.095\text{mm}$。4-11　$Q=0.165\text{m}^3/\text{s}$。$\tau_0=33.14\text{Pa}$。4-12　(1) 紊流光滑区，紊流过渡区，紊流粗糙区；(2) $\lambda_{光}=0.0261$，$\lambda_{过}=0.0255$，$\lambda_{粗}=0.0234$；(3) $h_{f光}=5.5\text{mmH}_2\text{O}$，$h_{f过}=8.65\text{cmH}_2\text{O}$，$h_{f粗}=7.94\text{mH}_2\text{O}$。4-13　(1) $\tau_0=16.9\text{Pa}$，$\tau_1=8.45\text{Pa}$，$\tau_2=0$；(2) $\tau_{粘}=4.82\times10^{-3}\text{Pa}$，$\tau_{紊}\approx8.45\text{Pa}$。4-14　$Q=41.7\text{L/s}$。4-15　$h_{f1}=6.65\text{mH}_2\text{O}$，$h_{f2}=6.56\text{mH}_2\text{O}$；$\Delta p_1=65.17\text{kPa}$，$\Delta p_2=64.29\text{kPa}$。4-16　$Q=2.70\text{m}^3/\text{s}$(取 $n=0.014$)。4-17　(1) $v=\dfrac{v_1+v_2}{2}$；(2) $h_m=\dfrac{(v_1-v_2)^2}{4g}$，为一次扩大时的 1/2 倍。4-18　$\xi=0.326$。4-19　正确，$h_p=35\text{mm}$。4-20　$\xi=0.762$。4-21　(2) $Q=2.4\text{L/s}$。4-22　$h_p=76.5\text{mm}$。4-23　$Q=214.5\text{L/s}$。

5-1　$\varepsilon=0.64, \mu_k=0.62, \varphi_k=0.97, \xi_k=0.06$。5-2　(1) $Q_k=1.22$L/s; $Q_g=1.61$L/s; $h_{cv}=1.48mH_2O$。5-3　(1) $h_1=0.78$m, $h_2=1.02$m; (2) $Q=4.6$L/s。5-4　$t=6$min34s(取 $\mu_k=0.62$)。5-5　(1) $Q_{大}=4.786m^3/s$, $Q_{小}=4.797m^3/s$; (2) $\frac{|Q_{小}-Q_{大}|}{Q_{小}}=0.23\%$。5-6　$d=1.20$m, $h_{cv}=4.44mH_2O$。5-7　(1) $t=6$min26s; (2) $p_0=11.88$kPa。5-8　(1) $A_1=1.63m^2$, $A_2=1.51m^2$。5-9　$t=80$min1s。

6-1　$Q=0.65m^3/s$。6-2　(1) $Q_m=31$L/s; (2) $\Delta z=1.18$m。6-3　$Q=2.5$L/s, $\Delta z=0.19$m。6-4　$H=6.84$m。6-5　(1) $Q=67.4$L/s; (2) 沿流向第二个弯头之后，$p_{vm}=28.20$kPa。6-6　(1) $d_{吸}=200$mm, $d_{压}=150$mm; (2) $h_v=5.066mH_2O<[h_v]$; (3) $H=28.76mH_2O$。6-7　$H_A=21.18mH_2O$(按长管计算)。6-8　(1) $Q_1=21.5$L/s, $Q_2=50.7$L/s; $Q_3=77.6$L/s; (2) $h_{wAB}=11.61mH_2O$。6-9　$\chi=535.97$m。6-10　(1) $t=13$min56s; (2) $t_{甲}=21$min42s, $t_{乙}=37$min32s。6-11　$Q_1=19.5$L/s, $Q_2=5.5$L/s, $H_0=17.81$m。6-12　$H_0=20.76$m。6-13　$d_{CD}=150$mm, $d_{BC}=200$mm, $d_{AB}=250$mm。6-14　(1) $d_{cd}=d_{bf}=150$mm, $d_{bc}=d_{be}=200$mm, $d_{ab}=350$mm; (2) $H_0=15.99$m。6-15　(1) 直接水击、间接水击，$\Delta p_{直}=1648.7$kPa, $\Delta p_{间}=188.7$kPa; (2) $T_s=18.87$s。

7-1　$Q=0.703m^3/s$(取 $n=0.014$)。7-2　$Q=3.46m^3/s$，渠道满足不冲不淤条件。7-3　$v_{曼}=2.95$m/s, $v_{巴}=2.96$m/s。7-4　$i=0.00116$。7-5　$h_0=1.0$m, $i=0.00037$。7-6　$n=0.0201$, $v=1.25$m/s。7-7　$h_0=1.265$m。7-8　(1) $h_{0y}=1.89$m, $b_y=1.32$m; (2) $h_0=1.48$m, $b=2.96$m; (3) $b=4.67$m; (4) 三种情况均满足不冲不淤条件。(本题取 $m=1.25$) 7-9　$h_0=0.73$m, $b=5.77$m。7-10　$\Delta Q=0.185m^3/s$, $\Delta v=0.249$m/s。7-11　$\alpha=0.56$, $h_0=0.56$m。7-12　$i=0.00112$。7-13　$d=600$mm。

8-2　$h_k=1.07$m。8-2　$h_1=1.96$m, $h_2=0.3$m。8-3　缓流。8-4　缓流。8-5　$h'=0.34$m。8-6　$h''=1.58$m, $L=32.75$m[由式(8-22)计算 L_y、式(8-23)计算 L_0(取系数为 2.7)]，单位时间总能耗为 $\gamma Q h_w=137.05$kW。8-7　发生临界式水跃衔接。8-11　发生远驱式水跃衔接；跃前的 C_{II}型曲线长 $l=98.72$m(取 $\Delta h=0.21$m)，水跃段长 $L_y=5.66$m[由式(8-22)计算]。8-12　$h\approx 2.6$m。8-13　$l=146.38$m(取 $h_2=0.8$m 分两段计算)。

9-1　$Q_1=Q_2=0.37m^3/s$。9-2　$b=1.764$m。9-3　$H=0.31$m。9-4　$H=0.24$m。9-5　$Q_1=8.94m^3/s$, $Q_2=8.17m^3/s$。9-6　$H=1.09$m。9-7　$Q_1=702.90m^3/s$, $Q_2=431.58m^3/s$。9-8　$Q_1=5.56m^3/s$, $Q_2=3.22m^3/s$。9-9　$Q=19.30m^3/s$(取 $\varphi=0.9$)。9-10　$Q_1=73.19m^3/s$, $Q_1=52.70m^3/s$。

10-1　$k=1.02$m/d。10-2　$q_{前}=0.015m^2/d$, $q_{后}=0.104m^2/d$。10-3　$Q=51.84m^3/s$, $h=3.61$m。

10-4　$Q=319.64m^3/d$, $h=7.41$m。10-5　$k=27.41$m/d, $Q=720.23m^3/d$。10-6　$Q=272.99m^3/d$。

11-1　$[\mu]=[L^{-1}MT^{-1}]$, $[\tau]=[L^{-1}MT^{-2}]$, $[E]=[L^2MT^{-2}]$, $[N]=[L^2MT^{-3}]$。11-2　(1) $\frac{\tau}{\rho v^2}$; (2) $\frac{\Delta pg}{\gamma v^2}$; (3) $\frac{F}{\rho l^2 v^2}$。11-3　$s=kgt^2$。11-4　$Q=mb\sqrt{2g}H_0^{3/2}$。11-5　瑞利法：$\tau_0=k\mathrm{Re}^{-d}\left(\frac{\Delta}{d}\right)^e\rho v^2$; π 定理法：$\tau_0=f\left(\mathrm{Re},\frac{\Delta}{d}\right)\rho v^2$。11-6　$F_D=f(\mathrm{Re})\rho d^2 v^2$。11-8　(1) $l_m=5$m, $Q_m=3.4\times 10^{-2}$L/s; (2) $(\Delta p/\gamma)_p=130.4$m 油柱。11-9　(1) $p_m=0.456$m, $H_m=6.08$cm; (2) $q_p=4.10m^2/s$, $a_p=0.65$m; (3) $N_p=8750$kW。

参 考 文 献

[1] 吴持恭主编．水力学．第二版(上册)．北京:高等教育出版社,1982

[2] 西南交通大学水力学教研室,第三版．北京:高等教育出版社,1983

[3] 清华大学水力学教研组编．水力学．第三版(上册)．北京:人民教育出版社,1981

[4] 屠大燕主编．流体力学与流体机械．第一版．北京:中国建筑工业出版社,1994

[5] 周谟仁主编．流体力学泵与风机．第二版．中国建筑工业出版社,1985

[6] 闻德荪主编．工程流体力(水力学)(上册)第一版．北京:高等教育出版社,1990

[7] 吴持恭主编．水力学．第二版(下册)．北京:高等教育出版社,1983

[8] 向华球主编．水力学．第一版．北京:人民交通出版社,1986

[9] 徐正凡主编．水力学．第一版(上册)．北京:高等教育出版社,1986

[10] 文绍佑等合编．水力学．第二版．中国建筑工业出版社,1994

[11] 大连工学院水力教研室编．水力学解题指导及习题集．第二版．北京:高等教育出版社,1984

[12] 薛禹群,朱学愚编著．地下水动力学．第一版．地质出版社,1979